高等学校自动化类专业
系列教材

运动控制理论及应用

刘金琨◎编著

清华大学出版社
北京

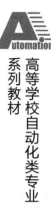

内容简介

本书从 MATLAB 仿真角度，结合“电机-负载”这一典型运动控制的实例，系统地介绍了运动控制的基本理论、基本方法和应用技术。全书共分 17 章。第 1 章为绪论，介绍了运动控制的几个关键技术以及在理论和应用方面的发展状况；第 2 章介绍了控制系统输入受限控制方法；第 3 章介绍了控制系统输出受限控制；第 4 章介绍了基于量化的网络控制；第 5 章介绍了传感器和执行器容错控制；第 6 章介绍了控制方向未知控制；第 7 章介绍了事件驱动控制；第 8 章介绍了控制系统输入延迟控制；第 9 章介绍了基于 LMI 的扰动观测器控制输入受限控制；第 10 章介绍了基于干扰观测器的控制；第 11 章介绍了控制系统输出测量延迟控制；第 12 章介绍了自抗扰控制；第 13 章介绍了基于参数估计和在线辨识的自适应控制；第 14 章介绍了欠驱动机械系统的控制；第 15 章介绍了无向图下多智能体系统协调控制；第 16 章介绍了有向图及切换图下的多智能体系统协调控制；第 17 章介绍了按指定时间或性能指标函数收敛的控制。每种控制方法都通过 MATLAB 进行了仿真分析。

本书可作为高等学校工业自动化、自动控制、机械电子、自动化仪表、计算机应用等专业的研究生教学用书，也可作为从事生产过程自动化、计算机应用、机械电子和电气自动化等领域工作的工程技术人员的参考书。

图书在版编目（CIP）数据

运动控制理论及应用 / 刘金琨编著. -- 北京 ：清华大学出版社，2024. 12.
（高等学校自动化类专业系列教材）. -- ISBN 978-7-302-67782-6

Ⅰ. TP24

中国国家版本馆 CIP 数据核字第 20242XC120 号

策划编辑：盛东亮
责任编辑：范德一
封面设计：李召霞
责任校对：时翠兰
责任印制：刘海龙

出版发行：清华大学出版社
网　　址：https://www.tup.com.cn，https://www.wqxuetang.com
地　　址：北京清华大学学研大厦 A 座　　**邮　　编**：100084
社 总 机：010-83470000　　**邮　　购**：010-62786544
投稿与读者服务：010-62776969，c-service@tup.tsinghua.edu.cn
质量反馈：010-62772015，zhiliang@tup.tsinghua.edu.cn
课件下载：https://www.tup.com.cn，010-83470236
印 装 者：三河市君旺印务有限公司
经　　销：全国新华书店
开　　本：185mm×260mm　　**印　　张**：14.75　　**字　　数**：356 千字
版　　次：2024 年 12 月第 1 版　　**印　　次**：2024 年 12 月第 1 次印刷
印　　数：1～1500
定　　价：59.00 元

产品编号：106397-01

前言

PREFACE

近年来，随着电子技术与计算机科学的发展，对运动控制系统的高速、高精度性能要求越来越迫切，这就使得人们越来越重视控制算法的设计。

有关运动控制理论及其工程应用，近年来已有大量的论文和著作发表，并取得了许多研究成果，如非线性系统输出受限控制、非线性系统控制输入受限控制、欠驱动系统的控制、非线性系统自适应容错控制和基于量化的网络控制等，这些控制理论问题都是影响运动控制系统性能的关键问题，关于这些问题的报道，只限于近几年的国内外一些学术论文，运动控制类教材涉及较少。

作者多年来一直从事控制理论及应用方面的教学和研究工作，为了促进运动控制理论的进步，反映运动控制设计与应用中的最新研究成果，使广大研究人员和工程技术人员能了解、掌握和应用这一领域的最新技术，并学会用 MATLAB 语言进行各种控制算法的分析和设计，作者编写本书，以抛砖引玉，供广大读者学习参考。

本书是在总结作者多年研究成果的基础上，进一步理论化、系统化、规范化、实用化而成的，其特点如下。

(1) 运动控制算法取材新颖，内容先进，重点置于学科交叉部分的前沿研究和介绍一些有潜力的新思想、新方法和新技术，取材着重于基本概念、基本理论和基本方法。

(2) 针对每种运动控制算法给出了完整的 MATLAB 仿真程序，并给出了程序的说明和仿真结果。具有很强的可读性。

(3) 从应用角度出发，突出理论联系实际，面向广大工程技术人员，具有很强的工程性和实用性。书中有大量应用实例及其结果分析，为读者提供了有益的借鉴。

(4) 所给出的各种运动控制算法完整，仿真程序结构设计力求简单明了，便于自学和进一步开发。

本书的算法仿真程序是基于 MATLAB R2021a 版本开发的，各个章节的内容具有很强的独立性，读者可以结合自己的方向深入地进行研究。

由于作者水平有限，书中难免存在一些不足之处，欢迎广大读者批评指正。

刘金琨

2024 年 10 月

目录

CONTENTS

第1章 绪论

CHAPTER 1

1.1 引言

运动控制(Motion Control)是在电机驱动的基础上随着相关学科技术发展而形成的一门多学科交叉技术。它是指在复杂条件下,将预定的控制方案、指令转变成期望的机械运动,实现机械运动精确的位置控制、速度控制或转矩控制。一个典型的运动控制系统主要由三部分组成:控制器、功率驱动装置和电动机。

纵观自动化技术的发展,可以看到,运动控制技术总的发展方向是高精度、高速度。随着伺服产品逐渐成熟,对控制精度的要求越来越高,目前针对控制系统问题设计相应的控制算法是运动控制技术的难点。近年来,随着电子技术与计算机科学的发展,对运动控制系统的高速、高精度性能要求越来越迫切,这就使得人们越来越重视控制算法的设计。

运动控制的学习和掌握对学生从事生产、科研等工作具有重要作用。为了适应新技术发展对人才的需求,在自动化专业开设运动控制课程势在必行。现有运动控制教材多是由电机、电气类专业的“电机与拖动”等教材改编而来,主要内容是运动控制系统,而控制理论内容涉及较少,主要面向电机、电气类学生。为此,针对运动控制类学生的知识结构特点和需要,从先进的控制理论和实际应用出发,计划出版本教材。

有关运动控制理论及其工程应用,近年来已有大量的论文和著作发表,并取得许多的研究成果,如非线性系统输出受限控制、非线性系统控制输入受限控制、欠驱动系统的控制、非线性系统自适应容错控制和基于量化的网络控制等,这些控制理论问题都是影响运动控制系统性能的关键问题,关于这些问题的报道,只限于近几年的国内外一些学术论文,在运动控制类涉及较少。

本书是在总结作者多年研究成果的基础上,进一步理论化、系统化、规范化、实用化而成的,主要以机械臂、电机、倒立摆和飞行器为被控对象进行撰写,其特点如下。

(1) 主要针对控制类专业学生编写,从应用角度出发,着重介绍提高运动控制系统精度的几种控制方法,强调机械运动系统的整体建模、性能及精度分析,力求满足运动控制类学生对控制新理论和新技术知识的需求。

(2) 与科研工作结合,介绍运动控制系统的新理论新方法。有许多内容来自作者和研究生近几年合作发表的学术论文，是作者近几年自然科学基金资助的部分成果，如非线性系统输出受限控制、非线性系统控制输入受限控制、欠驱动系统的控制、空间机械系统的建模与控制、非线性系统自适应容错控制和基于量化的网络控制等。在本著作中，结合控制系统的设计实例加以分析和介绍，使学生深入了解运动控制设计方法和精度分析。

(3) 控制算法取材新颖，多来自近几年国际杂志上发表的最新控制算法，内容先进，重点置于学科交叉部分的前沿研究和一些有潜力的新思想、新方法和新技术的介绍，取材着重于基本概念、基本理论和基本方法；针对每种控制算法给出了完整的 MATLAB 仿真程序，并给出了程序的说明和仿真结果，具有很强的可读性；着重从应用领域角度出发，突出理论联系实际，面向广大工程技术人员，具有很强的工程性和实用性。书中有大量应用实例及其结果分析，为读者提供了有益的借鉴；所给出的各种控制算法完整，程序设计结构设计力求简单明了，便于自学和进一步开发。

作者多年来一直从事控制理论及应用方面的教学和研究工作，为了促进运动控制理论的进步，反映运动控制设计与应用中的最新研究成果，使广大研究人员和工程技术人员能了解、掌握和应用这一领域的最新技术，并学会用 MATLAB 语言进行各种控制算法的分析和设计，作者编写本书以抛砖引玉，供广大读者学习参考。

1.2 运动控制的几个关键技术

1.2.1 输入受限

在实际的控制系统中，由于其自身的物理特性而引起的执行机构输出幅值是有限的，即输入受限问题，该问题是目前控制系统中最为常见的一种非线性问题。由于控制输入受限的存在，可能导致整个控制系统发散，进而导致整个控制系统失控。即使系统不发散，长时间高强度的振荡也会导致控制系统的结构损坏，从而导致故障。所以，控制输入受限控制是多年来研究的热门课题。

目前，已有一些方法用来处理控制输入受限问题，如线性矩阵不等式(Linear Matrix Inequality，LMI)[1-2]、双曲正切函数[3]。文献[1-2]提出并介绍了一种抗饱和补偿器，该方法利用 LMI 来处理线性系统的输入饱和问题。在文献[3]中，针对输入不确定条件下的不确定非线性系统，设计了一种自适应模糊控制器。在文献[4]中，设计了一种非线性系统输入受限自适应控制器。由于反演控制方法存在对函数可微分的要求，因此可将光滑双曲正切函数应用到反演法中来解决控制输入受限问题，该方法扩展了反演控制方法在一类非线性系统控制中的研究，但没有考虑输入的变化率受限。在文献[5]中，针对航天器模型的姿态跟踪问题，建立了一种既考虑输入受限和干扰又考虑输入的变化率受限问题的自适应反演控制方法。

1.2.2 输出受限

输出受限控制问题是控制理论界和工程应用中备受关注的领域之一。实际控制系统中，为保证系统的安全性，通常会对系统输出值的上下界做出严格限制，或要求系统输出超调量在一定范围内，超调量过大往往意味着系统处于不理想的运行状态，某些情况下会对该系统本身产生不可预知的影响。

目前处理输出受限问题的方法主要是障碍李雅普诺夫(Lyapunov)函数方法[6-8]。通过引入障碍李雅普诺夫函数来处理输出受限问题,将障碍李雅普诺夫函数的定义域设置为约束区间,当被限制的变量即机械臂的角度输出量逼近设定的约束值时,函数值将变为无穷大,具有约束变量的作用,实现了状态变量的约束。文献[1]针对非线性系统,采用了障碍李雅普诺夫函数方法对系统的状态量进行严格的限制,文献[2]针对一类输入饱和和输出受限的系统采用了模糊控制方法。通过引入辅助设计系统来处理反馈系统的输入饱和问题,使用障碍李雅普诺夫函数来处理输出受限的问题。仿真证明了所提出的控制方法的有效性。对于上面这些处理输出受限问题的研究成果可以为柔性关节机械臂领域的输出受限问题提供一些借鉴。

针对系统状态输出受限的问题,还可以按照性能指标要求的不同,设计基于性能指标函数状态输出受限下的边界控制律,实现系统输出状态的受限。

希腊学者 Bechlioulis 提出了按指定瞬时性能收敛的有界引理[9-11]:将状态输出跟踪误差取误差 $e(t)$,取性能指标函数为

$$\lambda(t)=(\lambda(0)-\lambda_{\infty})\exp(-lt)+\lambda_{\infty}$$

其中,t 表示时间,$l>0$,$0<|e(0)|<\lambda(0)$,$\lambda_{\infty}>0$,则 $\lambda(t)>0$ 且为按指数快速递减到 λ_{∞} 的值。

为了保证跟踪误差快速收敛,并达到一定的收敛精度,跟踪误差按下式进行设定。

$$e(t)=\lambda(t)S(\varepsilon)$$

其中,$S(\varepsilon)$为误差性能函数。

1.2.3 量化控制

量化控制系统设计通过将控制与通信相结合来解决大量运用信息技术的现代工程系统的相关控制问题,是网络控制方向研究的主要内容。

量化控制最早可以追溯到 20 世纪 60 年代,最开始运用于线性控制系统中,结合控制与通信,提出了线性系统的自适应量化控制算法[12-13]。从那时起,线性系统的量化控制得到了一系列的研究成果:文献[14]提出了量化控制系统的离散事件模型,文献[15]设计了一种对数量化器,在文献[16]中,研究者将量化的反馈设计问题转换为鲁棒控制问题,文献[17]提出了一种无记忆量化器的设计方法。随着研究的深入,量化算法被推广到了非线性系统中,并取得了一定的成果。

国内外关于机械臂量化控制的研究起于近十几年,文献[18]针对具有量化和执行器饱和的单关节驱动机械臂的网络控制系统,设计了反馈控制器以确保网络控制系统的稳定性。文献[19]采用饱和开关量化器对具有量化输入的远程控制机械臂自适应模糊视觉跟踪控制问题进行了研究。

1.2.4 执行器的容错控制

控制系统中的各个部分,执行器、传感器和被控对象等,都有可能发生故障。在实际系统中,由于执行器需要执行繁复的工作,它是控制系统中最容易发生故障的部分。一般的执行器故障类型包括卡死故障、部分/完全失效故障、饱和故障、浮动故障。

所谓容错控制是指当控制系统中的某些部件发生故障时,系统仍能按期望的性能指标

或在性能指标略有降低的情况下，安全地完成控制任务。容错控制的研究，使得提高复杂系统的安全性和可靠性成为可能。容错控制是一门新兴的交叉学科，其理论基础包括统计数学、现代控制理论、信号处理、模式识别、最优化方法、决策论等，与其息息相关的学科有故障检测与诊断、鲁棒控制、自适应控制、智能控制等。随着现代工业的快速发展，人们对机器人的要求越来越高。为保证机器人在复杂的未知环境下顺利完成任务，必然要求其具有容错控制能力。容错控制方法是机器人控制系统中的一种重要方法。

容错控制方法一般可以分成两大类，即被动容错控制和主动容错控制。被动容错控制通常利用鲁棒控制技术使得整个闭环系统对某些确定的故障具有不敏感性，其设计不需要故障诊断，也不必进行控制重组，其一般具有固定形式的控制器结构和参数。主动容错控制可以对发生的故障进行主动处理，其利用获知的各种故障信息，在故障发生后重新调整控制器参数，甚至在某些情况下需要改变控制器结构。自适应补偿控制是一种行之有效的主动容错控制方法[20-22]，通过设计自适应补偿控制律，保持较好的动态和稳态性能。

主动容错控制相比于被动容错控制更具设计弹性且更有应用价值[23]。因此，关于主动容错控制的研究更为广泛。本书针对介绍了几种主动容错控制的方法，通过设计自适应控制律，进行控制律的自适应重组。

1.2.5 控制方向未知的控制

若非线性系统的控制输入前乘以一个参数或函数，可以称其为系统的控制方向，代表着系统的运动方向。如果控制方向是未知的，系统就有了很大的不确定性，这无疑就给控制器的设计带来困难。该问题的研究具有一定的挑战性，且具有广泛的应用背景。在船舶航向控制、飞行器姿态控制、化学反应堆控制、机器人编队控制等问题中常存在着未知控制方向问题。

目前对于控制方向未知问题的研究取得了一些成果，如文献[24]针对一阶非线性系统，通过构造目标状态信号及参数估计，实现了误差渐近收敛且所有的闭环信号有界，文献[25]针对一类满足广义匹配条件且控制方向未知的二阶不确定非线性系统，设计了一种鲁棒控制器，并实现未知控制方向的在线辨识，文献[26]研究了一类包含未知的时变控制方向的不确定非线性系统，设计了鲁棒控制器。

文献[27]中提出了一类名为 Nussbaum 函数(N 函数)增益的方法来研究控制方向未知的问题，通过构造 N 函数来消除未知控制方向对系统的影响，Nussbaum 增益技术是处理控制方向未知的强有力的方法。当控制方向未知的时候，可以将 Nussbaum 动态增益技术、自适应控制方法结合起来，解决具有非线性外部系统和控制方向未知的不确定非线性系统控制问题，该方法被广泛地应用于处理带有未知控制方向的各类系统，并且取得了许多研究成果。例如，文献[28]采用 N 函数解决了带有多个未知控制方向的时变非线性系统的控制问题，文献[29]针对一类带有未知时变控制方向的不确定系统，采用 N 函数构造了控制器，文献[30]结合 N 函数和反演方法，解决了一类多输入多输出非线性系统的自适应控制问题。

1.2.6 事件驱动控制

随着通信技术和传感器技术的发展，20 世纪 90 年代出现了事件驱动控制的概念。事件驱动控制的基本思想是基于测量信号的通信数据只有当事件驱动策略的设计条件得到满足时才会被发送。在事件驱动中，当某个事件（通常是一组策略、函数、算法或条件）超过给定阈值时，就执行采样或更新控制输入。事件驱动控制理论目前是控制理论研究的热点[31-32]，是网络控制方向研究的主要内容。

与信号量化类似，事件触发同样是为了减少信号传输过程中的通信负担而提出的一种新的控制策略，即只有当相邻时刻的控制输入差值大于所设定的阈值时，控制输入才会更换到下一时刻，否则仍保持这一时刻的控制输入。根据不同的阈值设定方法，可分为绝对阈值法、相对阈值法以及切换阈值法。绝对阈值法是确定的阈值，而相对阈值法，阈值是时变的，控制输入信号较大时，阈值较大，此时通过减少控制输入的变化次数以减少通信负担，而控制输入信号较小且在接近系统稳定时，阈值较小，此时通过增加输入的变化次数以更接近实际信号来提高系统的控制精度。切换阈值策略则是结合了固定阈值以及相对阈值两种控制策略。

1.2.7 输入延迟控制

近年来，随着信息化、网络化的快速发展，信号传输的距离变得越来越远，信号的远距离传输导致了信号传递的延迟，从而引发了系统性能的降低，甚至是系统的崩溃。因此，在保证系统的实时性与准确性的前提下，有必要对非线性系统的信号延迟问题进行深入研究[33]。

以网络化控制系统为例，在系统运行的过程中主要是由以下三个方面的原因产生信号的传递延迟[34]：一是处理数据时产生的延迟，主要指的是数据在传输的过程中，由发送端封装数据包到接收端拆分数据包所需要的时间；二是数据包在排队等待的过程中产生的延迟，由于系统的网络带宽限制，发送的数据包太多，导致数据包产生碰撞，需要等待发送所产生的时间；三是数据在传输过程中所产生的延迟，主要指的是在数据通道内数据包被传输所需要的时间。由于在该系统中，控制器与被控对象不在相同的物理区域，所以，此时的延迟分为通信延迟和传输延迟，检测变送环节与控制器之间的延迟称为通信延迟，而控制器与被控对象之间的延迟称为传输延迟，一般情况下，前者称为反馈延迟，后者称为输入延迟[35]。

1.2.8 基于干扰观测器的控制

在实际的控制系统中，干扰的存在会对系统的稳定性造成影响[36]，通过设计干扰观测器可实现对干扰的估计并通过补偿的方法消除干扰对系统的影响。自 1983 年 Ohnishi 等[37]提出干扰观测器以来，干扰观测器一直是应用最广泛的鲁棒控制工具之一。文献[38]介绍了干扰观测器的控制方法及相关技术，针对近 40 年来干扰观测器的控制、主动抗扰控制、扰动调节控制和复合分层抗扰控制研究进展进行了回顾，并给出了分析和评价，在上述方法中，干扰和不确定性通常集中在一起，并使用观测机制来估计总干扰。文献[39]介绍了干扰观测器的起源和进展，对近 40 年来基于干扰观测器的主要成果进行了分析和评价，并使用统一的框架解释了干扰观测器对线性和非线性系统的分析和综合技术。

近年来，关于干扰观测器的研究取得了众多成果，例如，Chen[40]针对一类非线性系统设计了干扰观测器，并设计了基于干扰观测器的非线性控制器，Mohammadi 等[41]针对机器人机械手系统提出了一种基于干扰观测器的非线性控制方法，Wu 等[42]设计了一种有限时间干扰观测器,该干扰观测器可以在有限时间内对系统存在的未知干扰进行估计,并基于该干扰观测器设计了一种非线性控制方法。

1.2.9 输出测量延迟控制

按照在控制系统中存在的位置,延迟主要分为状态延迟、输入延迟和输出延迟。输出延迟是指延迟存在于系统的输出中,由于测量、传输和计算等因素的存在,使得系统输出信号经过一定时间的延迟后,才传输到系统的控制器中。在实际工程应用中,如果系统输出信号出现延迟,会导致控制器的设计困难,解决的途径之一就是通过设计观测器重构出系统状态,然后用观测到的状态量去代替真实状态,从而实现对系统的状态反馈控制。

Germani 等[43]针对带有输出延迟的非线性系统,设计了一种链式的输出延迟观测器,消除了输出延迟的影响。文献[44]针对一类带有时变延迟的三角形非线性系统,设计了一种观测器,利用 Lyapunov-Krasovskii 泛函方法,保证了观测误差可以渐近收敛到零。文献[45]针对带有输出延迟的非线性系统,通过 Lyapunov-Krasovskii 泛函方法,设计了指数收敛的观测器,扩大了延迟的使用范围。

1.2.10 欠驱动系统的控制

欠驱动系统是指系统的独立控制变量个数小于系统自由度个数的一类非线性系统,在节约能量、降低造价、减轻重量、增强系统灵活度等方面都比完全驱动系统优越。简单说就是输入比要控制的量多的系统。欠驱动系统结构简单,便于进行整体的动力学分析和试验。同时,由于系统的高度非线性、参数摄动、多目标控制要求及控制量受限等原因,欠驱动系统又足够复杂,便于研究和验证各种算法的有效性。当驱动器发生故障时,可能使完全驱动系统成为欠驱动系统,欠驱动控制算法可以起到容错控制的作用。从控制理论的角度看,欠驱动系统控制输入的限制是具有挑战性的控制问题,研究欠驱动机械系统的控制问题有助于非完整约束系统控制理论的发展。桥式吊车、Pendubot (Pendulum Robot)、Acrobot (Acrobat Robot)、倒立摆系统都是典型的欠驱动系统,有代表性的研究工作有文献[46-49]。例如,Rong 等在文献[46]中,针对一类欠驱动系统的滑模控制方法进行了设计和分析研究。

1.2.11 多智能体系统协调控制

多智能体系统具有高效、低成本、扩展性强、灵活性高、容错性高、协作能力强等特点,被广泛应用于多机械臂协同装备、多机器人合作控制、飞行器编队、交通车辆控制、传感器网络等多种场景,因此多智能体系统的协调控制已经成为控制领域的研究热点之一[50-52]。

多智能体系统通过进行相互合作和协调,使得各个智能体协同工作以完成任务。多智能体协调控制策略在理论和应用领域上的研究是一项复杂的任务,在飞行器、机器人等领域具有广泛的应用前景。

目前,针对多智能体系统的协调控制研究主要包括一致性控制、编队控制、聚结控制、会合控制等。一致性控制是多智能体系统实现协调控制的重要基础,其目标在于设计一种分布式的控制策略,利用智能体之间的信息交换与融合,使得所有智能体在状态或输出上取得一致性[53]。多智能体系统的编队控制、聚结控制、会合控制等可以看作一致性控制的推广与特例。针对各种多智能体系统的拓扑结构的协调控制研究是目前研究的重点。

1.2.12　按指定时间或性能指标函数收敛的控制

所谓指定时间收敛滑模控制，就是在滑动超平面的设计中引入了非线性函数，构造Terminal滑模面，使得在滑模面上跟踪误差能够在指定的有限时间 T 内收敛到零，该方法在复杂高精度控制领域有着广泛的应用[54-55]。

目前，各种控制算法均侧重于满足系统的稳态性能，而较少关注系统的瞬态性能（主要指超调量和收敛速度）。希腊学者 Bechlioulis 等[56-58]于 2008 年首次提出的预设性能控制（Prescribed Performance Control，PPC），为解决性能控制问题提供了新思路。所谓预设性能控制是指设计控制器使得闭环系统的跟踪误差收敛到一个预先设定的允许范围内的同时，保证收敛速度和超调量满足预先设定的条件，即要求瞬态和稳态性能同时得到满足，以提高控制系统的性能。

1.3　国内外相关教材分析

近年来，国内外出版了许多关于运动控制系统和运动控制的著作。分别按近年来国内外代表性的教材介绍如下。

国内代表性的教材：2005 年，霍伟[59]出版了教材《机器人动力学与控制》，该教材详细介绍了机器人运动学、机器人动力学和机器人控制理论，涉及传统的控制理论在机器人控制中的应用；2009 年，王兴松[60]出版了教材《精密机械运动控制系统》，该教材主要内容为运动系统的硬件设计；2010 年，贺益康等[61]出版了教材《电机控制》，该教材主要介绍了几种电机的控制机理，主要内容为运动系统的硬件设计；2014 年，吴贵文[62]出版了教材《运动控制系统》，该教材主要内容为运动系统中调速系统的设计；2015 年，舒志兵[63]出版了教材《高级运动控制系统及其应用研究》，该教材主要内容为运动系统检测技术、芯片、现场总线的设计。上述教材主要侧重于传统的运动控制方法及运动控制系统硬件的设计。

国外代表性的教材：Krzysztof[64]在 2007 年出版了教材 *Robot Motion and Control*，该教材主要内容为运动系统的控制器设计，主要介绍非完整机器人系统的轨迹规划与输入受限控制、基于视觉的控制算法设计等内容；Kok 等[65]在 2010 年出版了教材 *Precision Motion Control: Design and Implementation*，该教材主要内容为精密运动系统的控制器设计，主要介绍 XY 平台差补控制算法等内容，所采用的是传统的控制方法，未涉及运动控制系统常见的控制问题；Krzysztof 等[66]在 2011 年出版了教材 *Robot Motion and Control*，该教材主要内容为运动系统的控制器设计，但未涉及本教材介绍的内容；Abanovic 等[67]于 2011 年出版了教材 *Motion Control Systems*，该教材主要内容为运动系统的控制器设计和分析，主要介绍控制理论和控制算法的内容，重点介绍机器人建模、力控制、加速度控制、轨迹规划等。

可见，目前国内外有关运动控制的著作主要介绍运动控制系统整体的设计，而集中介绍运动控制理论和控制方法较少，且又较少涉及控制工程中的具体问题。

本教材重点介绍运动控制系统理论上的一些新问题，如非线性系统输出受限控制、非线性系统控制输入受限控制、欠驱动系统的控制、非线性系统自适应容错控制、基于量化的网络控制、空间机械系统的控制、基于 LMI 的输入受限控制等，关于这些问题的报道，只限于近几年的国内外一些学术论文，上述同类教材都没有涉及。

作者针对上述问题，近几年做了一些研究，并取得部分成果。本书的主要内容取材于国内外最新的运动控制理论相关成果，这些文献基本上都取材于近几年国外知名期刊，其中有些成果来自作者作为通信作者所发表的论文。

1.4 运动控制系统的 MATLAB 仿真方法

S 函数是 Simulink 的重要部分，它为 Simulink 环境下的仿真提供了强有力的拓展能力。S 函数可以用计算机语言来描述动态系统。在控制系统设计中，S 函数可以用来描述控制算法、自适应算法和模型动力学方程。

S 函数中使用文本方式输入公式和方程，适合复杂动态系统的数学描述，并且在仿真过程中可以对仿真参数进行更精确的描述。在本书的机器人控制系统的 Simulink 仿真中，主要使用 S 函数来实现控制律、自适应律和被控对象的描述。

1.4.1 S 函数简介

S 函数模块是整个 Simulink 动态系统的核心，也可以说 S 函数是 Simulink 最具魅力的地方。

S 函数是系统函数（System Function）的简称，是指采用非图形化的方式（即计算机语言，区别于 Simulink 的系统模块）描述的一个功能块。用户可以采用 MATLAB、C、C++ 等语言编写 S 函数。S 函数由一种特定的语法构成，用来描述并实现连续系统、离散系统以及复合系统等动态系统，S 函数能够接受来自 Simulink 求解器的相关信息，并对求解器发出的命令做出适当的响应，这种交互作用非常类似于 Simulink 系统模块与求解器的交互作用。一个结构体系完整的 S 函数包含了描述动态系统所需的全部能力，所有其他的使用情况都是这个结构体系的特例。

1.4.2 S 函数使用步骤

一般而言，S 函数的使用步骤如下。

（1）创建 S 函数源文件。创建 S 函数源文件有多种方法，Simulink 提供了很多 S 函数的模板和例子，用户可以根据自己的需要修改相应的模板或例子。

（2）在动态系统的 Simulink 模型框图中添加 S-function 模块，并进行正确的设置。

（3）在 Simulink 模型框图中按照定义好的功能连接输入输出端口。

为了方便 S 函数的使用和编写，Simulink 的 Functions&Tables 模块库还提供了 S-function demos 模块组，该模块组为用户提供了编写 S 函数的各种例子，以及 S 函数模板模块。

1.4.3 S 函数的基本功能及重要参数设定

（1）S 函数功能模块：各种功能模块完成不同的任务，这些功能模块（函数）称为仿真例程或回调函数（call-back functions），包括初始化（initialization）、导数（mdlDerivative）、输出（mdlOutput）等。

(2) NumContStates 表示 S 函数描述的模块中连续状态的个数。

(3) NumDiscStates 表示 S 函数描述的模块中离散状态的个数。

(4) NumOutputs 和 NumInputs 分别表示 S 函数描述的模块中输入和输出的个数。

(5) 直接馈通(dirFeedthrough)为输入信号是否在输出端出现的标识,取值为 0 或 1。例如,形如 $y=ku$ 的系统需要输入(即直接反馈),其中 u 是输入,k 是增益,y 是输出,形如等式 $y=x,\dot{x}=u$ 的系统不需要输入(即不存在直接反馈),其中 x 是状态,u 是输入,y 为输出。

(6) NumSampleTimes 为模块采样周期的个数,S 函数支持多采样周期的系统。

除了 sys 外,还应设置系统的初始状态变量 x_0、说明变量 str 和采样周期变量 $\boldsymbol{t}_s$。$\boldsymbol{t}_s$ 变量为双列矩阵,其中每一行对应一个采样周期。对连续系统和单个采样周期的系统来说,该变量为$[t_1,t_2]$,t_1 为采样周期,$t_1=-1$ 表示继承输入信号的采样周期,t_2 为偏移量,一般取为 0。对连续系统来说,$\boldsymbol{t}_s$ 取为$[-1,0]$。

1.4.4 基于 S 函数的仿真描述实例

在控制系统设计中,S 函数可以用于控制器、自适应律和模型描述。以模型 $J\ddot{\theta}=u+d(t)$的 S 函数描述为例,其中 u 为控制输入,$d(t)$为加在控制输入端的扰动,模型输出为 θ 和 $\dot{\theta}$,即转动角度和转动角速度,J 为转动惯量。针对该模型的 S 函数描述介绍如下。

(1) 模型初始化 Initialization 函数。

采用 S 函数来描述动力学方程,可选取 1 输入 2 输出系统,如果角度 θ 和角速度 $\dot{\theta}$ 的初始值取零,则模型初始化参数写为[0,0],模型初始化 S 函数的代码描述如下:

```
function [sys,x0,str,ts] = mdlInitializeSizes
sizes = simsizes;
sizes.NumContStates = 2;
sizes.NumDiscStates = 0;
sizes.NumOutputs = 2;
sizes.NumInputs = 1;
sizes.DirFeedthrough = 0;
sizes.NumSampleTimes = 1;
sys = simsizes(sizes);
x0 = [0,0];
str = [];
ts = [0, 0];
```

(2) 微分方程描述的 mdlDerivative 函数。

该函数可用于描述微分方程并实现数值求解。在控制系统中,可采用该函数来描述被控对象和自适应律等,并通过 Simulink 环境下选择数值分析方法(如 ODE 方法)实现模型的数值求解。取 $J=2,d(t)=\sin t$,则采用 S 函数可实现该模型角度 θ 和角速度 $\dot{\theta}$ 的求解,代码描述如下:

```
function sys = mdlDerivatives(t,x,u)
J = 2;
dt = sin(t);
ut = u(1);
sys(1) = x(2);
sys(2) = 1/J * (ut + dt);
```

(3) 用于输出的 mdlOutput 函数。

S 函数的 mdlOutput 函数通常用于描述控制器或模型的输出。采用 S 函数的 mdlOutput 模块来描述模型角度 θ 和角速度 $\dot{\theta}$ 的输出：

```
function sys = mdlOutputs(t,x,u)
sys(1) = x(1);
sys(2) = x(2);
```

思考题

1. 运动控制系统主要由几部分构成？控制算法在运动控制系统中起到什么作用？
2. 运动控制与过程控制有何区别和联系？
3. 网络环境下的运动控制有何特点？需要解决哪些关键技术问题？
4. 运动控制都存在哪些控制问题？如何解决这些问题？
5. 运动控制都有哪些控制方法？这些方法是从哪个角度解决控制问题的？
6. 运动控制方法目前理论进展如何？在实际工程中有哪些应用？
7. 运动控制理论中有哪些问题是当前研究热点？
8. 以四旋翼飞行器的轨迹和姿态控制为例，有哪些控制问题需要解决？

参考文献

[1] GRIMM G, HATFIELD J, POSTLETHWAITE I, et al. Antiwindup for stable linear systems with input saturation: an LMI-based synthesis[J]. IEEE Transactions on Automatic Control, 2003, 48(9): 1509-1525.

[2] MULDER E F, KOTHARE M V, MORARI M. Multivariable anti-windup controller synthesis using linear matrix inequalities[J]. Automatica, 2001, 37(9): 1407-1416.

[3] LI Y, TONG S, LI T. Direct adaptive fuzzy backstepping control of uncertain nonlinear systems in the presence of input saturation[J]. Neural Computing & Applications, 2013, 23(5): 1207-1216.

[4] WEN C, ZHOU J, LIU Z, et al. Robust adaptive control of uncertain nonlinear systems in the presence of input saturation and external disturbance[J]. IEEE Transactions on Automatic Control, 2011, 56(7): 1672-1678.

[5] ZOU A M, KUMAR K D, RUITER A H J. Robust attitude tracking control of spacecraft under control input magnitude and rate saturations[J]. International Journal of Robust & Nonlinear Control, 2016, 26(4): 799-815.

[6] NIU B, ZHAO J. Tracking control for output-constrained nonlinear switched systems with a barrier Lyapunov function[J]. International Journal of Systems Science, 2013, 44(5): 978-985.

[7] ZHOU Q, WANG L, WU C, et al. Adaptive fuzzy control for nonstrict-feedback systems with input saturation and output constraint[J]. IEEE Transactions on Systems Man & Cybernetics Systems, 2017, 47(1): 1-12.

[8] TEE K P, GE S S, TAY E H. Barrier Lyapunov functions for the control of output-constrained nonlinear systems[J]. Automatica, 2009, 45: 918-927.

[9] BECHLIOULIS C P, ROVITHAKIS G A. Robust adaptive control of feedback linearizable MIMO nonlinear systems with prescribed performance[J]. IEEE Transactions on Automatic Control, 2008,

53(9): 2090-2099.

[10] BECHLIOULIS C P, ROVITHAKIS G A. Adaptive control with guaranteed transient and steady state tracking error bounds for strict feedback systems[J]. Automatica, 2009, 45(2): 532-538.

[11] BECHLIOULIS C P, ROVITHAKIS G A. Prescribed performance adaptive control for multi-input multi-output affine in the control nonlinear systems[J]. IEEE Transactions on Automatic Control, 2010, 55(5): 1220-1226.

[12] LARSON R. Optimum quantization in dynamic systems[J]. IEEE Transactions on Automatic Control, 1966, 12(2): 162-168.

[13] CURRY R E. Separation theorem for nonlinear measurements[J]. IEEE Transactions on Automatic Control, 1969, 14(5): 561-564.

[14] LUNZE J. Qualitative modelling of linear dynamical systems with quantized state measurements[J]. Automatica, 1994, 30(3): 417-431.

[15] ELIA N, MITTER S K. Stabilization of linear systems with limited information[J]. IEEE Transactions on Automatic Control, 2002, 46(9): 1384-1400.

[16] FU M, XIE L. The sector bound approach to quantized feedback control[J]. IEEE Transactions on Automatic Control, 2005, 50(11): 1698-1711.

[17] ISHII H, FRANCIS B A. Brief Quadratic stabilization of sampled-data systems with quantization[M]. New York: Pergamon Press, Inc., 2003.

[18] YANG H, XIA Y, YUAN H, et al. Quantized stabilization of networked control systems with actuator saturation[J]. International Journal of Robust & Nonlinear Control, 2016, 26(16): 3595-3610.

[19] WANG F, LIU Z, ZHANG Y. et al. Adaptive fuzzy visual tracking control for manipulator with quantized saturation input[J]. Nonlinear Dynamics, 2017, 89(3): 1-18.

[20] TANG X D, TAO G, JOSHI S M. Adaptive actuator failure compensation for parametric strict feedback systems and an aircraft application[J]. Automatica, 2003, 39: 1975-1982.

[21] WANG W, WEN C Y. Adaptive actuator failure compensation control of uncertain nonlinear systems with guaranteed transient performance[J]. Automatica, 2010, 46: 2082-2091.

[22] WANG C L, WEN C Y, LIN Y. Adaptive actuator failure compensation for a class of nonlinear systems with unknown control direction[J]. IEEE Transactions on Automatic Control, 2017, 62(1): 385-392.

[23] 姜斌,杨浩. 飞控系统主动容错控制技术综述[J]. 系统工程与电子技术,2007,29(12): 2106-2110.

[24] BROGLIATO B, LOZANO R. Adaptive control of first order nonlinear systems with reduced knowledge of the plant parameters[J]. IEEE Transactions on Automatic Control, 1994, 39(8): 1764-1768.

[25] KALOUST J, QU Z. Continuous robust control design for nonlinear uncertain systems without a prior knowledge of control[J]. IEEE Transactions on Automatic Control, 1995, 40(2): 276-283.

[26] KALOUST J, QU Z. Robust control design for nonlinear uncertain systems with an unknown time-varying direction[J]. IEEE Transactions on Automatic Control, 1997, 42(3): 393-399.

[27] NUSS BAUM R D. Some remarks on a conjecture in parameter adaptive control[J]. Systems &Control Letters, 1983, 3(5): 243-246.

[28] YE X D. Asymptotic regulation of time-varying uncertain nonlinear systems with unknown control directions[J]. Automatica, 1999, 35: 929-935.

[29] YANG Z Y. A Nussbaum technique for unknown time-varying control direction with switching sign[C]//Proceedings of the 29th Chinese Control Conference. Beijing: Beihang University Press, 2010: 2187-2192.

[30] ZHOU Y,WU Y Q. Adaptive control of MIMO nonlinear systems using Nussbaum gain[C]// Proceedings of the 25th Chinese Control Conference. Beijing: Beihang University Press, 2006: 261-266.
[31] MISKOWICZ M. Event-based control and signal processing[M]. Boca Raton: CRC Press,2016.
[32] HETEL L,FITER C, OMRAN H, et al. Recent developments on the stability of systems with aperiodic sampling: an overview[J]. Automatica,2017,76: 309-335.
[33] CHEN W H,ZHENG W X. On improved robust stabilization of uncertain systems with unknown input delay[J]. Automatica,2006,42(6): 1067-1072.
[34] KOO M S,CHOI H L. Non-predictor controller for feedforward and non-feedforward nonlinear systems with an unknown time-varying delay in the input[J]. Automatica,2016,65: 27-35.
[35] LIU Y J,TONG S. Barrier Lyapunov Functions based adaptive control for a class of nonlinear pure-feedback systems with full state constraints[J]. Automatica,2016,64: 70-75.
[36] XIE L L,GUO L. How much uncertainty can be dealt with by feedback? [J]. IEEE Transaction on Automatic Control,2000,45(12): 2203-2217.
[37] OHISHI K,MIYACHI O K. Torque-speed regulation of DC motor based on load torque estimation method[C]//Proceedings of IEEE International Power Electronics and Application Conference. Piscataway: IEEE,1983.
[38] CHEN W. H,YANG J,GUO L,S Li. Disturbance-observer-based control and related methods: an overview[J]. IEEE Transactions on Industrial Electronics,2016,63(2): 1083-1095.
[39] SARIYILDIZ E, OBOE R, OHNISHI K. Disturbance observer based robust control and its applications: 35th anniversary overview[J]. IEEE Transactions on Industrial Electronics, 2020, 67(3): 2042-2053.
[40] CHEN W H. Disturbance observer based control for nonlinear systems [J]. IEEE/ASME Transactions on Mechatronics,2004,9(4): 706-710.
[41] MOHAMMADI A,TAVAKOLI M,MARQUEZ H J,et al. Nonlinear disturbance observer design for robotic manipulators[J]. Control Engineering Practice,2013,21(3): 253-267.
[42] WU X,XU K,HE X. Disturbance-observer-based nonlinear control for overhead cranes subject to uncertain disturbances[J]. Mechanical Systems and Signal Processing,2020,139: 106631.
[43] GERMANI A,MANES C,PEPE P. A new approach to state observation of nonlinear systems with delayed output[J]. IEEE Transactions on Automatic Control,2002,47(1): 96-101.
[44] ASSCHE V V,AHMED-ALI T, HANN C A B. ,et al. High gain observer design for nonlinear systems with time varying delayed measurements[C]//18th International Federation of Automatic Control (IFAC) World Congress. Piscataway: IEEE Press,2011: 692-696.
[45] AHMED-ALI T,CHERRIER E,LAMNABHI-LAGARRIGUE F. Cascade high gain predictors for a class of nonlinear systems[J]. IEEE Transactions on Automatic Control,2012,57(1): 221-226.
[46] RONG X,OZGUNER U. Sliding mode control of a class of underactuated systems[J]. Automatica, 2008,44: 233-241.
[47] ASHRAFIUONA H,ERWINB R S. Sliding mode control of underactuated multibody systems and its application to shape change control[J]. International Journal of Control,2008,81(12): 1849-1858.
[48] SABER R O. Global configuration stabilization for the VTOL aircraft with strong input coupling[J]. IEEE Transactions on Automatic Control,2002,47(11): 1949-1952.
[49] SABER R O. Normal forms for underactuated mechanical systems with symmetry[J]. IEEE Transactions on Automatic Control,2002,47(2): 305-308.
[50] 陈杰,方浩,辛斌. 多智能体系统的协同群集运动控制[M]. 北京: 科学出版社,2017.
[51] WANG B,CHEN W,ZHANG B,et al. A nonlinear observer-based approach to robust cooperative

tracking for heterogeneous spacecraft attitude control and formation applications[J]. IEEE Transactions on Automatic Control, 2023, 68(1): 400-407.
[52] SONG L, WAN N, GAHLAWAT A, et al. Generalization of safe optimal control actions on networked multiagent systems[J]. IEEE Transactions on Control of Network Systems, 2023, 10(1): 491-502.
[53] ZHANG Z, CHEN S, ZHENG Y. Fully distributed scaled consensus tracking of high-order multiagent systems with time delays and disturbances[J]. IEEE Transactions on Industrial Informatics, 2022, 18(1): 305-314.
[54] BODA N, HAN Q L, ZUO Z. Bipartite consensus tracking for second-order multi-agent systems: a time-varying function based preset-time approach[J]. IEEE Transactions on Automatic Control, 2021, 66(6): 2739-2745.
[55] 庄开宇，张克勤，苏宏业，等. 高阶非线性系统的 Terminal 滑模控制[J]. 浙江大学学报，2002，36(5): 482-485.
[56] BECHLIOULIS C P, ROVITHAKIS G A. Robust adaptive control of feedback linearizable MIMO nonlinear systems with prescribed performance[J] IEEE Transactions on Automatic Control, 2008, 53(9): 2090-2099.
[57] BECHLIOULIS C P, ROVITHAKIS G A. Adaptive control with guaranteed transient and steady state tracking error bounds for strict feedback systems[J]. Automatica, 2009, 45(2): 532-538.
[58] BECHLIOULIS C P, ROVITHAKIS G A. Prescribed performance adaptive control for multi-input multi-output affine in the control nonlinear systems[J]. IEEE Transactions on Automatic Control, 2010, 55(5): 1220-1226.
[59] 霍伟. 机器人动力学与控制[M]. 北京：高等教育出版社，2005.
[60] 王兴松. 精密机械运动控制系统[M]. 北京：科学出版社，2009.
[61] 贺益康，许大中. 电机控制[M]. 杭州：浙江大学出版社，2010.
[62] 吴贵文. 运动控制系统[M]. 北京：机械工业出版社，2014.
[63] 舒志兵. 高级运动控制系统及其应用研究[M]. 北京：清华大学出版社，2015.
[64] KRZYSZTOF R K. Robot motion and control[M]. Berlin: Springer, 2007.
[65] KOK K T, TONG H. Precision motion control: design and implementation[M]. Berlin: Springer, 2010.
[66] KRZYSZTOF, KOZLOWSKI. Robot motion and control[M]. Berlin: Springer, 2011.
[67] ABANOVIC A, OHNISH K. Motion control systems[M]. New York: Wiley, 2011.

第 2 章 控制系统输入受限控制

CHAPTER 2

在实际的控制系统中，由于其自身的物理特性而引起的执行机构输出幅值是有限的，即输入受限问题，该问题是目前控制系统中最为常见的一种非线性问题。由于控制输入受限的存在，可能导致整个控制系统发散，进而导致整个控制系统失控。即使系统不发散，长时间高强度的振荡也会导致控制系统的结构损坏，从而导致故障。所以，控制输入受限控制是系统设计的关键问题。本章将讨论控制系统控制输入受限下的控制器设计方法。

带有控制输入受限的控制系统框图如图 2.1 所示。

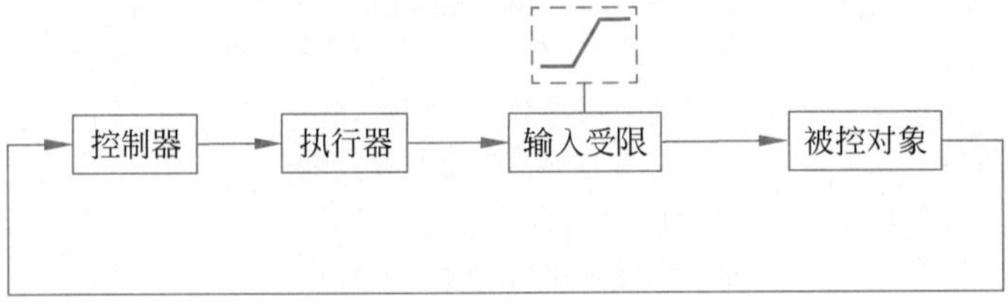

图 2.1　控制输入受限

2.1　双曲正切光滑函数特点

典型的双曲函数及特性如下。

$$\sinh(x)=\frac{e^{x}-e^{-x}}{2},\quad \cosh(x)=\frac{e^{-x}+e^{x}}{2}\geqslant 1,$$

$$\tanh(x)=\frac{e^{x}-e^{-x}}{e^{x}+e^{-x}}\in[-1,+1],\quad x\tanh(x)=x\frac{e^{x}-e^{-x}}{e^{x}+e^{-x}}\geqslant 0$$

考虑如下双曲正切光滑函数：

$$g(v)=u_{\mathrm{M}}\tanh\left(\frac{v}{u_{\mathrm{M}}}\right)=u_{\mathrm{M}}\frac{e^{v/u_{\mathrm{M}}}-e^{-v/u_{\mathrm{M}}}}{e^{v/u_{\mathrm{M}}}+e^{-v/u_{\mathrm{M}}}}$$

该函数具有以下几个性质：

(1) $|g(v)|=u_{\mathrm{M}}\left|\tanh\left(\frac{v}{u_{\mathrm{M}}}\right)\right|\leqslant u_{\mathrm{M}}$；

(2) $0<\frac{\partial g(v)}{\partial v}=\frac{4}{(e^{v/u_{\mathrm{M}}}+e^{-v/u_{\mathrm{M}}})^{2}}\leqslant 1$；

(3) $\left|\frac{\partial g(v)}{\partial v}\right| = \left|\frac{4}{(e^{v/u_M}+e^{-v/u_M})^2}\right| \leqslant 1$；

(4) $\left|\frac{\partial g(v)}{\partial v}v\right| = \left|\frac{4v}{(e^{v/u_M}+e^{-v/u_M})^2}\right| \leqslant \frac{u_M}{2}$。

光滑函数与切换函数的对比如图 2.2 所示，仿真程序为 tanh_ex.m。

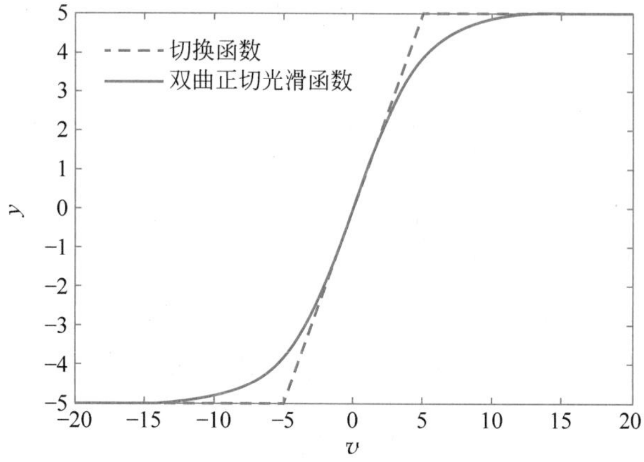

图 2.2　双曲正切光滑函数与切换函数

可见，采用双曲正切光滑函数可实现控制输入的有界。

2.2　基于双曲正切的控制输入受限控制

2.2.1　定理及分析

引理 2.1[1]　如下动态系统为全局渐近稳定：

$$\begin{cases}\dot{\gamma}_1 = \gamma_2 \\ \dot{\gamma}_2 = -\alpha\tanh(k\gamma_1 + l\gamma_2) - \beta\tanh(l\gamma_2)\end{cases} \tag{2.1}$$

其中，$\alpha,\beta,k,l>0$。

则闭环系统渐近稳定，当 $t\rightarrow\infty$ 时，$\gamma_1\rightarrow 0$，$\gamma_2\rightarrow 0$。系统的收敛速度取决于 α,β,k,l。

采用引理 2.1 设计控制律，针对模型式(2.1)的结构，并按式(2.1)设计控制律，便可以实现控制输入的受限。由于 $\tanh(x)=\frac{e^x-e^{-x}}{e^x+e^{-x}}\in[-1,+1]$，则

$$|\dot{\gamma}_2| = |-\alpha\tanh(k\gamma_1 + l\gamma_2) - \beta\tanh(l\gamma_2)| \leqslant \alpha+\beta \tag{2.2}$$

2.2.2　基于双曲正切的控制输入受限控制

考虑被控对象

$$\begin{cases}\dot{x}_1 = x_2 \\ \dot{x}_2 = \frac{1}{J}u\end{cases} \tag{2.3}$$

其中，角度为 x_1，角速度为 x_2，控制输入为 u，J 为转动惯量。

取 x_1 的指令为 x_{1d},定义

$$e=x_1-x_{1d},\quad \dot{e}=x_2-\dot{x}_{1d},\quad \ddot{e}=\dot{x}_2-\ddot{x}_{1d}=\frac{1}{J}u-\ddot{x}_{1d}$$

令 $e_1=e,e_2=\dot{e}$,则模型变为

$$\begin{cases}\dot{e}_1=e_2\\ \dot{e}_2=\dfrac{1}{J}u-\ddot{x}_{1d}\end{cases}$$

取 $v=\dfrac{1}{J}u-\ddot{x}_{1d}$,则模型变为

$$\begin{cases}\dot{e}_1=e_2\\ \dot{e}_2=v\end{cases}$$

采用引理 2.1,如果设计控制律为

$$v=-\alpha\tanh(ke_1+le_2)-\beta\tanh(le_2) \tag{2.4}$$

则可实现 $t\to\infty$ 时,$e\to0,\dot{e}\to0$,此时对应的实际控制律为

$$u=J(v+\ddot{x}_{1d}) \tag{2.5}$$

可见,根据式(2.4),有

$$|u|\leqslant J(\alpha+\beta+\max\{\ddot{x}_{1d}\}) \tag{2.6}$$

从而可控制输入的受限,且控制输入受限的幅度可由 α 和 β 来调节,且 $t\to\infty$ 时,$x_1\to x_{1d},x_2\to\dot{x}_{1d}$。

2.2.3 仿真实例

考虑被控对象为式(2.1),初始状态为[0.5,0],取 $J=10$,取角度指令为 $x_{1d}=\sin t$。按式(2.4)和式(2.5)设计控制律,取 $\alpha=10,\beta=10,k=10,l=10$,则根据式(2.6),控制输入幅度为 $|u|\leqslant10(10+10+1)=210$。仿真结果如图 2.3 和图 2.4 所示。

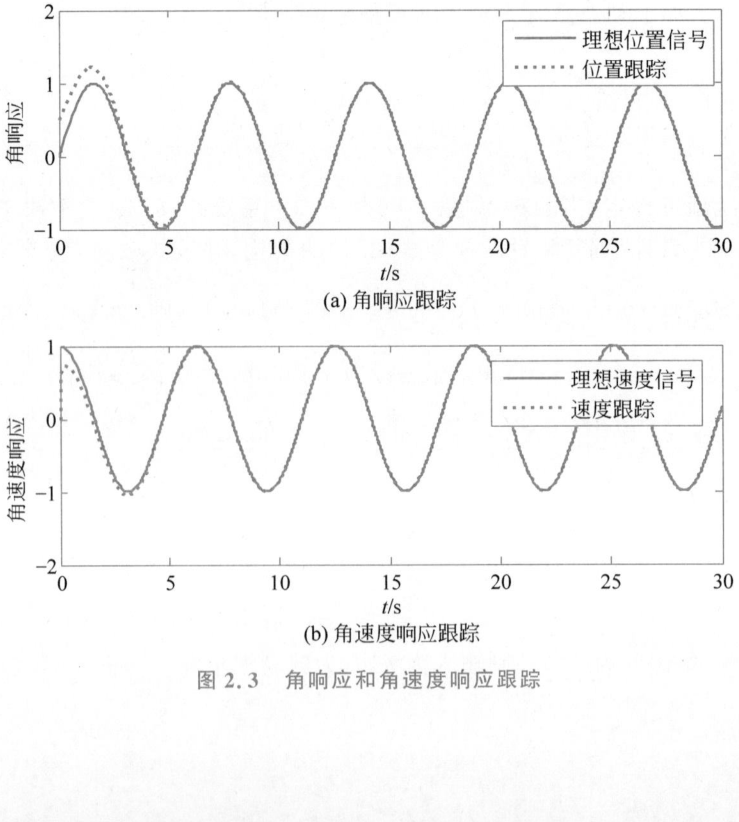

图 2.3 角响应和角速度响应跟踪

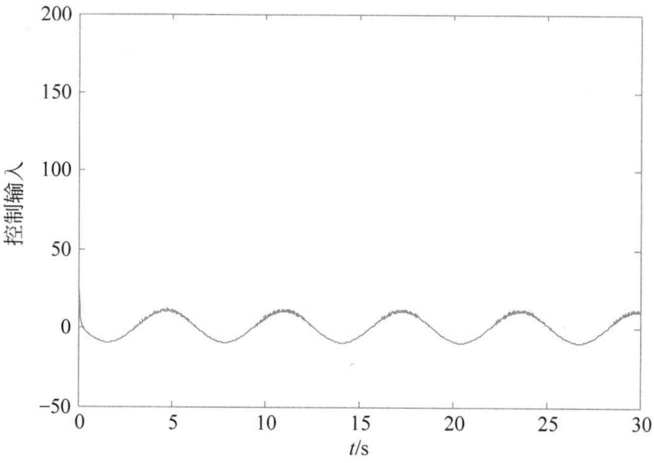

图 2.4 针对被控对象式(2.1)的控制输入

仿真程序：

(1) Simulink 主程序(以下内容为 MDL 格式的程序，程序中变量格式尊重原版，不做修改，后文类似内容不再赘述)：chap2_1sim. mdl。

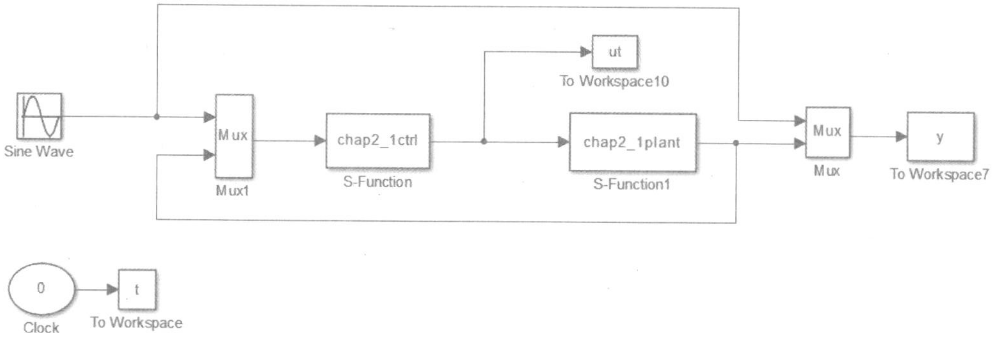

(2) 控制器程序：chap2_1ctrl. m。

(3) 被控对象程序：chap2_1plant. m。

(4) 作图程序：chap2_1plot. m。

2.3 基于反演的非线性系统控制输入受限控制

2.3.1 系统描述

被控对象为

$$\begin{cases}\dot{x}_1 = x_2 \\ \dot{x}_2 = f(x) + u(t) + d(t)\end{cases} \tag{2.7}$$

其中，$u(t)$为控制输入，$|d(t)| \leqslant D$。

控制任务为$|u(t)| \leqslant u_M$，且 $t \to \infty$时，$x_1 \to y_d$，$x_2 \to \dot{y}_d$。

根据文献[1]中的定理，采用双曲正切光滑函数直接控制控制律可实现闭环系统的全局渐近稳定。但该方法只适用于式(2.7)中取 $f(x)=0$，$d(t)=0$ 的情况。下面介绍的方法是针对模型结构为式(2.7)的单输入单输出非线性系统控制输入受限下的控制算法。

2.3.2 控制输入受限方法

为了满足$|u(t)| \leqslant u_M$，控制律设计为

$$u(t) = g(v) = u_M \tanh\left(\frac{v}{u_M}\right) \tag{2.8}$$

则控制律的设计任务转化为$g(v)$的设计，即v的设计。

设计稳定的辅助系统为

$$\dot{v} = \left(\frac{\partial g}{\partial v}\right)^{-1} \omega \tag{2.9}$$

其中，$c>0$，ω为辅助控制信号。则控制律的设计任务转化为ω的设计。

2.3.3 基于反演的控制算法设计

基本的反演控制方法设计步骤如下。

步骤 1：定义位置误差为

$$z_1 = x_1 - y_d$$

其中，y_d为指令信号。则

$$\dot{z}_1 = \dot{x}_1 - \dot{y}_d = x_2 - \dot{y}_d$$

定义虚拟控制量为

$$\alpha_1 = -c_1 z_1 \tag{2.10}$$

其中，$c_1>0$。

定义

$$z_2 = x_2 - \alpha_1 - \dot{y}_d$$

定义 Lyapunov 函数为

$$V_1 = \frac{1}{2} z_1^2$$

则$\dot{V}_1 = z_1 \dot{z}_1 = z_1(x_2 - \dot{y}_d) = z_1(z_2 + \alpha_1)$，将式(2.10)代入得

$$\dot{V}_1 = -c_1 z_1^2 + z_1 z_2$$

若$z_2=0$，则$\dot{V}_1 \leqslant 0$。因此，需要进行下一步设计。

步骤 2：定义 Lyapunov 函数

$$V_2 = V_1 + \frac{1}{2} z_2^2$$

则

$$\dot{z}_2 = \dot{x}_2 - \dot{\alpha}_1 - \ddot{y}_d = f(x) + u(t) + d - \dot{\alpha}_1 - \ddot{y}_d = f(x) + g(v) + d - \dot{\alpha}_1 - \ddot{y}_d$$

传统的反演设计方法，按上式所设计的控制律$u(t)$无法保证有界。为了实现式(2.8)形式的按指定方式的有界控制输入，引入虚拟项α_2，将$u(t)$按α_2设计，即令$z_3 = g(v) - \alpha_2$，从而

$$\dot{z}_2 = f(x) + z_3 + \alpha_2 + d - \dot{\alpha}_1 - \ddot{y}_d$$

则

$$\dot V_2 = \dot V_1 + z_2\dot z_2 = -c_1 z_1^2 + z_1 z_2 + z_2(f(x) + z_3 + \alpha_2 + d - \dot\alpha_1 - \ddot y_d)$$

定义虚拟控制律为

$$\alpha_2 = -f(x) - (c_2 + l)z_2 - z_1 + \dot\alpha_1 + \ddot y_d \tag{2.11}$$

其中,$l>0$,$c_2>0$。则

$$\begin{aligned}\dot V_2 &= -c_1 z_1^2 + z_1 z_2 + z_2(z_3 - (c_2+l)z_2 - z_1 + d)\\ &= -c_1 z_1^2 - (c_2+l)z_2^2 + z_2 d + z_2 z_3 \leqslant -c_1 z_1^2 - c_2 z_2^2 - l z_2^2 + l z_2^2 + \frac{1}{4l}d^2 + z_2 z_3\\ &= -c_1 z_1^2 - c_2 z_2^2 + \frac{1}{4l}d^2 + z_2 z_3\end{aligned}$$

将式(2.11)展开得

$$\alpha_2 = -f(x) - (c_2+l)(x_2 + c_1 x_1 - c_1 y_d - \dot y_d) - (x_1 - y_d) - c_1(x_2 - \dot y_d) + \ddot y_d$$

可见,α_2 为 x_1、x_2、y_d、$\dot y_d$ 和 $\ddot y_d$ 的函数,则

$$\dot\alpha_2 = \frac{\partial\alpha_2}{\partial x_1}x_2 + \frac{\partial\alpha_2}{\partial x_2}(f(x) + g(v) + d) + \frac{\partial\alpha_2}{\partial y_d}\dot y_d + \frac{\partial\alpha_2}{\partial\dot y_d}\ddot y_d + \frac{\partial\alpha_2}{\partial\ddot y_d}\dddot y_d$$

由于 $z_3 = g(v) - \alpha_2$,则

$$\begin{aligned}\dot z_3 &= \frac{\partial g}{\partial v}\dot v - \dot\alpha_2 = \frac{\partial g}{\partial v}\left(\frac{\partial g}{\partial V}\right)^{-1}\omega - \dot\alpha_2 = \omega - \dot\alpha_2\\ &= \omega - \frac{\partial\alpha_2}{\partial x_1}x_2 - \frac{\partial\alpha_2}{\partial x_2}(f(x) + g(v) + d) - \frac{\partial\alpha_2}{\partial y_d}\dot y_d - \frac{\partial\alpha_2}{\partial\dot y_d}\ddot y_d - \frac{\partial\alpha_2}{\partial\ddot y_d}\dddot y_d\end{aligned}$$

取

$$\omega = -c_3 z_3 + \frac{\partial\alpha_2}{\partial x_1}x_2 + \frac{\partial\alpha_2}{\partial x_2}(f(x) + g(v)) + \frac{\partial\alpha_2}{\partial y_d}\dot y_d + \frac{\partial\alpha_2}{\partial\dot y_d}\ddot y_d + \frac{\partial\alpha_2}{\partial\ddot y_d}\dddot y_d - z_2 - l\left(\frac{\partial\alpha_2}{\partial x_2}\right)^2 z_3 \tag{2.12}$$

其中,$c_3>0$。则

$$\dot z_3 = -c_3 z_3 - z_2 - l\left(\frac{\partial\alpha_2}{\partial x_2}\right)^2 z_3 - \frac{\partial\alpha_2}{\partial x_2}d$$

步骤 3:定义 Lyapunov 函数

$$V_3 = V_2 + \frac{1}{2}z_3^2$$

则

$$\begin{aligned}\dot V_3 &\leqslant -c_1 z_1^2 - c_2 z_2^2 + \frac{1}{4l}d^2 + z_2 z_3 + z_3\dot z_3\\ &= -c_1 z_1^2 - c_2 z_2^2 + z_2 z_3 + \frac{1}{4l}d^2 + z_3\left(-c_3 z_3 - z_2 - l\left(\frac{\partial\alpha_2}{\partial x_2}\right)^2 z_3 - \frac{\partial\alpha_2}{\partial x_2}d\right)\\ &= -c_1 z_1^2 - c_2 z_2^2 - c_2 z_3^2 + \frac{1}{4l}d^2 + \left(-l\left(\frac{\partial\alpha_2}{\partial x_2}\right)^2 z_3^2 - \frac{\partial\alpha_2}{\partial x_2}z_3 d\right)\end{aligned}$$

由于 $-\frac{\partial\alpha_2}{\partial x_2}z_3 d \leqslant l\left(\frac{\partial\alpha_2}{\partial x_2}z_3\right)^2 + \frac{1}{4l}d^2$,则有

$$\dot{V}_3 \leqslant -c_1 z_1^2 - c_2 z_2^2 - c_2 z_3^2 + \frac{1}{2l} d^2$$

即

$$\dot{V}_3 \leqslant -CV_3 + \frac{1}{2l} D^2 \tag{2.13}$$

其中，$C = 2\min\{c_1, c_2, c_3\} > 0$。

不等式 $\dot{V}_3 \leqslant -CV_3 + \frac{1}{2l} D^2$ 的解为

$$\begin{aligned} V_3(t) &\leqslant \mathrm{e}^{-C(t-t_0)} V_3(t_0) + \frac{1}{2l} D^2 \int_{t_0}^{t} \mathrm{e}^{-C(t-\tau)} \mathrm{d}\tau \\ &= \mathrm{e}^{-C(t-t_0)} V_3(t_0) + \frac{1}{2lC} D^2 (1 - \mathrm{e}^{-C(t-t_0)}) \end{aligned}$$

其中，$\int_{t_0}^{t} \mathrm{e}^{-C(t-\tau)} \mathrm{d}\tau = \frac{1}{C} \int_{t_0}^{t} \mathrm{e}^{-C(t-\tau)} \mathrm{d}(-C(t-\tau)) = \frac{1}{C}(1 - \mathrm{e}^{-C(t-t_0)})$。

可见，闭环系统最终收敛误差取决于 C 和扰动的上界 D。无扰动时，$D=0$，$V_3(t) \leqslant \mathrm{e}^{-C(t-t_0)} V_3(t_0)$，$V_3(t)$ 指数收敛，即 z_1 和 z_2 指数收敛，则 $t \to \infty$ 时，$x_1 \to y_\mathrm{d}$，$x_2 \to \dot{y}_\mathrm{d}$，且指数收敛并实现 $|u(t)| \leqslant u_\mathrm{M}$，$\forall t > 0$。

2.3.4 仿真实例

针对被控对象式(2.7)，取 $f(x) = -10x_2$，$d(t) = 0.1\sin t$。位置指令为 $y_\mathrm{d} = 0.1\sin t$，被控对象的初始值为 $[0.20, 0]$，$u_\mathrm{M} = 5.0$。控制律为式(2.8)，采用式(2.9)求 v，取 $l = 0.50$，$c_1 = c_2 = c_3 = 5$，仿真结果如图 2.5～图 2.7 所示。

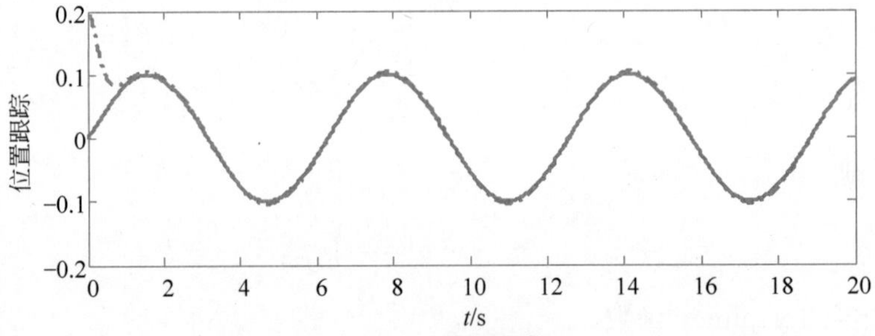

(a) 位置跟踪

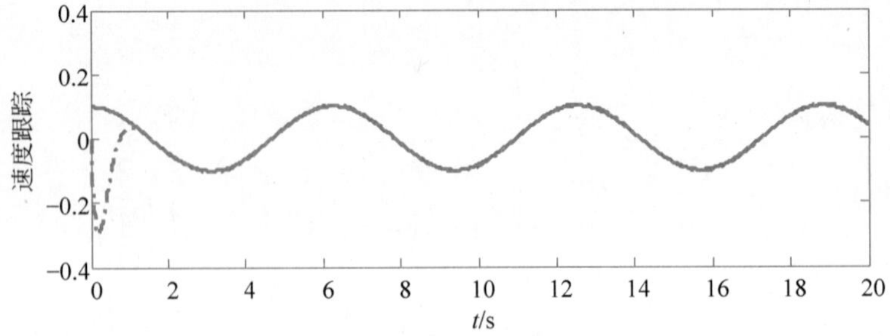

(b) 速度跟踪

图 2.5 针对被控对象式(2.7)的位置和速度跟踪

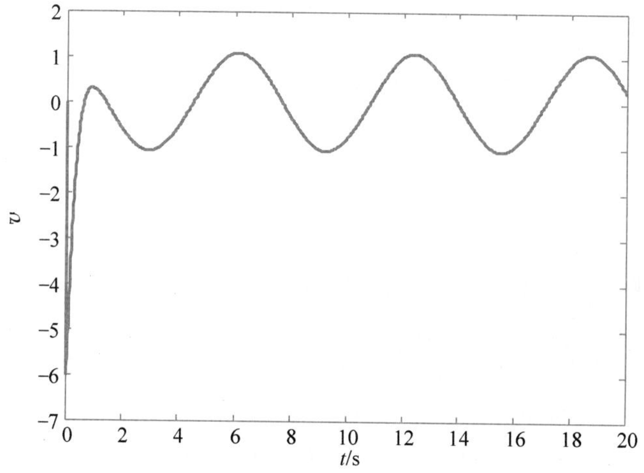

图 2.6　针对被控对象式(2.7)的v值的变化

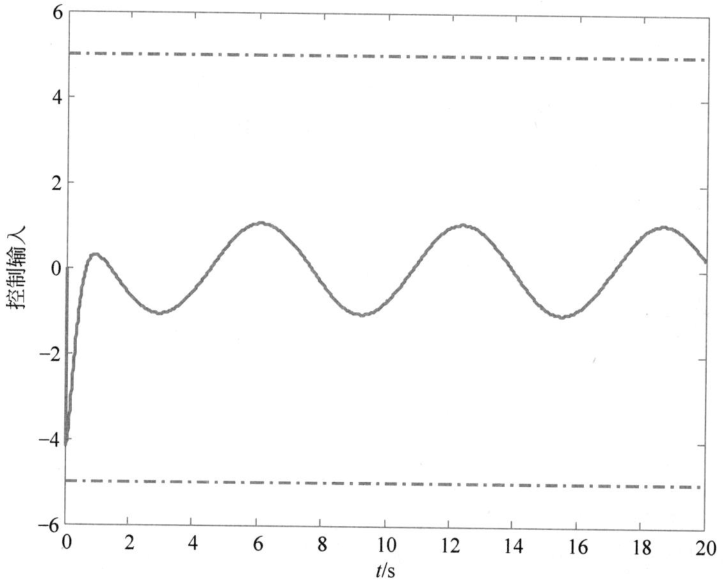

图 2.7　针对被控对象式(2.7)的控制输入

仿真程序：

(1) Simulink 主程序：chap2_2sim.mdl。

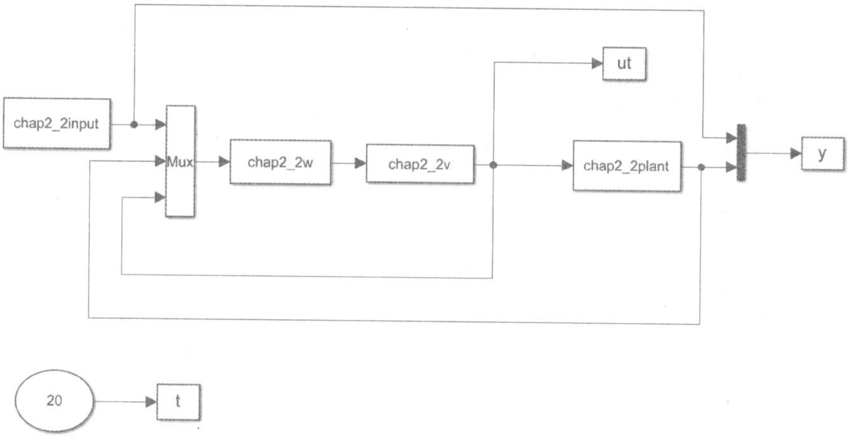

（2）指令输入 S 函数：chap2_2input. m。

（3）被控对象 S 函数：chap2_2plant. m。

（4）控制器 v 的 S 函数：chap2_2v. m。

（5）控制器 w 的 S 函数：chap2_2w. m。

（6）作图程序：chap2_2plot. m。

2.4 基于反演的控制输入及变化率受限轨迹跟踪控制

在实际的控制系统中，由于其自身的物理特性而引起的执行机构输出动态响应也是有限的，如果忽略该问题直接设计控制律可能会导致控制系统发散。本节将在控制输入受限基础上讨论控制输入及其变化率同时受限下的控制器设计方法。

控制输入及其变化率同时受限的控制系统框图如图 2.8 所示。

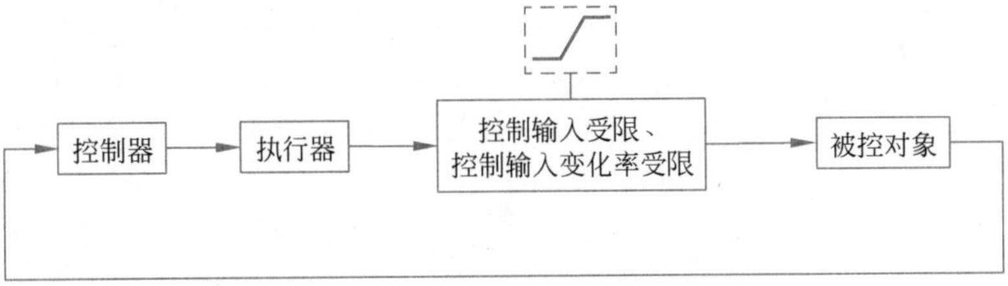

图 2.8 控制输入及其变化率同时受限的控制系统框图

2.4.1 系统描述

被控对象为

$$\begin{cases} \dot{x}_1 = x_2 \\ \dot{x}_2 = u(t) \end{cases} \tag{2.14}$$

其中，$u(t)$为控制输入。

取 y_d 为理想轨迹信号，控制任务为$|u(t)| \leqslant u_M$，$|\dot{u}(t)| \leqslant v_M$，且 $t \to \infty$时，$x_1 \to y_d$，$x_2 \to \dot{y}_d$，其中，u_M 和 v_M 为正实数，可根据需要设定。

2.4.2 控制输入受限方法

为了满足$|u(t)| \leqslant u_M$，控制律设计为

$$u(t) = g(v) = u_M \tanh\left(\frac{v}{u_M}\right) \tag{2.15}$$

则控制律的设计任务转化为 $g(v)$的设计，即 v 的设计。

设计稳定的辅助系统为

$$\begin{cases} \dot{v} = v_M \tanh\left(\dfrac{\omega}{v_M}\right)\left(\dfrac{\partial g}{\partial v}\right)^{-1} = \left(\dfrac{\partial g}{\partial v}\right)^{-1} f(\omega) \\ \dot{\omega} = \left(\dfrac{\partial f(\omega)}{\partial \omega}\right)^{-1} U \end{cases} \tag{2.16}$$

其中，$f(\omega) = v_M \tanh\left(\dfrac{\omega}{v_M}\right)$；$v$、$\omega$ 和 U 为辅助控制信号。则

$$\dot{u}(t)=\frac{\partial g}{\partial v}\dot{v}=v_{\mathrm{M}}\tanh\left(\frac{v}{v_{\mathrm{M}}}\right)=f(\omega)$$

从而$|\dot{u}(t)|\leqslant v_{\mathrm{M}}$。控制律的设计任务转化为 ω 的设计。

由式(2.15)和式(2.16)构成了控制输入及其变化率同时受限的控制算法。

2.4.3 基于反演的控制算法设计

基本的反演控制方法设计步骤如下。

步骤 1：定义位置误差为

$$z_1=x_1-y_{\mathrm{d}}$$

则 $\dot{z}_1=\dot{x}_1-\dot{y}_{\mathrm{d}}=x_2-\dot{y}_{\mathrm{d}}$，定义

$$z_2=x_2-\alpha_1-\dot{y}_{\mathrm{d}}$$

定义虚拟控制量为

$$\alpha_1=-c_1z_1 \tag{2.17}$$

其中，$c_1>0$。则

$$z_2=x_2+c_1(x_1-y_{\mathrm{d}})-\dot{y}_{\mathrm{d}}$$

定义 Lyapunov 函数为

$$V_1=\frac{1}{2}z_1^2$$

则 $\dot{V}_1=z_1\dot{z}_1=z_1(x_2-\dot{y}_{\mathrm{d}})=z_1(z_2+\alpha_1)$，将式(2.17)代入，得

$$\dot{V}_1=-c_1z_1^2+z_1z_2$$

若 $z_2=0$，则 $\dot{V}_1\leqslant 0$。此时，需要进行下一步设计。

步骤 2：定义 Lyapunov 函数

$$V_2=V_1+\frac{1}{2}z_2^2$$

则

$$\dot{z}_2=\dot{x}_2-\dot{\alpha}_1-\ddot{y}_{\mathrm{d}}=g(v)-\dot{\alpha}_1-\ddot{y}_{\mathrm{d}}$$

传统的反演设计方法，按上式所设计的控制律 $u(t)$无法保证有界。为了实现有界控制输入，引入虚拟项 α_2，将 $u(t)$按 α_2 设计，即令 $z_3=g(v)-\alpha_2$，从而有

$$\dot{z}_2=z_3+\alpha_2-\dot{\alpha}_1-\ddot{y}_{\mathrm{d}}$$

则

$$\dot{V}_2=\dot{V}_1+z_2\dot{z}_2=-c_1z_1^2+z_1z_2+z_2(z_3+\alpha_2-\dot{\alpha}_1-\ddot{y}_{\mathrm{d}})$$

定义虚拟控制律为

$$\alpha_2=-z_1-c_2z_2+\dot{\alpha}_1+\ddot{y}_{\mathrm{d}} \tag{2.18}$$

其中，$c_2>0$。则

$$\dot{V}_2=-c_1z_1^2-c_2z_2^2+z_2z_3$$

由式(2.18)可得

$$\alpha_2=-(x_1-y_d)-c_2(x_2+c_1(x_1-y_d)-\dot{y}_d)-c_1(x_2-\dot{y}_d)+\ddot{y}_d$$

可见，α_2 为 x_1、x_2、y_d、$\dot{y}_d$ 和 $\ddot{y}_d$ 的函数，则

$$\dot{\alpha}_2=\frac{\partial\alpha_2}{\partial x_1}x_2+\frac{\partial\alpha_2}{\partial x_2}g(v)+\frac{\partial\alpha_2}{\partial y_d}\dot{y}_d+\frac{\partial\alpha_2}{\partial\dot{y}_d}\ddot{y}_d+\frac{\partial\alpha_2}{\partial\ddot{y}_d}\dddot{y}_d=\theta_1$$

由 $z_3=g(v)-\alpha_2$ 可得

$$\dot{z}_3=\frac{\partial g}{\partial v}\dot{v}-\dot{\alpha}_2=f(\omega)-\dot{\alpha}_2$$

步骤 3：定义 Lyapunov 函数

$$V_3=V_2+\frac{1}{2}z_3^2$$

则

$$\dot{V}_3=\dot{V}_2+z_3\dot{z}_3=-c_1z_1^2-c_2z_2^2+z_2z_3+z_3\dot{z}_3$$

取 $z_4=f(\omega)-\alpha_3$，则

$\dot{z}_3=z_4+\alpha_3-\theta_1$

$\dot{V}_3=\dot{V}_2+z_3\dot{z}_3=-c_1z_1^2-c_2z_2^2+z_2z_3+\eta_1k_u\varepsilon_1+z_3\left(z_4+\alpha_3-\theta_1-\frac{\partial\alpha_2}{\partial x_2}d\right)$

取 $\alpha_3=-z_2-c_3z_3+\theta_1$，其中，$c_3>0$。则

$$\dot{V}_3=\dot{V}_2+z_3\dot{z}_3=-c_1z_1^2-c_2z_2^2-c_3z_3^2+z_3z_4$$

由于 $\dot{z}_4=\dot{f}(\omega)-\dot{\alpha}_3=\frac{\partial f(\omega)}{\partial\omega}\dot{\omega}-\dot{\alpha}_3=U-\dot{\alpha}_3$，可见，$\alpha_3$ 为 x_1、x_2、y_d、$\dot{y}_d$ 和 $\ddot{y}_d$ 的函数，则

$$\dot{\alpha}_3=\frac{\partial\alpha_3}{\partial x_1}x_2+\frac{\partial\alpha_3}{\partial x_2}g(v)+\frac{\partial\alpha_3}{\partial g(v)}f(\omega)+\frac{\partial\alpha_3}{\partial y_d}\dot{y}_d+\frac{\partial\alpha_3}{\partial\dot{y}_d}\ddot{y}_d+\frac{\partial\alpha_3}{\partial\ddot{y}_d}\dddot{y}_d+\frac{\partial\alpha_3}{\partial\dddot{y}_d}\ddddot{y}_d=\theta_2$$

步骤 4：定义 Lyapunov 函数

$$V_4=V_3+\frac{1}{2}z_4^2$$

则

$$\dot{V}_4=\dot{V}_3+z_4\dot{z}_4=-c_1z_1^2-c_2z_2^2-c_3z_3^2+z_3z_4+z_4(U-\theta_2)$$

设计控制律为

$$U=\theta_2-z_3-c_4z_4 \tag{2.19}$$

其中，$c_4>0$。则

$$\dot{V}_4=-c_1z_1^2-c_2z_2^2-c_3z_3^2-c_4z_4^2\leqslant-C_mV_4$$

其中，$C_m=2\min\{c_1,c_2,c_3,c_4\}$。

$$V_4(t)\leqslant e^{-C_mt}V_4(0)$$

说明 $V_4(t)$指数收敛，即 $z_i(i=1,2,3,4)$指数收敛，则 $t\to\infty$时，$x_1\to y_d$，$x_2\to\dot{y}_d$，且指数收敛，且$|u(t)|\leqslant u_M$，$|\dot{u}(t)|\leqslant v_M$。

2.4.4 仿真实例

针对被控对象式(2.14),位置指令为 $y_d(t)=\sin t$,被控对象的初始值为[0.5,0],$u_M=3.0$,$v_M=3.0$。控制律为式(2.15),采用式(2.16)求 ω 和 v,取 $c_1=3$,$c_2=2$,$c_3=1.5$,$c_4=1.5$,仿真结果如图 2.9～图 2.11 所示。

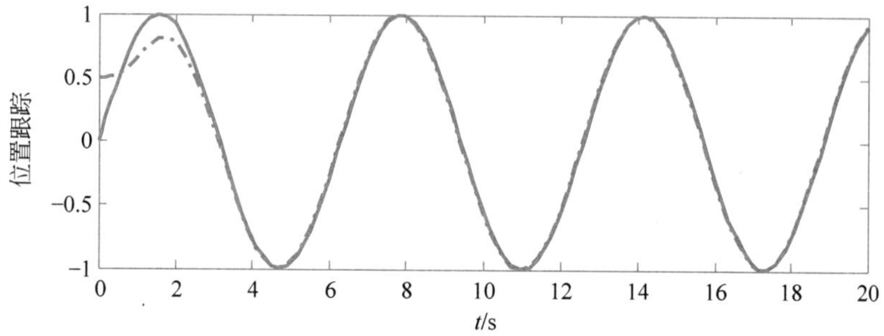

(a) 位置跟踪

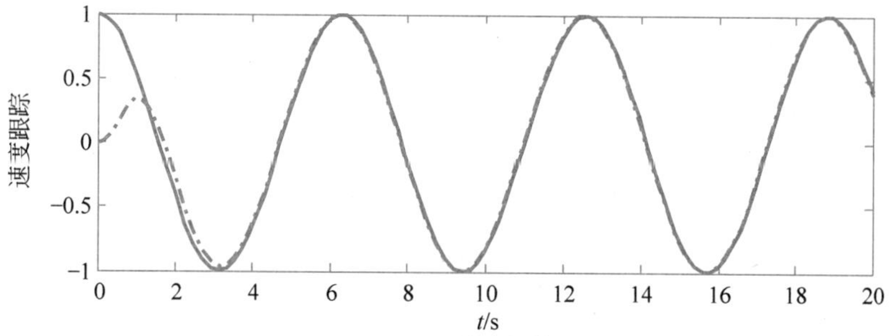

(b) 速度跟踪

图 2.9 针对被控对象式(2.14)的位置和速度跟踪

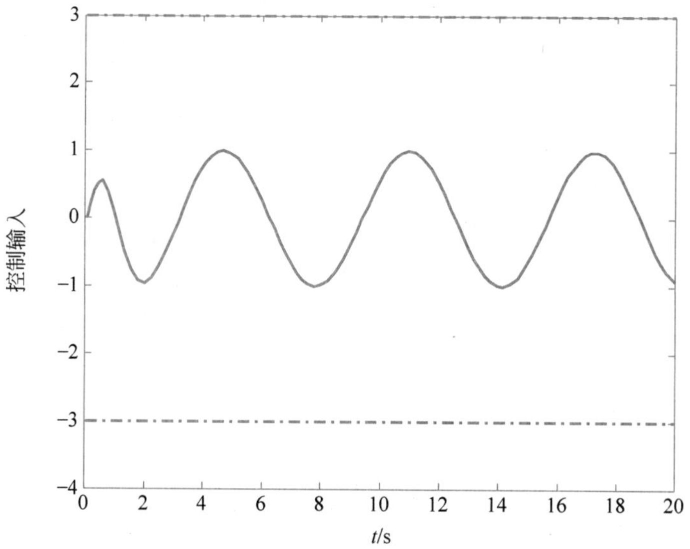

图 2.10 针对被控对象式(2.14)的控制输入

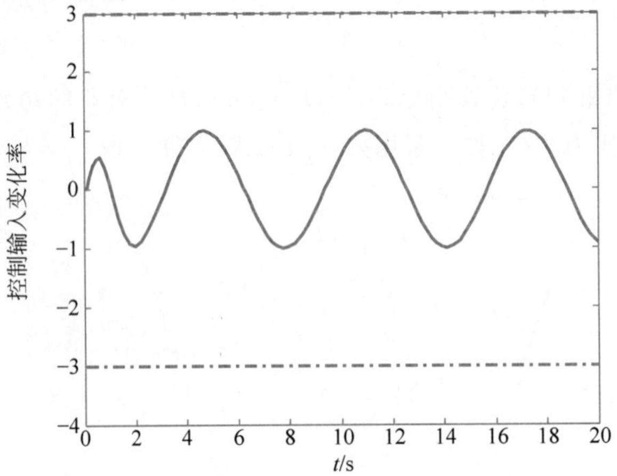

图 2.11　针对被控对象式(2.14)的控制输入变化率

仿真程序：

(1) Simulink 主程序：chap2_3sim.mdl。

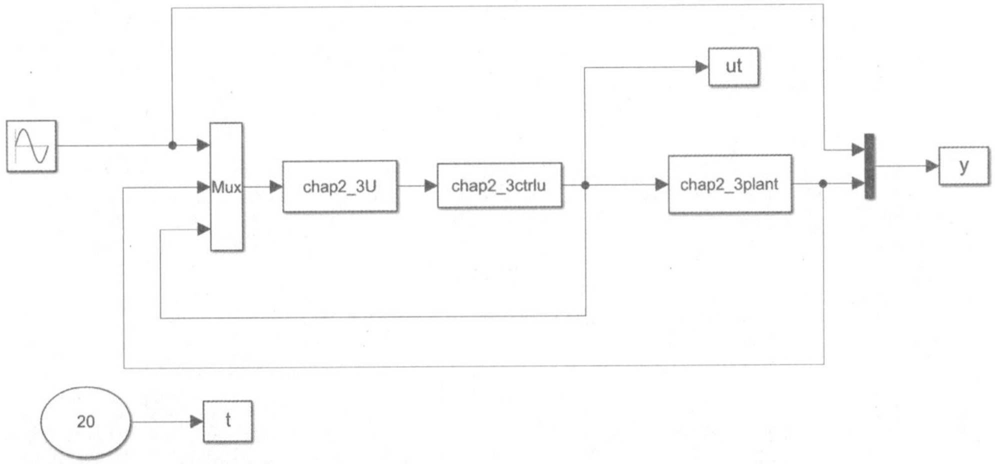

(2) 被控对象 S 函数：chap2_3plant.m。

(3) 控制律的 S 函数：chap2_3ctrlu.m。

(4) 控制律 U 的 S 函数：chap2_3U.m。

(5) 作图程序：chap2_3plot.m。

思考题

1. 控制输入受限问题有何特点？分析其优点和缺点。

2. 控制输入受限问题是怎么引起的？简述其工程意义。

3. 作出包含控制输入受限问题的控制系统框图和算法流程图。

4. 控制输入受限与控制输入饱和有何区别？二者在控制律设计上有何不同？

5. 在本章所介绍的控制输入受限的控制律中，影响控制性能的参数有哪些？如何调整这些参数使控制性能得到提升？

6. 如果控制输入受限幅值或变化率是时变的，如何设计控制律及分析？

7. 当前解决控制输入受限及其变化率问题有哪些方法？每种方法有何优点和局限性？

8. 式(2.3)中，如果转动惯量 J 未知，如何设计输入受限控制算法？

9. 式(2.3)中，如果带有输入扰动，如何设计输入受限控制算法？

10. 如果将模型式(2.3)改为欠驱动系统，并以飞行器或机械手为对象，如何设计控制器实现控制输入受限？如何进行稳定性分析？

参考文献

[1] AMIT A. Simple tracking controllers for autonomous VTOL aircraft with bounded inputs[J]. IEEE Transactions on Automatic Control，2010，55(3)：737-743.

[2] PETROS A I，SUN J. Robust adaptive control[M]. New Jersey：PTR Prentice-Hall，1996：75-76.

[3] KHALIL H K. Nonlinear Systems，非线性系统[M]. 3 版. 北京：电子工业出版社，2011.

第3章 控制系统输出受限控制

CHAPTER 3

输出受限的控制问题一直是控制理论界和工程应用中备受关注的领域之一。实际控制系统中，为保证系统的安全性，通常会对系统输出值的上下界做出严格限制，或要求系统输出超调量在一定范围内，超调量过大往往意味着系统处于不理想的运行状态，某些情况下会对该系统本身产生不可预知的影响。基于输出受限的控制系统如图3.1所示。

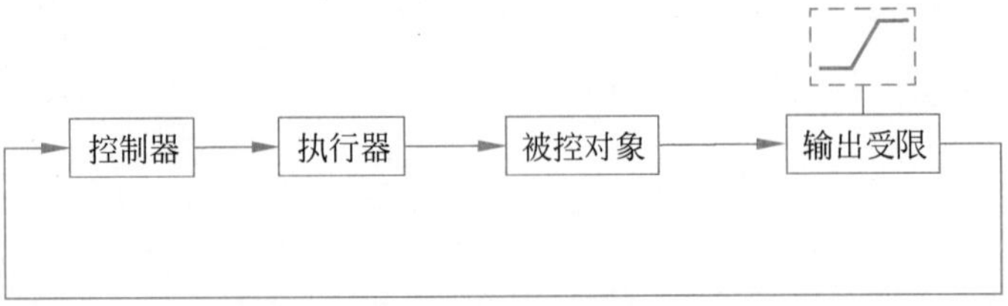

图3.1 基于输出受限的控制系统

本章以电机-负载为被控对象，讨论控制系统输出受限下的控制器设计方法。

3.1 输出受限引理

引理3.1[1] 针对误差系统

$$\dot{\boldsymbol{z}}=\boldsymbol{f}(t,\boldsymbol{z}) \tag{3.1}$$

其中，$\boldsymbol{z}=[z_1,z_2]^{\mathrm{T}}$。存在连续可微并正定的函数 V_1 和 V_2，$k_{\mathrm{b}}>0$，位置输出为 x_1，定义位置误差 $z_1=x_1-y_{\mathrm{d}}$，满足

(1) 当 $z_1\to -k_{\mathrm{b}}$ 或 $z_1\to k_{\mathrm{b}}$ 时，有 $V_1(z_1)\to\infty$；

(2) $\gamma_1(\|z_2\|)\leqslant V_2(z_2)\leqslant\gamma_2(\|z_2\|)$，$\gamma_1$ 和 γ_2 为 K_∞ 类函数。

假设 $|z_1(0)|<k_{\mathrm{b}}$，取 $V(\boldsymbol{z})=V_1(z_1)+V_2(z_2)$，如果满足

$$\dot{V}=\frac{\partial V}{\partial \boldsymbol{x}}\boldsymbol{f}\leqslant 0$$

则 $|z_1(t)|<k_{\mathrm{b}}$，$\forall t\in[0,\infty)$。

针对引理3.1，通过仿真实例加以说明，考虑如下对称Barrier Lyapunov函数：

$$V=\frac{1}{2}\ln\frac{k_{\mathrm{b}}^2}{k_{\mathrm{b}}^2-z_1^2} \tag{3.2}$$

其中，ln(·)为自然对数。

可见，该 Lyapunov 函数满足 $V(0)=0, V(x)>0(x\neq 0)$ 的 Lyapunov 设计原理。

取 $z_1(0)=0.5$，由 $|z_1(0)|<k_b$，可取 $k_b=0.51$，对称 Barrier Lyapunov 函数的输入输出结果如图 3.2 所示。

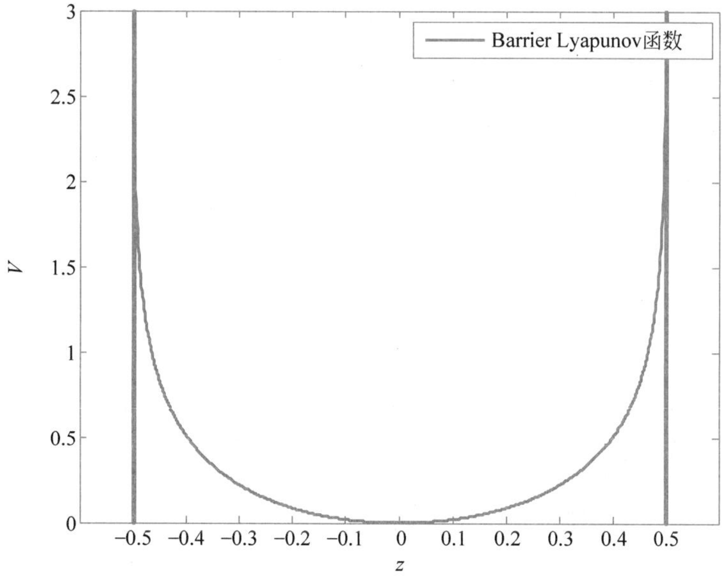

图 3.2　针对引理 3.1 的对称 Barrier Lyapunov 函数

仿真程序：chap3_1.m。

3.2　位置输出受限控制

3.2.1　系统描述

被控对象为

$$\begin{cases}\dot{x}_1=x_2\\ \dot{x}_2=f(x)+bu\end{cases}\tag{3.3}$$

控制任务为通过控制律的设计，实现 $|x_1(t)|<k_c, \forall t\geqslant 0$。

3.2.2　控制器的设计

定义位置误差为

$$z_1=x_1-y_d\tag{3.4}$$

其中，y_d 为位置信号 x_1 的指令。

当 $|z_1(t)|<k_b$ 时，有 $-k_b<x_1-y_d<k_b$，即

$$-k_b+y_{dmin}<x_1<k_b+y_{dmax}$$

则可通过 k_b 的设定，实现 $|x_1(t)|<k_c$，$\forall t\geqslant 0$，$k_c=\max\{|-k_b+y_{d\min}|,|k_b+y_{d\max}|\}$。

在证明 $|z_1(0)|<k_b$ 时，需要通过控制律设计实现 $|z_1(t)|<k_b$，$\forall t\geqslant 0$。采用反演控制方法，设计步骤如下。

步骤 1：由定义可得 $\dot{z}_1=x_2-\dot{y}_d$，定义 $z_2=x_2-\alpha$，其中 α 为待设计的稳定函数。

为了实现 $|z_1|<k_b$，$\forall t>0$，定义如下对称 Barrier Lyapunov 函数：

$$V_1=\frac{1}{2}\ln\frac{k_b^2}{k_b^2-z_1^2} \tag{3.5}$$

其中，ln(·)为自然对数。则

$$\dot{V}_1=\frac{z_1\dot{z}_1}{k_b^2-z_1^2}=\frac{z_1(x_2-\dot{y}_d)}{k_b^2-z_1^2}=\frac{z_1(z_2+\alpha-\dot{y}_d)}{k_b^2-z_1^2}$$

设计稳定函数 α 为

$$\alpha=-(k_b^2-z_1^2)k_1z_1+\dot{y}_d \tag{3.6}$$

其中，$k_1>0$。则

$$\dot{\alpha}=2k_1\dot{z}_1z_1^2-(k_b^2-z_1^2)k_1\dot{z}_1+\ddot{y}_d$$

将上式代入 $\dot{V}_1$ 中，可得

$$\dot{V}_1=-k_1z_1^2+\frac{z_1z_2}{k_b^2-z_1^2}$$

如果 $z_2=0$，则 $\dot{V}_1\leqslant -k_1z_1^2$。此时，需要进行下一步设计。

步骤 2：由于 x_2 不受限，则可定义 Lyapunov 函数为

$$V=V_1+V_2 \tag{3.7}$$

其中，$V_2=\frac{1}{2}z_2^2$。由于

$$\dot{z}_2=\dot{x}_2-\dot{\alpha}=f(x)+bu-\dot{\alpha}$$

则

$$\dot{V}=\dot{V}_1+z_2\dot{z}_2=-k_1z_1^2+\frac{z_1z_2}{k_b^2-z_1^2}+z_2(f(x)+bu-\dot{\alpha})$$

设计控制律为

$$u=\frac{1}{b}\left(-f(x)+\dot{\alpha}-k_2z_2-\frac{z_1}{k_b^2-z_1^2}\right) \tag{3.8}$$

其中，$k_2>0$。则

$$\dot{V}=-k_1z_1^2-k_2z_2^2\leqslant 0$$

根据引理 3.1，可得 $|z_1|<k_b$，从而 $|x_1(t)|<k_c$，$\forall t>0$，同时实现 $t\to\infty$ 时，$x_1\to y_d$，$x_2\to\dot{y}_d$。

3.2.3 仿真实例

被控对象取

$$\begin{cases}\dot{x}_1 = x_2 \\ \dot{x}_2 = -25x_2 + 133u\end{cases}$$

其中，初始状态为[0.50,0]。

位置指令为 $x_d(t)=\sin t$，则 $z_1(0)=x_1(0)-x_d(0)=0.5$，由 $|z_1(0)|<k_b$，可取 $k_b=0.51$，即将 x_1 限制在[-1.51,1.51]之内。按式(3.5)设计 V_1。采用控制律式(3.8)，取 $k_1=k_2=10$，仿真结果如图3.3～图3.7所示。

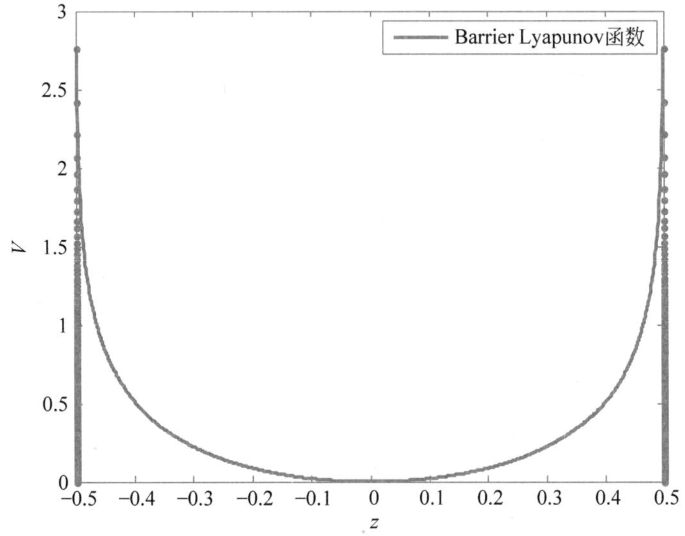

图3.3 按式(3.5)设计 V_1 的对称 Barrier Lyapunov 函数

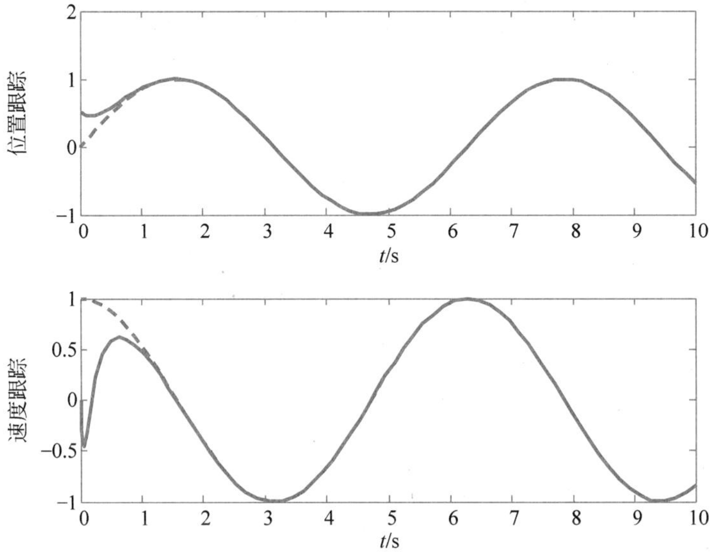

图3.4 位置和速度跟踪

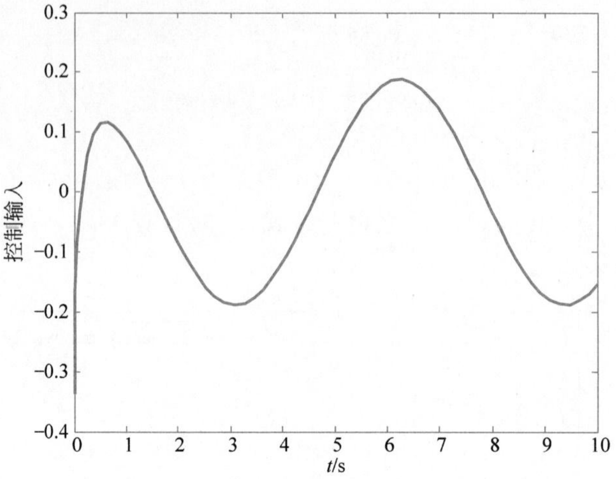

图 3.5　按式(3.5)设计 V_1 的控制输入

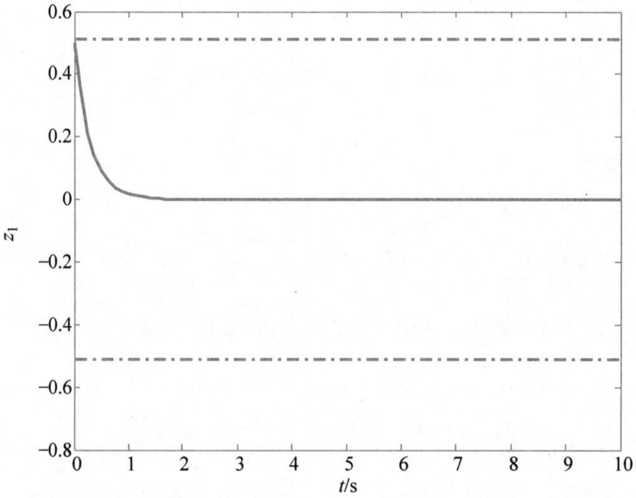

图 3.6　按式(3.5)设计 V_1 的 $z_1(t)$的变化

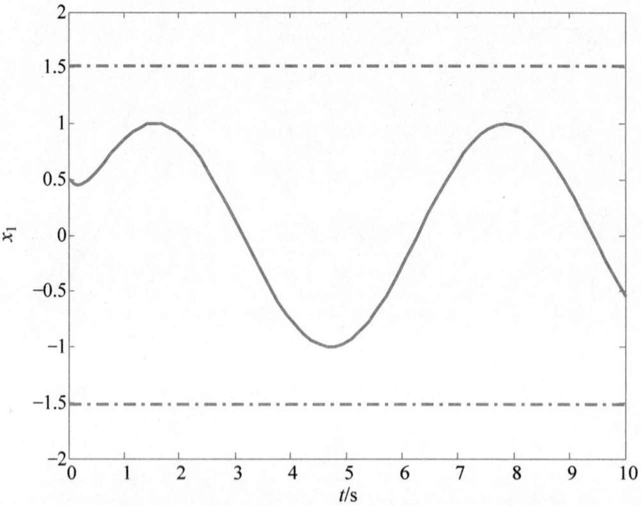

图 3.7　按式(3.5)设计 V_1 的 $x_1(t)$的变化

仿真程序：

(1) Simulink 主程序：chap3_2sim. mdl。

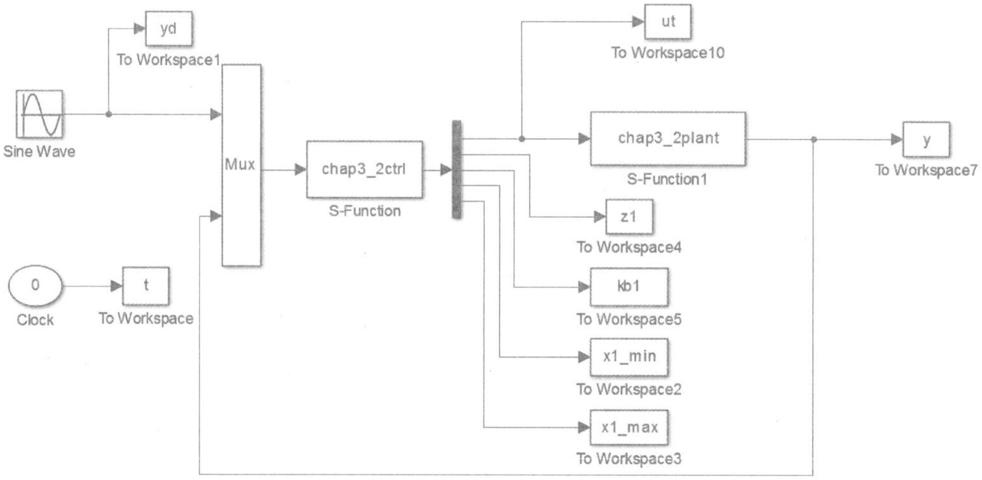

(2) 控制器子程序：chap3_2ctrl. m。

(3) 被控对象程序：chap3_2plant. m。

(4) 作图程序：chap3_2plot. m。

3.3 位置及速度输出受限的控制

3.3.1 多状态输出受限引理

引理 3.2[2] 针对误差动态系统

$$\dot{\boldsymbol{z}}=\boldsymbol{f}(t,\boldsymbol{z})$$

其中，$\boldsymbol{z}=[z_1,\dot{z}_1]^{\mathrm{T}}$。

存在连续可微并正定的函数 V_1 和 V_2，$k_{bi}>0$，$i=1,2$。位置为 x_1，速度为 x_2，定义位置误差 $z_1=x_1-y_d$，速度误差 $z_2=x_2-\dot{y}_d$，满足 $z_i\rightarrow -k_{bi}$ 或 $z_i\rightarrow k_{bi}$ 时，有 $V_i(z_i)\rightarrow\infty$。

假设 $|z_1(0)|<k_{bi}$，取 $V(\boldsymbol{z})=V_1(z_1)+V_2(\dot{z}_1)$，如果满足

$$\dot{V}=\frac{\partial V}{\partial \boldsymbol{x}}\boldsymbol{f}\leqslant 0$$

则 $|z_i(t)|<k_{bi}$，$\forall t\in[0,\infty)$。

3.3.2 系统描述

被控对象为

$$\begin{cases}\dot{x}_1=x_2\\ \dot{x}_2=f(x)+bu\end{cases}\tag{3.9}$$

控制任务为通过控制律的设计，实现 $|x_1(t)|<k_{c1}$，$|x_2(t)|<k_{c2}$，$\forall t\geqslant 0$。

3.3.3 控制器设计与分析

定义位置误差为

$$z_1 = x_1 - y_d \tag{3.10}$$

其中，y_d 为位置信号 x_1 的指令。

定义速度误差为 $z_2 = \dot{z}_1 = x_2 - \dot{y}_d$，$\dot{y}_d$ 为速度信号 x_2 的指令，则 $\dot{z}_2 = \dot{x}_2 - \ddot{y}_d = f(x) + bu - \ddot{y}_d$。

当 $|z_1(t)| < k_{b1}$ 时，有 $-k_{b1} < x_1 - y_d < k_{b1}$，即

$$-k_{b1} + y_{dmin} < x_1 < k_{b1} + y_{dmax}$$

当 $|z_2(t)| < k_{b2}$ 时，有 $-k_{b2} < x_2 - \dot{y}_d < k_{b2}$，即

$$-k_{b2} + \dot{y}_{dmin} < x_2 < k_{b2} + \dot{y}_{dmax}$$

则可通过 k_{b1} 和 k_{b2} 的设定，实现 $|x_1(t)| < k_{c1}$，$|x_2(t)| < k_{c2}$，$\forall t \geqslant 0$，$k_{c1} = \max\{|-k_{b1} + y_{dmin}|, |k_{b1} + y_{dmax}|\}$，$k_{c2} = \max\{|-k_{b1} + \dot{y}_{dmin}|, |k_{b2} + \dot{y}_{dmax}|\}$。$k_{c1}$ 和 k_{c2} 为正实数，可根据经验设定。

控制任务为通过控制律的设计，实现 x_1 和 x_2 的跟踪，并保证 x_1 和 x_2 的受限。

在证明 $|z_i(0)| < k_{bi}$ 时，需要通过控制律设计实现 $|z_i(t)| < k_{bi}$，$\forall t \geqslant 0$。根据控制任务，定义如下对称 Barrier Lyapunov 函数：

$$V = \frac{1}{2}\ln\frac{k_{b1}^2}{k_{b1}^2 - z_1^2} + \frac{1}{2}\ln\frac{k_{b2}^2}{k_{b2}^2 - z_2^2} + \frac{1}{2}z_1^2 + \frac{1}{2}z_2^2 \tag{3.11}$$

其中，ln(·)为自然对数。则

$$\begin{aligned}
\dot{V} &= \frac{1}{2}\frac{k_{b1}^2 - z_1^2}{k_{b1}^2} \times \left(\frac{k_{b1}^2}{k_{b1}^2 - z_1^2}\right)' + \frac{1}{2}\frac{k_{b2}^2 - z_2^2}{k_{b2}^2} \times \left(\frac{k_{b2}^2}{k_{b2}^2 - z_2^2}\right)' + \dot{z}_1 z_1 + \dot{z}_2 z_2 \\
&= \frac{z_1 \dot{z}_1}{k_{b1}^2 - z_1^2} + \frac{z_2 \dot{z}_2}{k_{b2}^2 - z_2^2} + \dot{z}_1 z_1 + \dot{z}_2 z_2 \\
&= \frac{z_1 \dot{z}_1}{k_{b1}^2 - z_1^2} + \frac{\dot{z}_1 \dot{z}_2}{k_{b2}^2 - z_2^2} + \dot{z}_1 z_1 + \dot{z}_2 z_2 \\
&= \dot{z}_1\left(\frac{z_1}{k_{b1}^2 - z_1^2} + \frac{1}{k_{b2}^2 - z_2^2}(f(x) + bu - \ddot{y}_d) + z_1 + (f(x) + bu - \ddot{y}_d)\right) \\
&= \dot{z}_1\left(\frac{z_1}{k_{b1}^2 - z_1^2} + \frac{1}{k_{b2}^2 - z_2^2}(f(x) - \ddot{y}_d) + \left(\frac{b}{k_{b2}^2 - z_2^2} + b\right)u + z_1 + f(x) - \ddot{y}_d\right)
\end{aligned}$$

设计控制律为

$$u = \frac{1}{\dfrac{b}{k_{b2}^2 - z_2^2} + b}\left(-\frac{z_1}{k_{b1}^2 - z_1^2} - \frac{1}{k_{b2}^2 - z_2^2}(f(x) - \ddot{y}_d) - z_1 - f(x) + \ddot{y}_d - k\dot{z}_1\right) \tag{3.12}$$

其中，$k > 0$。

$$\dot{V} = -k\dot{z}_1^2 \leqslant 0$$

根据引理 3.2，可得 $|z_1| < k_{b1}$，$|z_2| < k_{b2}$，从而可保证 $|x_1(t)| < k_{c1}$，$|x_2(t)| < k_{c2}$，$\forall t > 0$，且 z_1 和 z_2 有界，$t \to \infty$ 时，$x_2 \to \dot{y}_d$。

3.3.4 仿真实例

被控对象取

$$\begin{cases}\dot{x}_1 = x_2 \\ \dot{x}_2 = -25x_2 + 133u\end{cases}$$

其中,初始状态为[0.50,0.5]。

位置指令为 $y_d(t)=\sin t$,则 $z_1(0)=x_1(0)-y_d(0)=0.5$,$z_2(0)=x_2(0)-\dot{y}_d(0)=0.5-1=-0.50$,由 $|z_1(0)|<k_{b1}$,可取 $k_{b1}=0.51$,由 $|z_2(0)|<k_{b2}$,可取 $k_{b2}=0.51$,即将 x_1 限制在[−1.51,1.51]之内,将 x_2 限制在[−1.51,1.51]之内。采用控制律式(3.12),取 $k=10$,仿真结果如图 3.8～图 3.10 所示。

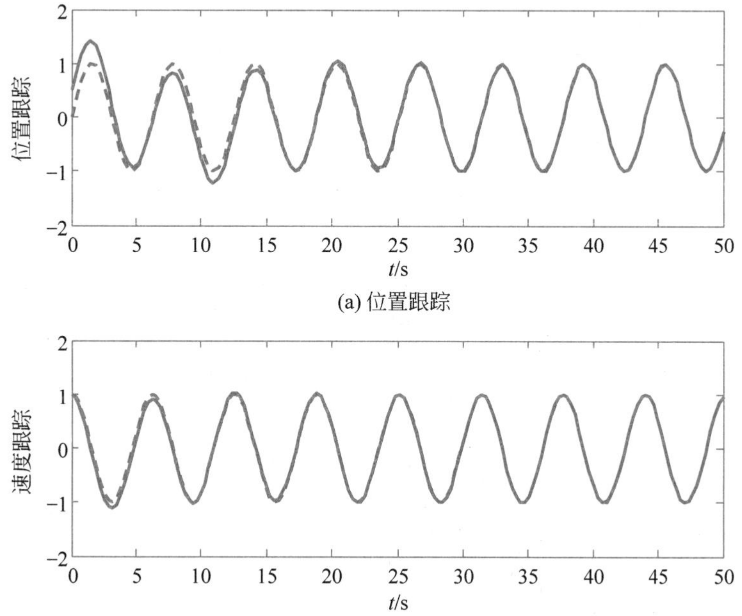

(a) 位置跟踪

(b) 速度跟踪

图 3.8 采用控制律式(3.12)的位置和速度跟踪

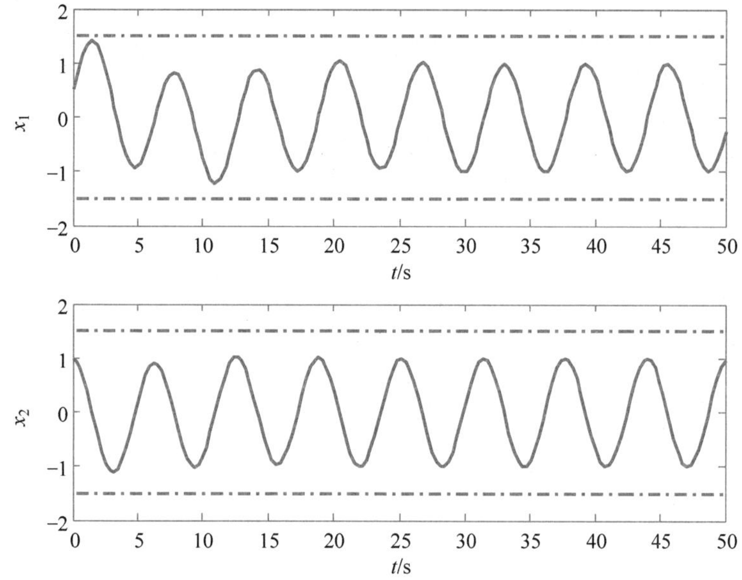

图 3.9 $x_1(t)$和 $x_2(t)$随时间的变化

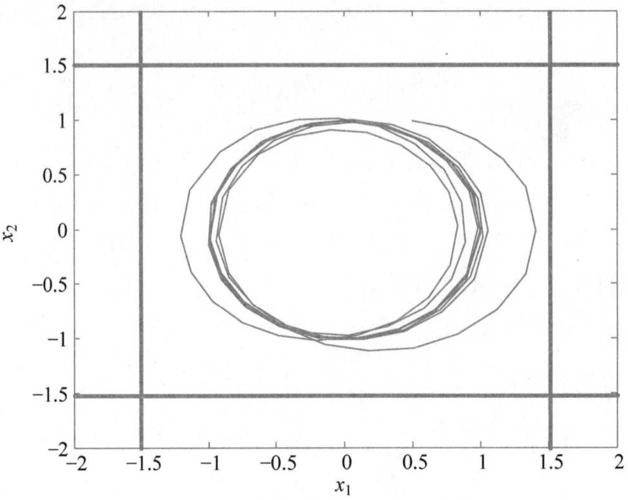

图 3.10　$x_1(t)$和 $x_2(t)$的变化范围

仿真程序：

(1) Simulink 主程序：chap3_3sim.mdl。

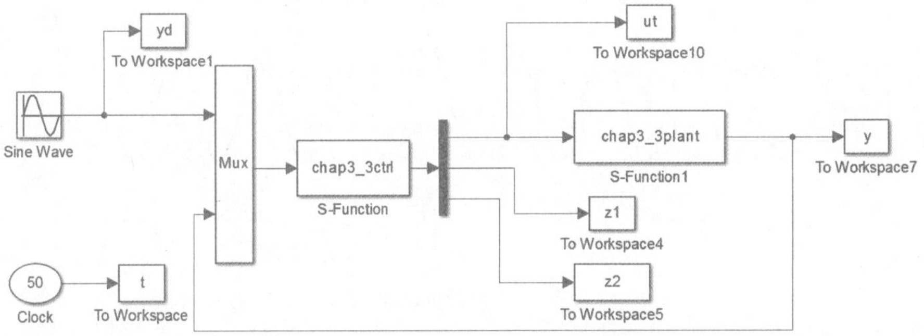

(2) 控制器子程序：chap3_3ctrl.m。

(3) 被控对象程序：chap3_3plant.m。

(4) 作图程序：chap3_3plot.m。

3.4 输出和输入同时受限下的控制

3.4.1 系统描述

被控对象为

$$\begin{cases}\dot{x}_1=x_2\\ \dot{x}_2=f(x)+u(t)+d(t)\end{cases}\tag{3.13}$$

其中，$|d(t)|\leqslant D$。

考虑如下双曲正切光滑函数：

$$g(v)=u_{\mathrm{M}}\tanh\left(\frac{v}{u_{\mathrm{M}}}\right)=u_{\mathrm{M}}\frac{\mathrm{e}^{v/u_{\mathrm{M}}}-\mathrm{e}^{-v/u_{\mathrm{M}}}}{\mathrm{e}^{v/u_{\mathrm{M}}}+\mathrm{e}^{-v/u_{\mathrm{M}}}}$$

引理 3.3[3] 对于 $k_b>0$，如果下面不等式成立，则 $|x|<k_b$。

$$\ln\frac{\boldsymbol{k}_b^T\boldsymbol{k}_b}{\boldsymbol{k}_b^T\boldsymbol{k}_b-\boldsymbol{x}^T\boldsymbol{x}}\leqslant\frac{\boldsymbol{x}^T\boldsymbol{x}}{\boldsymbol{k}_b^T\boldsymbol{k}_b-\boldsymbol{x}^T\boldsymbol{x}}$$

3.4.2 控制器设计

控制律设计为

$$u(t)=g(v)=u_M\tanh\left(\frac{v}{u_M}\right)\tag{3.14}$$

其中，$u_M>0$。则控制律的设计任务转化为 $g(v)$ 的设计，即 v 的设计。

设计稳定的辅助系统为

$$\dot{v}=\left(\frac{\partial g}{\partial v}\right)^{-1}\omega\tag{3.15}$$

其中，ω 为辅助信号。则控制律的设计任务转化为 ω 的设计。

3.4.3 基于反演的控制算法设计

基本的反演控制方法设计步骤如下。

步骤 1：定义位置误差为

$$z_1=x_1-y_d$$

其中，y_d 为指令信号。则

$$\dot{z}_1=\dot{x}_1-\dot{y}_d=x_2-\dot{y}_d$$

定义虚拟控制量为

$$\alpha_1=-c_1z_1\tag{3.16}$$

其中，$c_1>0$。

定义

$$z_2=x_2-\alpha_1-\dot{y}_d$$

为实现 $|z_1|<b$，$\forall t>0$，定义基于 Barrier 的 Lyapunov 函数：

$$V_1=\frac{1}{2}\ln\frac{b^2}{b^2-z_1^2}$$

其中，$b>0$。则

$$\dot{V}_1=\frac{1}{2}\frac{b^2-z_1^2}{b^2}\frac{-b^2(-2z_1\dot{z}_1)}{(b^2-z_1^2)^2}=\frac{z_1\dot{z}_1}{b^2-z_1^2}=\frac{z_1}{b^2-z_1^2}(z_2+\alpha_1)$$

由于 $b^2-z_1^2>0$，如果 $z_2=0$，则 $\dot{V}_1=-c_1z_1^2\leqslant0$，为此，需要进行下一步设计。

步骤 2：定义 Lyapunov 函数：

$$V_2=V_1+\frac{1}{2}z_2^2$$

则

$$\dot{z}_2=\dot{x}_2-\dot{\alpha}_1-\ddot{y}_d=f(x)+g(v)+d-\dot{\alpha}_1-\ddot{y}_d$$

为实现式(3.14)形式的按指定方式的有界控制输入，引入虚拟项 α_2，将 $u(t)$ 按 α_2 设计，即令 $z_3=g(v)-\alpha_2$，通过辅助系统 $\dot{v}=\left(\frac{\partial g}{\partial v}\right)^{-1}\omega$ 来保证控制律 $u(t)$ 实现。从而

$$\dot{z}_2=f(x)+z_3+\alpha_2+d-\dot{\alpha}_1-\ddot{y}_d$$

则

$$\dot{V}_2=\dot{V}_1+z_2\dot{z}_2=-\frac{c_1z_1^2}{b^2-z_1^2}+\frac{z_1}{b^2-z_1^2}z_2+z_2(f(x)+z_3+\alpha_2+d-\dot{\alpha}_1-\ddot{y}_d)$$

定义虚拟控制律为

$$\alpha_2=-f(x)-(c_2+l)z_2-\frac{z_1}{b^2-z_1^2}+\dot{\alpha}_1+\ddot{y}_d \tag{3.17}$$

其中，$l>0$。

$$\dot{V}_2=-\frac{c_1z_1^2}{b^2-z_1^2}+z_2(z_3-(c_2+l)z_2+d)=-\frac{c_1z_1^2}{b^2-z_1^2}-c_2z_2^2+z_2(z_3-lz_2+d)$$

$$\leqslant-\frac{c_1z_1^2}{b^2-z_1^2}-c_2z_2^2-lz_2^2+z_2z_3+lz_2^2+\frac{1}{4l}d^2=-\frac{c_1z_1^2}{b^2-z_1^2}-c_2z_2^2+z_2z_3+\frac{1}{4l}d^2$$

其中，$z_2d\leqslant lz_2^2+\frac{1}{4l}d^2$。

将式(3.17)展开得

$$\alpha_2=-f(x)-(c_2+l)(x_2+c_1x_1-c_1y_d-\dot{y}_d)-\frac{x_1-y_d}{b^2-(x_1-y_d)^2}-c_1(x_2-\dot{y}_d)+\ddot{y}_d$$

可见，α_2 为 x_1、x_2、y_d、$\dot{y}_d$ 和 $\ddot{y}_d$ 的函数，则

$$\dot{\alpha}_2=\frac{\partial\alpha_2}{\partial x_1}x_2+\frac{\partial\alpha_2}{\partial x_2}(f(x)+u+d)+\frac{\partial\alpha_2}{\partial y_d}\dot{y}_d+\frac{\partial\alpha_2}{\partial\dot{y}_d}\ddot{y}_d+\frac{\partial\alpha_2}{\partial\ddot{y}_d}\dddot{y}_d=\frac{\partial\alpha_2}{\partial x_2}d+\beta$$

其中，$u=g(v)$，$\beta=\frac{\partial\alpha_2}{\partial x_1}x_2+\frac{\partial\alpha_2}{\partial x_2}(f(x)+g(v))+\frac{\partial\alpha_2}{\partial y_d}\dot{y}_d+\frac{\partial\alpha_2}{\partial\dot{y}_d}\ddot{y}_d+\frac{\partial\alpha_2}{\partial\ddot{y}_d}\dddot{y}_d$。

由于 $z_3=g(v)-\alpha_2$，则

$$\dot{z}_3=\frac{\partial g}{\partial v}\dot{v}-\dot{\alpha}_2=\omega-\frac{\partial\alpha_2}{\partial x_2}d-\beta \tag{3.18}$$

取

$$\omega=-c_3z_3+\frac{\partial\alpha_2}{\partial x_1}x_2+\frac{\partial\alpha_2}{\partial x_2}(f(x)+g(v))+\frac{\partial\alpha_2}{\partial y_d}\dot{y}_d+\frac{\partial\alpha_2}{\partial\dot{y}_d}\ddot{y}_d+\frac{\partial\alpha_2}{\partial\ddot{y}_d}\dddot{y}_d-z_2-l\left(\frac{\partial\alpha_2}{\partial x_2}\right)^2z_3 \tag{3.19}$$

其中，$c_3>0$。则

$$\dot{z}_3=-c_3z_3-z_2-l\left(\frac{\partial\alpha_2}{\partial x_2}\right)^2z_3-\frac{\partial\alpha_2}{\partial x_2}d$$

步骤 3：定义 Lyapunov 函数：

$$V_3=V_2+\frac{1}{2}z_3^2$$

根据引理 3.3，有 $\ln\dfrac{b^2}{b^2-z_1^2}\leqslant\dfrac{z_1^2}{b^2-z_1^2}$，则

$$-\frac{c_1z_1^2}{b^2-z_1^2}\leqslant -c_1\ln\frac{b^2}{b^2-z_1^2}$$

则

$$\dot V_3\leqslant -\frac{c_1z_1^2}{b^2-z_1^2}-c_2z_2^2+\frac{1}{4l}d^2+z_2z_3+z_3\dot z_3\leqslant -c_1\ln\frac{b^2}{b^2-z_1^2}-c_2z_2^2+z_2z_3+\frac{1}{4l}d^2+$$
$$z_3\left(-c_3z_3-z_2-l\left(\frac{\partial\alpha_2}{\partial x_2}\right)^2z_3-\frac{\partial\alpha_2}{\partial x_2}d\right)$$

根据 V_2 的定义，有 $-c_1\ln\dfrac{b^2}{b^2-z_1^2}-c_2z_2^2\leqslant -C_1V_2$，$C_1=2\min\{c_1,c_2\}>0$，则

$$\dot V_3\leqslant -C_1V_2+\frac{1}{4l}d^2+z_3\left(-c_3z_3-l\left(\frac{\partial\alpha_2}{\partial x_2}\right)^2z_3-\frac{\partial\alpha_2}{\partial x_2}d\right)$$

考虑 $-\dfrac{\partial\alpha_2}{\partial x_2}z_3d\leqslant l\left(\dfrac{\partial\alpha_2}{\partial x_2}z_3\right)^2+\dfrac{1}{4l}d^2$，则有

$$\dot V_3\leqslant -C_1V_2-c_3z_3^2+\frac{1}{2l}d^2$$

即

$$\dot V_3\leqslant -CV_3+\frac{1}{2l}D^2 \tag{3.20}$$

其中，$C=2\min\{c_1,c_2,c_3\}>0$。

不等式 $\dot V_3\leqslant -CV_3+\dfrac{1}{2l}D^2$ 的解为

$$V_3(t)\leqslant \mathrm{e}^{-C(t-t_0)}V_3(t_0)+\frac{1}{2l}D^2\int_{t_0}^{t}\mathrm{e}^{-C(t-\tau)}\mathrm{d}\tau=\mathrm{e}^{-C(t-t_0)}V_3(t_0)+\frac{1}{2lC}D^2(1-\mathrm{e}^{-C(t-t_0)})$$

其中，$\displaystyle\int_{t_0}^{t}\mathrm{e}^{-C(t-\tau)}\mathrm{d}\tau=\frac{1}{C}\int_{t_0}^{t}\mathrm{e}^{-C(t-\tau)}\mathrm{d}(-C(t-\tau))=\frac{1}{C}(1-\mathrm{e}^{-C(t-t_0)})$。

可见，闭环系统最终收敛误差取决于 C 和扰动的上界 D。当无扰动时，$D=0$，$V_3(t)\leqslant \mathrm{e}^{-C(t-t_0)}V_3(t_0)$，$V_3(t)$指数收敛，即 z_1 和 z_2 指数收敛，则 $t\to\infty$时，$x_1\to y_\mathrm{d}$，$x_2\to\dot y_\mathrm{d}$，且指数收敛，同时实现输入输出受限，即$|u(t)|\leqslant u_\mathrm{M}$，$|x_1-y_\mathrm{d}|<b$，$\forall t>0$。

3.4.4 仿真实例

被控对象为

$$\begin{cases}\dot x_1=x_2\\ \dot x_2=f(x)+u(t)+d(t)\end{cases}$$

其中，$f(x)=-10x_2$，$d(t)=0.2\sin t$。

取位置指令为 $y_\mathrm{d}=0.1\sin t$，由于$|x_1-y_\mathrm{d}|<b$，取 $b=1.0$，则的 x_1 初始误差一定在 b 之内，被控对象的初始值取为[0.15,0]。取 $u_\mathrm{M}=10$，采用式(3.15)求 v，采用式(3.19)求 ω，采用控制律式(3.14)，取 $l=0.50$，$c_1=15$，$c_2=5$，$c_3=5$，仿真结果如图 3.11～图 3.13 所示。

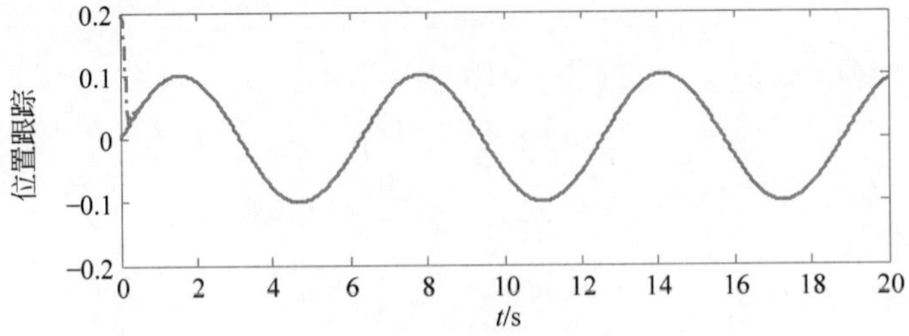

(a) 位置跟踪

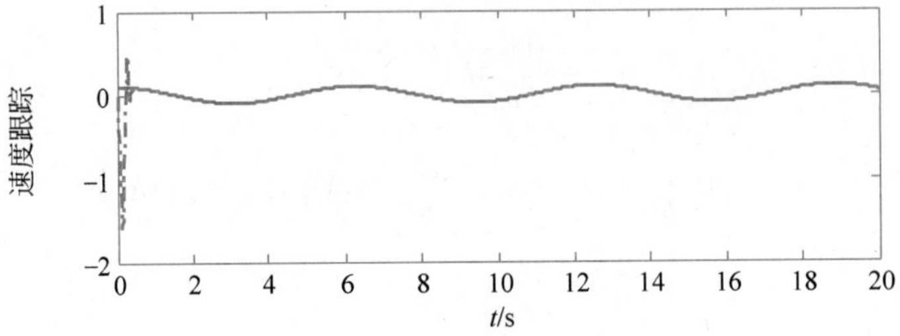

(b) 速度跟踪

图 3.11　采用控制律式(3.14)的位置和速度跟踪

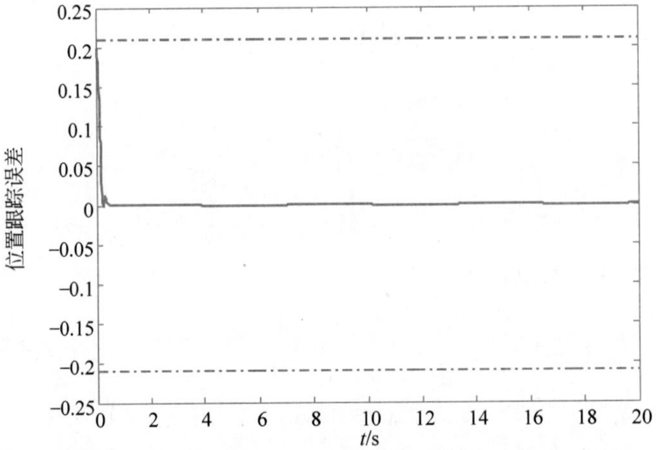

图 3.12　位置跟踪误差

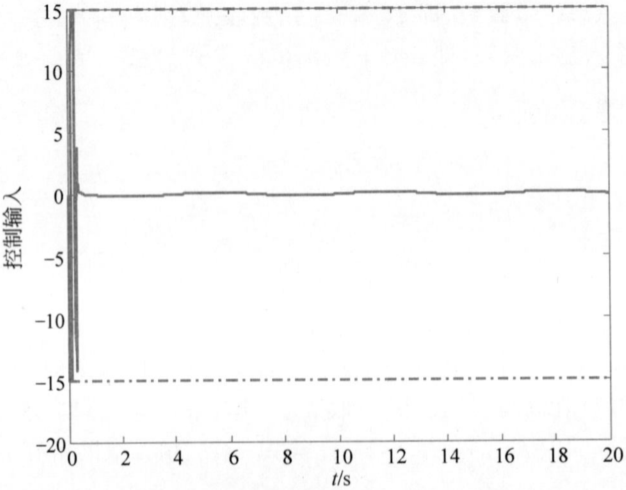

图 3.13　采用控制律式(3.14)的控制输入

仿真程序：

（1）Simulink 主程序：chap3_4sim.mdl。

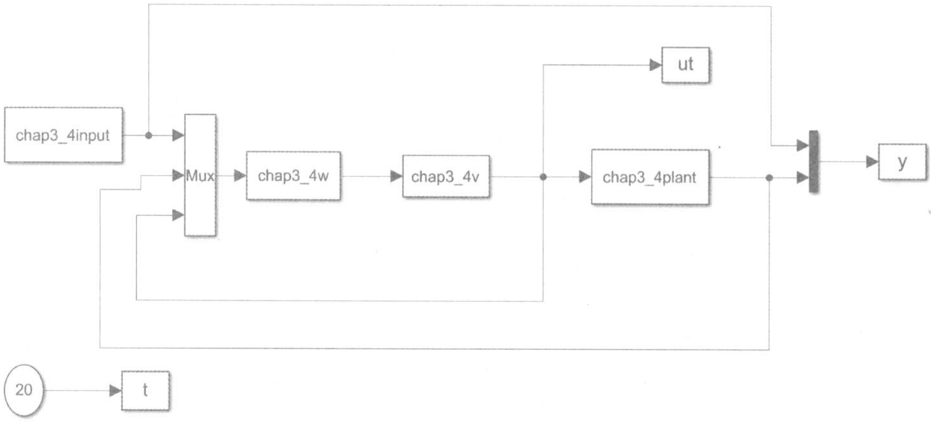

（2）指令输入 S 函数：chap3_4input.m。

（3）被控对象 S 函数：chap3_4plant.m。

（4）控制器 v 的 S 函数：chap3_4v.m。

（5）控制器 w 的 S 函数：chap3_4w.m。

（6）作图程序：chap3_4plot.m。

思考题

1. 控制输出受限问题有何特点？分析其优点和缺点。

2. 控制输出受限控制是怎么引起的？简述其工程意义。

3. 作出包含控制输出受限的控制系统框图和算法流程图。

4. 为何通过 Barrier Lyapunov 函数可实现控制输出受限？影响输出受限的关键参数是什么？

5. 当前解决控制输出受限问题有哪些方法？每种方法有何优点和局限性？

6. 在本章所介绍的控制输出受限的控制律中，影响控制性能的参数有哪些？如何调整这些参数使控制性能得到提升？

7. 如果控制输出受限幅值是时变的，如何设计控制律及分析？

8. 在模型式(3.3)中，如果 b 为未知实数，如何设计控制律实现输出受限？

9. 如果将模型式(3.3)改为欠驱动系统，并以飞行器或机器人为对象，如何设计控制器实现控制输出受限？如何进行稳定性分析？

参考文献

[1] TEE K P, GE S S, TAY E H. Barrier Lyapunov functions for the control of output-constrained nonlinear systems[J]. Automatica, 2009, 45: 918-927.

[2] TEE K P, GE S S. Control of nonlinear systems with full state constraint using a Barrier Lyapunov

function[C]//Joint 48th IEEE Conference on Decision and Control and 28th Chinese Control Conference. Piscataway: IEEE Press, 2009.

[3] ZHAO Z, HE W, GE S S. Adaptive neural network control of a fully actuated marine surface vessel with multiple output constraints[J]. IEEE Transaction on Control System Technology, 2014, 22(4): 1536-1543.

第4章 基于量化的网络控制

CHAPTER 4

网络控制是控制理论的发展热点，在网络控制中，信道容量约束会产生量化等一系列问题，经量化后的系统应在通信速率尽可能小的情况下，仍保持系统稳定并满足可接受的控制精度。采用量化控制方法，将控制与通信相结合，来解决运用信息技术进行信号传输的控制问题。

目前，量化器有多种形式，例如，文献[1-2]设计了一种对数量化器，文献[3]设计了随机量化器。

控制输入量化是网络控制系统的常见形式，如图4.1所示。

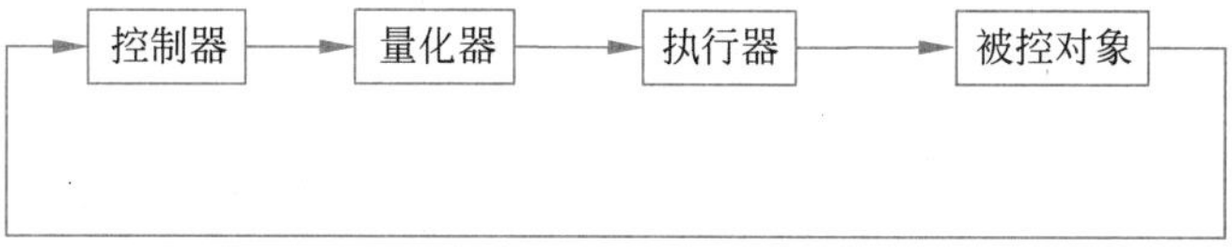

图4.1 针对控制输入信号的量化

4.1 基于控制输入随机量化的控制

4.1.1 系统描述

考虑如下模型：

$$\begin{cases}\dot{x}_1=x_2\\ \dot{x}_2=Q(u)+d(t)\end{cases} \tag{4.1}$$

其中，$Q(u)$为控制输入 u 的量化值，$\boldsymbol{x}=[x_1,x_2]^{\mathrm{T}}$，$d(t)$为扰动，$|d(t)|\leqslant D$。

取随机量化器为[3]

$$Q(u)=k\,\mathrm{round}\left(\frac{u}{k}\right) \tag{4.2}$$

其中，k 为量化水平。

x_1 的指令为 $x_{\mathrm{d}}=\sin t$，则误差及其导数为 $e=x_1-\sin t$，$\dot{e}=x_2-\cos t$。控制目标为位置及速度跟踪，即当 $t\to\infty$时，$e\to 0$，$\dot{e}\to 0$。

4.1.2 量化控制器设计与分析

令 $Q(u)=q_1(t)u+q_2(t)$[2]，取

$$q_1(t)=\begin{cases}\dfrac{Q(u(t))}{u(t)}, & |u(t)|\geqslant a\\ 1, & |u(t)|<a\end{cases} \tag{4.3}$$

$$q_2(t)=\begin{cases}0, & |u(t)|\geqslant a\\ Q(u(t))-u(t), & |u(t)|<a\end{cases} \tag{4.4}$$

由于量化过程符号不变，则 $q_1(t)>0$。由上式可见，$|u(t)|<a$ 时，$Q(u)$有界，则 $q_2(t)$有界，可取$|q_2(t)|\leqslant\bar{q}_2$。

取滑模函数为

$$s=ce+\dot{e}$$

其中，$c>0$。则

$$\dot{s}=c\dot{e}+\ddot{e}=Q(u)+d(t)-\ddot{x}_{\mathrm{d}}+c\dot{e}=q_1u+q_2+d(t)-\ddot{x}_{\mathrm{d}}+c\dot{e}$$

$$\begin{aligned}s\dot{s}&=s(q_1u+q_2+d(t)-\ddot{x}_{\mathrm{d}}+c\dot{e})\\&=sq_1u+sq_2+sd(t)+s(c\dot{e}-\ddot{x}_{\mathrm{d}})\\&\leqslant sq_1u+\frac{1}{2}s^2+\frac{1}{2}\bar{q}_2^2+sd(t)+s(c\dot{e}-\ddot{x}_{\mathrm{d}})\end{aligned}$$

取

$$\alpha=ls+\eta\operatorname{sgn}s+\frac{1}{2}s+c\dot{e}-\ddot{x}_{\mathrm{d}} \tag{4.5}$$

其中，$l>0,\eta\geqslant D+\eta_0,\eta_0>0$。则 $s\alpha=ls^2+\eta|s|+\frac{1}{2}s^2+s(c\dot{e}-\ddot{x}_{\mathrm{d}})$，即$\frac{1}{2}s^2+s(c\dot{e}-\ddot{x}_{\mathrm{d}})=s\alpha-ls^2-\eta|s|$，从而

$$s\dot{s}\leqslant sq_1u+\frac{1}{2}\bar{q}_2^2+sd(t)+s\alpha-ls^2-\eta|s|\leqslant-ls^2+s\alpha+sq_1u+\frac{1}{2}\bar{q}_2^2-\eta_0|s|$$

取时变增益 $\mu=\dfrac{1}{q_{1\min}}$，其中 $q_{1\min}$ 为 $q_1(t)$的下界，设计如下 Lyapunov 函数为

$$V=\frac{1}{2}s^2+\frac{1}{2\gamma\mu}\tilde{\mu}^2 \tag{4.6}$$

其中，$\gamma>0,\tilde{\mu}=\hat{\mu}-\mu$，由 $q_1(t)>0$ 可知 $\mu>0$。则

$$\dot{V}=s\dot{s}+\frac{1}{\gamma\mu}\tilde{\mu}\dot{\hat{\mu}}\leqslant-ls^2+s\alpha+sq_1u+\frac{1}{2}\bar{q}_2^2-\eta_0|s|+\frac{1}{\gamma\mu}\tilde{\mu}\dot{\hat{\mu}}$$

设计控制律和自适应律为

$$u=-\frac{s\hat{\mu}^2\alpha^2}{|s\hat{\mu}\alpha|+\rho} \tag{4.7}$$

$$\dot{\hat{\mu}}=\gamma s\alpha-\gamma\sigma\hat{\mu} \tag{4.8}$$

其中，$\rho>0,\sigma>0$。则

$$\dot{V} \leqslant -ls^2 + s\alpha - q_1 \frac{s^2\hat{\mu}^2\alpha^2}{|s\hat{\mu}\alpha| + \rho} + \frac{1}{2}\bar{q}_2^2 - \eta_0 |s| + \frac{1}{\gamma\mu}\tilde{\mu}(\gamma s\alpha - \gamma\sigma\hat{\mu})$$

由于$|a| - \frac{a^2}{\rho+|a|} = \frac{\rho|a|}{\rho+|a|} < \rho$，则$-\frac{a^2}{\rho+|a|} < \rho - |a| \leqslant \rho \pm a$，取$a - s\hat{u}\alpha$，则

$$-\frac{(s\hat{\mu}\alpha)^2}{\rho + |s\hat{\mu}\alpha|} \leqslant \rho - s\hat{\mu}\alpha$$

考虑到$q_1 \geqslant q_{1\min} = \frac{1}{\mu} > 0$，则

$$-q_1 \frac{s^2\hat{\mu}^2\alpha^2}{|s\hat{\mu}\alpha| + \rho} \leqslant \frac{1}{\mu}(\rho - s\hat{\mu}\alpha)$$

$$\begin{aligned}\dot{V} &\leqslant -ls^2 + s\alpha + \frac{1}{\mu}(\rho - s\hat{\mu}\alpha) + \frac{1}{2}\bar{q}_2^2 - \eta_0 |s| + \frac{1}{\mu}\tilde{\mu}s\alpha - \frac{1}{\mu}\tilde{\mu}\sigma\hat{\mu} \\ &= -ls^2 + s\alpha + \frac{1}{2}\bar{q}_2^2 - \eta_0 |s| + \frac{1}{\mu}\rho - \frac{1}{\mu}(\hat{\mu}s\alpha - \tilde{\mu}s\alpha) - \frac{1}{\mu}\tilde{\mu}\sigma\hat{\mu} \\ &= -ls^2 + \frac{1}{2}\bar{q}_2^2 + \frac{1}{\mu}\rho - \frac{1}{\mu}\tilde{\mu}\sigma\hat{\mu} - \eta_0 |s|\end{aligned}$$

由于

$$-\tilde{\mu}\hat{\mu} = -\tilde{\mu}(\tilde{\mu} + \mu) = -\tilde{\mu}^2 - \tilde{\mu}\mu \leqslant -\tilde{\mu}^2 + \frac{1}{2}\tilde{\mu}^2 + \frac{1}{2}\mu^2 = -\frac{1}{2}\tilde{\mu}^2 + \frac{1}{2}\mu^2$$

则

$$-\frac{1}{\mu}\tilde{\mu}\sigma\hat{u} = -\frac{\sigma}{2\mu}\tilde{\mu}^2 + \frac{\sigma}{2}\mu$$

从而

$$\dot{V} \leqslant -ls^2 + \frac{1}{2}\bar{q}_2^2 + \frac{1}{\mu}\rho - \frac{1}{2\mu}\sigma\tilde{\mu}^2 + \frac{1}{2}\sigma\mu - \eta_0 |s| \leqslant -ls^2 - \frac{1}{2\mu}\sigma\tilde{\mu}^2 + \lambda - \eta_0 |s| \leqslant \lambda - \eta_0 |s|$$

其中，$\lambda = \frac{1}{2}\bar{q}_2^2 + \frac{1}{\mu}\rho + \frac{1}{2}\sigma\mu$。

可得满足 $\dot{V} \leqslant 0$ 的收敛结果为

$$\lim_{t \to +\infty} |s| \leqslant \frac{\lambda}{\eta_0}$$

当取 η_0 足够大时，即 $\eta_0 \gg \lambda$ 时，可实现当 $t \to \infty$时，$s \to 0$，$e \to 0$，$\dot{e} \to 0$。

4.1.3　仿真实例

被控对象取式(4.1)，$d(t) = 10\sin t$，位置指令为 $x_d = \sin t$，采用控制器式(4.5)和式(4.7)，采用自适应律式(4.8)，取 $c = 30$，$l = 30$，$\rho = 0.02$，$\sigma = 0.20$，$\gamma = 3.0$，$\eta = 10.1$，采用量化器式(4.2)实现控制输入的量化，$k = 0.50$。取 $\hat{\mu}(0) = 1.0$。在式(4.5)中，为了防止抖振，控制器中采用饱和函数 sat(s)代替符号函数 sgn(s)，取 $\Delta = 0.15$，仿真结果如图 4.2～图 4.4 所示。

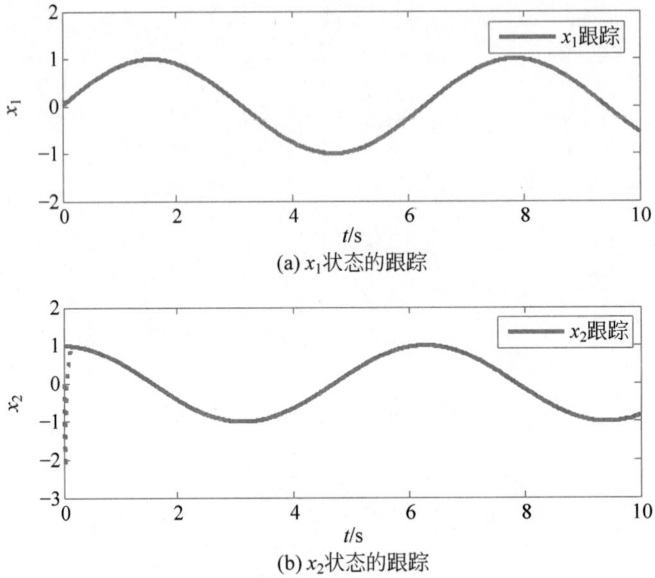

(a) x_1状态的跟踪

(b) x_2状态的跟踪

图 4.2 状态跟踪

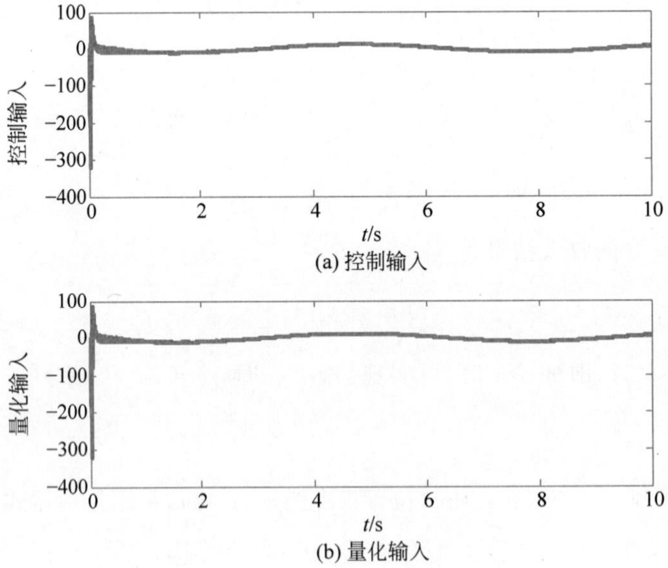

(a) 控制输入

(b) 量化输入

图 4.3 控制输入及量化输入变化

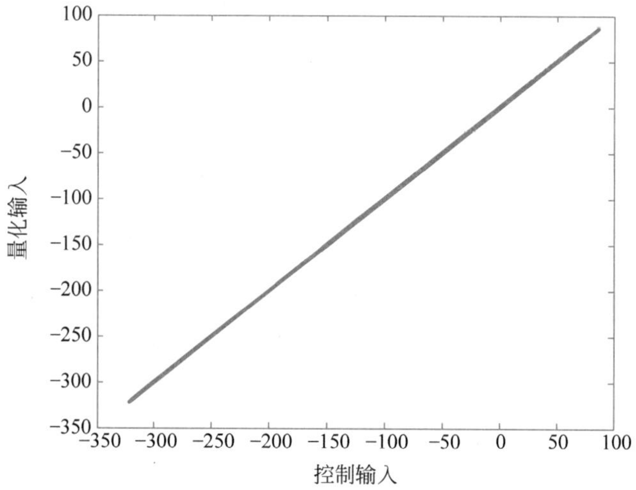

图 4.4 被控对象取式(4.1)的控制输入和量化输入之间关系

仿真程序：

(1) Simulink 主程序：chap4_1sim.mdl。

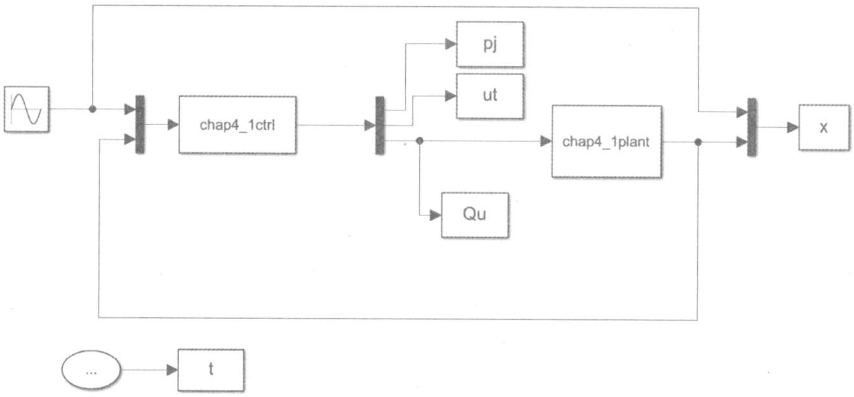

(2) 控制器 S 函数：chap4_1ctrl.m。

(3) 被控对象 S 函数：chap4_1plant.m。

(4) 作图程序：chap4_1plot.m。

4.2 基于控制输入对数量化的控制

4.2.1 系统描述

考虑如下模型

$$\begin{cases}\dot{x}_1 = x_2 \\ \dot{x}_2 = Q(u)\end{cases} \tag{4.9}$$

其中，$Q(u)$为控制输入 u 的量化值。

对数量化器为[3]

$$Q(u)=\begin{cases}(1+\delta)p_j, & p_j \leqslant u < p_{j+1}\\ 0, & 0\leqslant u < p_1 \\ -Q(-u), & u<0\end{cases} \tag{4.10}$$

其中，$\delta=\dfrac{1-\varepsilon}{1+\varepsilon}$，$p_j=a\varepsilon^{1-j}>0$，$a>0$，$\varepsilon$ 为量化密度，$\varepsilon\in(0,1)$，$j=1,2,3,\cdots$。

x_1 的指令为 $x_{\mathrm{d}}=\sin t$，则误差及其导数为 $e=x_1-\sin t$，$\dot{e}=x_2-\cos t$。控制目标为位置及速度跟踪，即当 $t\to\infty$ 时，$e\to 0$，$\dot{e}\to 0$。

针对对数量化器的说明如下：(1)由 $p_j=a\varepsilon^{1-j}>0$ 和 $\varepsilon\in(0,1)$ 可知，$p_j\geqslant a$ 且为单调递增参数；(2)由于 $p_1=a$，则由式(4.10)可知，$0\leqslant u<a$ 时，$Q(u)=0$。

4.2.2 量化控制器设计与分析

令 $Q(u)=q_1(t)u+q_2(t)$，取

$$q_1(t)=\begin{cases}\dfrac{Q(u(t))}{u(t)}, & |u(t)|\geqslant a\\ 1, & |u(t)|<a\end{cases} \tag{4.11}$$

$$q_2(t)=\begin{cases}0, & |u(t)|\geqslant a\\ Q(u(t))-u(t), & |u(t)|<a\end{cases} \tag{4.12}$$

说明：(1)由于量化过程符号不变，则根据式(4.11)可知 $q_1(t)>0$；(2)如果 $|u(t)|<a$，则 $Q(u)$ 有界，$q_1(t)=1$，从而 $q_2(t)$ 有界，可取 $|q_2(t)|\leqslant\bar{q}_2$。

取滑模函数为

$$s=ce+\dot{e}$$

其中，$c>0$。则

$$\dot{s}=c\dot{e}+\ddot{e}=Q(u)-\ddot{x}_{\mathrm{d}}+c\dot{e}=q_1u+q_2-\ddot{x}_{\mathrm{d}}+c\dot{e}$$

$$\begin{aligned}s\dot{s}&=s(q_1u+q_2-\ddot{x}_{\mathrm{d}}+c\dot{e})\\&=sq_1u+sq_2+s(c\dot{e}-\ddot{x}_{\mathrm{d}})\leqslant sq_1u+\frac{1}{2}s^2+\frac{1}{2}\bar{q}_2^2+s(c\dot{e}-\ddot{x}_{\mathrm{d}})\\&=s\left(-ls+ls+\frac{1}{2}s+c\dot{e}-\ddot{x}_{\mathrm{d}}\right)+sq_1u+\frac{1}{2}\bar{q}_2^2\end{aligned}$$

取 $\bar{u}=ls+\dfrac{1}{2}s+c\dot{e}-\ddot{x}_{\mathrm{d}}$，$l>0$，则

$$s\dot{s}\leqslant -ls^2+s\bar{u}+sq_1u+\frac{1}{2}\bar{q}_2^2$$

由上式可见，直接设计控制律 u 时，需要 q_1，由于求 $Q(u)$ 时，又需要 u，为了避免两者耦合，设计不依赖于量化信息 $Q(u)$ 的控制律，需要假设 $q_1(t)$ 未知，为此要对 $q_1(t)$ 进行估计。

针对控制器的增益，对其倒数估计而不是直接对其估计，是为了防止估计值为零产生奇异问题。另外，由于 q_1 为时变参数，本身无法求导，需要对其界进行估计。取时变增益 $\mu=\dfrac{1}{q_{1\min}}$，其中 $q_{1\min}$ 为 $q_1(t)$ 的下界，设计如下 Lyapunov 函数为

$$V=\frac{1}{2}s^2+\frac{1}{2\gamma\mu}\tilde{\mu}^2 \tag{4.13}$$

其中，$\gamma>0$，$\tilde{\mu}=\hat{\mu}-\mu$，由 $q_1(t)>0$ 可知 $\mu>0$。则

$$\dot{V}=s\dot{s}+\frac{1}{\gamma\mu}\tilde{\mu}\dot{\hat{\mu}}\leqslant -ls^2+s\bar{u}+sq_1u+\frac{1}{2}\bar{q}_2^2+\frac{1}{\gamma\mu}\tilde{\mu}\dot{\hat{\mu}}$$

设计控制律和自适应律为

$$u=-\frac{s\hat{\mu}^2\bar{u}^2}{|s\hat{\mu}\bar{u}|+\rho} \tag{4.14}$$

$$\dot{\hat{\mu}}=\gamma s\bar{u}-\gamma\sigma\hat{\mu} \tag{4.15}$$

其中，$\rho>0,\sigma>0$。则

$$\dot{V}\leqslant -ls^2+s\bar{u}-q_1\frac{s^2\hat{\mu}^2\bar{u}^2}{|s\hat{\mu}\bar{u}|+\rho}+\frac{1}{2}\bar{q}_2^2+\frac{1}{\gamma\mu}\tilde{\mu}(\gamma s\bar{u}-\gamma\sigma\hat{\mu})$$

由于$|a|-\frac{a^2}{\rho+|a|}=\frac{\rho|a|}{\rho+|a|}<\rho$，则$-\frac{a^2}{\rho+|a|}<\rho-|a|\leqslant\rho\pm a$，取$a=s\hat{\mu}\bar{u}$，则

$$-\frac{(s\hat{\mu}\bar{u})^2}{\rho+|s\hat{\mu}\bar{u}|}\leqslant\rho-s\hat{\mu}\bar{u}$$

考虑到$q_1\geqslant q_{1\min}=\frac{1}{\mu}>0$，则

$$-q_1\frac{s^2\hat{\mu}^2\bar{u}^2}{|s\hat{\mu}\bar{u}|+\rho}\leqslant\frac{1}{\mu}(\rho-s\hat{\mu}\bar{u})$$

$$\begin{aligned}\dot{V}&\leqslant -ls^2+s\bar{u}+\frac{1}{\mu}(\rho-s\hat{\mu}\bar{u})+\frac{1}{2}\bar{q}_2^2+\frac{1}{\mu}\tilde{\mu}s\bar{u}-\frac{1}{\mu}\tilde{\mu}\sigma\hat{\mu}\\&=-ls^2+s\bar{u}+\frac{1}{2}\bar{q}_2^2+\frac{1}{\mu}\rho-\frac{1}{\mu}(\hat{\mu}s\bar{u}-\tilde{\mu}s\bar{u})-\frac{1}{\mu}\tilde{\mu}\sigma\hat{\mu}\\&=-ls^2+\frac{1}{2}\bar{q}_2^2+\frac{1}{\mu}\rho-\frac{1}{\mu}\tilde{\mu}\sigma\hat{\mu}\end{aligned}$$

由于

$$-\tilde{\mu}\hat{\mu}=-\tilde{\mu}(\tilde{\mu}+\mu)=-\tilde{\mu}^2-\tilde{\mu}\mu\leqslant-\tilde{\mu}^2+\frac{1}{2}\tilde{\mu}^2+\frac{1}{2}\mu^2=-\frac{1}{2}\tilde{\mu}^2+\frac{1}{2}\mu^2$$

则$-\frac{1}{\mu}\tilde{\mu}\sigma\hat{\mu}=-\frac{\sigma}{2\mu}\tilde{\mu}^2+\frac{\sigma}{2}\mu$，从而

$$\dot{V}\leqslant-ls^2+\frac{1}{2}\bar{q}_2^2+\frac{1}{\mu}\rho-\frac{1}{2\mu}\sigma\tilde{\mu}^2+\frac{1}{2}\sigma\mu\leqslant-ls^2-\frac{1}{2\mu}\sigma\tilde{\mu}^2+d\leqslant-cV+d$$

其中，$d=\frac{1}{2}\bar{q}_2^2+\frac{1}{\mu}\rho+\frac{1}{2}\sigma\mu$，$c=\min\{2l,\gamma\sigma\}$。

求解不等式$\dot{V}\leqslant-cV+d$，可得

$$0\leqslant V(t)\leqslant\left(V(0)-\frac{d}{c}\right)\mathrm{e}^{-ct}+\frac{d}{c}$$

则

$$\lim_{t\to+\infty}V(t)\leqslant\frac{d}{c},\quad 即\lim_{t\to\infty}|s|\leqslant\sqrt{\frac{2d}{c}} \tag{4.16}$$

从而当$t\to\infty$时，e和$\dot{e}$有界，如果取足够大的c值，可以实现e和$\dot{e}$足够小，见第5章引理5.3。

4.2.3　对数量化器的仿真实现

由$\delta=\frac{1-\varepsilon}{1+\varepsilon}$可知，$\delta+\varepsilon\delta=1-\varepsilon$，则$\varepsilon=\frac{1-\delta}{1+\delta}$。由于$p_j=a\varepsilon^{1-j}$，则$p_j=a\left(\frac{1}{\varepsilon}\right)^{j-1}$。根据式(4.10)，分以下三种情况设计$Q(u)$。

(1) 当 $p_j \leqslant u < p_{j+1}$ 时，有

$$Q(u) = (1+\delta)p_j = a\left(\frac{1}{\varepsilon}\right)^{j-1}(1+\delta) \tag{4.17}$$

(2) 当 $0 \leqslant u < p_1$ 时，由于 $p_1 = a$，则由式(4.10)可知

$$Q(u) = 0 \tag{4.18}$$

(3) 当 $u < 0$ 时，$Q(u) = -Q(-u)$，此时 $Q(u)$ 由式(4.17)实现。

针对式(4.17)和式(4.18)的量化器仿真，对 j 提出要求。考虑如下两种情况：

(1) 当 $p_j \leqslant u < p_{j+1}$ 时，由于要取最小的 j，可只考虑 $u \geqslant p_j$ 的情况。

由 $p_j = a\varepsilon^{1-j} > 0$ 可知 $u \geqslant a\varepsilon\left(\frac{1}{\varepsilon}\right)^j$，从而 $\left(\frac{1}{\varepsilon}\right)^j \leqslant \frac{u}{a\varepsilon}$，即

$$j \leqslant \frac{\lg\left(\frac{|u|}{a\varepsilon}\right)}{\lg\left(\frac{1}{\varepsilon}\right)}$$

采用 MATLAB 函数 fix(x)可实现 x 的取整，并取靠近最小的整数值，即

$$j = \mathrm{fix}\left(\frac{\lg\left(\frac{|u|}{a\varepsilon}\right)}{\lg\left(\frac{1}{\varepsilon}\right)}\right) \tag{4.19}$$

此时

$$Q(u) = (1+\delta)p_j \tag{4.20}$$

(2) 当 $0 \leqslant u < p_1$ 时，$p_j = p_1$，此时 $j = 1$，$p_1 = a$。

4.2.4 仿真实例

被控对象取式(4.9)，位置指令为 $x_{\mathrm{d}} = \sin t$，采用控制器式(4.14)和自适应律式(4.15)，取 $c = 15$，$l = 15$，$\rho = 0.02$，$\sigma = 0.20$，$\gamma = 2.0$，采用量化器式(4.20)实现控制输入的量化，根据式(4.19)计算 j，取 $\varepsilon = 0.4$，$a = 0.5$。仿真结果如图 4.5～图 4.8 所示。

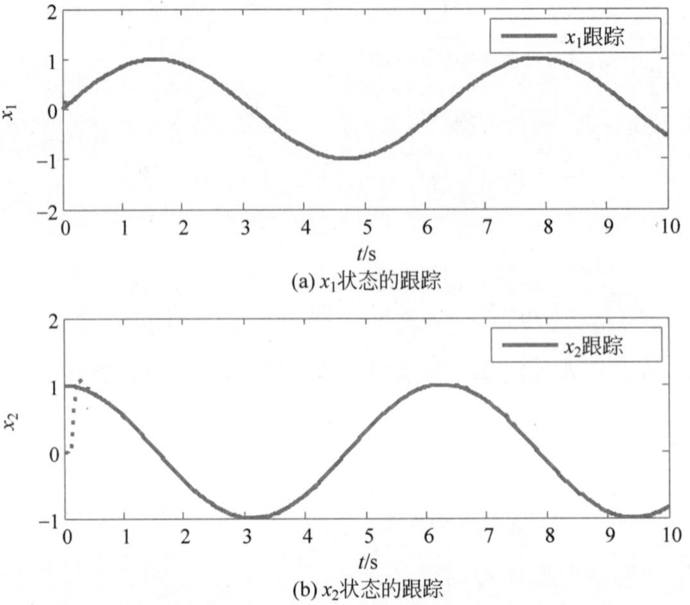

(a) x_1状态的跟踪

(b) x_2状态的跟踪

图 4.5 状态跟踪

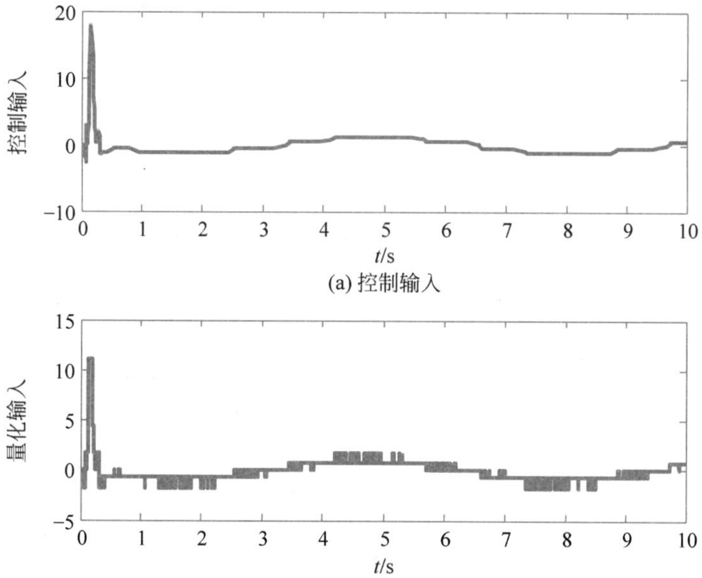

(a) 控制输入

(b) 量化输入

图 4.6　控制输入及量化输入变化

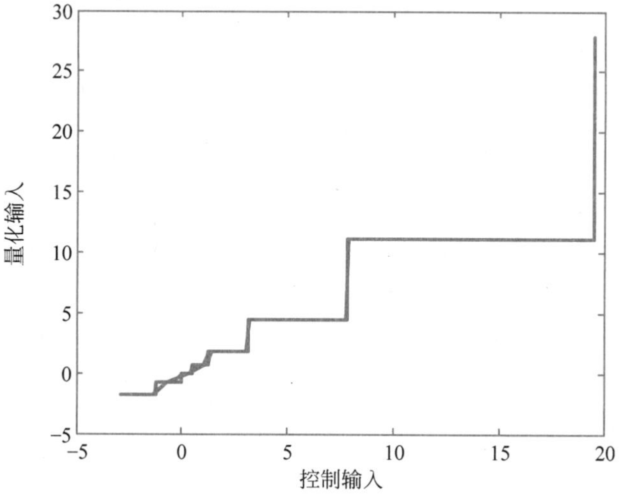

图 4.7　控制输入和量化输入之间关系

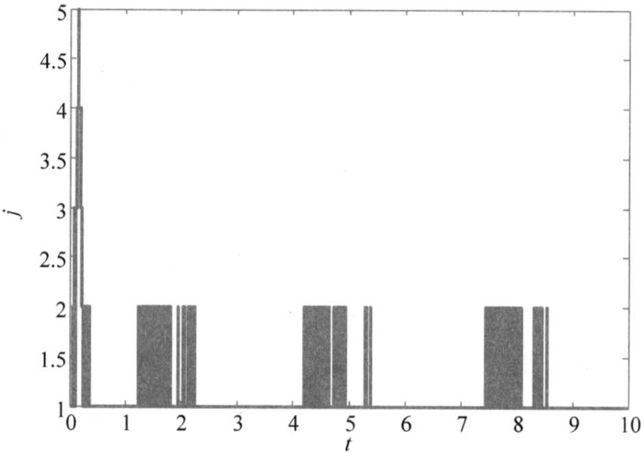

图 4.8　量化点 j 的变化

仿真程序：

(1) Simulink 主程序：chap4_2sim. mdl。

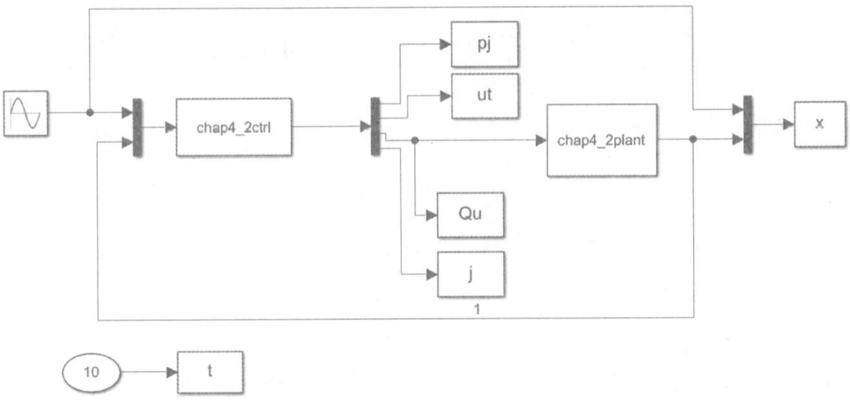

(2) 控制器 S 函数：chap4_2ctrl. m。

(3) 被控对象 S 函数：chap4_2plant. m。

(4) 作图程序：chap4_2plot. m。

思考题

1. 控制系统量化控制有何特点？分析其优点和缺点。

2. 传感器量化控制和执行器量化控制在控制律设计和分析上有何区别？

3. 控制系统量化控制是怎么引起的？简述其工程意义。

4. 当前解决控制输入信号的量化问题有哪些方法？每种方法有何优点和局限性？

5. 当前量化控制中有几种量化器，各有何特点？

6. 在本章所介绍的控制量化的控制律中，影响控制性能的参数有哪些？如何调整这些参数使控制性能得到提升？

7. 如果将模型式(4.1)改为非线性系统，如何设计控制器实现量化控制？如何进行稳定性分析？

参考文献

[1] ELIA N, MITTER S K. Stabilization of linear systems with limited information [J]. IEEE Transactions on Automatic Control, 2002, 46(9): 1384-1400.

[2] WANG C L, WEN C Y, LIN Y, et al. Decentralized adaptive tracking control for a class of interconnected nonlinear systems with input quantization[J]. Automatica, 2017, 81: 359-368.

[3] 郑柏超，郝立颖. 滑模变结构控制：量化反馈控制方法[M]. 北京：科学出版社，2016.

第 5 章 传感器和执行器容错控制

CHAPTER 5

在控制系统设计中,当系统的传感器和执行器发生故障时,传统的反馈控制设计会导致较差的性能,甚至整个闭环系统失去稳定性[1],因此,控制系统的容错控制研究得到了广泛的重视。研究控制系统的容错控制具有重要意义。

5.1 执行器自适应容错滑模控制

在实际系统中,由于执行器繁复的工作,所以执行器是控制系统中最容易发生故障的部分。一般的执行器故障类型包括卡死故障、部分或完全失效故障、饱和故障、浮动故障。对于非线性系统执行器故障的容错控制问题已经有很多有效的解决方法,其中,自适应补偿控制是一种行之有效的方法。

5.1.1 控制问题描述

本节针对控制系统中执行器容错的情况进行探讨,控制系统框图如图 5.1 所示。

考虑如下 SISO 系统:

$$\begin{cases}\dot{x}_1 = x_2 \\ \dot{x}_2 = bu + d(t)\end{cases} \tag{5.1}$$

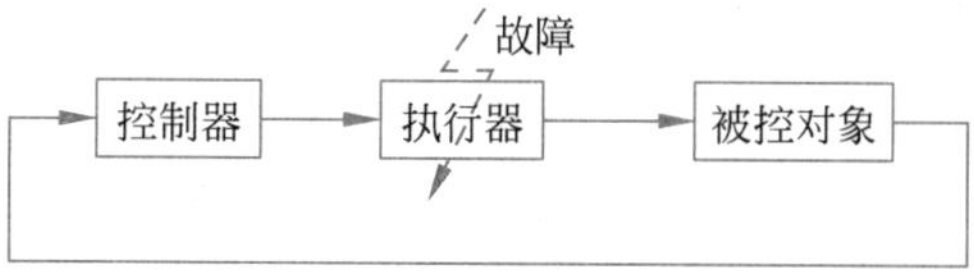

图 5.1 执行器容错下的控制系统

其中,u 为控制输入,x_1 和 x_2 分别为位置和速度信号,b 为未知常数且符号已知,$d(t)$为扰动,$|d(t)| \leqslant D$。

取

$$u = \sigma u_c \tag{5.2}$$

其中,$0<\sigma<1$ 为未知常数。

取位置指令为 x_d,跟踪误差为 $e=x_1-x_d$,则 $\dot{e}=x_2-\dot{x}_d$。控制任务为在执行器出现故障时,通过设计控制律,实现 $t\to\infty$时,$e\to 0$,$\dot{e}\to 0$。

5.1.2 控制律的设计与分析

设计滑模函数为

$$s = ce + \dot{e}$$

其中，$c>0$。则

$$\dot{s}=c\dot{e}+\ddot{e}=c\dot{e}+\dot{x}_2-\ddot{x}_{\rm d}=c\dot{e}+b\sigma u_{\rm c}+d(t)-\ddot{x}_{\rm d}=c\dot{e}+\theta u_{\rm c}+d(t)-\ddot{x}_{\rm d}$$

其中，$\theta=b\sigma$。

取 $p=\dfrac{1}{\theta}$，设计 Lyapunov 函数为

$$V=\frac{1}{2}s^2+\frac{|\theta|}{2\gamma}\tilde{p}^2$$

其中，$\tilde{p}=\hat{p}-p$，$\gamma>0$。则

$$\dot{V}=s\dot{s}+\frac{|\theta|}{\gamma}\tilde{p}\dot{\tilde{p}}=s(c\dot{e}+\theta u_{\rm c}+d(t)-\ddot{x}_{\rm d})+\frac{|\theta|}{\gamma}\tilde{p}\dot{\hat{p}}$$

取

$$\alpha=ks+c\dot{e}-\ddot{x}_{\rm d}+\eta\,\text{sgn}s,\quad k>0,\eta\geqslant D \tag{5.3}$$

则 $c\dot{e}-\ddot{x}_{\rm d}=\alpha-ks-\eta\,\text{sgn}s$，从而

$$\dot{V}=s(\alpha-ks-\eta\,\text{sgn}s+\theta u_{\rm c}+d(t))+\frac{|\theta|}{\gamma}\tilde{p}\dot{\hat{p}}\leqslant s(\alpha-ks+\theta u_{\rm c})+\frac{|\theta|}{\gamma}\tilde{p}\dot{\hat{p}}$$

设计控制律和自适应律为

$$u_{\rm c}=-\hat{p}\alpha \tag{5.4}$$

$$\dot{\hat{p}}=\gamma s\alpha\,\text{sgn}b \tag{5.5}$$

其中，$\text{sgn}b=\text{sgn}\theta$。则

$$\begin{aligned}\dot{V}&\leqslant s(\alpha-ks-\theta\hat{p}\alpha)+\frac{|\theta|}{\gamma}\tilde{p}\gamma s\alpha\,\text{sgn}\theta\\&\leqslant s(\alpha-ks-\theta\hat{p}\alpha+\theta\alpha\tilde{p})\\&\leqslant s(\alpha-ks-\theta\alpha p)\leqslant -ks^2\leqslant 0\end{aligned}$$

由于 $V\geqslant 0$，$\dot{V}\leqslant 0$，则 V 有界，从而 s 和 $\tilde{p}$ 有界。

由 $\dot{V}\leqslant -ks^2$ 可得

$$\int_0^t \dot{V}\mathrm{d}t\leqslant -k\int_0^t s^2\mathrm{d}t$$

即

$$V(\infty)-V(0)\leqslant -k\int_0^\infty s^2\mathrm{d}t$$

当 $t\to\infty$ 时，由于 $V(\infty)$ 有界，则 s、$\dot{s}$ 和 $\int_0^\infty s^2\mathrm{d}t$ 有界，则由 Barbalat 引理（引理 5.2），当 $t\to\infty$ 时，$s\to 0$，从而 $e\to 0$，$\dot{e}\to 0$。

5.1.3 仿真实例

被控对象取式(5.1)，$d(t)=10\sin t$，$b=0.10$，取位置指令为 $x_{\rm d}=\sin t$，对象的初始状态为[0.5,0]，取 $c=15$，采用控制律式(5.3)、式(5.4)和自适应律式(5.5)，$k=5$，$\gamma=10$，$\eta=$

10.10。取 $\hat{p}(0)=1.0$。

为了防止抖振，控制器中采用饱和函数 sat(s)代替符号函数 sgn(s)，即

$$\mathrm{sat}(s)=\begin{cases}1, & s>\Delta \\ ks, & |s|\leqslant\Delta, \quad k=1/\Delta \\ -1, & s<-\Delta\end{cases}$$

其中，Δ 为边界层。

取 $\Delta=0.05$。当仿真时间 $t=5$ 时，取 $\sigma=0.20$，仿真结果如图 5.2 和图 5.3 所示。

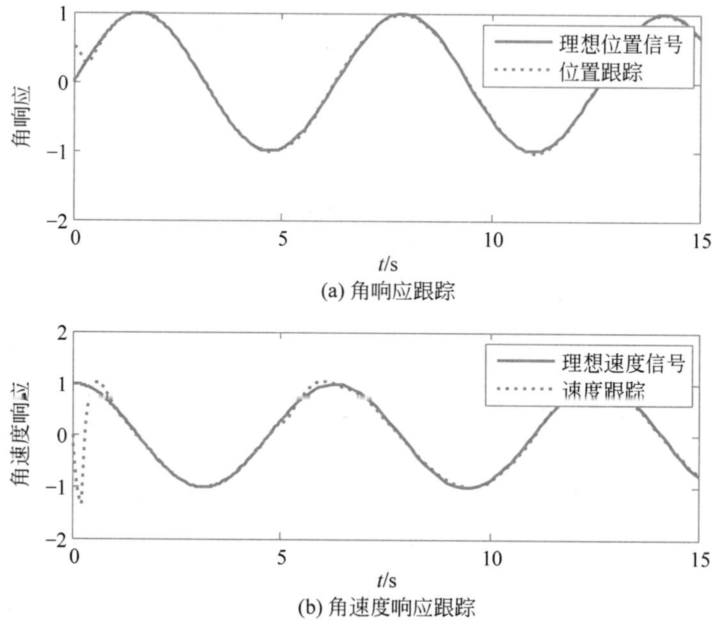

图 5.2 被控对象取式(5.1)的位置和速度跟踪

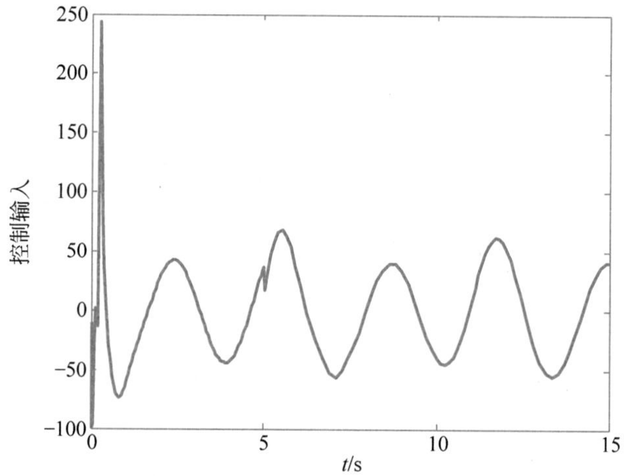

图 5.3 被控对象取式(5.1)的控制输入

仿真程序：

(1) Simulink 主程序：chap5_1sim. mdl。

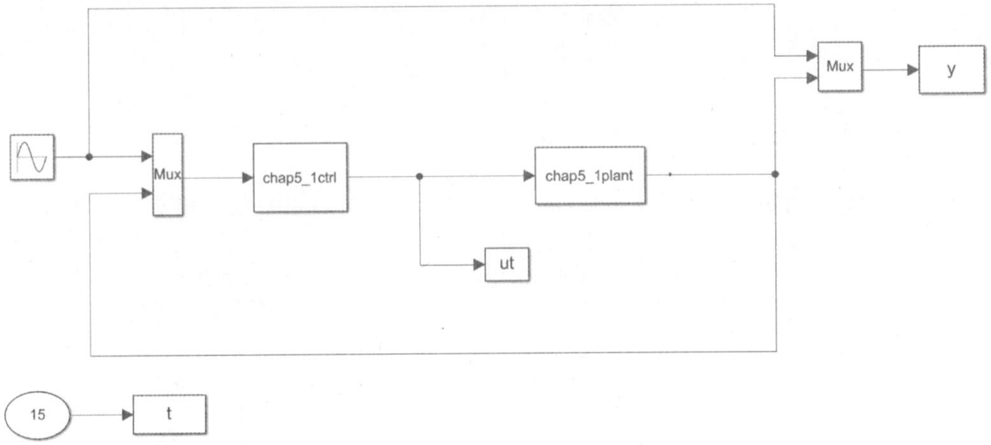

(2) 控制器 S 函数：chap5_1ctrl. m。

(3) 被控对象 S 函数：chap5_1plant. m。

(4) 作图程序：chap5_1plot. m。

5.2 基于传感器和执行器容错的滑模控制

本节针对控制系统中传感器和执行器同时容错的情况进行探讨，控制系统框图如图 5.4 所示。

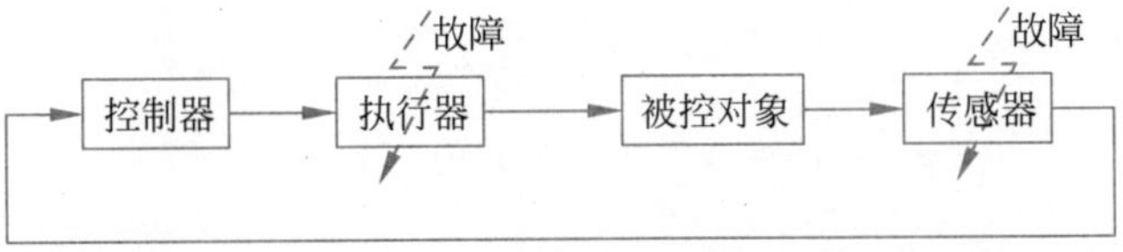

图 5.4 传感器和执行器同时容错下的控制系统

5.2.1 系统描述

考虑如下二阶模型

$$\begin{cases} \dot{x}_1 = x_2 \\ \dot{x}_2 = u + d(t) \end{cases} \tag{5.6}$$

传感器和执行器的容错取

$$x_i^{\mathrm{F}} = \rho_i x_i, \quad i = 1,2 \tag{5.7}$$

$$u = \rho_0 v \tag{5.8}$$

其中，$d(t)$为加在输入上的扰动，$|d(t)| \leqslant D$，ρ_0 和 ρ_i 为未知常数，$0 < \rho_{i0} \leqslant \rho_i \leqslant 1$，$0 < \rho_{00} \leqslant \rho_0 \leqslant 1$。

传感器实测输出为 x_1^{F} 和 x_2^{F}。控制目标为：(1)设计控制律 v，使得闭环系统内所有信号有界；(2)$t \to \infty$时，$x_1 \to 0$，$x_2 \to 0$。

5.2.2 控制器设计与分析

采用滑模控制算法设计控制律，定义滑模函数为

$$s = cx_1^{\mathrm{F}} + x_2^{\mathrm{F}}, \quad c > 0 \tag{5.9}$$

则

$$s = c(\rho_1 x_1) + \rho_2 x_2 = c\rho_1 x_1 + \rho_2 \dot{x}_1 = \rho_2\left(c\frac{\rho_1}{\rho_2}x_1 + \dot{x}_1\right)$$

显然，$s \to 0$ 时，$x_1 \to 0$，$x_2 \to 0$ 且指数收敛。

由于$\dot{x}_2^{\mathrm{F}} = \rho_2 \dot{x}_2 = \rho_2(u+d) = \rho_2\rho_0 v + \rho_2 d$，$\dot{x}_1^{\mathrm{F}} = \rho_1 x_2 = \frac{\rho_1}{\rho_2}x_2^{\mathrm{F}}$，则

$$\dot{s} = c\dot{x}_1^{\mathrm{F}} + \dot{x}_2^{\mathrm{F}} = c\dot{x}_1^{\mathrm{F}} + \rho_2\rho_0 v + \rho_2 d = c\frac{\rho_1}{\rho_2}x_2^{\mathrm{F}} + \rho_2\rho_0 v + \rho_2 d$$

取 $\phi = c\frac{\rho_1}{\rho_2}$，$\mu = \rho_2\rho_0$，则

$$\dot{s} = \phi x_2^{\mathrm{F}} + \mu v + \rho_2 d$$

由于 ϕ 未知，采用自适应估计方法，设计 Lyapunov 函数为

$$V = \frac{1}{2}s^2 + \frac{1}{2\gamma_1}\tilde{\phi}^2$$

其中，$\tilde{\phi} = \hat{\phi} - \phi$，$\gamma_1 > 0$。则

$$\dot{V} = s\dot{s} + \frac{1}{\gamma_1}\dot{\hat{\phi}}\tilde{\phi} = s(\phi x_2^{\mathrm{F}} + \mu v + \rho_2 d) + \frac{1}{\gamma_1}\dot{\hat{\phi}}\tilde{\phi}$$

由于 μ 未知，设计控制律为

$$\alpha = k_1 s + \hat{\phi}x_2^{\mathrm{F}} + \eta \operatorname{sgn} s, \quad k_1 > 0, \eta \geqslant D \tag{5.10}$$

$$\bar{v} = -k_2 s + \alpha, \quad k_2 > 0 \tag{5.11}$$

$$v = N(k)\bar{v} \tag{5.12}$$

$$\dot{k} = \gamma_2 s\bar{v}, \quad \gamma_2 > 0 \tag{5.13}$$

$$\begin{aligned}
\dot{V} &= s(\alpha - (k_1 s + \hat{\phi}x_2^{\mathrm{F}} + \eta \operatorname{sgn} s) + \phi x_2^{\mathrm{F}} + \mu N(k)\bar{v} + \rho_2 d) + \frac{1}{\gamma_1}\dot{\hat{\phi}}\tilde{\phi} + \frac{1}{\gamma_2}\dot{k} - \frac{1}{\gamma_2}\dot{k} \\
&= s(\alpha - (k_1 s + \hat{\phi}x_2^{\mathrm{F}} + \eta \operatorname{sgn} s) + \phi x_2^{\mathrm{F}} + \mu N(k)\bar{v} + \rho_2 d) + \frac{1}{\gamma_1}\dot{\hat{\phi}}\tilde{\phi} + \frac{1}{\gamma_2}\dot{k} - s(-k_2 s + \alpha) \\
&= s(-k_1 s - \eta \operatorname{sgn} s - \tilde{\phi}x_2^{\mathrm{F}} + \mu N(k)\bar{v} + \rho_2 d) + \frac{1}{\gamma_1}\dot{\hat{\phi}}\tilde{\phi} + \frac{1}{\gamma_2}\dot{k} + k_2 s^2
\end{aligned}$$

设计自适应律为

$$\dot{\hat{\phi}} = \gamma_1 s x_2^{\mathrm{F}} \tag{5.14}$$

由于$\frac{1}{\gamma_2}\dot{k} = s\bar{v}$，则

$$\begin{aligned}
\dot{V} &= s(-k_1 s - \eta \operatorname{sgn} s + \mu N(k)\bar{v} + \rho_2 d) + \frac{1}{\gamma_2}\dot{k} + k_2 s^2 \leqslant -k_1 s^2 + \mu N(k)\frac{1}{\gamma_2}\dot{k} + \frac{1}{\gamma_2}\dot{k} + k_2 s^2 \\
&= -(k_1 - k_2)s^2 + \mu N(k)\frac{1}{\gamma_2}\dot{k} + \frac{1}{\gamma_2}\dot{k}
\end{aligned}$$

对上式等号两边积分可得

$$V(t)-V(0)+(k_1-k_2)\int_0^t s^2(\tau)\mathrm{d}\tau \leqslant \int_0^t \frac{1}{\gamma_2}\mu N(k(\tau))\dot{k}(\tau)\mathrm{d}\tau + \int_0^t \frac{1}{\gamma_2}\dot{k}(\tau)\mathrm{d}\tau$$

取足够大的 k_1，使得下式成立

$$k_1-k_2>0 \tag{5.15}$$

则根据引理 5.1，$V(t)-V(0)+(k_1-k_2)\int_0^t s^2(\tau)\mathrm{d}\tau$ 有界，则 s^2、$\int_0^t s^2\mathrm{d}t$ 和 $\tilde{\phi}$ 有界，则由 Barbalat 引理(引理 5.2)，当 $t\to\infty$ 时，$s\to 0$，即 $x_1\to 0$，$x_2\to 0$。

需要说明的是，由于无法设计带有跟踪误差的滑模函数，本方法无法解决跟踪控制问题。取位置指令为 y_d，滑模函数为

$$s=c(x_1^\mathrm{F}-y_\mathrm{d})+(x_2^\mathrm{F}-\dot{y}_\mathrm{d})=c\rho_1 x_1+\rho_2\dot{x}_1-cy_\mathrm{d}-\dot{y}_\mathrm{d}$$

上式中，当 $s\to 0$ 时，无法保证 $x_1\to y_\mathrm{d}$，$x_2\to\dot{y}_\mathrm{d}$。

5.2.3 仿真实例

考虑模型式(5.6)，取 $d=\sin\pi t$，$\rho_0=0.50$，$\rho_1=0.95$，$\rho_1=0.95$，参数设计为：取 $c=20$，为满足不等式(5.15)，取 $k_1=4$，$k_2=1$，采用控制律式(5.10)～式(5.12)和自适应律式(5.14)，自适应律式(5.13)中的初值取 1.0，$\gamma_1=1.0$，自适应律式(5.14)中取 $\gamma_1=1.0$，控制律式(5.10)中，取 $\eta=D+0.10=1.1$。

为了防止抖振，控制器中采用饱和函数 sat(s)代替符号函数 sgn(s)，即

$$\mathrm{sat}(s)=\begin{cases}1, & s>\Delta \\ Ms, & |s|\leqslant\Delta, \quad M=1/\Delta \\ -1, & s<-\Delta\end{cases}$$

其中，Δ 为边界层，取 $\Delta=0.05$。

仿真结果如图 5.5 和图 5.6 所示。

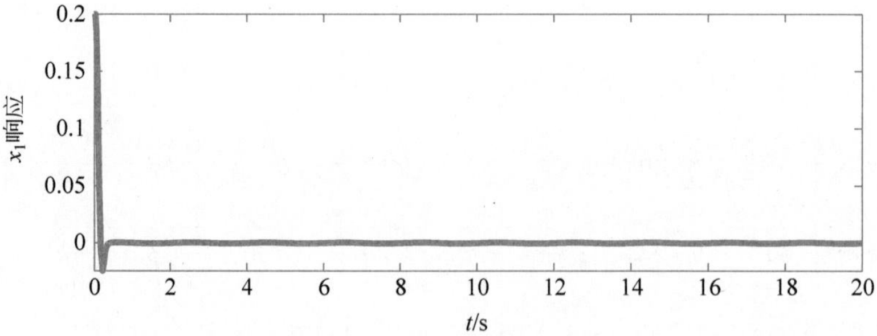

(a) x_1响应

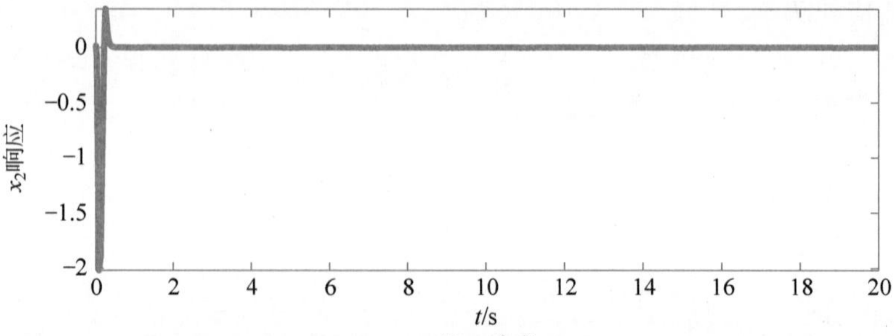

(b) x_2响应

图 5.5 考虑模型式(5.6)的状态响应

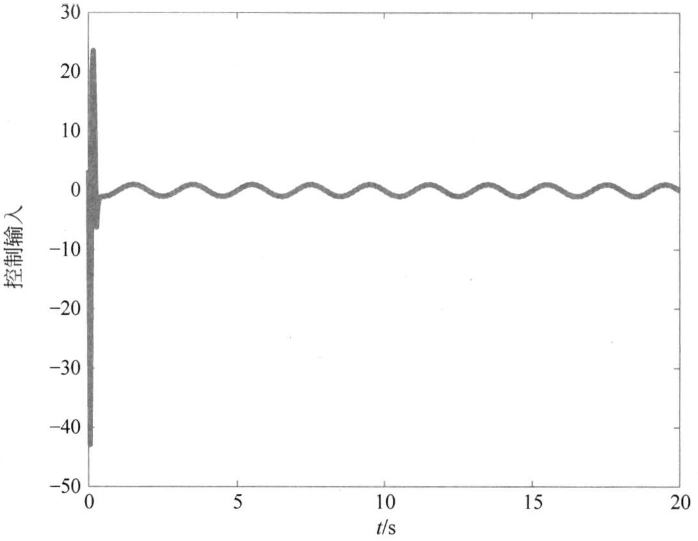

图 5.6　考虑模型式(5.6)的控制输入

仿真程序：

(1) Simulink 主程序：chap5_2sim. mdl。

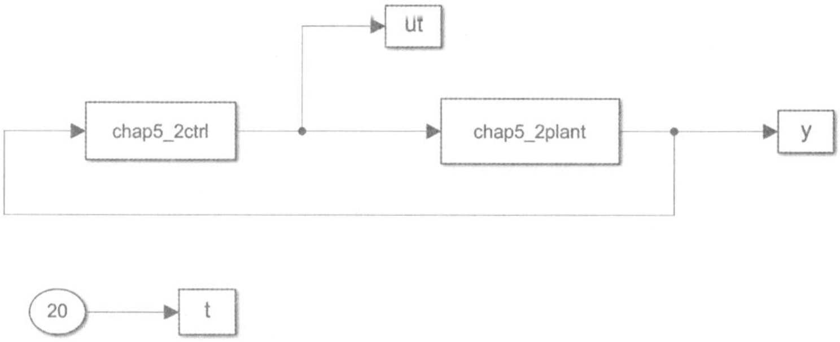

(2) 控制器 S 函数：chap5_2ctrl. m。

(3) 被控对象 S 函数：chap5_2plant. m。

(4) 作图程序：chap5_2plot. m。

5.3　执行器时变容错下的跟踪控制——下界方法

5.3.1　问题描述

在实际工程中，由于电池供电能力下降、设备老化和操作失误等原因，可能存在执行器时变故障。因此，需要设计执行器时变容错下的控制算法。

考虑如下动力学模型：

$$\begin{cases}\dot{x}_1 = x_2 \\ \dot{x}_2 = f(x_1, x_2) + u\end{cases} \tag{5.16}$$

其中，x_1 和 x_2 分别为位置和速度，$f(x_1, x_2)$为已知函数，执行器存在时变故障：

$$u=b(t)v+\delta(t) \tag{5.17}$$

满足如下假设：

假设 1：$b(t)$和$\delta(t)$连续有界，$0<b_{\min}\leqslant b(t)\leqslant b_{\max}$，$|\delta(t)|\leqslant\bar{\delta}$，$\forall t\geqslant 0$。

假设 2：x_d 连续可导，且各阶导数连续有界。

则

$$\dot{x}_2=b(t)v+\delta(t)+f(x_1,x_2)$$

控制目标为给定位置指令信号 x_d，通过设计控制律 v，实现 x_d 的跟踪，即 $t\to\infty$时，$x_1\to x_d$，$x_2\to\dot{x}_d$。

5.3.2 控制算法设计与分析

定义 $e=x_1-x_d$，则

$$\dot{e}=x_2-\dot{x}_d$$

$$\ddot{e}=b(t)v+\delta(t)+f(x_1,x_2)-\ddot{x}_d$$

取辅助变量

$$s=he+\dot{e}$$

其中，$h>0$，为待设计参数。

定义如下辅助变量：

$$\bar{\omega}=h(x_2-\dot{x}_d)+f(x_1,x_2)-\ddot{x}_d+cs+\frac{1}{2}s \tag{5.18}$$

其中，$c>0$，为待设计参数。

定义 $\mu=\dfrac{1}{b_{\min}}$，$\hat{\mu}$ 为 μ 估计值，$\tilde{\mu}=\hat{\mu}-\mu$，设计控制律和自适应律如下：

$$v=-\frac{s\hat{\mu}^2\bar{\omega}^2}{s\hat{\mu}\bar{\omega}\tanh\left(\dfrac{s\hat{\mu}\bar{\omega}}{\tau}\right)+\rho} \tag{5.19}$$

$$\dot{\hat{\mu}}=\gamma s\bar{\omega}-\gamma\eta\hat{\mu} \tag{5.20}$$

其中，$\tau,\rho,\gamma,\eta>0$ 为待设计参数。由于

$$\dot{s}=h\dot{e}+\ddot{e}=h(x_2-\dot{x}_d)+b(t)v+\delta(t)+f(x_1,x_2)-\ddot{x}_d$$

由式(5.18)得 $h(x_2-\dot{x}_d)+f(x_1,x_2)-\ddot{x}_d=\bar{\omega}-cs-\dfrac{1}{2}s$，则

$$\dot{s}=b(t)v+\delta(t)+\bar{\omega}-cs-\frac{1}{2}s$$

构造 Lyapunov 函数为

$$V=\frac{1}{2}s^2+\frac{1}{2\gamma\mu}\tilde{\mu}^2$$

则

$$\dot{V}=s\dot{s}+\frac{1}{\gamma\mu}\tilde{\mu}\dot{\hat{\mu}}=s\left(b(t)v+\bar{\omega}-cs-\frac{1}{2}s\right)+s\delta(t)+\frac{1}{\gamma\mu}\tilde{\mu}\dot{\hat{\mu}}\leqslant s\left(b(t)v+\bar{\omega}-cs-\frac{1}{2}s\right)+\frac{1}{2}(s^2+\bar{\delta}^2)+\frac{1}{\gamma\mu}\tilde{\mu}\dot{\hat{\mu}}=s(b(t)v+\bar{\omega}-cs)+\frac{1}{2}\bar{\delta}^2+\frac{1}{\gamma\mu}\tilde{\mu}\dot{\hat{\mu}}$$

将控制律式(5.19)和自适应律式(5.20)代入上式,可得 $\dot{V}$ 不等式为

$$\dot{V} \leqslant s\left(-\frac{b(t)s\hat{\mu}^2\bar{\omega}^2}{s\hat{\mu}\bar{\omega}\tanh\left(\frac{s\hat{\mu}\bar{\omega}}{\tau}\right)+\rho}+\bar{\omega}-cs\right)+\frac{1}{2}\bar{\delta}^2+\frac{1}{\mu}\tilde{\mu}(s\bar{\omega}-\eta\hat{\mu})$$

由于 $\mu=\frac{1}{b_{\min}}$,则

$$b(t)s^2\hat{\mu}^2\bar{\omega}^2 \geqslant \frac{1}{\mu}s^2\hat{\mu}^2\bar{\omega}^2 \geqslant \frac{1}{\mu}s^2\hat{\mu}^2\bar{\omega}^2-\frac{1}{\mu}\rho^2=\frac{1}{\mu}(|s\hat{\mu}\bar{\omega}|-\rho)(|s\hat{\mu}\bar{\omega}|+\rho)$$

上式两边同时除以 $|s\hat{\mu}\bar{\omega}|+\rho$,可得

$$-\frac{b(t)s^2\hat{\mu}^2\bar{\omega}^2}{|s\hat{\mu}\bar{\omega}|+\rho} \leqslant \frac{1}{\mu}(\rho-|s\hat{\mu}\bar{\omega}|) \leqslant \frac{1}{\mu}(\rho-s\hat{\mu}\bar{\omega})$$

由于 $|\tanh(x)|\leqslant 1$,则

$$|s\hat{\mu}\bar{\omega}| \geqslant s\hat{\mu}\bar{\omega}\tanh\left(\frac{s\hat{\mu}\bar{\omega}}{\tau}\right)$$

可得

$$-\frac{b(t)s^2\hat{\mu}^2\bar{\omega}^2}{s\hat{\mu}\bar{\omega}\tanh\left(\frac{s\hat{\mu}\bar{\omega}}{\tau}\right)+\rho} \leqslant -\frac{b(t)s^2\hat{\mu}^2\bar{\omega}^2}{|s\hat{\mu}\bar{\omega}|+\rho}$$

则

$$-\frac{b(t)s^2\hat{\mu}^2\bar{\omega}^2}{s\hat{\mu}\bar{\omega}\tanh\left(\frac{s\hat{\mu}\bar{\omega}}{\tau}\right)+\rho} \leqslant \frac{1}{\mu}(\rho-s\hat{\mu}\bar{\omega})$$

将上式代入 $\dot{V}$ 不等式中,可得

$$\dot{V} \leqslant \frac{1}{\mu}(\rho-s\hat{\mu}\bar{\omega})+s(\bar{\omega}-cs)+\frac{1}{2}\bar{\delta}^2+\frac{1}{\mu}\tilde{\mu}(s\bar{\omega}-\eta\hat{\mu})=-cs^2+\frac{1}{2}\bar{\delta}^2+$$
$$\frac{1}{\mu}(\rho-s\hat{\mu}\bar{\omega}+\mu s\bar{\omega}+\tilde{\mu}s\bar{\omega}-\eta\tilde{\mu}\hat{\mu})=-cs^2+\frac{1}{2}\bar{\delta}^2+\frac{1}{\mu}(\rho-\eta\tilde{\mu}\hat{\mu})$$

由于

$$-\tilde{\mu}\hat{\mu}=-\tilde{\mu}(\tilde{\mu}+\mu)=-\tilde{\mu}^2-\tilde{\mu}\mu \leqslant -\tilde{\mu}^2+\frac{1}{2}\tilde{\mu}^2+\frac{1}{2}\mu^2=-\frac{1}{2}\tilde{\mu}^2+\frac{1}{2}\mu^2$$

则

$$\begin{aligned}\dot{V} &\leqslant -cs^2+\frac{1}{2}\bar{\delta}^2+\frac{1}{\mu}\left(\rho-\frac{\eta}{2}\tilde{\mu}^2+\frac{\eta}{2}\mu^2\right)\\ &=-cs^2-\frac{\eta}{2\mu}\tilde{\mu}^2+\frac{1}{2}\bar{\delta}^2+\frac{\rho}{\mu}+\frac{\eta}{2}\mu \leqslant -\chi V+d\end{aligned}$$

其中,$\chi=\min\{2c,\eta\gamma\}$,$d=\frac{1}{2}\bar{\delta}^2+\frac{\rho}{\mu}+\frac{\eta}{2}\mu$。

求解不等式 $\dot{V}\leqslant-\chi V+d$,可得

$$0 \leqslant V(t) \leqslant \frac{d}{\chi}+\left(V(0)-\frac{d}{\chi}\right)e^{-\chi t}$$

则

$$\lim_{t\to\infty}V(t) \leqslant \frac{d}{\chi}$$

因此 $\forall t\in[0,+\infty)$，$V(t)$有界，通过选取合适的控制器参数，可调整 $V(t)$的最终收敛范围，尽可能保证收敛范围在零点的小邻域内。

对 $\forall \varepsilon>\sqrt{\dfrac{2d}{\chi}}$，存在有限时间 t_0，使得 $t>t_0$ 时，$|s|<\varepsilon$，即 $|he+\dot{e}|<\varepsilon$，可证 $t\to\infty$时，$|e|<\dfrac{\varepsilon}{h}$，又由 $|he+\dot{e}|<\varepsilon$ 可得 $|\dot{e}|<2\varepsilon$，即位置跟踪误差和速度跟踪误差一致有界，如果 ε 足够小，则 $t\to\infty$时，$e\to 0$，$\dot{e}\to 0$。证明详见本章附录。

5.3.3 仿真实例

针对被控对象式(5.16)，$f(x_1,x_2)=3x_2$，被控对象的初始值为$[0.20, 0]$，取 $b(t)=10+\sin t$，$\delta(t)=10\sin 0.1t$。采用控制律和自适应律为式(5.19)和式(5.20)，取 $x_{\mathrm{d}}=\sin t$，$\hat{\mu}(0)=0$。参数选取 $h=10$，$c=10$，$\rho=1.0$，$\tau=0.10$，$\gamma=10$，$\eta=1.0$，仿真结果如图 5.7 和图 5.8 所示。

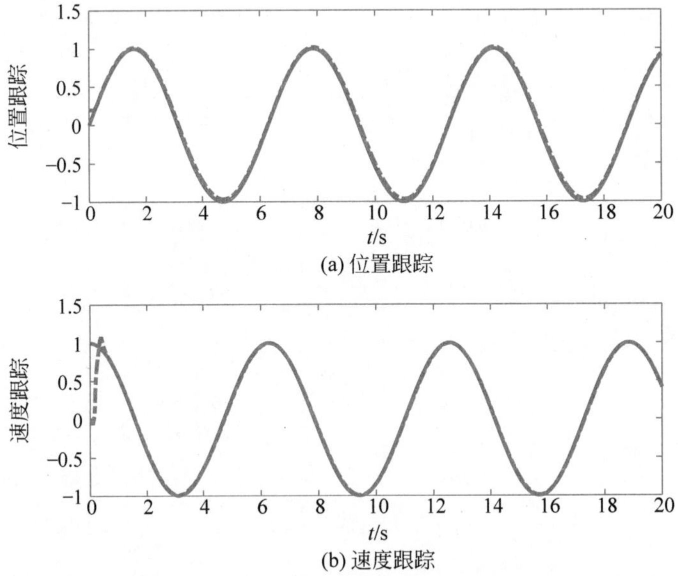

图 5.7 针对被控对象式(5.16)的位置和速度跟踪

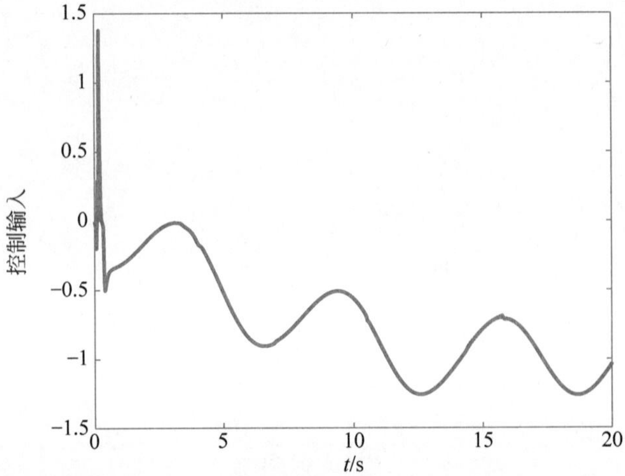

图 5.8 针对被控对象式(5.16)的控制输入

仿真程序：

(1) Simulink 主程序：chap5_3sim.mdl。

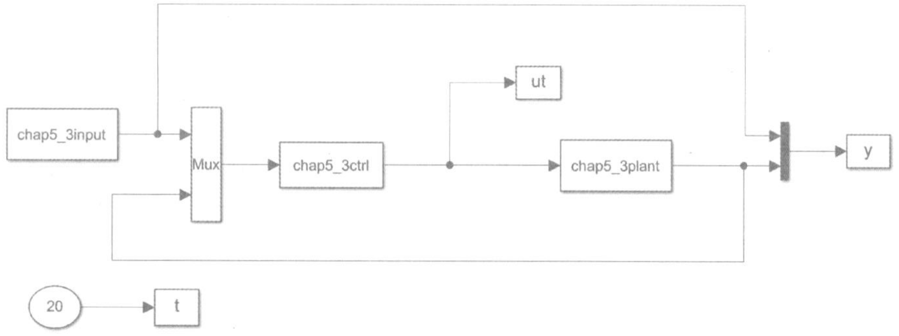

(2) 输入信号子程序：chap5_3input.m。

(3) 控制器子程序：chap5_3ctrl.m。

(4) 被控对象子程序：chap5_3plant.m。

(5) 作图程序：chap5_3plot.m。

5.4 执行器时变故障下轨迹跟踪控制——N函数方法

5.4.1 问题描述

在实际工程中，由于电池供电能力下降、设备老化和操作失误等原因，可能存在执行器时变故障。因此，需要设计执行器时变容错下的控制算法。

考虑动力学模型

$$\begin{cases}\dot{x}_1 = x_2 \\ \dot{x}_2 = f(x_1, x_2) + u\end{cases} \tag{5.21}$$

其中，x_1 和 x_2 分别为位置和速度，$f(x_1, x_2)$为已知函数，执行器存在时变故障：

$$u = b(t)v + \delta(t)$$

其中，$b(t)$和 $\delta(t)$连续有界。则

$$\dot{x}_2 = b(t)v + \delta(t) + f(x_1, x_2) \tag{5.22}$$

控制目标为给定位置指令信号 x_d，通过设计控制律 v，实现 x_d 的跟踪，即 $t \to \infty$时，$x_1 \to x_d$，$x_2 \to \dot{x}_d$。

5.4.2 控制算法设计与分析

定义 $e = x_1 - x_d$，则

$$\dot{e} = x_2 - \dot{x}_d$$

$$\ddot{e} = b(t)v + \delta(t) + f(x_1, x_2) - \ddot{x}_d$$

取辅助变量

$$s = he + \dot{e} \tag{5.23}$$

其中，$h > 0$，为待设计参数。则

$$\dot{s} = h\dot{e} + \ddot{e} = h\dot{e} + b(t)v + \delta(t) + f(x_1, x_2) - \ddot{x}_d$$

定义 $\mu=\sup\limits_{t\geqslant 0}|\delta(t)|$，$\hat{\mu}$ 为 μ 估计值，$\tilde{\mu}=\hat{\mu}-\mu$。定义如下辅助变量

$$\bar{\omega}=cs+\hat{\mu}\operatorname{sgn}s+h\dot{e}+f(x_1,x_2)-\ddot{x}_{\mathrm{d}} \tag{5.24}$$

其中，$c>0$，为待设计参数。

设计控制律和自适应律如下：

$$\dot{\hat{\mu}}-\gamma|s| \tag{5.25}$$

$$v=-M(k)\bar{\omega} \tag{5.26}$$

其中，$\gamma>0$，为待设计参数，$M(k)$为 Nussbaum 函数，定义如下：

$$M(k)=e^{k^2}\cos(k)$$

其中，k 由下式产生：

$$\dot{k}=\rho s\bar{\omega} \tag{5.27}$$

其中，$\rho>0$，为待设计参数。

构造 Lyapunov 函数为

$$V=\frac{1}{2}s^2+\frac{1}{2\gamma}\tilde{\mu}^2 \tag{5.28}$$

则

$$\dot{V}=s\dot{s}+\frac{1}{\gamma}\tilde{\mu}\dot{\hat{\mu}}=s(h\dot{e}+b(t)v+\delta(t)+f(x_1,x_2)-\ddot{x}_{\mathrm{d}})+\frac{1}{\gamma}\tilde{\mu}\dot{\hat{\mu}}$$

根据定义，有

$$s\delta\leqslant\mu|s|=\mu s\cdot\operatorname{sgn}s$$

则

$$\begin{aligned}\dot{V}&\leqslant s(h\dot{e}+b(t)v+\mu\operatorname{sgn}s+f(x_1,x_2)-\ddot{x}_{\mathrm{d}})+\frac{1}{\gamma}\tilde{\mu}\dot{\hat{\mu}}\\&\leqslant s(h\dot{e}+b(t)v+\hat{\mu}\operatorname{sgn}s-\tilde{\mu}\operatorname{sgn}s+f(x_1,x_2)-\ddot{x}_{\mathrm{d}})+\frac{1}{\gamma}\tilde{\mu}\dot{\hat{\mu}}\\&=s(h\dot{e}+b(t)v+\hat{\mu}\operatorname{sgn}s+f(x_1,x_2)-\ddot{x}_{\mathrm{d}})+\frac{1}{\gamma}\tilde{\mu}(\dot{\hat{\mu}}-\gamma|s|)\end{aligned}$$

将控制律式(5.26)和自适应律式(5.31)代入上式，可得

$$\dot{V}\leqslant-cs^2-sb(t)M(k)\bar{\omega}+s\bar{\omega}$$

由自适应律式(5.27)可知，$s\bar{\omega}=\dfrac{\dot{k}}{\rho}$，则

$$\dot{V}\leqslant-cs^2-\frac{\dot{k}}{\rho}(b(t)M(k)-1)$$

对上式两边积分，可得

$$\begin{aligned}V(t)-V(0)&\leqslant-\int_0^t cs^2(\lambda)\mathrm{d}\lambda-\frac{1}{\rho}\int_0^t\dot{k}(b(\lambda)M(k(\lambda))-1)\mathrm{d}\lambda\\&\leqslant-\int_0^t cs^2(\lambda)\mathrm{d}\lambda-\frac{1}{\rho}\int_{k(0)}^{k(t)}(b(\lambda)M(s)-1)\mathrm{d}s\\&\leqslant-\int_0^t cs^2(\lambda)\mathrm{d}\lambda+\frac{1}{\rho}\Delta(t)\end{aligned}$$

其中，$\Delta(t)=-\int_{k(0)}^{k(t)}(b(\lambda)M(s)-1)\mathrm{d}s$。

则

$$0\leqslant V(t)\leqslant -\int_0^t cs^2(\lambda)\mathrm{d}\lambda+\frac{1}{\rho}\Delta(t)+V(0)$$

根据文献[5]可知，$k(t)$有界，结合引理 5.1，则 $\Delta(t)$和 $V(t)$有界，由式(5.28)可知，s 和 $\tilde{\mu}$ 有界，则 e 和 $\dot{e}$ 有界。结合式(5.24)可知，$\bar{\omega}$ 有界，根据式(5.26)可知，v 有界，又由于 $b(t)$和 $\delta(t)$有界，则 $\ddot{e}$ 有界，从而 $\dot{s}$ 有界。综上分析，在所设计的控制律下，闭环信号全局一致有界。

由式 $\Delta(t)$和 $V(t)$有界可知，$\int_0^t s^2(\lambda)\mathrm{d}\lambda$ 有界，由于 s 和 $\dot{s}$ 有界，根据 Barbalat 引理(引理 5.2)可得 $\lim\limits_{t\to\infty}s=0$，结合 $s=he+\dot{e}$ 可知，$\lim\limits_{t\to\infty}e=0$，$\lim\limits_{t\to\infty}\dot{e}=0$。

5.4.3　仿真实例

针对被控对象式(5.21)，取 $b(t)=10+\sin t$，$\delta(t)=10\sin t$，$f(x_1,x_2)=3x_2$，被控对象的初始值为[0.20,0]，采用控制律和自适应律为式(5.25)、式(5.26)和式(5.27)，取 $x_d=\sin t$，$h=10$，$c=10$，$\rho=10$，$\gamma=10$，$\hat{\mu}(0)=0$，$k(0)=0$。为了防止抖振，控制器中采用饱和函数 sat(s)代替符号函数 sgn(s)，即

$$\operatorname{sat}(s)=\begin{cases}1, & s>\Delta\\ Ms, & |s|\leqslant\Delta,\quad M=1/\Delta\\ -1, & s<-\Delta\end{cases}$$

其中，Δ 为边界层，取 $\Delta=0.15$。

仿真结果如图 5.9 和图 5.10 所示。

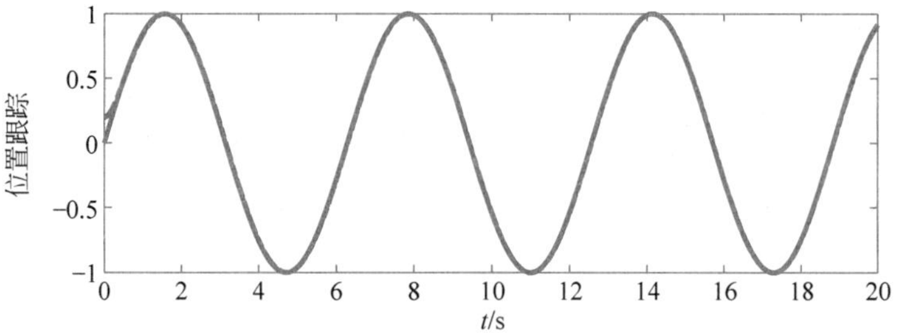

(a) 位置跟踪

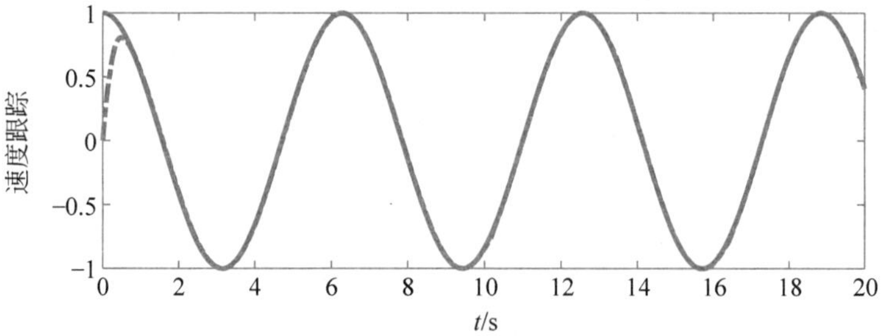

(b) 速度跟踪

图 5.9　针对被控对象式(5.21)的位置和速度跟踪

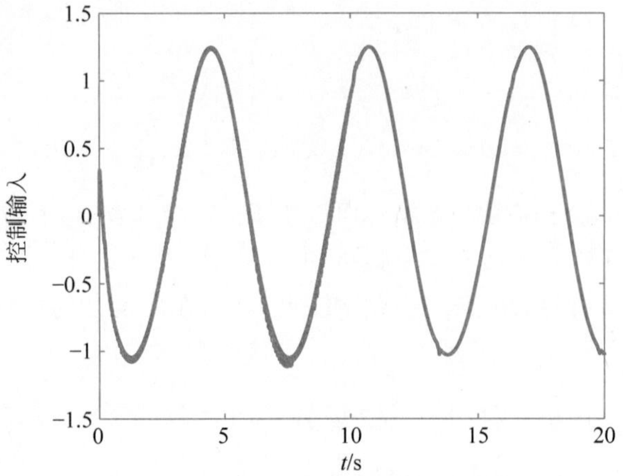

图 5.10　针对被控对象式(5.21)的控制输入

仿真程序：

(1) Simulink 主程序：chap5_4sim.mdl。

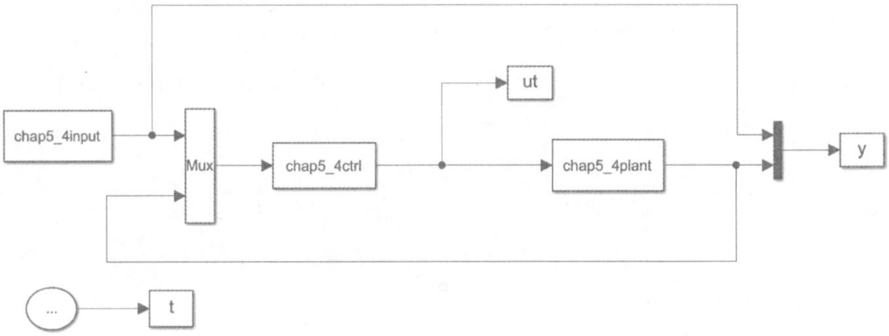

(2) 输入信号子程序：chap5_4input.m。

(3) 控制器子程序：chap5_4ctrl.m。

(4) 被控对象子程序：chap5_4plant.m。

(5) 作图程序：chap5_4plot.m。

附录

定义 5.1[4]　如果函数 $N(\chi)$满足下面条件，则 $N(\chi)$为 N 函数。N 函数满足如下双边特性

$$\lim_{k\to\pm\infty}\sup\frac{1}{k}\int_0^k N(s)\mathrm{d}s=\infty$$

$$\lim_{k\to\pm\infty}\inf\frac{1}{k}\int_0^k N(s)\mathrm{d}s=-\infty$$

根据 Nussbaum 函数定义[4]，定义 Nussbaum 函数为

$$N(k)=k^2\cos(k)$$

其中，k 为实数。

引理 5.1[2] 如果 $V(t)$ 和 $k(\cdot)$ 在 $\forall t\in[0,t_f)$ 上为光滑函数，$V(t)\geqslant 0$，$N(\cdot)$ 为光滑的 N 函数，θ_0 为非零常数，如果满足

$$V(t)\leqslant\int_0^t(\theta_0 N(k(\tau))+1)\dot{k}(\tau)\mathrm{d}\tau+\text{const},\quad \forall t\in[0,t_f)$$

则 $V(t)$、$k(t)$ 和 $\int_0^t(\theta_0 N(k(\tau))+1)\dot{k}(\tau)\mathrm{d}\tau$ 在 $\forall t\in[0,t_f)$ 上有界。

引理 5.2[3]（Barbalat 引理） 对于函数 $f(t)$，若：(1) $f(t)$ 有界；(2) $\dot{f}(t)$ 有界；(3) $\int_0^\infty f^2(t)\mathrm{d}t$ 存在且有界。则有 $t\to\infty$ 时，$f(t)\to 0$。

引理 5.3 定义 $s(t)=\dot{x}(t)+cx(t)$，其中 $c>0$，如果 $s(t)$ 有界，且 $\lim\limits_{t\to\infty}|s(t)|\leqslant\varepsilon$，则

$$\lim_{t\to\infty}|x(t)|\leqslant\frac{\varepsilon}{c},\quad \lim_{t\to\infty}|\dot{x}|\leqslant 2\varepsilon$$

证明：由于 $s(t)$ 有界，则对于 $\forall\varepsilon_1>0$，存在时间 $T_1>0$，使得当 $t>T_1$ 时，$|s(t)|\leqslant\varepsilon+\varepsilon_1$，则当 $t\to\infty$ 时，可取 $\varepsilon_1\to 0$。

针对式 $s(t)=\dot{x}(t)+cx(t)$，两边乘 e^{ct}，可得

$$s(t)\mathrm{e}^{ct}=\dot{x}(t)\mathrm{e}^{ct}+cx(t)\mathrm{e}^{ct}=\frac{\mathrm{d}[x(t)\mathrm{e}^{ct}]}{\mathrm{d}t}$$

对上式在 (T_1,t) 时间段上进行积分，得

$$\int_{T_1}^t s(\tau)\mathrm{e}^{c\tau}\mathrm{d}\tau=x(t)\mathrm{e}^{ct}-x(T_1)\mathrm{e}^{cT_1}$$

则

$$x(t)=x(T_1)\mathrm{e}^{c(T_1-t)}+\mathrm{e}^{-ct}\int_{T_1}^t s(\tau)\mathrm{e}^{c\tau}\mathrm{d}\tau$$

$$\begin{aligned}|x(t)|&=\left|x(T_1)\mathrm{e}^{c(T-t)}+\mathrm{e}^{-ct}\int_{T_1}^t s(\tau)\mathrm{e}^{c\tau}\mathrm{d}\tau\right|\\&\leqslant|x(T_1)|\mathrm{e}^{c(T_1-t)}+\mathrm{e}^{-ct}\int_{T_1}^t|s(\tau)|\mathrm{e}^{c\tau}\mathrm{d}\tau\\&\leqslant|x(T_1)|\mathrm{e}^{c(T_1-t)}+\mathrm{e}^{-ct}\int_{T_1}^t(\varepsilon+\varepsilon_1)\mathrm{e}^{c\tau}\mathrm{d}\tau\\&=|x(T)_1|\mathrm{e}^{c(T_1-t)}+\frac{\varepsilon+\varepsilon_1}{c}\mathrm{e}^{-ct}(\mathrm{e}^{ct}-\mathrm{e}^{cT_1})\\&=|x(T_1)|\mathrm{e}^{c(T_1-t)}+\frac{\varepsilon+\varepsilon_1}{c}[1-\mathrm{e}^{c(T_1-t)}]\\&=\left(|x(T_1)|-\frac{\varepsilon+\varepsilon_1}{c}\right)\mathrm{e}^{c(T_1-t)}+\frac{\varepsilon+\varepsilon_1}{c}\end{aligned}$$

由于 $\lim\limits_{t\to\infty}\left(|x(T_1)|-\frac{\varepsilon+\varepsilon_1}{c}\right)\mathrm{e}^{c(T_1-t)}=0$，对于 $\forall\varepsilon_2>0$，则存在 $T_2>T_1$，使得当 $t>T_2$ 时，$\left(|x(T_1)|-\frac{\varepsilon+\varepsilon_1}{c}\right)\mathrm{e}^{c(T_1-t)}\leqslant\varepsilon_2$，当 $t\to\infty$ 时，可取 $\varepsilon_2\to 0$，则

$$|x(t)|\leqslant\varepsilon_2+\frac{\varepsilon+\varepsilon_1}{c}\quad(t>T_2)$$

由于 $\varepsilon_1>0$ 和 $\varepsilon_2>0$ 可以任意选择，则对于 $\forall\varepsilon_3>0$，存在 $\varepsilon_1>0$ 和 $\varepsilon_2>0$ 满足 $\varepsilon_3=\varepsilon_2+\frac{\varepsilon_1}{c}>0$，当 $t\to\infty$ 时，可取 $\varepsilon_3\to 0$，则 $|x(t)|\leqslant\varepsilon_3+\frac{\varepsilon}{c}$，即 $\lim\limits_{t\to\infty}|x(t)|\leqslant\frac{\varepsilon}{c}$。

由 $\dot{x}=s-cx$ 可得 $|\dot{x}|\leqslant|s|+c|x|$，则

$$\lim_{t\to\infty}|\dot{x}|\leqslant\varepsilon+c\frac{\varepsilon}{c}=2\varepsilon$$

思考题

1. 传感器和执行器容错控制问题有何特点？
2. 传感器和执行器容错是怎么引起的？简述其工程意义。
3. 传感器容错控制和执行器容错控制在控制律设计和分析上有何区别？
4. 在本章所介绍的容错控制律中，影响控制性能的参数有哪些？如何调整这些参数使控制性能得到提升？
5. 当前解决控制容错控制问题有哪些方法？每种方法有何优点和局限性？
6. 如果将模型式(5.1)改为非线性系统，如何设计控制器实现容错控制？如何进行稳定性分析？
7. 作出包含传感器容错和执行器容错的控制系统框图和算法流程图。
8. 以 VTOL 飞行器的传感器和执行器容错控制为例，给出具体的算法，并仿真说明。
9. 在传感器容错中，如果 ρ_i 为未知时变但有界的系数，如何设计稳定的容错控制律？
10. 在执行器容错中，如果 ρ_0 为未知时变但有界的系数，如何设计稳定的容错控制律？
11. 执行器时变容错的特点如何？与常系数容错有何区别？
12. 基于传感器时变容错的控制器如何设计和分析？

参考文献

[1] YU X H,WANG T,GAO H J. Adaptive neural fault-tolerant control for a class of strict-feedback nonlinear systems with actuator and sensor faults[J]. Neurocomputing,2020,380(7): 87-94.

[2] YE X D,JIANG J P. Adaptive nonlinear design without a priori knowledge of control directions[J]. IEEE Transactions on Automatic Control,1998,43(11): 1617-1621.

[3] IOANNOU P A,JING S. Robust adaptive control[M]. New Jersey: PTR Prentice-Hall,1996,75-76.

[4] NUSSBAUM R D. Some remark on the conjecture in parameter adaptive control[J]. Systems and Control Letters,1983,3(4): 243-246.

[5] WANG C L,WEN C Y,LIN Y. Adaptive actuator failure compensation for a class of nonlinear systems with unknown control direction[J]. IEEE Transactions on Automatic Control,2017,62(1): 385-392.

第6章 控制方向未知控制

CHAPTER 6

在工程应用中，如船舶航向控制、飞行器姿态控制问题等都涉及系统的控制方向未知问题。对于传统控制来说，控制输入方向的符号必须是先验已知的，控制方向的符号与控制输入相乘，对系统响应起着决定性作用，一旦控制方向错误，所设计的控制器会使系统剧烈震动。然而，在工程应用中，由于环境的变化，系统中的一些参数无法检测，甚至存在参数摄动，导致在对系统进行数学建模时无法确定其控制方向，这为控制器设计带来了挑战。

控制方向未知的问题是一个有意义的控制问题。当系统中存在未知控制方向时，会使得控制器的设计变得复杂，Nussbaum 增益技术是处理控制方向未知问题的一种有效方法。

6.1 控制方向未知的状态跟踪

6.1.1 系统描述

被控对象为

$$\begin{cases}\dot{x}_1 = x_2 \\ \dot{x}_2 = \theta u(t)\end{cases} \tag{6.1}$$

其中，u 为控制输入，θ 为符号未知的常数。

取 x_{d} 为指令信号，控制目标为 $t\to\infty$ 时，$x_1\to x_{\mathrm{d}}$，$x_2\to\dot{x}_{\mathrm{d}}$。

6.1.2 控制律的设计

定义跟踪误差为 $e=x_1-x_{\mathrm{d}}$，则 $\dot{e}=x_2-\dot{x}_{\mathrm{d}}$，定义滑模函数为 $s=ce+\dot{e}$，$c>0$，则

$$\dot{s}=c\dot{e}+\ddot{e}=c\dot{e}+\dot{x}_2-\ddot{x}_{\mathrm{d}}=c\dot{e}+\theta u-\ddot{x}_{\mathrm{d}}$$

定义 Lyapunov 函数 $V=\frac{1}{2}s^2$，则

$$\dot{V}=s\dot{s}=s(c\dot{e}+\theta u-\ddot{x}_{\mathrm{d}})$$

设计控制律为

$$\bar{u}=\eta s+c\dot{e}-\ddot{x}_{\mathrm{d}},\quad \eta>0 \tag{6.2}$$

$$u=N(k)\bar{u} \tag{6.3}$$

$$\dot{k}=\gamma s\bar{u},\quad \gamma>0 \tag{6.4}$$

则

$$\dot{V}=s(c\dot{e}+\theta N(k)\bar{u}-\ddot{x}_{\mathrm{d}})+\frac{1}{\gamma}\dot{k}-\frac{1}{\gamma}\dot{k}=s(c\dot{e}-\ddot{x}_{\mathrm{d}})+s\theta N(k)\bar{u}+\frac{1}{\gamma}\dot{k}-s\bar{u}$$

$$=s(c\dot{e}-\ddot{x}_{\mathrm{d}})+s\theta N(k)\bar{u}+\frac{1}{\gamma}\dot{k}-s(\eta s+c\dot{e}-\ddot{x}_{\mathrm{d}})=s\theta N(k)\bar{u}+\frac{1}{\gamma}\dot{k}-\eta s^2$$

由于 $s\bar{u}=\frac{1}{\gamma}\dot{k}$，则

$$\dot{V}=\frac{1}{\gamma}\theta N(k)\dot{k}+\frac{1}{\gamma}\dot{k}-\eta s^2$$

等号两边积分可得

$$V(t)-V(0)=\int_0^t\frac{1}{\gamma}\theta N(k(\tau))\dot{k}(\tau)\mathrm{d}\tau+\int_0^t\frac{1}{\gamma}\dot{k}(\tau)\mathrm{d}\tau-\int_0^t\eta s^2(\tau)\mathrm{d}\tau \tag{6.5}$$

根据引理5.1，$V(t)-V(0)+\int_0^t\eta s^2(\tau)\mathrm{d}\tau$ 有界，则 s、$\dot{s}$ 和 $\int_0^t s^2\mathrm{d}t$ 有界，由Barbalat引理，当 $t\to\infty$ 时，$s\to 0$，从而 $e\to 0$，$\dot{e}\to 0$。

6.1.3 仿真实例

针对被控对象式(6.1)，取 $\theta=10$，被控对象的初始值为[0.20,0]，采用控制律为式(6.2)～式(6.4)，取 $x_{\mathrm{d}}=\sin t$，$c=10$，$\eta=15$，$\gamma=5.0$，按定义5.1设计N函数，$k(0)=1.0$，仿真结果如图6.1和图6.2所示。

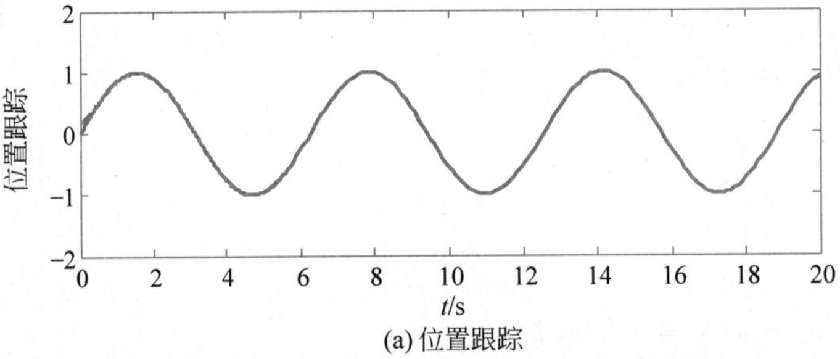

(a) 位置跟踪

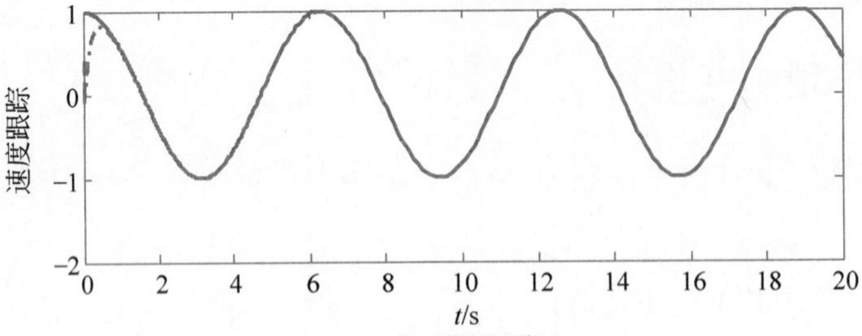

(b) 速度跟踪

图6.1 针对被控对象式(6.1)位置和速度跟踪

仿真程序：

(1) 输入信号程序：chap6_1input.mdl。

(2) Simulink主程序：chap6_1sim.mdl。

(3) 被控对象S函数：chap6_1plant.m。

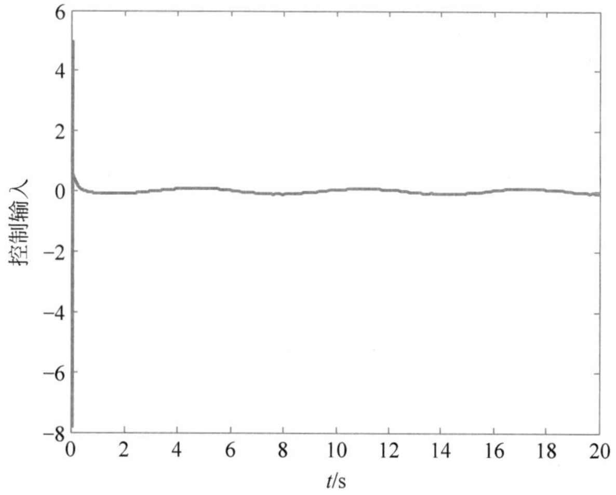

图 6.2 针对被控对象式(6.1)控制输入

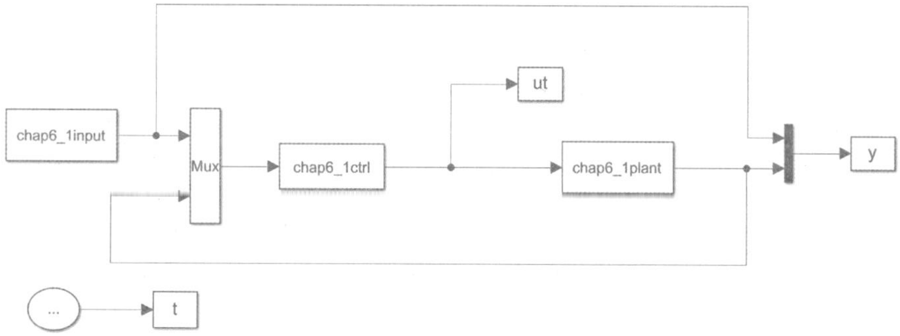

(4) 控制器的 S 函数：chap6_1ctrl.m。

(5) 作图程序：chap6_1plot.m。

6.2 基于 RBF 神经网络的控制方向未知的状态跟踪

6.2.1 系统描述

被控对象为

$$\begin{cases}\dot{x}_1 = x_2 \\ \dot{x}_2 = \theta u(t) + f(\boldsymbol{x})\end{cases} \tag{6.6}$$

其中，θ 为符号未知的常数，$f(\boldsymbol{x})$ 为未知非线性函数。

取 x_{d} 为指令信号，控制目标为 $t\to\infty$ 时，$x_1\to x_{\mathrm{d}}$，$x_2\to\dot{x}_{\mathrm{d}}$。

6.2.2 RBF 神经网络设计

采用 RBF 神经网络可实现未知函数 $f(\boldsymbol{x})$ 的逼近，RBF 神经网络算法为

$$h_j = g(\|\boldsymbol{x} - \boldsymbol{c}_{ij}\|^2 / b_j^2)$$

$$f = \boldsymbol{W}^{*\mathrm{T}} \boldsymbol{h}(\boldsymbol{x}) + \varepsilon$$

其中，$\boldsymbol{x}$ 为网络的输入，i 为网络的输入个数，j 为网络隐含层第 j 个节点，$\boldsymbol{h}=$

$[h_1, h_2, \cdots, h_n]^{\mathrm{T}}$ 为高斯函数的输出，$\boldsymbol{c}_{ij}$ 和 b_j 为高斯基函数的参数，$\boldsymbol{W}^*$ 为网络的理想权值，ε 为网络的逼近误差，$|\varepsilon| \leqslant \varepsilon_{\mathrm{N}}$。

采用 RBF 逼近未知函数 f，网络的输入取 $\boldsymbol{x}=[x_1, x_2]^{\mathrm{T}}$，则 RBF 神经网络的输出为

$$\hat{f}(\boldsymbol{x})=\hat{\boldsymbol{W}}^{\mathrm{T}}\boldsymbol{h}(\boldsymbol{x}) \tag{6.7}$$

则

$$\tilde{f}(\boldsymbol{x})=f(\boldsymbol{x})-\hat{f}(\boldsymbol{x})=\boldsymbol{W}^{*\mathrm{T}}\boldsymbol{h}(\boldsymbol{x})+\varepsilon-\hat{\boldsymbol{W}}^{\mathrm{T}}\boldsymbol{h}(\boldsymbol{x})=\tilde{\boldsymbol{W}}^{\mathrm{T}}\boldsymbol{h}(\boldsymbol{x})+\varepsilon$$

并定义 $\tilde{\boldsymbol{W}}=\boldsymbol{W}^*-\hat{\boldsymbol{W}}$。

6.2.3 控制律的设计

定义跟踪误差为 $e=x_1-x_{\mathrm{d}}$，则 $\dot{e}=x_2-\dot{x}_{\mathrm{d}}$，定义滑模函数为 $s=ce+\dot{e}$，$c>0$，则

$$\dot{s}=c\dot{e}+\ddot{e}=c\dot{e}+\dot{x}_2-\ddot{x}_{\mathrm{d}}=c\dot{e}+\theta u+f(\boldsymbol{x})-\ddot{x}_{\mathrm{d}}$$

定义 Lyapunov 函数

$$V=\frac{1}{2}s^2+\frac{1}{2\gamma}\tilde{\boldsymbol{W}}^{\mathrm{T}}\tilde{\boldsymbol{W}}$$

其中，$\gamma>0$。则

$$\dot{V}=s\dot{s}-\frac{1}{\gamma}\tilde{\boldsymbol{W}}^{\mathrm{T}}\dot{\hat{\boldsymbol{W}}}=s(c\dot{e}+\theta u+f(\boldsymbol{x})-\ddot{x}_{\mathrm{d}})-\frac{1}{\gamma}\tilde{\boldsymbol{W}}^{\mathrm{T}}\dot{\hat{\boldsymbol{W}}}$$

取

$$\alpha=k_1s+c\dot{e}+\hat{f}(\boldsymbol{x})-\ddot{x}_{\mathrm{d}}+\eta\,\mathrm{sgn}s,\quad k_1>0, \eta\geqslant\varepsilon_{\mathrm{N}} \tag{6.8}$$

$$\bar{u}=-k_2s+\alpha,\quad k_2>k_1 \tag{6.9}$$

$$u=N(k)\bar{u} \tag{6.10}$$

$$\dot{k}=\gamma s\bar{u} \tag{6.11}$$

由上面定义可知 $c\dot{e}-\ddot{x}_{\mathrm{d}}=\alpha-k_1s-\hat{f}(\boldsymbol{x})-\eta\,\mathrm{sgn}s$，$\frac{1}{\gamma}\dot{k}=s\bar{u}=s(-k_2s+\alpha)$，则

$$\begin{aligned}\dot{V}&=s(\alpha-k_1s-\hat{f}(\boldsymbol{x})-\eta\,\mathrm{sgn}s+\theta N(k)\bar{u}+f(\boldsymbol{x}))-\frac{1}{\gamma}\tilde{\boldsymbol{W}}^{\mathrm{T}}\dot{\hat{\boldsymbol{W}}}+\frac{1}{\gamma}\dot{k}-\frac{1}{\gamma}\dot{k}\\&=s(\alpha-k_1s+\tilde{\boldsymbol{W}}^{\mathrm{T}}\boldsymbol{h}(\boldsymbol{x})+\varepsilon+\theta N(k)\bar{u})-\eta|s|-\frac{1}{\gamma}\tilde{\boldsymbol{W}}^{\mathrm{T}}\dot{\hat{\boldsymbol{W}}}+\frac{1}{\gamma}\dot{k}-s(-k_2s+\alpha)\\&=s(\alpha-k_1s+\varepsilon+\theta N(k)\bar{u})-\eta|s|+\tilde{\boldsymbol{W}}^{\mathrm{T}}\left(s\boldsymbol{h}(\boldsymbol{x})-\frac{1}{\gamma}\dot{\hat{\boldsymbol{W}}}\right)+\frac{1}{\gamma}\dot{k}-s(-k_2s+\alpha)\end{aligned}$$

设计自适应律为

$$\dot{\hat{\boldsymbol{W}}}=\gamma s\boldsymbol{h}(\boldsymbol{x}) \tag{6.12}$$

则

$$\dot{V}=s(\varepsilon+\theta N(k)\bar{u})-\eta|s|+\frac{1}{\gamma}\dot{k}+(k_2-k_1)s^2$$

由于 $s\bar{u}=\frac{1}{\gamma}\dot{k}$，则

$$\dot{V}\leqslant\frac{1}{\gamma}\theta N(k)\dot{k}+\frac{1}{\gamma}\dot{k}+(k_2-k_1)s^2$$

等号两边积分可得

$$V(t)-V(0)\leqslant\int_0^t \frac{1}{\gamma}\theta N(k(\tau))\dot{k}(\tau)\mathrm{d}\tau+\int_0^t \frac{1}{\gamma}\dot{k}(\tau)\mathrm{d}\tau-\int_0^t (k_2-k_1)s^2(\tau)\mathrm{d}\tau$$

根据引理5.1，$V(t)-V(0)+\int_0^t (k_2-k_1)s^2(\tau)\mathrm{d}\tau$ 有界，则 s、$\dot{s}$、$\int_0^t s^2\mathrm{d}t$ 和 $\widetilde{\boldsymbol{W}}$ 有界，则由Barbalat引理，当 $t\to\infty$ 时，$s\to 0$，从而 $e\to 0$，$\dot{e}\to 0$。

6.2.4 仿真实例

被控对象取式(6.6)，$f(\boldsymbol{x})=10x_1x_2$，$b=0.10$，取位置指令为 $x_{\mathrm{d}}=\sin t$，对象的初始状态为[0.2,0]，取 $c=10$，采用控制律式(6.8)～式(6.11)和自适应律式(6.12)，$k_1=1$，$k_2=1.5$，$\gamma=10$，$\eta=0.10$。根据网络输入 x_1 和 x_2 的实际范围来设计高斯基函数的参数，参数 $\boldsymbol{c}_i$ 和 b_i 取值分别为[−2,−1,0,1,2]和3.0。网络权值中各个元素的初始值取0.10，按定义5.1设计N函数，取 $k(0)=1.0$，仿真结果如图6.3和图6.4所示。

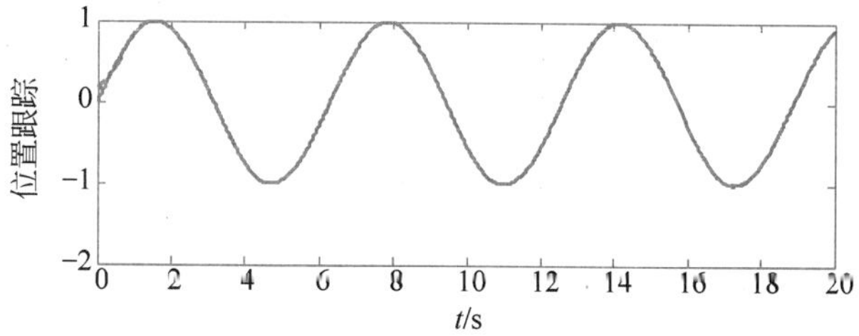

(a) 位置跟踪

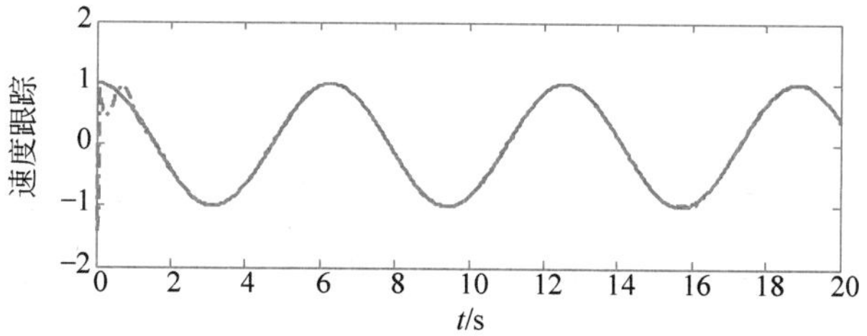

(b) 速度跟踪

图6.3 被控对象取式(6.6)的位置和速度跟踪

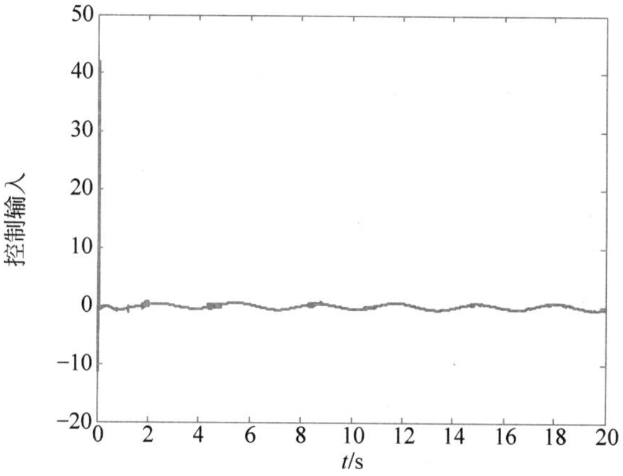

图6.4 被控对象取式(6.6)的控制输入

仿真程序：

(1) 输入信号程序：chap6_2input. mdl。

(2) Simulink 主程序：chap6_2sim. mdl。

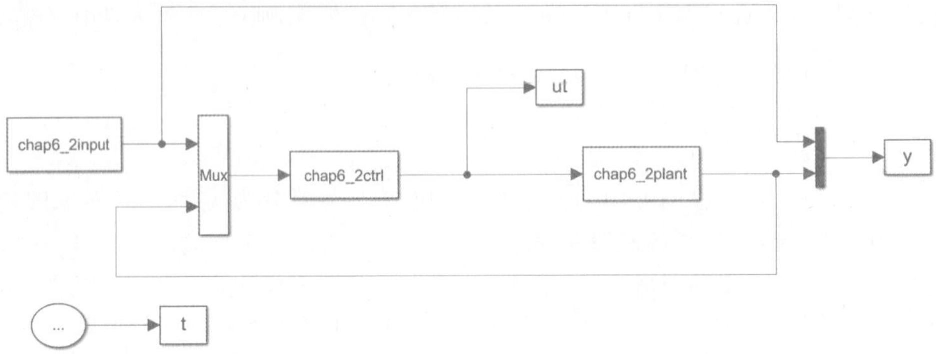

(3) 被控对象 S 函数：chap6_2plant. m。

(4) 控制器的 S 函数：chap6_2ctrl. m。

(5) 作图程序：chap6_2plot. m。

思考题

1. 控制方向未知问题有何特点？哪些控制系统容易出现控制方向未知问题？

2. 控制方向未知问题是怎么引起的？简述其工程意义。

3. 作出包含控制方向未知问题的控制系统框图和算法流程图。

4. N 函数有何特点？为何能解决控制方向未知的问题？N 函数有哪些不足之处，如何解决？

5. 在本章所介绍的控制方向未知控制律中，影响控制性能的参数有哪些？如何调整这些参数使控制性能得到提升？

6. 当前解决控制方向未知问题有哪些方法？每种方法有何优点和局限性？

7. 如果将模型式(6.1)改为非线性系统(例如单极倒立摆系统)，如何设计控制器实现控制方向未知的控制？如何进行稳定性分析？

参考文献

[1] NUSSBAUM R D. Some remark on the conjecture in parameter adaptive control[J]. Systems and Control Letters, 1983, 3(4): 243-246.

[2] YE X D, JIANG J P. Adaptive nonlinear design without a priori knowledge of control directions[J]. IEEE Transactions on Automatic Control, 1998, 43(11): 1617-1621.

[3] PETROS A I, SUN J. Robust adaptive control[M]. New Jersey: PTR Prentice-Hall, 1996, 75-76.

第 7 章 事件驱动控制

CHAPTER 7

随着通信技术和传感器技术的发展,20 世纪 90 年代出现了事件驱动控制的概念。事件驱动控制的基本思想是基于测量信号的通信数据只有当事件驱动策略的设计条件得到满足时才会被发送。在事件驱动中,当某个事件(通常是一组策略、函数、算法或条件)超过给定阈值时,就执行采样或更新控制输入。事件驱动机制可以在系统性能少量损失的前提下有效减少通信次数,从而可以提高网络利用率。事件驱动控制理论目前是控制理论研究的热点之一[1-2]。

针对控制输入信号事件驱动的控制系统如图 7.1 所示。

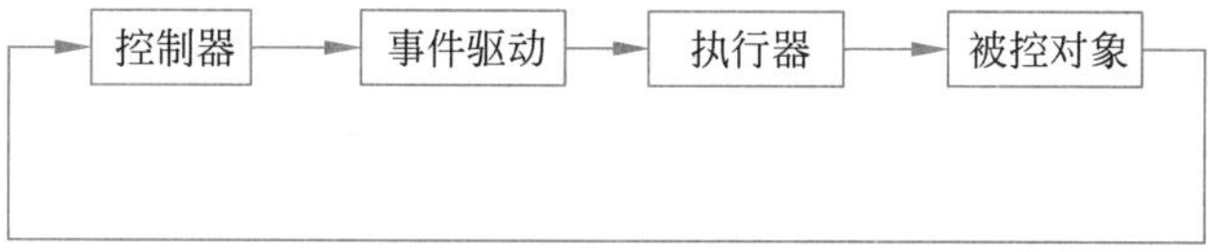

图 7.1 针对控制输入信号事件驱动的控制系统

7.1 基于事件驱动的滑模控制

7.1.1 系统描述

被控对象为

$$\begin{cases} \dot{x}_1 = x_1 \\ \dot{x}_2 = u + d \end{cases} \tag{7.1}$$

其中,u 为控制输入,d 为扰动,$|d| \leqslant D$。

定义角度误差 $e = x_1 - x_d$,其中,x_d 为指令信号,则

$$\dot{e} = \dot{x}_1 - \dot{x}_d = x_2 - \dot{x}_d$$

控制目标为 $t \to \infty$ 时,$x_1 \to x_d$,$x_2 \to \dot{x}_d$。

7.1.2 控制器设计

取滑模函数为

$$s = ce + \dot{e} \tag{7.2}$$

其中,$c > 0$。则

$$\dot{s}=c\dot{e}+\ddot{e}=u+d-\ddot{x}_{\mathrm{d}}+c\dot{e}$$

设计 Lyapunov 函数为

$$V=\frac{1}{2}s^2 \tag{7.3}$$

事件触发时，设计控制律为

$$\omega(t_k)=\ddot{x}_{\mathrm{d}}-c\dot{e}-\eta\tanh\frac{s}{\varepsilon_0}-ks \tag{7.4}$$

其中，$\eta\geqslant D+L+\eta_0$，$\eta_0>0$，$k>0$，$\varepsilon_0>0$。

根据引理 7.1，有 $|s|-s\tanh\left(\frac{s}{\varepsilon_0}\right)\leqslant\mu\varepsilon$，则 $\eta|s|-\eta s\tanh\left(\frac{s}{\varepsilon_0}\right)\leqslant\eta\mu\varepsilon_0$，即

$$-\eta s\tanh\left(\frac{s}{\varepsilon_0}\right)\leqslant-\eta|s|+\eta\mu\varepsilon_0$$

其中，$\mu=0.2785$。

事件驱动策略为

$$u=\omega(t_k),\quad \forall t\in[t_k,t_{k+1}) \tag{7.5}$$

$$t_{k+1}=\inf\{t\in\mathbf{R},|e(t)|\geqslant L\},\quad t_1=0 \tag{7.6}$$

其中，$L>0$，$e_u(t)=\omega(t)-u(t)$。

针对事件驱动策略式(7.5)和式(7.6)，可分析如下：当 $t\in[t_k,t_{k+1})$ 时，$u=\omega(t_k)$，其中，$t=t_{k+1}$ 的值由 $|e_u(t)|\geqslant L$ 来确定；当 $|e_u(t)|<L$ 时，不传输控制输入信号，控制器的值保持不变。

$$\begin{aligned}\dot{s}&=c\dot{e}+\ddot{e}=u+d-\omega(t_k)+\omega(t_k)-\ddot{x}_{\mathrm{d}}+c\dot{e}\\&=u+d-\omega(t_k)+\ddot{x}_{\mathrm{d}}-c\dot{e}-\eta\tanh\frac{s}{\varepsilon_0}-ks-\ddot{x}_{\mathrm{d}}+c\dot{e}\\&=u+d-\omega(t_k)-ks-\eta\tanh\frac{s}{\varepsilon_0}\end{aligned}$$

则

$$\begin{aligned}\dot{V}&=s\dot{s}=s\left(u+d-\omega(t_k)-ks-\eta\tanh\frac{s}{\varepsilon_0}\right)\\&\leqslant|s||u-\omega(t_k)|+|s|d-\eta s\tanh\frac{s}{\varepsilon_0}-ks^2\\&\leqslant(L+d)|s|-\eta|s|+\eta\mu\varepsilon_0-ks^2\\&\leqslant-\eta_0|s|+\eta\mu\varepsilon_0-ks^2\leqslant-\frac{1}{2}kV+\eta\mu\varepsilon_0\end{aligned}$$

求解不等式 $\dot{V}\leqslant-\frac{1}{2}kV+\eta\mu\varepsilon_0$ 可得

$$V(t)\leqslant\mathrm{e}^{-0.5kt}V(0)+\frac{2}{k}\eta\mu\varepsilon_0$$

故 $t\to\infty$ 时，$V(t)$ 收敛，则 s 有界收敛，收敛精度取决于 k。当 $t\to\infty$ 时，k 取值足够大，则 $|s|$ 收敛于很小的值，根据引理 5.3，可得 $x_1\to x_{\mathrm{d}}$，$x_2\to\dot{x}_{\mathrm{d}}$。

7.1.3 芝诺分析

根据 7.1.2 节的分析可知，闭环系统的信号为最终一致有界。由于 ω 和 $\dot{\omega}$ 为一系列有

界变量的和，因此 ω 和 $\dot{\omega}$ 有界。存在 $N>0$，使得 $|\dot{\omega}|\leqslant N$，由于 $|\omega(t)-u(t)|\geqslant L$，则

$$L\leqslant\left|\int_{t_k}^{t_{k+1}}\dot{\omega}(t)\,\mathrm{d}t\right|\leqslant\int_{t_k}^{t_{k+1}}|\dot{\omega}(t)|\,\mathrm{d}t\leqslant\left|\int_{t_k}^{t_{k+1}}N\,\mathrm{d}t\right|=N(t_{k+1}-t_k)$$

则 $t_{k+1}-t_k\geqslant\frac{L}{N}>0$，可以避免芝诺行为。

7.1.4　仿真实例

被控对象取式(7.1)，取 $x_{\mathrm{d}}=\sin(2\pi t)$，$d=\sin t$，$D=1.0$，$k=10$，$L=1.0$，$c=10$，$\eta_0=0.2$，则可取 $\eta=10$，控制律取式(7.4)～式(7.6)。仿真结果如图 7.2～图 7.4 所示。

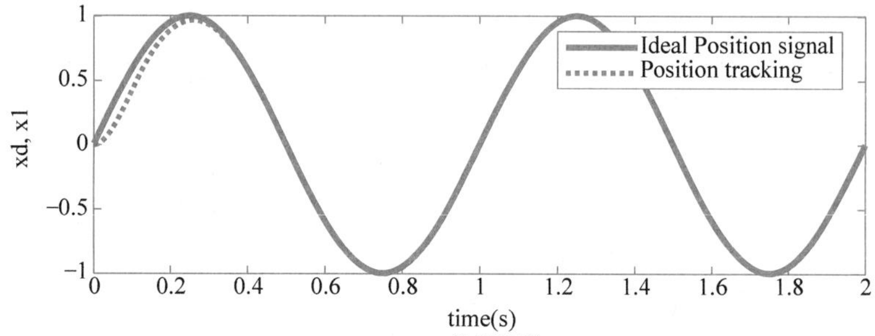

(a) 位置跟踪

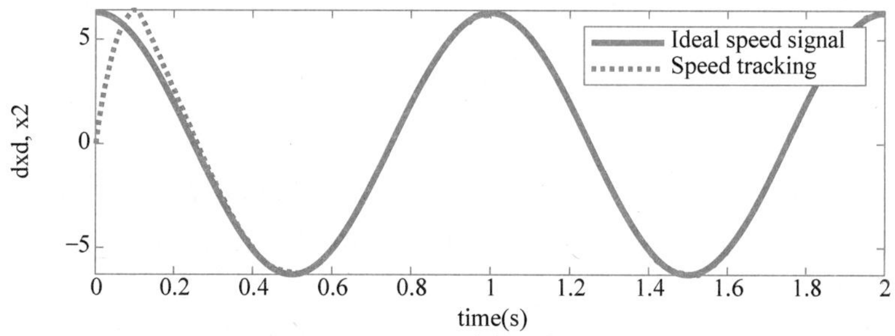

(b) 速度跟踪

图 7.2　状态跟踪

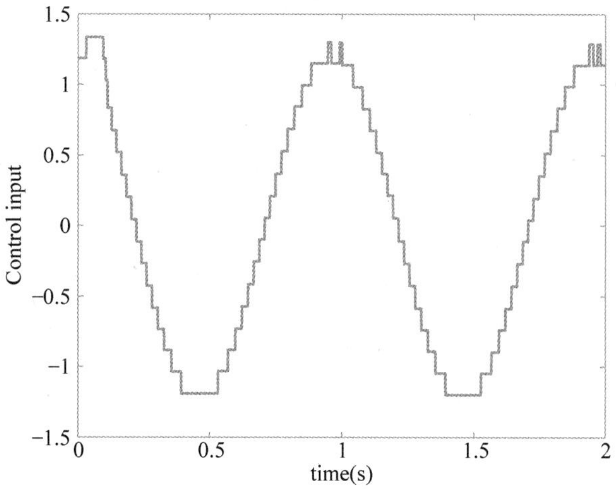

图 7.3　控制输入

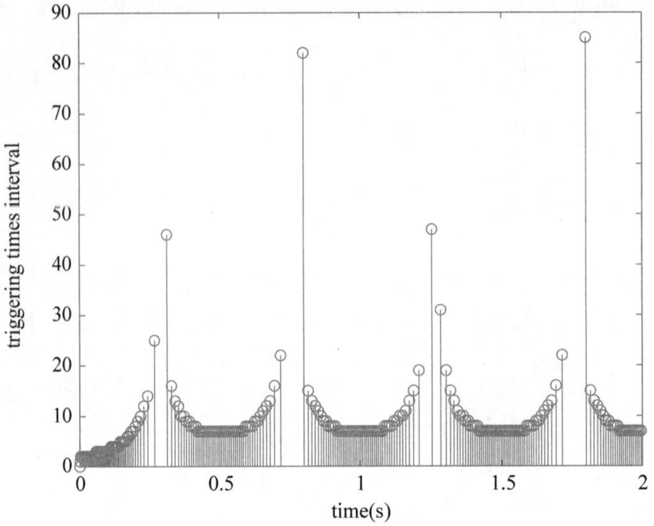

图 7.4 事件触发时间间隔

仿真程序：

(1) 主程序：chap7_1main. m。

(2) 被控对象子程序：chap7_1plant. m。

7.2 基于反演设计的事件驱动控制

反演(Backstepping)设计方法的基本思想是将复杂的非线形系统分解成不超过系统阶数的子系统，然后为每个子系统分别设计 Lyapunov 函数和中间虚拟控制量，一直“后退”到整个系统，直到完成整个控制律的设计。

反演设计方法，通常与 Lyapunov 型自适应律结合使用，综合考虑控制律，使整个闭环系统满足期望的动静态性能指标。反演设计技术具有处理非线性系统存在的非匹配不确定性的能力。

7.2.1 系统描述

假设被控对象为

$$\begin{cases} \dot{x}_1 = f(x_1) + x_2 \\ \dot{x}_2 = f(x_1, x_2) + u \end{cases} \tag{7.7}$$

其中，u 为控制输入，函数 $f(x_1)$ 和 $f(x_1, x_2)$ 已知且导数有界。

控制目标为 z_d 为理想信号，当 $t \to \infty$ 时，$x_1 \to z_d$。

7.2.2 反演控制器设计

反演控制方法设计步骤如下。

步骤 1：定义位置误差为

$$z_1 = x_1 - z_d \tag{7.8}$$

其中，z_d 为指令信号。则

$$\dot{z}_1=\dot{x}_1-\dot{z}_d=f(x_1)+x_2-\dot{z}_d \tag{7.9}$$

定义虚拟控制量为

$$\alpha_1=-f(x_1)-c_1z_1+\dot{z}_d \tag{7.10}$$

其中，$c_1>0$。

定义

$$z_2=x_2-\alpha_1 \tag{7.11}$$

定义 Lyapunov 函数为

$$V_1=\frac{1}{2}z_1^2 \tag{7.12}$$

则

$$\dot{V}_1=z_1\dot{z}_1=z_1[f(x_1)+x_2-\dot{z}_d]=z_1[f(x_1)+z_2+\alpha_1-\dot{z}_d] \tag{7.13}$$

将式(7.10)代入式(7.13)得

$$\dot{V}_1=-c_1z_1^2+z_1z_2 \tag{7.14}$$

如果 $z_2=0$，则 $\dot{V}_1\leqslant 0$。为此，需要进行下一步设计。

步骤 2：定义 Lyapunov 函数为

$$V_2=V_1+\frac{1}{2}z_2^2 \tag{7.15}$$

由于

$$\dot{z}_2=\dot{x}_2-\dot{\alpha}_1=f(x_1,x_2)+u+c_1\dot{z}_1-\ddot{z}_d$$

则

$$\dot{V}_2=\dot{V}_1+z_2\dot{z}_2=-c_1z_1^2+z_1z_2+z_2(f(x_1,x_2)+u+c_1\dot{z}_1-\ddot{z}_d)$$

为使 $\dot{V}_2\leqslant 0$，设计虚拟控制器为

$$\alpha_2=-f(x_1,x_2)-c_2z_2-z_1-c_1\dot{z}_1+\ddot{z}_d \tag{7.16}$$

其中，$c_2>0$。则

$$f(x_1,x_2)+c_1\dot{z}_1-\ddot{z}_d=-c_2z_2-z_1-\alpha_2$$

$$\begin{aligned}\dot{V}_2&=-c_1z_1^2+z_1z_2+z_2(-c_2z_2-z_1-\alpha_2+u)\\&=-c_1z_1^2-c_2z_2^2+z_2(u-\alpha_2)\leqslant -c_1z_1^2-c_2z_2^2+z_2|u-\alpha_2|\end{aligned}$$

其中，$\lambda=\min\{2c_1,2c_2-1\}$。

为了节省通信量，在实际控制器和虚拟控制器之间设计事件触发机制，当 $t\in[t_k,t_{k+1})$ 时，实际控制器为

$$u(t)=\alpha_2(t_k) \tag{7.17}$$

其中，t_k 为触发时刻，$k\in N$。

控制律式(7.17)的触发条件为 $t_{k+1}=\inf\{t>t_k\,|\,|u-\alpha_2|\geqslant L\}$，$L>0$，如不满足触发条件，则事件不触发，控制律采用上一时刻的值。则

$$\dot{V}_2\leqslant -c_1z_1^2-c_2z_2^2+\frac{1}{2}z_2^2+\frac{1}{2}L^2$$

$$=-c_1z_1^2-\left(c_2-\frac{1}{2}\right)z_2^2+\frac{1}{2}L^2$$

$$=-\lambda V_2+\frac{1}{2}L^2 \tag{7.18}$$

求解式(7.18),可得

$$V_2(t)\leqslant \mathrm{e}^{-\lambda t}V_2(0)+\mu$$

其中,$\mu=\frac{1}{2}\frac{L^2}{\lambda}$。

故 $t\to\infty$ 时,$V_2(t)$ 收敛于 μ,收敛精度取决于 c_1 和 c_2。通过控制律的设计,当 c_1 和 c_2 取足够大时,可使得 z_1 和 z_2 收敛于很小的值,从而 $t\to\infty$ 时,$x_1\to z_\mathrm{d}$。

7.2.3 芝诺分析

根据 7.2.2 节的分析可知,闭环系统的信号为最终一致有界。由于 α_2 和 $\dot{\alpha}_2$ 为一系列有界变量的和,因此 α_2 和 $\dot{\alpha}_2$ 有界。存在 $N>0$,使得 $|\dot{\alpha}_2|\leqslant N$,由于 $|u-\alpha_2|\geqslant L$,则

$$L\leqslant\left|\int_{t_k}^{t_{k+1}}\dot{\alpha}_2\mathrm{d}t\right|\leqslant\int_{t_k}^{t_{k+1}}|\dot{\alpha}_2|\,\mathrm{d}t\leqslant\left|\int_{t_k}^{t_{k+1}}N\mathrm{d}t\right|=N(t_{k+1}-t_k)$$

则 $t_{k+1}-t_k\geqslant\frac{L}{N}>0$,可以避免芝诺行为。

7.2.4 仿真实例

考虑如下系统:

$$\begin{cases}\dot{x}_1=f(x_1)+x_2\\ \dot{x}_2=f(x_1,x_2)+u\end{cases}$$

其中,$f(x_1)=10x_1$,$f(x_1,x_2)=10x_1x_2$。

取位置指令为 $x_\mathrm{d}=\sin t$,采用控制律(7.17),取 $L=1.5$,控制律参数取 $c_1=35$,$c_2=35$,系统初始状态为 $[0,0]$。仿真结果如图 7.5~图 7.7 所示。

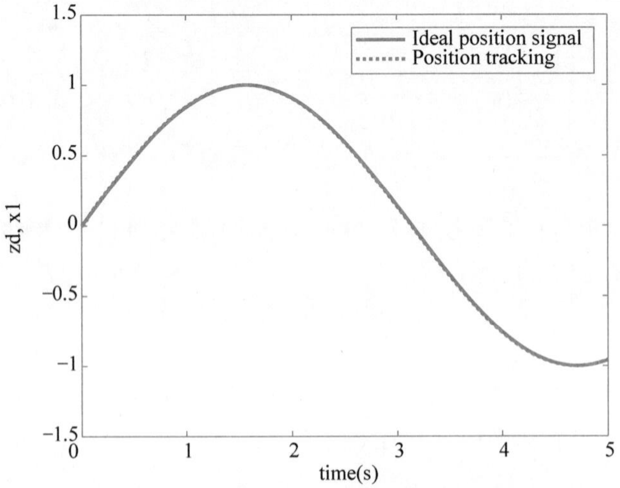

图 7.5 x_1 的跟踪

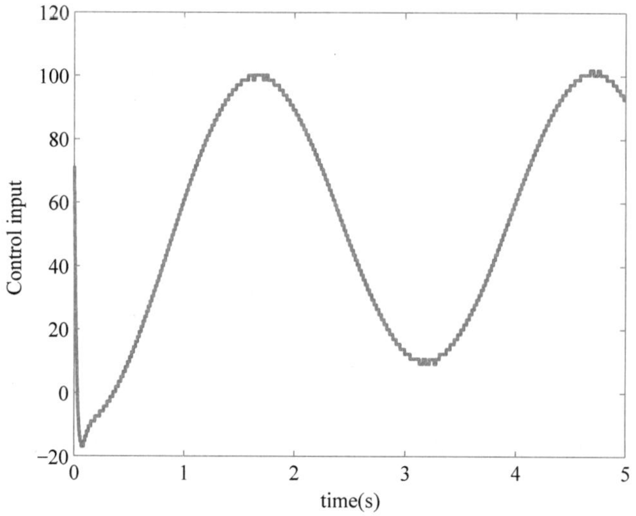

图 7.6　反演控制输入

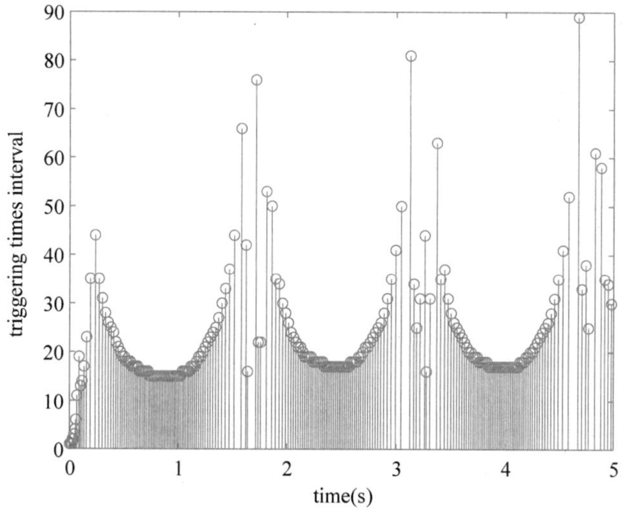

图 7.7　反演控制事件触发次数

仿真程序：

(1) 主程序：chap7_2main.m。

(2) 被控对象子程序：chap7_2plant.m。

引理 7.1[4]　针对任意给定的实数 x，存在如下不等式：

$$0 \leqslant |x| - x\tanh\left(\frac{x}{\varepsilon_0}\right) \leqslant \mu\varepsilon_0, \quad \mu = 0.2785$$

其中，$\varepsilon_0 > 0$。

思考题

1. 事件驱动控制有何特点，分析其优点和缺点。
2. 传感器事件驱动控制和执行器事件驱动控制在控制律设计和分析上有何区别？

3. 事件驱动控制是怎么引起的？简述工程意义。

4. 作出包含事件驱动控制的控制系统框图和算法流程图。

5. 在本章所介绍的事件驱动控制律中，影响控制性能的参数有哪些？如何调整这些参数使控制性能得到提升？

6. 当前解决事件驱动控制问题有哪些方法？每种方法的优点和局限性如何？

7. 如果将模型式(7.1)改为欠驱动系统，如何设计控制器实现事件驱动控制？如何进行稳定性分析？

参考文献

[1] MISKOWICZ M. Event-based control and signal processing[M]. Florida：CRC Press，2016.

[2] HETEL L，FITER C，OMRAN H，et al. Recent developments on the stability of systems with aperiodic sampling：an overview[J]. Automatica，2017，76：309-335.

[3] HASSAN K H，非线性系统[M]. 朱义胜，董辉，李作洲，等译. 3 版. 北京：电子工业出版社，2011.

[4] POLYCARPOU M M，IOANNOU P A. A robust adaptive nonlinear control design[J]. Automatica，1996，32(3)：423-427.

第8章 CHAPTER 8 控制系统输入延迟控制

在工程应用中,控制系统经常会产生一些延迟现象,例如网络控制、数据传输、无线通信等,这些延迟现象会对系统的稳定性及其性能产生不利的影响,因此,引起了学者们研究延迟系统的兴趣。

针对控制输入延迟问题,主要研究成果大多是在 Lyapunov-Krasovski 稳定性定理基础上展开的[1],其核心思想是构造合适的 Lyapunov-Krasovski 泛函,以此来获得关于系统的时滞相关稳定性充分条件[2-3]。2003 年,Gu 等提出了著名的 Jensen 不等式[4],它是在时滞系统的研究中应用最为广泛的不等式,文献[5]对 Jensen 不等式进行了扩展,得到了 Wirtinger 不等式,并对不等式的保守性方面进行了有效改善。

控制输入延迟是实际控制系统的常见现象,也是控制器设计的难点。带有输入延迟的控制系统框图如图 8.1 所示。

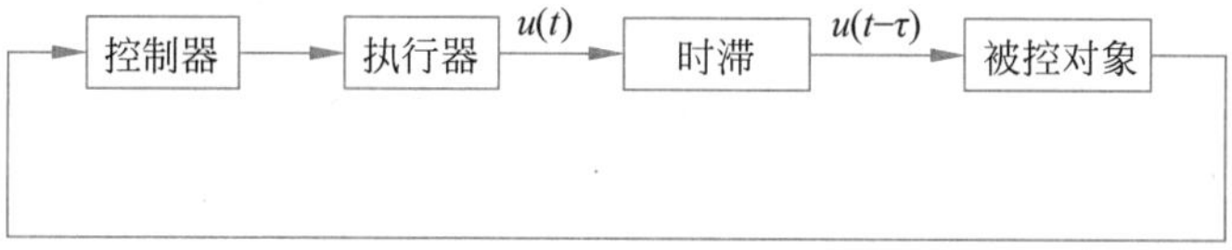

图 8.1 带有输入延迟的控制系统

8.1 基于非线性多约束优化的输入延迟控制

8.1.1 系统描述

考虑具有控制输入延迟的系统模型如下:

$$\begin{cases} \dot{x}_1 = x_2 \\ \dot{x}_2 = -ax_2 - bx_1 + u(t-\tau) \end{cases} \tag{8.1}$$

其中,u 为控制输入,$\tau>0$ 为时间延迟常数。

控制目标:当 $t\to\infty$ 时,$x_1\to 0$,$x_2\to 0$。

8.1.2 控制器设计与分析

引理 8.1[6] 针对如下含有参变数积分限的积分:

$$\psi(u)=\int_{p(u)}^{q(u)} f(x,u)\mathrm{d}x$$

如果函数 f 和$\dfrac{\partial f}{\partial u}$ 都在闭矩形 $I=[a,b]\times[\alpha,\beta]$上连续，函数 $p(u)$，$q(u)$ 都在$[\alpha,\beta]$上可微，且当 $\alpha\leqslant u\leqslant\beta$ 时，$a\leqslant p(u)\leqslant b$，$a\leqslant q(u)\leqslant b$，那么上式确定的函数 ψ 在$[\alpha,\beta]$上可微，且

$$\psi'(u)=\int_{p(u)}^{q(u)}\frac{\partial f(x,u)}{\partial u}\mathrm{d}x+f(q(u),u)q'(u)-f(p(u),u)p'(u)$$

根据引理 8.1，取 $P=\omega\int_{t-\tau}^{t}\left(\int_{s}^{t}u^2(\xi)\mathrm{d}\xi\right)\mathrm{d}s$，令 $A(s)=\int_{s}^{t}u^2(\xi)\mathrm{d}\xi$，则 $P=\omega\int_{t-\tau}^{t}A(s)\mathrm{d}s$

$$\begin{aligned}\dot{P}&=\omega\int_{t-\tau}^{t}\left[\frac{\partial}{\partial t}A(s)\right]\mathrm{d}s+\omega A(t)\frac{\mathrm{d}}{\mathrm{d}t}(t)-\omega A(t-\tau)\frac{\mathrm{d}}{\mathrm{d}t}(t-\tau)\\&=\omega\int_{t-\tau}^{t}u^2(t)\mathrm{d}s-\omega\int_{t-\tau}^{t}u^2(\xi)\mathrm{d}\xi+0\\&=\omega\tau u^2(t)-\omega\int_{t-\tau}^{t}u^2(\xi)\mathrm{d}\xi\end{aligned}$$

其中，$A(t-\tau)\dfrac{\mathrm{d}}{\mathrm{d}t}(t-\tau)=A(t-\tau)=\int_{t-\tau}^{t}u^2(\xi)\mathrm{d}\xi$。

定义辅助变量如下：

$$r=-x_2-x_1-e_z \tag{8.2}$$

$$e_z=\int_{t-\tau}^{t}u(\theta)\mathrm{d}\theta \tag{8.3}$$

则

$$\begin{aligned}\dot{r}&=-\dot{x}_2-x_2-\dot{e}_z=-u(t-\tau)-(1-a)x_2+bx_1-u+u(t-\tau)\\&=-(1-a)x_2+bx_1-u\end{aligned}$$

设计控制律为

$$u(t)=kr \tag{8.4}$$

其中，$k>0$。

将式(8.4)代入$\dot{r}$ 的公式可得

$$\dot{r}=-(1-a)x_2+bx_1-kr \tag{8.5}$$

设计 Lyapunov-Krasovskii 函数为

$$V=\frac{1}{2}\eta_1 r^2+\frac{1}{2}\eta_2 x_1^2+P \tag{8.6}$$

其中，$\eta_1>0$，$\eta_2>0$，$\omega>0$。

根据引理 8.1，对 P 求导得

$$\dot{P}=\omega\tau u^2-\omega\int_{t-\tau}^{t}u^2(\theta)\mathrm{d}\theta \tag{8.7}$$

对 V 求导得

$$\begin{aligned}\dot{V}&=\eta_1 r\dot{r}+\eta_2 x_1 x_2+\dot{P}=\eta_1 r(-(1-a)x_2+bx_1-kr)+\eta_2 x_1 x_2+\dot{P}\\&\leqslant-(1-a)\eta_1 x_2 r+b\eta_1 x_1 r-k\eta_1 r^2+\eta_2 x_1 x_2+\omega\tau k^2 r^2-\omega\int_{t-\tau}^{t}u^2(\theta)\mathrm{d}\theta\end{aligned}$$

$$= -(k\eta_1 - \omega\tau k^2)r^2 - (1-a)\eta_1 x_2(-x_2 - x_1 - e_z) + b\eta_1 x_1(-x_2 - x_1 - e_z) + \eta_2 x_1 x_2 - \omega\int_{t-\tau}^{t} u^2(\theta)\mathrm{d}\theta$$

$$= -(k\eta_1 - \omega\tau k^2)r^2 + (1-a)\eta_1 x_2^2 + ((1-a)\eta_1 - b\eta_1 + \eta_2)x_1 x_2 + (1-a)\eta_1 x_2 e_z - b\eta_1 x_1^2 - b\eta_1 x_1 e_z - \omega\int_{t-\tau}^{t} u^2(\theta)\mathrm{d}\theta \tag{8.8}$$

根据 Cauchy-Schwartz 不等式[7]

$$e_z^2 \leqslant \tau\int_{t-\tau}^{t} u^2(\theta)\mathrm{d}\theta \tag{8.9}$$

可得

$$-\omega\int_{t-\tau}^{t} u^2(\theta)\mathrm{d}\theta \leqslant -\frac{\omega}{\tau}e_z^2 \tag{8.10}$$

将上式代入 V 的求导公式，可得

$$\dot{V} \leqslant -(k\eta_1 - \omega\tau k^2)r^2 + (1-a)\eta_1 x_2^2 + ((1-a)\eta_1 - b\eta_1 + \eta_2)x_1 x_2 + (1-a)\eta_1 x_2 e_z - b\eta_1 x_1^2 - b\eta_1 x_1 e_z - \frac{\omega}{\tau}e_z^2$$

上式可写为二次型的形式：

$$\dot{V} \leqslant \boldsymbol{\beta}^{\mathrm{T}}\boldsymbol{W}\boldsymbol{\beta}$$

其中，$\boldsymbol{\beta} = [r, x_1, x_2, e_z]^{\mathrm{T}}$，且

$$\boldsymbol{W} = \begin{bmatrix} -(k\eta_1 - \omega\tau k^2) & 0 & 0 & 0 \\ 0 & -b\eta_1 & \frac{1}{2}((1-a)\eta_1 - b\eta_1 + \eta_2) & -\frac{1}{2}b\eta_1 \\ 0 & \frac{1}{2}((1-a)\eta_1 - b\eta_1 + \eta_2) & (1-a)\eta_1 & \frac{1}{2}(1-a)\eta_1 \\ 0 & -\frac{1}{2}b\eta_1 & \frac{1}{2}(1-a)\eta_1 & -\frac{\omega}{\tau} \end{bmatrix}$$

如果能选取 k、η_1、η_2 和 ω 使 $\boldsymbol{W}$ 负定，即

$$\boldsymbol{W} < 0 \tag{8.11}$$

即 W 负定，则 $\dot{V} \leqslant 0$。

由于 $V \geqslant 0$，根据 $\dot{V} \leqslant 0$，则 V 有界。根据 $\dot{V} \leqslant \boldsymbol{\beta}^{\mathrm{T}}\boldsymbol{W}\boldsymbol{\beta}$，当 $\dot{V} \equiv 0$ 时，$\beta = 0$，根据 LaSSale 不变引理，当 $t \to \infty$ 时，$\boldsymbol{\beta} \to 0$，从而 $x_1 \to 0$，$x_2 \to 0$。

Fmincon 是用于求解非线性多元函数最小值的 MATLAB 函数，优化工具箱提供 Fmincon 函数用于对有约束优化问题进行求解。针对本问题，在参数满足一定约束范围条件，且 $\boldsymbol{W}$ 特征值均为负的条件下，采用 Fmincon 函数求解式(8.11)中的 k、η_1、η_2 和 ω。

8.1.3 仿真实例

针对模型式(8.1)，取 $a = 2$，$b = 2$，$\tau = 6$。k、η_1、η_2 和 ω 均满足约束[0,10]，采用 Fmincon 函数求解式(8.11)，Fmincon 函数按满足参数约束范围及 $\boldsymbol{W}$ 为负定来进行优化求

解，可得 $k=0.0335$，此时 $\boldsymbol{W}$ 的特征值的最大值为 -0.03，满足 $\boldsymbol{W}$ 负定。采用控制律式(8.4)，仿真结果如图 8.2 和图 8.3 所示。

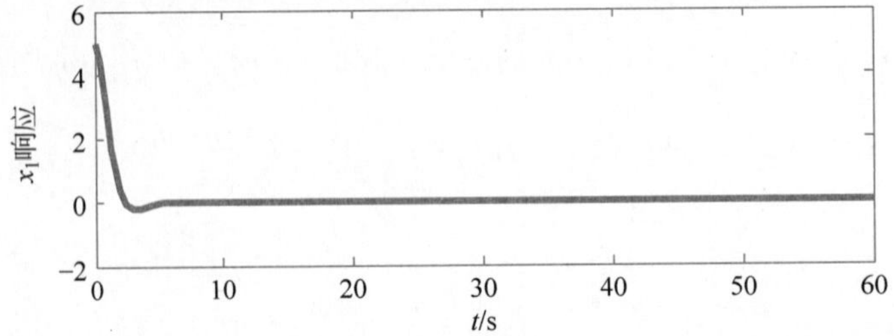

(a) x_1响应

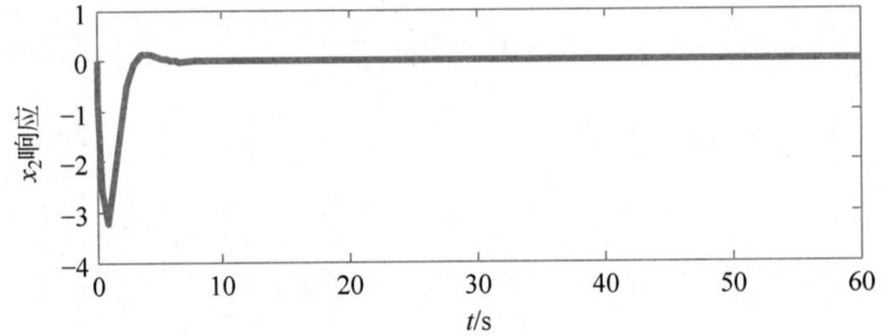

(b) x_2响应

图 8.2 状态 x_1 和 x_2 响应

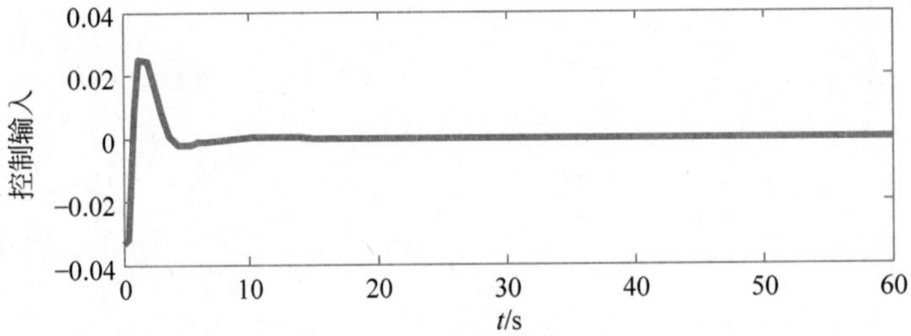

(a) 控制输入

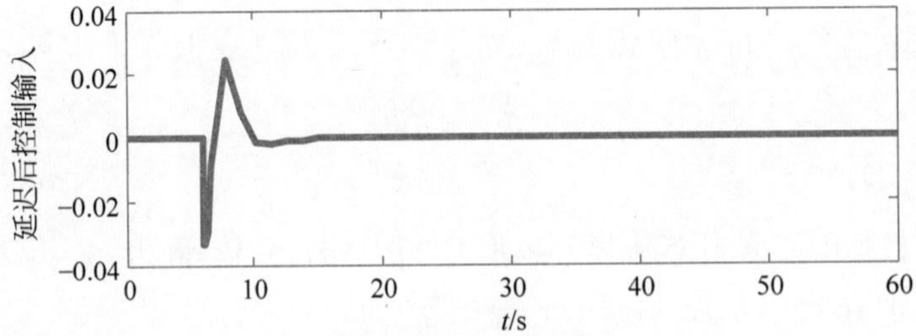

(b) 延迟后控制输入

图 8.3 控制输入

仿真实例：

参数设计程序：

(1) 主程序：chap8_1main.m。

(2) 子程序：chap8_1func.m。

Simulink 仿真程序：

(1) 控制系统 Simulink 主程序：chap8_1sim.mdl。

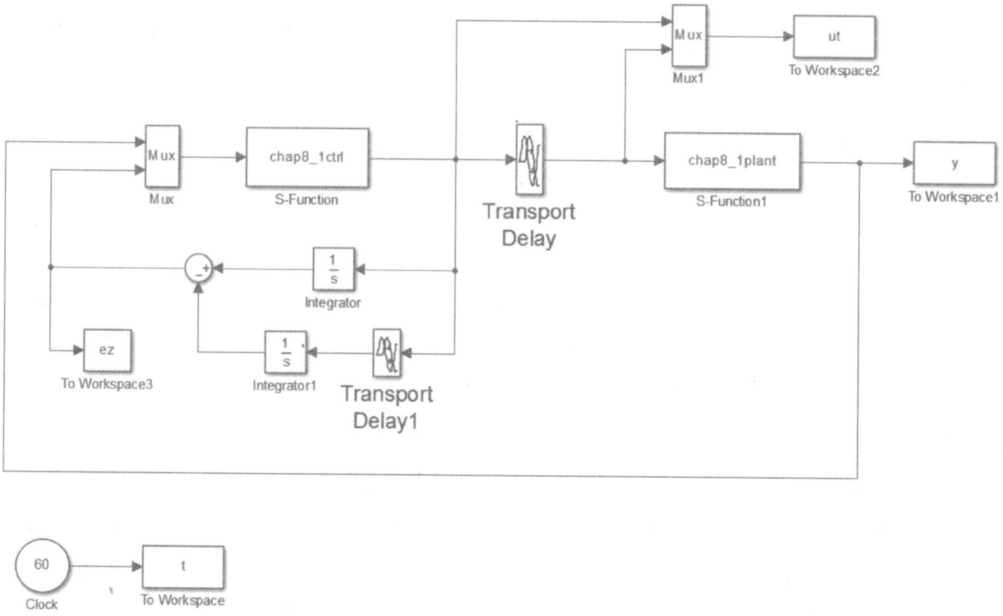

(2) 控制器 S 函数程序：chap8_1ctrl.m。

(3) 被控对象 S 函数程序：chap8_1plant.m。

(4) 作图程序：chap8_1plot.m。

8.2 基于 LMI 的输入延迟控制

8.2.1 系统描述

针对二阶线性系统

$$\begin{cases} \dot{x}_1 = x_2 \\ \dot{x}_2 = a x_2 + b u(t-h) \\ y = x_1 \end{cases} \tag{8.12}$$

上式可写为

$$\begin{cases} \dot{\boldsymbol{x}} = \boldsymbol{A}\boldsymbol{x} + \boldsymbol{B}\boldsymbol{u}(t-h) \\ y = \boldsymbol{C}\boldsymbol{x} \end{cases} \tag{8.13}$$

其中，$\boldsymbol{x}=[x_1, x_2]^{\mathrm{T}}$ 为状态向量，$\boldsymbol{A}=\begin{bmatrix} 0 & 1 \\ 0 & a \end{bmatrix}$，$\boldsymbol{B}=[0,b]^{\mathrm{T}}$，$\boldsymbol{C}=[1,0]$，$h$ 为延迟，h 为常值。

系统的初始条件为 $\phi(t)=u(t), t\in[-h,0)$。

8.2.2 控制器的设计

控制器设计为

$$u(t) = \boldsymbol{K}\boldsymbol{x}(t) \tag{8.14}$$

其中,$\boldsymbol{K}$ 为控制器增益。

控制目标为:$t\to\infty$ 时,$\boldsymbol{x}\to 0$。下面的任务是如何通过闭环系统稳定性分析设计 LMI 求解 $\boldsymbol{K}$。

8.3 闭环系统稳定性分析

引理 8.2 Schur 补定理[8]描述为:假设 $\boldsymbol{C}$ 为正定矩阵,则 $\boldsymbol{A}-\boldsymbol{B}\boldsymbol{C}^{-1}\boldsymbol{B}^{\mathrm{T}}\geqslant 0$ 等价为 $\begin{bmatrix}\boldsymbol{A} & \boldsymbol{B}\\ \boldsymbol{B}^{\mathrm{T}} & \boldsymbol{C}\end{bmatrix}\geqslant 0$。

定理 8.1 给定 h,若存在 $n\times n$ 矩阵满足 $\boldsymbol{Q}>0,\boldsymbol{S}>0,\boldsymbol{R}>0$ 和矩阵 $\boldsymbol{K}\in R^{1\times n}$ 能使如下不等式成立,则系统式(8.14)是全局一致稳定的。

$$\boldsymbol{\Sigma}=\begin{bmatrix}\boldsymbol{Q}\boldsymbol{A}_{\boldsymbol{K}}+\boldsymbol{A}_{\boldsymbol{K}}^{\mathrm{T}}\boldsymbol{Q}+\boldsymbol{S}+\boldsymbol{N}_1+\boldsymbol{N}_1^{\mathrm{T}} & -\boldsymbol{N}_1+\boldsymbol{N}_2^{\mathrm{T}} & -h\boldsymbol{N}_1+\boldsymbol{N}_3^{\mathrm{T}}-h\boldsymbol{QBK} & h\boldsymbol{A}^{\mathrm{T}}\boldsymbol{R}\\ * & -\boldsymbol{S}-\boldsymbol{N}_2-\boldsymbol{N}_2^{\mathrm{T}} & -h\boldsymbol{N}_2-\boldsymbol{N}_3^{\mathrm{T}} & h\boldsymbol{K}^{\mathrm{T}}\boldsymbol{B}^{\mathrm{T}}\boldsymbol{R}\\ * & * & -h^2\boldsymbol{R}-h\boldsymbol{N}_3-\boldsymbol{N}_3^{\mathrm{T}} & 0\\ * & * & * & -\boldsymbol{R}\end{bmatrix}<0 \tag{8.15}$$

证明:根据控制任务,设计 Lyapunov-Krasovskii 函数

$$V=V_x+V_s+V_R$$

其中,$V_x=\boldsymbol{x}^{\mathrm{T}}\boldsymbol{Q}\boldsymbol{x}$,$V_S(\boldsymbol{x}_t)=\int_{-h}^{0}\boldsymbol{x}_t^{\mathrm{T}}(s)\boldsymbol{S}\boldsymbol{x}_t(s)\mathrm{d}s$,$V_R(\dot{\boldsymbol{x}}_t)=h\int_{-h}^{0}\int_{\theta}^{0}\dot{\boldsymbol{x}}_t^{\mathrm{T}}(s)\boldsymbol{R}\dot{\boldsymbol{x}}_t(s)\mathrm{d}s\mathrm{d}\theta$,$\boldsymbol{x}_t(\theta)=\boldsymbol{x}(t+\theta)$,$\theta\in[-h,0]$。

$$\dot{V}_S(\boldsymbol{x}_t)=\boldsymbol{x}^{\mathrm{T}}\boldsymbol{S}\boldsymbol{x}-\boldsymbol{x}^{\mathrm{T}}(t-h)\boldsymbol{S}\boldsymbol{x}(t-h)$$

$$\dot{V}_R(\dot{\boldsymbol{x}}_t)=h^2\dot{\boldsymbol{x}}^{\mathrm{T}}\boldsymbol{R}\dot{\boldsymbol{x}}-h\int_{t-h}^{t}\dot{\boldsymbol{x}}^{\mathrm{T}}(s)\boldsymbol{R}\dot{\boldsymbol{x}}(s)\mathrm{d}s$$

令 $\boldsymbol{v}(t)=\dfrac{1}{h}\int_{t-h}^{t}\dot{\boldsymbol{x}}(s)\mathrm{d}s$,则

$$\boldsymbol{x}(t-h)=\boldsymbol{x}(t)-h\boldsymbol{v}(t) \tag{8.16}$$

将式(8.16)代入式(8.14)得

$$\dot{\boldsymbol{x}}=\boldsymbol{A}\boldsymbol{x}+\boldsymbol{B}\boldsymbol{K}(\boldsymbol{x}-h\boldsymbol{v})=(\boldsymbol{A}+\boldsymbol{B}\boldsymbol{K})\boldsymbol{x}-h\boldsymbol{B}\boldsymbol{K}\boldsymbol{v}=\boldsymbol{A}_{\boldsymbol{K}}\boldsymbol{x}-h\boldsymbol{B}\boldsymbol{K}\boldsymbol{v}$$

其中,$\boldsymbol{A}_{\boldsymbol{K}}=\boldsymbol{A}+\boldsymbol{B}\boldsymbol{K}$。则

$$\begin{aligned}\dot{V}_x&=\boldsymbol{x}^{\mathrm{T}}\boldsymbol{Q}\dot{\boldsymbol{x}}+\dot{\boldsymbol{x}}^{\mathrm{T}}\boldsymbol{Q}\boldsymbol{x}=\boldsymbol{x}^{\mathrm{T}}\boldsymbol{Q}(\boldsymbol{A}_{\boldsymbol{K}}\boldsymbol{x}-h\boldsymbol{B}\boldsymbol{K}\boldsymbol{v})+(\boldsymbol{A}_{\boldsymbol{K}}\boldsymbol{x}-h\boldsymbol{B}\boldsymbol{K}\boldsymbol{v})^{\mathrm{T}}\boldsymbol{Q}\boldsymbol{x}\\&=\boldsymbol{x}^{\mathrm{T}}(\boldsymbol{Q}\boldsymbol{A}_{\boldsymbol{K}}+\boldsymbol{A}_{\boldsymbol{K}}^{\mathrm{T}}\boldsymbol{Q})\boldsymbol{x}-2h\boldsymbol{x}^{\mathrm{T}}\boldsymbol{Q}\boldsymbol{B}\boldsymbol{K}\boldsymbol{v}\end{aligned}$$

根据 Jensen 不等式[4],可得

$$h\int_{t-h}^{t}\dot{\boldsymbol{x}}^{\mathrm{T}}(s)\boldsymbol{R}\dot{\boldsymbol{x}}(s)\mathrm{d}s\geqslant\frac{h}{t-(t-h)}\left[\int_{t-h}^{t}\dot{\boldsymbol{x}}(s)\mathrm{d}s\right]^{\mathrm{T}}\boldsymbol{R}\int_{t-h}^{t}\dot{\boldsymbol{x}}(s)\mathrm{d}s=(h\boldsymbol{v})^{\mathrm{T}}\boldsymbol{R}(h\boldsymbol{v})$$

即

$$-h\int_{t-h}^{t}\dot{\boldsymbol{x}}^{\mathrm{T}}(s)\boldsymbol{R}\dot{\boldsymbol{x}}(s)\mathrm{d}s\leqslant-(h\boldsymbol{v})^{\mathrm{T}}\boldsymbol{R}(h\boldsymbol{v})$$

进一步地,

$$\dot{V}=\dot{V}_x+\dot{V}_s+\dot{V}_R\leqslant \boldsymbol{x}^{\mathrm{T}}(\boldsymbol{QA}_K+\boldsymbol{A}_K^{\mathrm{T}}\boldsymbol{Q})\boldsymbol{x}-2h\boldsymbol{x}^{\mathrm{T}}\boldsymbol{QBKv}(t)+\boldsymbol{x}^{\mathrm{T}}\boldsymbol{Sx}-\boldsymbol{x}^{\mathrm{T}}(t-h)\boldsymbol{Sx}(t-h)+h^2\dot{\boldsymbol{x}}^{\mathrm{T}}\boldsymbol{R}\dot{\boldsymbol{x}}-h^2\boldsymbol{v}^{\mathrm{T}}\boldsymbol{Rv}$$
$$=\boldsymbol{\eta}^{\mathrm{T}}(t)\boldsymbol{W\eta}(t)+h^2\dot{\boldsymbol{x}}^{\mathrm{T}}\boldsymbol{R}\dot{\boldsymbol{x}}$$

其中，$\boldsymbol{\eta}(t)=[\boldsymbol{x}^{\mathrm{T}},\boldsymbol{x}^{\mathrm{T}}(t-h),\boldsymbol{v}]^{\mathrm{T}}$，$\boldsymbol{W}(1,1)=\boldsymbol{QA}_K+\boldsymbol{A}_K^{\mathrm{T}}\boldsymbol{Q}+\boldsymbol{S}$，$\boldsymbol{W}(1,3)=-h\boldsymbol{QBK}$，$\boldsymbol{W}(2,2)=-\boldsymbol{S}$，$\boldsymbol{W}(3,3)=-h^2\boldsymbol{R}$，即

$$\boldsymbol{W}=\begin{bmatrix}\boldsymbol{QA}_K+\boldsymbol{A}_K^{\mathrm{T}}\boldsymbol{Q}+\boldsymbol{S} & 0 & -h\boldsymbol{QBK}\\ * & -\boldsymbol{S} & 0\\ * & * & -h^2\boldsymbol{R}\end{bmatrix}\tag{8.17}$$

由于 $\dot{\boldsymbol{x}}=\boldsymbol{Ax}+\boldsymbol{B}u(t-h)=\boldsymbol{Ax}+\boldsymbol{BKx}(t-h)$，则

$$h\dot{\boldsymbol{x}}=h\boldsymbol{Ax}+h\boldsymbol{BKx}(t-h)=[h\boldsymbol{A},h\boldsymbol{BK},0]\begin{bmatrix}\boldsymbol{x}\\ \boldsymbol{x}(t-h)\\ v\end{bmatrix}=\boldsymbol{T\eta}(t)$$

其中，$\boldsymbol{T}=[h\boldsymbol{A},h\boldsymbol{BK},0]$。从而 $h^2\dot{\boldsymbol{x}}^{\mathrm{T}}\boldsymbol{R}\dot{\boldsymbol{x}}=\boldsymbol{\eta}^{\mathrm{T}}(t)(\boldsymbol{T}^{\mathrm{T}}\boldsymbol{RT})\boldsymbol{\eta}(t)$，则

$$\dot{V}\leqslant\boldsymbol{\eta}^{\mathrm{T}}(t)(\boldsymbol{W}+\boldsymbol{T}^{\mathrm{T}}\boldsymbol{RT})\,\boldsymbol{\eta}(t)$$

根据式(8.16)可知$\boldsymbol{\rho}=2\boldsymbol{\eta}^{\mathrm{T}}(t)\boldsymbol{N}(\boldsymbol{x}(t)-\boldsymbol{x}(t-h)-h\boldsymbol{v}(t))=0$，$\boldsymbol{N}=[\boldsymbol{N}_1,\boldsymbol{N}_2,\boldsymbol{N}_3]^{\mathrm{T}}$ 为维数合适的任意矩阵。

由于

$$\boldsymbol{\eta}^{\mathrm{T}}\boldsymbol{N}(\boldsymbol{x}(t)-\boldsymbol{x}(t-h)-h\boldsymbol{v}(t))=\boldsymbol{\eta}^{\mathrm{T}}\begin{bmatrix}\boldsymbol{N}_1\\ \boldsymbol{N}_2\\ \boldsymbol{N}_3\end{bmatrix}[\boldsymbol{I},-\boldsymbol{I},-h\boldsymbol{I}]\,\boldsymbol{\eta}$$
$$=\boldsymbol{\eta}^{\mathrm{T}}\begin{bmatrix}\boldsymbol{N}_1 & -\boldsymbol{N}_1 & -h\boldsymbol{N}_1\\ \boldsymbol{N}_2 & -\boldsymbol{N}_2 & -h\boldsymbol{N}_2\\ \boldsymbol{N}_3 & -\boldsymbol{N}_3 & -h\boldsymbol{N}_3\end{bmatrix}\boldsymbol{\eta}=\boldsymbol{0}$$

$$(\boldsymbol{\eta}^{\mathrm{T}}\boldsymbol{N}(\boldsymbol{x}(t)-\boldsymbol{x}(t-h)-h\,\boldsymbol{v}(t)))^{\mathrm{T}}=\boldsymbol{\eta}^{\mathrm{T}}\begin{bmatrix}\boldsymbol{N}_1^{\mathrm{T}} & \boldsymbol{N}_2^{\mathrm{T}} & \boldsymbol{N}_3^{\mathrm{T}}\\ -\boldsymbol{N}_1^{\mathrm{T}} & -\boldsymbol{N}_2^{\mathrm{T}} & -\boldsymbol{N}_3^{\mathrm{T}}\\ -h\boldsymbol{N}_1^{\mathrm{T}} & -h\boldsymbol{N}_2^{\mathrm{T}} & -h\boldsymbol{N}_3^{\mathrm{T}}\end{bmatrix}\boldsymbol{\eta}=\boldsymbol{0}$$

从而

$$\rho=2\boldsymbol{\eta}^{\mathrm{T}}\boldsymbol{N}(\boldsymbol{x}(t)-\boldsymbol{x}(t-h)-h\boldsymbol{v}(t))$$
$$=\boldsymbol{\eta}^{\mathrm{T}}\boldsymbol{N}(\boldsymbol{x}(t)-\boldsymbol{x}(t-h)-h\boldsymbol{v}(t))+(\boldsymbol{\eta}^{\mathrm{T}}\boldsymbol{N}(\boldsymbol{x}(t)-\boldsymbol{x}(t-h)-h\boldsymbol{v}(t)))^{\mathrm{T}}$$
$$=\boldsymbol{\eta}^{\mathrm{T}}\begin{bmatrix}\boldsymbol{N}_1+\boldsymbol{N}_1^{\mathrm{T}} & -\boldsymbol{N}_1+\boldsymbol{N}_2^{\mathrm{T}} & -h\boldsymbol{N}_1+\boldsymbol{N}_3^{\mathrm{T}}\\ * & -\boldsymbol{N}_2-\boldsymbol{N}_2^{\mathrm{T}} & -h\boldsymbol{N}_2-\boldsymbol{N}_3^{\mathrm{T}}\\ * & * & -h\boldsymbol{N}_3-h\boldsymbol{N}_3^{\mathrm{T}}\end{bmatrix}\boldsymbol{\eta}=\boldsymbol{0}$$

则

$$\boldsymbol{W}=\boldsymbol{W}+\boldsymbol{\rho}=\begin{bmatrix}\boldsymbol{QA}_K+\boldsymbol{A}_K^{\mathrm{T}}\boldsymbol{Q}+\boldsymbol{S}+\boldsymbol{N}_1+\boldsymbol{N}_1^{\mathrm{T}} & -\boldsymbol{N}_1+\boldsymbol{N}_2^{\mathrm{T}} & -h\boldsymbol{N}_1+\boldsymbol{N}_3^{\mathrm{T}}-h\boldsymbol{QBK}\\ * & -\boldsymbol{S}-\boldsymbol{N}_2-\boldsymbol{N}_2^{\mathrm{T}} & -h\boldsymbol{N}_2-\boldsymbol{N}_3^{\mathrm{T}}\\ * & * & -h^2\boldsymbol{R}-h\boldsymbol{N}_3-h\boldsymbol{N}_3^{\mathrm{T}}\end{bmatrix}\tag{8.18}$$

由于 $\boldsymbol{R}$ 正定，根据 Schur 补充定理[8]，有 $\boldsymbol{W}+\boldsymbol{T}^{\mathrm{T}}\boldsymbol{RT}=\boldsymbol{W}+(\boldsymbol{RT})^{\mathrm{T}}\boldsymbol{R}^{-1}\boldsymbol{RT}<0$ 等价于

$$\begin{bmatrix}\boldsymbol{W} & \boldsymbol{T}^{\mathrm{T}}\boldsymbol{R}\\ * & -\boldsymbol{R}\end{bmatrix}<0$$

由于 $\boldsymbol{T}=[h\boldsymbol{A},h\boldsymbol{BK},0]$，$\boldsymbol{T}^{\mathrm{T}}\boldsymbol{R}=[h\boldsymbol{A}^{\mathrm{T}}\boldsymbol{R},h\boldsymbol{K}^{\mathrm{T}}\boldsymbol{B}^{\mathrm{T}}\boldsymbol{R},0]^{\mathrm{T}}$，则上式等价于式(8.15)，即 $\boldsymbol{\Sigma}<0$。

若存在 $n\times n$ 矩阵 $\boldsymbol{Q}>0,\boldsymbol{S}>0,\boldsymbol{R}>0$，矩阵 $\boldsymbol{K}\in\mathbf{R}^{1\times n}$ 以及任意合适维数的矩阵 $\boldsymbol{N}$ 使不等式(8.15)成立，则存在 $\kappa>0$，使 $\dot{V}(t)\leqslant-\kappa\|\eta(t)\|^2$。根据 Lyapunov-Krasovski 稳定性定理可知，$\boldsymbol{x}(t)$ 全局一致稳定，$t\to\infty$ 时，$x\to 0$，定理得证。

因此，带有固定延迟的系统式(8.14)的输出镇定问题，就转变成了求取控制器增益 $\boldsymbol{K}$，即满足不等式(8.15)的问题。

定理 8.2 给定 h，可调参数 $r>0$，若存在 $n\times n$ 矩阵满足 $\boldsymbol{X}>0,\tilde{\boldsymbol{S}}>0$ 和矩阵 $\boldsymbol{Y}\in\mathbf{R}^{1\times n}$ 能使如下不等式成立，则系统式(8.14)是全局一致稳定的。

$$\tilde{\boldsymbol{\Sigma}}=\begin{bmatrix}\tilde{\boldsymbol{\Sigma}}_1 & -\tilde{\boldsymbol{N}}_1+\tilde{\boldsymbol{N}}_2^{\mathrm{T}} & \tilde{\boldsymbol{\Sigma}}_2 & rh\boldsymbol{XA}^{\mathrm{T}}\\ * & -\tilde{\boldsymbol{S}}-\tilde{\boldsymbol{N}}_2-\tilde{\boldsymbol{N}}_2^{\mathrm{T}} & -h\tilde{\boldsymbol{N}}_2-\tilde{\boldsymbol{N}}_3^{\mathrm{T}} & rh\boldsymbol{Y}^{\mathrm{T}}\boldsymbol{B}^{\mathrm{T}}\\ * & * & \tilde{\boldsymbol{\Sigma}}_3 & 0\\ * & * & * & -r\boldsymbol{X}^{\mathrm{T}}\end{bmatrix}<0 \tag{8.19}$$

其中，$\tilde{\boldsymbol{\Sigma}}_1=\boldsymbol{AX}^{\mathrm{T}}+\boldsymbol{BY}+(\boldsymbol{AX}^{\mathrm{T}}+\boldsymbol{BY})^{\mathrm{T}}+\tilde{\boldsymbol{S}}+\tilde{\boldsymbol{N}}_1+\tilde{\boldsymbol{N}}_1^{\mathrm{T}}$，$\tilde{\boldsymbol{\Sigma}}_2=-h\boldsymbol{BY}-h\tilde{\boldsymbol{N}}_1+\tilde{\boldsymbol{N}}_3^{\mathrm{T}}$，$\tilde{\boldsymbol{\Sigma}}_3=-rh^2\boldsymbol{X}-h\tilde{\boldsymbol{N}}_2-\tilde{\boldsymbol{N}}_3^{\mathrm{T}}$

证明：定义矩阵 $\boldsymbol{R}=r\boldsymbol{Q}$，$\boldsymbol{X}=\boldsymbol{Q}^{-1}$，$\boldsymbol{\Delta}=\mathrm{diag}(\boldsymbol{X},\boldsymbol{X},\boldsymbol{X},\boldsymbol{X})$，定义新变量 $\boldsymbol{Y}=\boldsymbol{KX}^{\mathrm{T}}$，$\tilde{\boldsymbol{S}}=\boldsymbol{XSX}^{\mathrm{T}}$，$\tilde{\boldsymbol{N}}_i=\boldsymbol{XN}_i\boldsymbol{X}^{\mathrm{T}}$。

对不等式(8.15)左乘 $\boldsymbol{\Delta}$，并右乘 $\boldsymbol{\Delta}^{\mathrm{T}}$，由于

(1) $\boldsymbol{X}(\boldsymbol{QA}_{\boldsymbol{K}}+\boldsymbol{A}_{\boldsymbol{K}}^{\mathrm{T}}\boldsymbol{Q}+\boldsymbol{S}+\boldsymbol{N}_1+\boldsymbol{N}_1^{\mathrm{T}})\boldsymbol{X}^{\mathrm{T}}=\boldsymbol{XQA}_{\boldsymbol{K}}\boldsymbol{X}^{\mathrm{T}}+\boldsymbol{XA}_{\boldsymbol{K}}^{\mathrm{T}}\boldsymbol{QX}^{\mathrm{T}}+\tilde{\boldsymbol{S}}+\tilde{\boldsymbol{N}}_1+\tilde{\boldsymbol{N}}_1^{\mathrm{T}}=(\boldsymbol{A}+\boldsymbol{BK})\boldsymbol{Q}^{-1}+\boldsymbol{X}(\boldsymbol{A}^{\mathrm{T}}+\boldsymbol{K}^{\mathrm{T}}\boldsymbol{B}^{\mathrm{T}})+\tilde{\boldsymbol{S}}+\tilde{\boldsymbol{N}}_1+\tilde{\boldsymbol{N}}_1^{\mathrm{T}}=\boldsymbol{AX}+\boldsymbol{BY}+\boldsymbol{Y}^{\mathrm{T}}\boldsymbol{B}^{\mathrm{T}}+\boldsymbol{XA}^{\mathrm{T}}$

(2) $\boldsymbol{X}(-h\boldsymbol{N}_1+\boldsymbol{N}_3^{\mathrm{T}}-h\boldsymbol{QBK})\boldsymbol{X}^{\mathrm{T}}=-h\boldsymbol{XQBKX}^{\mathrm{T}}-h\tilde{\boldsymbol{N}}_1+\tilde{\boldsymbol{N}}_3^{\mathrm{T}}=-h\boldsymbol{BY}-h\tilde{\boldsymbol{N}}_1+\tilde{\boldsymbol{N}}_3^{\mathrm{T}}$

(3) $\boldsymbol{X}(h\boldsymbol{A}^{\mathrm{T}}\boldsymbol{R})\boldsymbol{X}^{\mathrm{T}}=h\boldsymbol{XA}^{\mathrm{T}}\boldsymbol{RX}^{\mathrm{T}}=h\boldsymbol{XA}^{\mathrm{T}}r\boldsymbol{QX}^{\mathrm{T}}=rh\boldsymbol{XA}^{\mathrm{T}}$

(4) $\boldsymbol{X}(h\boldsymbol{K}^{\mathrm{T}}\boldsymbol{B}^{\mathrm{T}}\boldsymbol{R})\boldsymbol{X}^{\mathrm{T}}=\boldsymbol{Q}^{-1}(h\boldsymbol{K}^{\mathrm{T}}\boldsymbol{B}^{\mathrm{T}}\boldsymbol{R})\boldsymbol{Q}^{-1}=h\boldsymbol{Q}^{-1}\boldsymbol{K}^{\mathrm{T}}\boldsymbol{B}^{\mathrm{T}}r\boldsymbol{QQ}^{-1}=hr\boldsymbol{Q}^{-1}\boldsymbol{K}^{\mathrm{T}}\boldsymbol{B}^{\mathrm{T}}=hr\boldsymbol{Y}^{\mathrm{T}}\boldsymbol{B}^{\mathrm{T}}$

(5) $\boldsymbol{X}(-\boldsymbol{R})\boldsymbol{X}^{\mathrm{T}}=\boldsymbol{X}(-r\boldsymbol{Q})\boldsymbol{X}^{\mathrm{T}}=-r\boldsymbol{XQX}^{\mathrm{T}}=-r\boldsymbol{X}^{\mathrm{T}}$

则由式(8.15)可得到不等式(8.19)。通过求解不等式(8.19)，获得矩阵 $\boldsymbol{X}$ 和 $\boldsymbol{Y}$，从而 $\boldsymbol{K}=\boldsymbol{YX}^{-\mathrm{T}}$。

8.4 仿真实例

针对二阶线性系统

$$\begin{cases}\dot{x}_1=x_2\\ \dot{x}_2=-25x_2+133u(t-h)\\ y=x_1\end{cases}$$

上式可写为

$$\begin{cases}\dot{\boldsymbol{x}}=\boldsymbol{A}\boldsymbol{x}+\boldsymbol{B}\boldsymbol{u}(t-h)\\ y=\boldsymbol{C}\boldsymbol{x}\end{cases}$$

其中，$\boldsymbol{x}=[x_1,x_2]^{\mathrm{T}}$，$\boldsymbol{A}=\begin{bmatrix}0&1\\0&-25\end{bmatrix}$，$\boldsymbol{B}=[0,133]^{\mathrm{T}}$，$\boldsymbol{C}=[1,0]$。

针对不等式(8.19)，为了求解增益 K，需要求解三个不等式，即：(1)2×2 矩阵 $\boldsymbol{X}>0$；(2)2×2 矩阵 $\widetilde{\boldsymbol{S}}>0$；(3)$\widetilde{\boldsymbol{\Sigma}}<0$。

采用控制律式(8.14)，取 $h=0.20$，$r=1.0$，仿真结果如图 8.4 和图 8.5 所示，取 $h=0.01$，$r=10$，仿真结果如图 8.6 和图 8.7 所示。

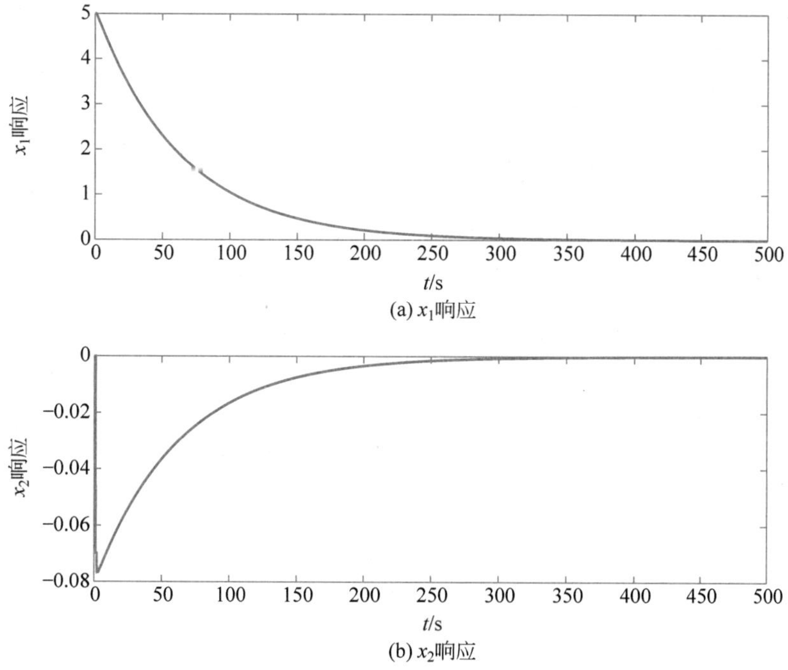

图 8.4 状态 x_1 和 x_2 响应($h=0.20$，$r=1.0$)

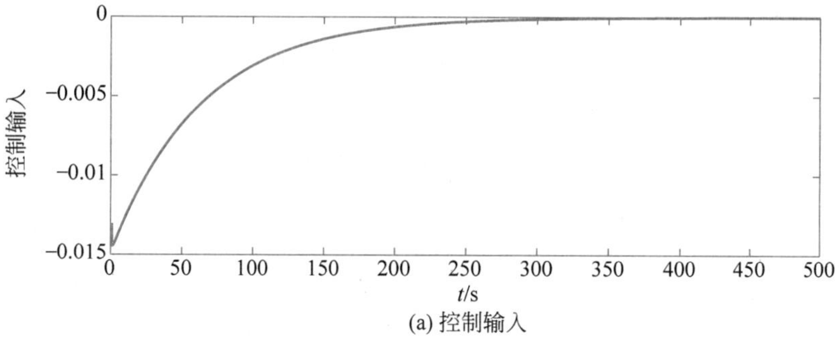

图 8.5 延迟前后的控制输入比较($h=0.20$，$r=1.0$)

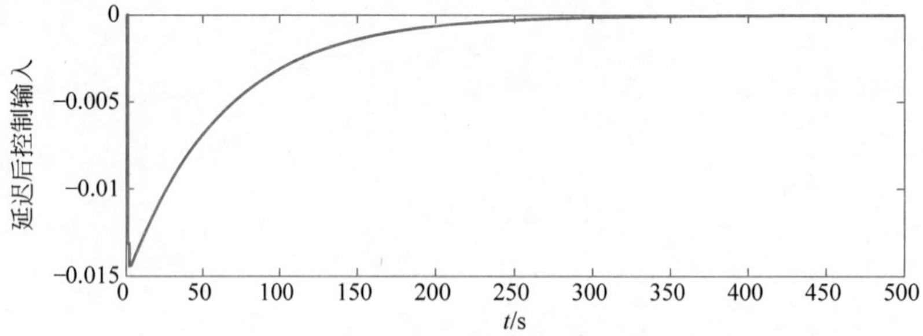

(b) 延迟后控制输入

图 8.5 （续）

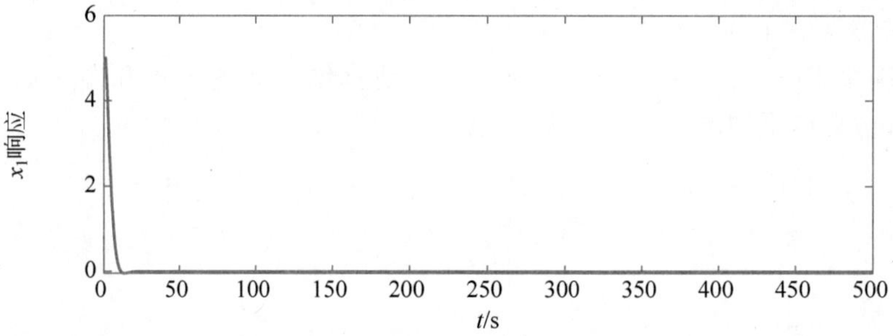

(a) x_1响应

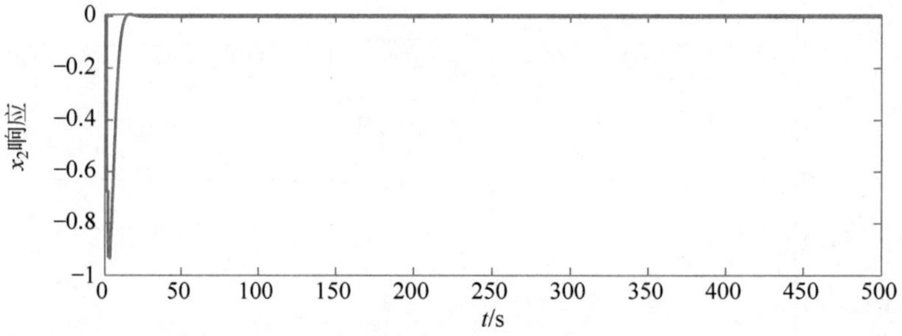

(b) x_2响应

图 8.6 状态 x_1 和 x_2 响应($h=0.01, r=10$)

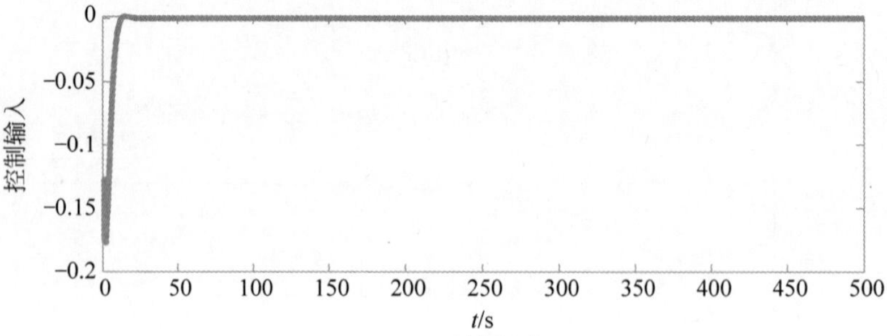

(a) 控制输入

图 8.7 延迟前后的控制输入比较($h=0.01, r=10$)

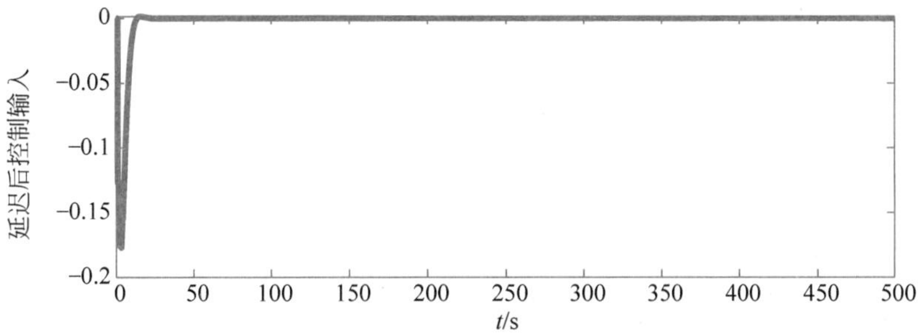

(b) 延迟后控制输入

图 8.7 （续）

仿真程序：

（1）K 设计主程序：chap8_2LMI_design. m。

（2）Simulink 主程序：chap8_2sim. slx。

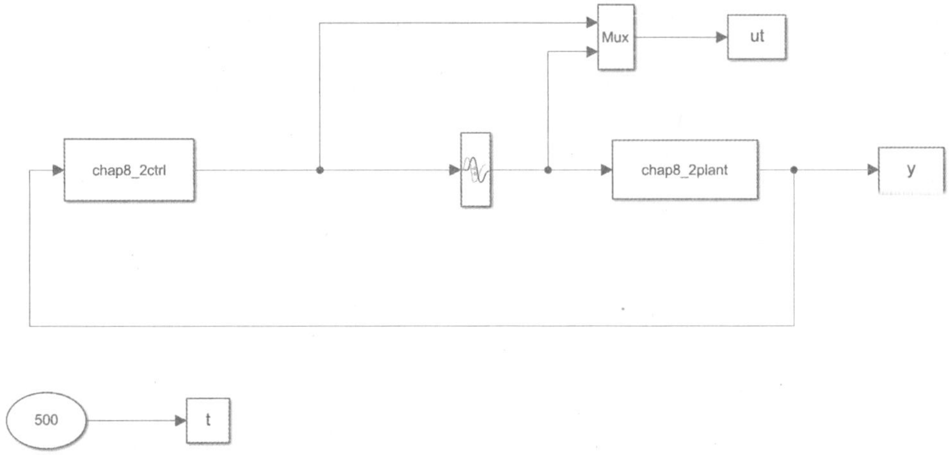

（3）控制器程序：chap8_2ctrl. m。

（4）被控对象程序：chap8_2plant. m。

（5）作图程序：chap8_2plot. m。

思考题

1. 控制系统输入延迟有何特点？哪些控制系统容易出现控制系统输入延迟问题？

2. 控制系统输入延迟是怎么引起的？简述其工程意义。

3. 控制系统输入延迟和输出延迟有何区别？在控制律设计和分析上有何不同？

4. 在本章所介绍的控制系统输入延迟控制律中，影响控制性能的参数有哪些？如何调整这些参数使控制性能得到提升？

5. 在本章的几节中，如果考虑时间延迟 τ 为时变有界的，如何设计控制器及稳定性分析？

6. 当前解决控制系统输入延迟控制问题有哪些方法？每种方法有何优点和局限性？

7. 如果将模型式(8.1)改为非线性系统，如何设计控制器解决控制系统输入延迟问题？

如何进行稳定性分析？

8. 作出包含控制系统输入延迟的控制系统框图和算法流程图。

参考文献

[1] LI X,ZHANG X,SONG S. Effect of delayed impulses on input-to-state stability of nonlinear systems [J]. Automatica,2017,76,378-382.

[2] KAO C Y,RANTZER A. Stability analysis of systems with uncertain time-varying delays[J]. Automatica,2007,43(6):959-970.

[3] XIN Y,WEI L. Global input delay tolerance of MIMO nonlinear systems under nonsmooth feedback: a homogeneous perspective[C]//Proceedings of IEEE Transactions on Automatic Control. Piscataway: IEEE Press,2023,8(7):3992-4007.

[4] GU K,KHARITONOV V L,CHEN J. Systems with incommensurate delays[M]. Berlin: Springer, 2003: 69-116.

[5] SEURET A,GOUAISBAUT F. Wirtinger-based integral inequality: application to time-Delay systems[J]. Automatica,2013,49(9):2860-2866.

[6] 常庚哲,史济怀. 数学分析教程(上册)[M]. 北京:高等教育出版社,2003.

[7] 常庚哲,史济怀. 数学分析教程(下册)[M]. 北京:高等教育出版社,2003.

[8] GAHINET P,NEMIROVSKY A,LAUB A J,et al. LMI control toolbox: for use with MATLAB [M]. MA: TheMathWorks,Inc. ,2014.

第 9 章 基于 LMI 的扰动观测器控制输入受限控制

CHAPTER 9

线性矩阵不等式(Linear Matrix Inequality,LMI)是控制领域的一个强有力的设计工具。许多控制理论及分析与综合问题都可简化为相应的 LMI 问题,通过构造有效的计算机算法求解。

随着控制技术的迅速发展,在反馈控制系统的设计中,常需要考虑许多系统的约束条件,例如系统的不确定性约束等。在处理系统鲁棒控制问题以及其他控制理论引起的许多控制问题时,都可将所控制问题转化为一个线性矩阵不等式或带有线性矩阵不等式约束的最优化问题。目前线性矩阵不等式技术已成为控制工程、系统辨识、结构设计等领域的有效工具。利用线性矩阵不等式技术来求解一些控制问题,是目前和今后控制理论发展的一个重要方向。

在过去的几年里,LMI 在控制系统分析和设计方面得到了较为广泛的重视和应用[1],可描述为 LMI 表述形式的控制问题有很多,并呈现继续增长的趋势。例如,利用 LMI 不确定系统的鲁棒控制器设计、利用 LMI 分析不确定系统的鲁棒稳定性和鲁棒性能、利用 LMI 设计时滞系统的鲁棒控制器、利用 LMI 解决不确定性系统的滤波问题等[2]。

在运动控制领域,尤其是大的初始误差机动控制中,需要电机提供较高的输出电压,但是由于成本以及执行机构功率的限制,控制输入信号的幅值就成为限制条件。在实际的控制系统中,由于其自身的物理特性而引起的执行机构输出幅值是有限的,即输入饱和问题,是目前工程控制中最为常见的一种非线性。由于执行机构的饱和非线性特性的存在,将降低闭环系统的控制性能,严重的饱和特性情况下将导致系统不稳定,从而使整个控制任务失败。即使系统不发散,长时间高强度的振荡也会导致机械结构的损坏,从而出故障。所以,控制输入受限控制也是多年来研究的热门课题[3-4]。控制输入受限问题可分为幅值受限与速率受限两种,下面分别加以介绍。

9.1 基于扰动观测器的控制算法 LMI 设计

9.1.1 系统描述

考虑如下模型:

$$J\ddot{\theta} = u(t) + d(t)$$

其中,J 为转动惯量,$u(t)$为控制输入,$d(t)$为扰动。

取 $x_1=\theta, x_2=\dot{\theta}$，将上式转化为状态方程：

$$\dot{\boldsymbol{x}}=\boldsymbol{A}\boldsymbol{x}+\boldsymbol{B}(u+d) \tag{9.1}$$

其中，$\boldsymbol{x}=[x_1, x_2]^{\mathrm{T}}$，$\boldsymbol{A}=\begin{bmatrix}0 & 1\\ 0 & 0\end{bmatrix}$，$\boldsymbol{B}=\begin{bmatrix}0\\ \dfrac{1}{J}\end{bmatrix}$，$u$ 为控制输入，d 为慢时变扰动且连续，$|d|\leqslant D_1$，$|\dot{d}|\leqslant D_2$。

控制器设计为

$$u=\boldsymbol{K}\boldsymbol{x}-\hat{d}(t) \tag{9.2}$$

其中，$\boldsymbol{K}=[k_1, k_2]$，$\hat{d}(t)$为扰动 d 的估计，$\tilde{d}(t)=d(t)-\hat{d}(t)$。

控制目标：通过设计 LMI 求解 $\boldsymbol{K}$，当 $t\to\infty$时，$\tilde{d}(t)\to 0$，$\boldsymbol{x}\to 0$。

9.1.2 控制器的设计与分析

定义

$$\begin{bmatrix}\boldsymbol{X}+[\boldsymbol{Y}+\boldsymbol{Z}+*] & \boldsymbol{M}\\ * & \boldsymbol{N}\end{bmatrix}=\begin{bmatrix}\boldsymbol{X}+[\boldsymbol{Y}+\boldsymbol{Z}+\boldsymbol{Y}^{\mathrm{T}}+\boldsymbol{Z}^{\mathrm{T}}] & \boldsymbol{M}\\ \boldsymbol{M}^{\mathrm{T}} & \boldsymbol{N}\end{bmatrix}$$

取辅助变量

$$z(t)=\hat{d}(t)-\boldsymbol{K}_1\boldsymbol{x}(t)$$

观测器设计为

$$\begin{aligned}\dot{\hat{d}}&=\dot{z}+\boldsymbol{K}_1\dot{\boldsymbol{x}}=-\boldsymbol{K}_1(\boldsymbol{A}\boldsymbol{x}+\boldsymbol{B}(u+\hat{d}))+\boldsymbol{K}_1\dot{\boldsymbol{x}}\\ &=-\boldsymbol{K}_1(\boldsymbol{A}\boldsymbol{x}+\boldsymbol{B}(u+d-d+\hat{d}))+\boldsymbol{K}_1\dot{\boldsymbol{x}}=\boldsymbol{K}_1\boldsymbol{B}\tilde{d}\end{aligned} \tag{9.3}$$

则

$$\dot{\tilde{d}}=\dot{d}-\dot{\hat{d}}=\dot{d}-\boldsymbol{K}_1\boldsymbol{B}\tilde{d} \tag{9.4}$$

将控制律式(9.2)代入模型中，可得

$$\dot{\boldsymbol{x}}=\boldsymbol{A}\boldsymbol{x}+\boldsymbol{B}(\boldsymbol{K}\boldsymbol{x}-\hat{d}+d)=(\boldsymbol{A}+\boldsymbol{B}\boldsymbol{K})\boldsymbol{x}+\boldsymbol{B}\tilde{d} \tag{9.5}$$

定义$\boldsymbol{\xi}(t)=[\boldsymbol{x}^{\mathrm{T}}(t), \tilde{d}(t)]^{\mathrm{T}}$，则由式(9.4)和式(9.5)，可得

$$\dot{\boldsymbol{\xi}}(t)=\boldsymbol{A}_{\xi}\boldsymbol{\xi}(t)+\boldsymbol{B}_{\xi}\dot{d}(t) \tag{9.6}$$

其中，$\boldsymbol{A}_{\xi}=\begin{bmatrix}\boldsymbol{A}+\boldsymbol{B}\boldsymbol{K} & \boldsymbol{B}\\ 0 & -\boldsymbol{K}_1\boldsymbol{B}\end{bmatrix}$，$\boldsymbol{B}_{\xi}=\begin{bmatrix}0\\ 1\end{bmatrix}$。

定义闭环系统 Lyapunov 函数为

$$V(t)=\boldsymbol{\xi}^{\mathrm{T}}\boldsymbol{P}_1\boldsymbol{\xi}=V_1+V_2$$

其中，$\boldsymbol{P}=\begin{bmatrix}\boldsymbol{P}_1 & 0\\ 0 & I\end{bmatrix}$，$\boldsymbol{P}_1>0\in\mathbf{R}^{2\times 2}$，$V_1=\boldsymbol{x}^{\mathrm{T}}\boldsymbol{P}_1\boldsymbol{x}$，$V_2=\tilde{d}^2(t)$。则

$$\begin{aligned}\dot{V}_1&=2\boldsymbol{x}^{\mathrm{T}}\boldsymbol{P}_1\dot{\boldsymbol{x}}=2\boldsymbol{x}^{\mathrm{T}}\boldsymbol{P}_1(\boldsymbol{A}\boldsymbol{x}+\boldsymbol{B}u+\boldsymbol{B}d)=2\boldsymbol{x}^{\mathrm{T}}\boldsymbol{P}_1(\boldsymbol{A}\boldsymbol{x}+\boldsymbol{B}\boldsymbol{K}\boldsymbol{x}-\boldsymbol{B}\hat{d}+\boldsymbol{B}d)\\ &=2\boldsymbol{x}^{\mathrm{T}}(\boldsymbol{P}_1\boldsymbol{A}+\boldsymbol{P}_1\boldsymbol{B}\boldsymbol{K})\boldsymbol{x}+2\boldsymbol{x}^{\mathrm{T}}\boldsymbol{P}_1\boldsymbol{B}\tilde{d}\end{aligned}$$

$$\dot{V}_2=2\tilde{d}\dot{\tilde{d}}=2\tilde{d}(\dot{d}-\dot{\hat{d}})=2\tilde{d}(-\boldsymbol{K}_1\boldsymbol{B}\tilde{d}+\dot{d})=-2\boldsymbol{K}_1\boldsymbol{B}\tilde{d}^2+2\tilde{d}\dot{d}$$

$$\leqslant(-2\boldsymbol{K}_1\boldsymbol{B}+\sigma_1)\tilde{d}^2+\frac{1}{\sigma_1}\dot{d}^2\leqslant(-2\boldsymbol{K}_1\boldsymbol{B}+\sigma_1)\tilde{d}^2+\frac{1}{\sigma_1}D_2^2$$

其中，$\sigma_1>0$ 为可调参数。则

$$\dot{V}(t)=\dot{V}_1+\dot{V}_2\leqslant 2\boldsymbol{x}^{\mathrm{T}}(\boldsymbol{P}_1\boldsymbol{A}+\boldsymbol{P}_1\boldsymbol{BK})\boldsymbol{x}+2\boldsymbol{x}^{\mathrm{T}}\boldsymbol{P}_1\boldsymbol{B}\tilde{d}+(-2\boldsymbol{K}_1\boldsymbol{B}+\sigma_1)\tilde{d}^2+\frac{1}{\sigma_1}D_2^2$$

$$=\boldsymbol{\xi}^{\mathrm{T}}\boldsymbol{\Phi}\boldsymbol{\xi}+\frac{1}{\sigma_1}D_2^2 \tag{9.7}$$

其中，$\boldsymbol{\Phi}=\begin{bmatrix}\boldsymbol{P}_1(\boldsymbol{A}+\boldsymbol{BK})+* & \boldsymbol{P}_1\boldsymbol{B}\\ * & -(\boldsymbol{K}_1\boldsymbol{B}+*)+\sigma_1\end{bmatrix}$。

定理 9.1[2]　对于 $\alpha>0,\sigma_1>0$，如果存在 $\boldsymbol{Q}_1>0,\boldsymbol{P}_1>0,\boldsymbol{R}_1$ 满足

$$\Theta=\begin{bmatrix}\boldsymbol{AQ}_1+\boldsymbol{BR}_1+* & \boldsymbol{B}\\ * & -(\boldsymbol{K}_1\boldsymbol{B}+*)+\sigma_1+\alpha\end{bmatrix}\leqslant 0 \tag{9.8}$$

则闭环系统式(9.6)一致有界，通过上式可求得 $\boldsymbol{K}_1$，且

$$\boldsymbol{K}=\boldsymbol{R}_1\boldsymbol{Q}_1^{-1}$$

证明：假设式(9.8)成立，定义

$$\boldsymbol{Q}_1=\boldsymbol{P}_1^{-1},\quad \boldsymbol{R}_1=\boldsymbol{KQ}_1 \tag{9.9}$$

根据上式，可得

$$\overline{\Theta}=\mathrm{diag}\{\boldsymbol{P}_1,\boldsymbol{I}\}\Theta\mathrm{diag}\{\boldsymbol{P}_1,\boldsymbol{I}\}\leqslant 0$$

将上式打开，并将式(9.9)代入，可得

$$\boldsymbol{\Phi}+\alpha\boldsymbol{P}\leqslant 0$$

从而有$\boldsymbol{\Phi}\leqslant-\alpha\boldsymbol{P}$，将其代入式 $\dot{V}(t)\leqslant\boldsymbol{\xi}^{\mathrm{T}}\boldsymbol{\Phi}\boldsymbol{\xi}+\frac{1}{\sigma_1}D_2^2$ 中，有

$$\dot{V}(t)\leqslant-\alpha V(t)+\frac{1}{\sigma_1}D_2^2$$

解可得

$$V(t)\leqslant V(0)\mathrm{e}^{-\alpha t}+\varepsilon$$

$$\varepsilon=\frac{1}{\alpha\sigma_1}D_2^2 \tag{9.10}$$

可见，如果存在不等式 $V(0)+\varepsilon\leqslant\bar{\omega}$，则闭环系统式(9.6)的收敛结果为$\boldsymbol{\Lambda}\triangleq\{\boldsymbol{\xi}(t)\in\boldsymbol{R}^3\mid V(t)\leqslant\bar{\omega}\}$。

可见，α 是影响闭环系统收敛精度的关键因素。当 $t\to\infty$时，$V(t)\to\varepsilon$，通过选择参数 α 和 σ_1，使得 $\varepsilon\to 0$，从而实现 $\tilde{d}(t)\to 0,\boldsymbol{x}\to 0$。

需要说明的是，由于 $\boldsymbol{B}$ 的第一项为零，则 $\boldsymbol{K}_1\boldsymbol{B}$ 的第一项也为零，则 $\boldsymbol{K}_1$ 的第一项不确定，为了实现 LMI 求解，需要给定 $\boldsymbol{K}_1$ 的第一项的值，不妨取 $\boldsymbol{K}_1(1)=0$。

另外，由 $\boldsymbol{P}_1>0\in\mathbf{R}^{2\times 2}$ 和 $\boldsymbol{Q}_1=\boldsymbol{P}_1^{-1}$ 可得第二个 LMI，即

$$\boldsymbol{Q}_1>0 \tag{9.11}$$

9.1.3　仿真实例

针对模型式(9.1)，$J=\frac{1}{133}$，初始状态值为 $\boldsymbol{x}(0)=\left[\frac{\pi}{3},0\right]$。

扰动取 $d(t)=\cos t$，观测器初始状态取 $d(0)=0$，取 $\boldsymbol{K}_1(1)=0, D_1=1, D_2=1$。取 $\alpha=30, \sigma_1=10$，采用 LMI 程序 chap9_1LMI.m，求解 LMI 式(9.8)和式(9.11)，MATLAB 运行后显示有可行解，解为 $\boldsymbol{K}=[-7.7168,-0.3736]$，$\boldsymbol{K}_1=[0,0.9923]$。

控制律采用式(9.2)，观测器采用式(9.3)，将求得的 $\boldsymbol{K}$ 和 $\boldsymbol{K}_1$ 代入控制器和观测器中，仿真结果如图 9.1～图 9.3 所示。

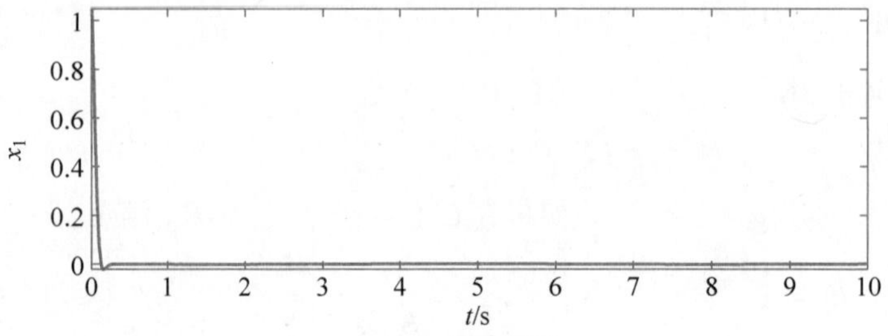

(a) x_1状态响应

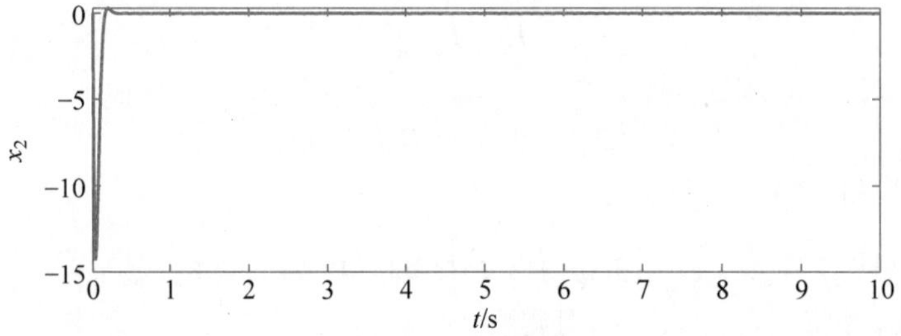

(b) x_2状态响应

图 9.1 状态响应 1

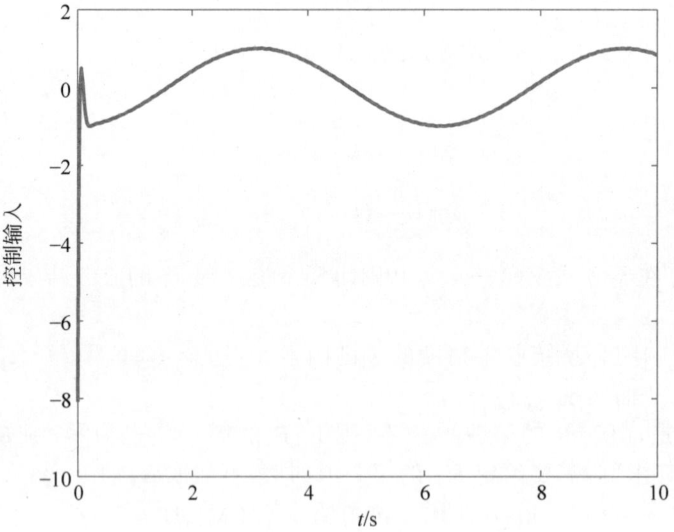

图 9.2 控制输入 1

仿真程序：

(1) LMI 不等式求 $\boldsymbol{K}$ 程序：chap9_1LMI.m。

(2) Simulink 主程序：chap9_1sim.mdl。

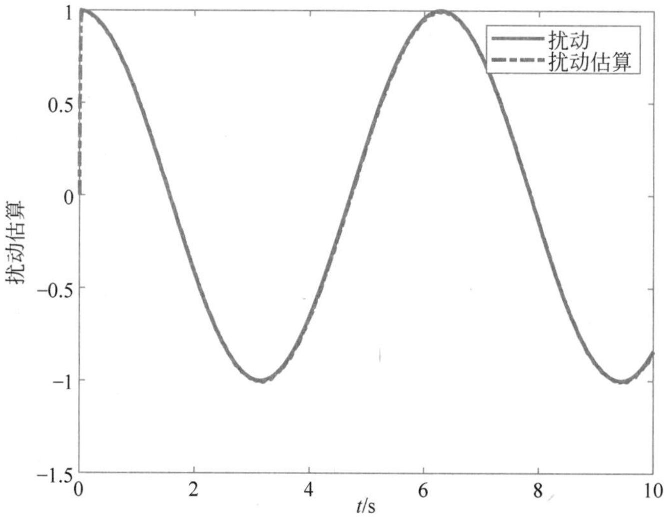

图 9.3 扰动及其观测结果 1

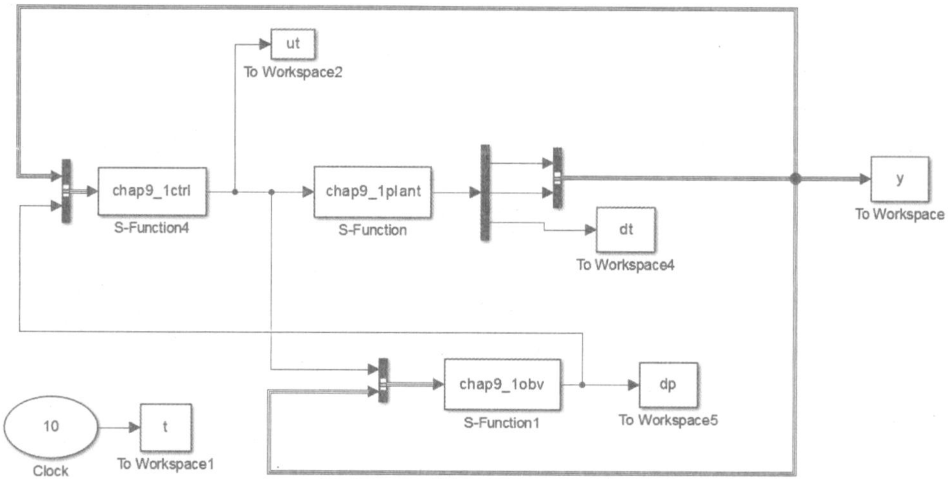

(3) 被控对象 S 函数：chap9_1plant. m。

(4) 控制器 S 函数：chap9_1ctrl. m。

(5) 观测器 S 函数：chap9_1obv. m。

(6) 作图程序：chap9_1plot. m。

9.2 基于扰动观测器的输入受限控制算法 LMI 设计

9.2.1 系统描述

针对模型式(9.1)，在 9.1 节的两个 LMI 不等式(9.8)和式(9.11)基础上，为了同时实现控制输入信号的限制，给出下面定理，实现基于扰动观测器的输入受限控制算法。

9.2.2 控制器的设计与分析

定理 9.2[2] 针对模型式(9.1)，控制律采用式(9.2)，对于 $\alpha>0$，$\sigma_1>0$，存在 $\boldsymbol{Q}_1>0$，

$\boldsymbol{P}_1>0$，为了在 9.1 节控制目标的基础上进一步实现 $|u|\leqslant u_{\max}$，采用如下不等式：

$$\begin{bmatrix} \varepsilon-\bar{\omega} & \boldsymbol{x}_0^{\mathrm{T}} & \tilde{d}(0) \\ * & -\boldsymbol{Q}_1 & 0 \\ * & * & -1 \end{bmatrix} \leqslant 0 \tag{9.12}$$

$$\begin{bmatrix} k_0\boldsymbol{Q}_1 & \boldsymbol{0}_{2\times1} & \boldsymbol{0}_{2\times1} & \boldsymbol{R}_1^{\mathrm{T}} \\ * & k_0 & 0 & 1 \\ * & * & \dfrac{k_0}{D_1^2} & -1 \\ * & * & * & 1 \end{bmatrix} \geqslant 0 \tag{9.13}$$

其中，$k_0=(\bar{\omega}+1)^{-1}u_{\max}^2$，$\varepsilon=\dfrac{1}{\alpha\sigma_1}D_2^2$。

控制目标：通过设计 LMI 求解 $\boldsymbol{K}$，当 $t\to\infty$ 时，$\tilde{d}(t)\to0$，$\boldsymbol{x}\to0$，且 $\forall t>0$，$|u|\leqslant u_{\max}$。

证明：将上式看成一个整体，进一步采用 Schur 补定理，$\varepsilon-\bar{\omega}+\boldsymbol{x}_0^{\mathrm{T}}\boldsymbol{P}_1\boldsymbol{x}_0+\tilde{d}^2\leqslant0$ 可写成

$$\begin{bmatrix} \varepsilon-\bar{\omega} & \boldsymbol{x}_0^{\mathrm{T}} & \boldsymbol{d}^{\mathrm{T}} \\ * & -\boldsymbol{P}^{-1} & 0 \\ * & * & -1 \end{bmatrix} \leqslant 0$$

上式即为式(9.12)，即式(9.12) 等价于

$$\boldsymbol{x}_0^{\mathrm{T}}\boldsymbol{P}_1\boldsymbol{x}_0+\tilde{d}^2+\varepsilon\leqslant\bar{\omega} \tag{9.14}$$

显然，式(9.14)等价于式(9.10)，即闭环系统一致有界。

将式(9.13)两边都乘以 $\mathrm{diag}\{\boldsymbol{P}_1,\boldsymbol{I}_3\}$

$$\begin{bmatrix} \boldsymbol{P}_1 & 0 \\ 0 & \boldsymbol{I}_3 \end{bmatrix}\begin{bmatrix} k_0\boldsymbol{Q}_1 & \boldsymbol{0}_{2\times1} & \boldsymbol{0}_{2\times1} & \boldsymbol{R}_1^{\mathrm{T}} \\ * & k_0 & 0 & 1 \\ * & * & \dfrac{k_0}{D_1^2} & -1 \\ * & * & * & 1 \end{bmatrix}\begin{bmatrix} \boldsymbol{P}_1 & 0 \\ 0 & \boldsymbol{I}_3 \end{bmatrix} \geqslant 0$$

可得

$$\begin{bmatrix} k_0\boldsymbol{P}_1 & \boldsymbol{0}_{2\times1} & \boldsymbol{0}_{2\times1} & \boldsymbol{R}_1^{\mathrm{T}} \\ * & k_0 & 0 & 1 \\ * & * & \dfrac{k_0}{D_1^2} & -1 \\ * & * & * & 1 \end{bmatrix} \geqslant 0$$

由于 $\boldsymbol{P}=\begin{bmatrix} \boldsymbol{P}_1 & 0 \\ 0 & \boldsymbol{I} \end{bmatrix}$，则上式变为

$$\begin{bmatrix} \gamma & * \\ \boldsymbol{K}_u & \boldsymbol{I} \end{bmatrix} \geqslant 0 \tag{9.15}$$

其中，$\gamma=k_0\begin{bmatrix} \boldsymbol{P} & \boldsymbol{0}_{2\times1} \\ * & D_1^{-2} \end{bmatrix}$，$\boldsymbol{K}_u=[\boldsymbol{K},1,-1]$。

根据 Schur 补定理，式(9.15)等价为 $\gamma-\boldsymbol{K}_u^{\mathrm{T}}\boldsymbol{I}^{-1}\boldsymbol{K}_u\geqslant0$，即

$$\boldsymbol{K}_u^{\mathrm{T}}\boldsymbol{K}_u \leqslant k_0\gamma \tag{9.16}$$

定义$\boldsymbol{\xi}_u=[\boldsymbol{x}^{\mathrm{T}},\tilde{d},d]^{\mathrm{T}}=[\boldsymbol{\xi}^{\mathrm{T}},d]^{\mathrm{T}}$，由于$\gamma=k_0\begin{bmatrix}\boldsymbol{P} & \boldsymbol{0}_{2\times 1}\\ * & D_1^{-2}\end{bmatrix}$，则

$$u=\boldsymbol{K}\boldsymbol{x}-\hat{d}(t)=[\boldsymbol{K},1,-1][\boldsymbol{x}^{\mathrm{T}},\tilde{d},d]^{\mathrm{T}}=\boldsymbol{K}_u\boldsymbol{\xi}_u$$

$$\boldsymbol{\xi}_u^{\mathrm{T}}\boldsymbol{\gamma}\boldsymbol{\xi}_u \leqslant k_0(\boldsymbol{\xi}^{\mathrm{T}}\boldsymbol{P}\boldsymbol{\xi}+d^2D_1^{-2})$$

从而

$$|u|^2=uu=\boldsymbol{\xi}_u^{\mathrm{T}}\boldsymbol{K}_u^{\mathrm{T}}\boldsymbol{K}_u\boldsymbol{\xi}_u \leqslant k_0\boldsymbol{\xi}_u^{\mathrm{T}}\gamma\boldsymbol{\xi}_u \leqslant k_0\boldsymbol{\xi}^{\mathrm{T}}\boldsymbol{P}\boldsymbol{\xi}+d^2D_1^{-2} \leqslant k_0(V+1) \leqslant k_0(\bar{\omega}+1) \leqslant u_{\max}^2 \tag{9.17}$$

不等式(9.8)、式(9.11)、式(9.12)和式(9.13)求解 $\boldsymbol{K}$，

$u_{\max}$。

状态值为 $\boldsymbol{x}(0)=\left[\frac{\pi}{3},0\right]$。扰动取 $d(t)=\cos t$，观测器

$=1,D_2=1$。

$V(0)+\varepsilon\leqslant\bar{\omega}$，需要取足够大的 $\bar{\omega}$，可取 $\bar{\omega}=2.0$。取

求解 LMI 式(9.8)、式(9.11)、式(9.12)和式(9.13)，

$\boldsymbol{K}=[-0.3851,-0.1201]$，$\boldsymbol{K}_1=[0,1.885]$。

用式(9.3)，将求得的 $\boldsymbol{K}$ 和 $\boldsymbol{K}_1$ 代入控制器和观测器

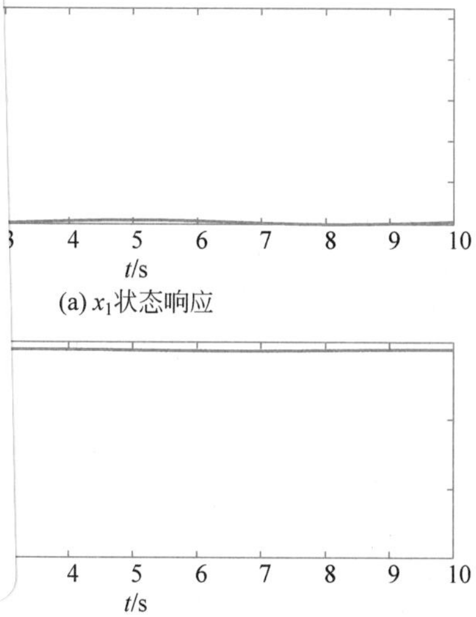

(a) x_1状态响应

(b) x_2状态响应

图 9.4　状态响应 2

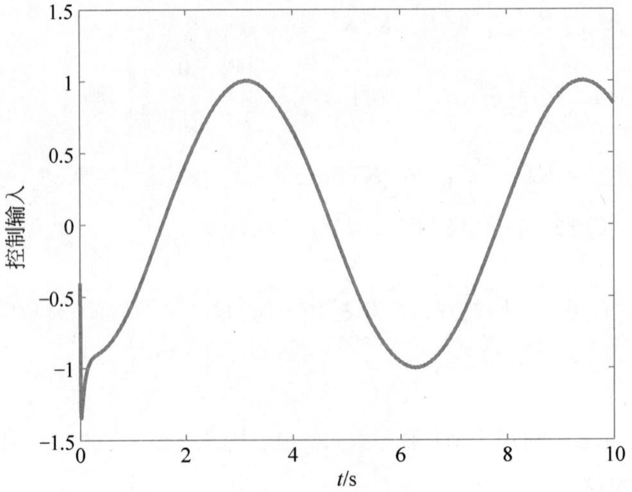

图 9.5 控制输入 2

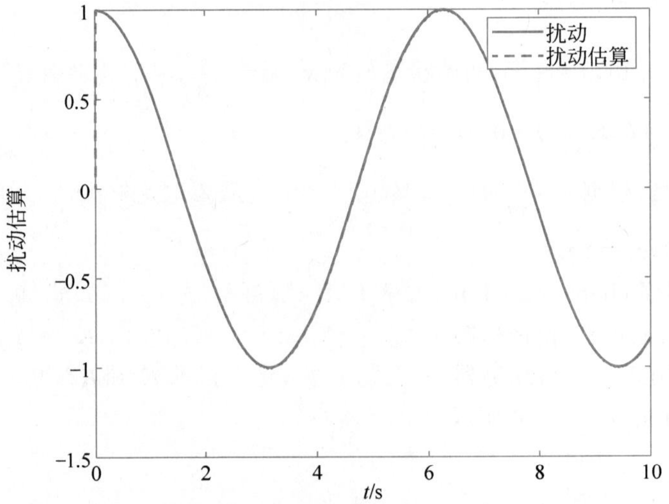

图 9.6 扰动及其观测结果 2

仿真程序：

(1) LMI 不等式求 ***K*** 程序：chap9_2LMI. m。

(2) Simulink 主程序：chap9_2sim. mdl。

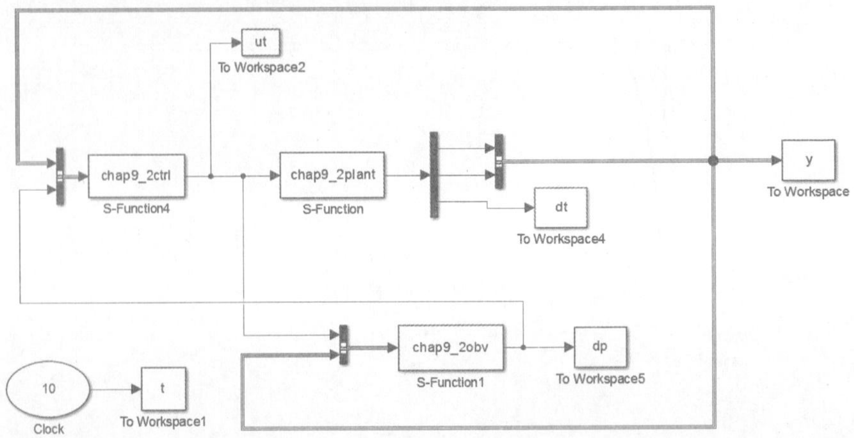

(3) 被控对象 S 函数：chap9_2plant. m。

(4) 控制器 S 函数：chap9_2ctrl. m。

(5) 观测器 S 函数：chap9_2obv. m。

(6) 作图程序：chap9_2plot. m。

9.3 基于扰动观测器的输入及其变化率受限的控制算法 LMI 设计

9.3.1 系统描述

针对模型式(9.1)，在 9.1 和 9.2 节的 4 个 LMI 不等式(9.8)、式(9.11)、式(9.12)和式(9.13)的基础上，为了同时实现控制输入及其变化率受限，采用基于扰动观测器的输入及其变化率受限的控制算法 LMI 设计方法。

9.3.2 控制器的设计与分析

定理 9.3[2] 针对模型式(9.1)，控制律采用式(9.2)，对于 $\alpha>0$，$\sigma_1>0$，存在 $\boldsymbol{Q}_1>0$，$\boldsymbol{P}_1>0$，为了在 9.2 节控制目标的基础上进一步实现 $|\dot{u}|\leqslant v_{\max}$，采用如下不等式：

$$\begin{bmatrix} k_1\boldsymbol{Q}_1 & * \\ \boldsymbol{AQ}_1+\boldsymbol{BR}_1 & \boldsymbol{Q}_1 \end{bmatrix} \geqslant 0 \tag{9.18}$$

$$\begin{bmatrix} \frac{k_2}{2} & * & * \\ \boldsymbol{B} & k_0\boldsymbol{Q}_1 & * \\ \boldsymbol{K}_1\boldsymbol{B}_1 & \boldsymbol{0}_{2\times 1} & 1 \end{bmatrix} \geqslant 0 \tag{9.19}$$

其中，$k_0=(\bar{\omega}+1)^{-1}u_{\max}^2$，$k_1=(\bar{\omega}+1)\dfrac{v_{\max}^2}{2u_{\max}^2\bar{\omega}}$，$k_2=\dfrac{v_{\max}^2}{2\bar{\omega}}$。

控制目标：通过设计 LMI 求解 $\boldsymbol{K}$，当 $t\rightarrow\infty$ 时，$\tilde{d}(t)\rightarrow 0$，$\boldsymbol{x}\rightarrow 0$，且 $\forall t>0$，$|u|\leqslant u_{\max}$，$|\dot{u}|\leqslant v_{\max}$。

证明：针对式(9.18)，将其左右两边都乘以 $\begin{bmatrix} \boldsymbol{P}_1 & 0 \\ 0 & \boldsymbol{I}_2 \end{bmatrix}$，可得

$$\begin{bmatrix} \boldsymbol{P}_1 & 0 \\ 0 & \boldsymbol{I}_2 \end{bmatrix}\begin{bmatrix} k_1\boldsymbol{Q}_1 & * \\ \boldsymbol{AQ}_1+\boldsymbol{BR}_1 & \boldsymbol{Q}_1 \end{bmatrix}\begin{bmatrix} \boldsymbol{P}_1 & 0 \\ 0 & \boldsymbol{I}_2 \end{bmatrix}=\begin{bmatrix} k_1\boldsymbol{P}_1\boldsymbol{Q}_1 & \boldsymbol{P}_1(\boldsymbol{AQ}_1+\boldsymbol{BR}_1)^{\mathrm{T}} \\ \boldsymbol{AQ}_1+\boldsymbol{BR}_1 & \boldsymbol{Q}_1 \end{bmatrix}\begin{bmatrix} \boldsymbol{P}_1 & 0 \\ 0 & \boldsymbol{I}_2 \end{bmatrix}$$

$$=\begin{bmatrix} k_1\boldsymbol{P}_1 & * \\ \boldsymbol{A}+\boldsymbol{BK} & \boldsymbol{P}_1^{-1} \end{bmatrix} \geqslant 0$$

其中，$\boldsymbol{P}_1(\boldsymbol{AQ}_1+\boldsymbol{BR}_1)^{\mathrm{T}}=\boldsymbol{A}^{\mathrm{T}}+\boldsymbol{K}^{\mathrm{T}}\boldsymbol{B}^{\mathrm{T}}=(\boldsymbol{A}+\boldsymbol{BK})^{\mathrm{T}}$。

从而可得

$$\begin{bmatrix} k_1\boldsymbol{P}_1 & * \\ \boldsymbol{A}+\boldsymbol{BK} & \boldsymbol{P}_1^{-1} \end{bmatrix} \geqslant 0 \tag{9.20}$$

根据 Schur 补定理，上式可写为

$$k_1\boldsymbol{P}_1-(\boldsymbol{A}+\boldsymbol{BK})^{\mathrm{T}}\boldsymbol{P}_1(\boldsymbol{A}+\boldsymbol{BK})\geqslant 0 \tag{9.21}$$

针对式(9.19)，根据 Schur 补定理，其子式 $\begin{bmatrix}\frac{k_2}{2} & * \\ \boldsymbol{B} & k_0\boldsymbol{Q}_1\end{bmatrix}$ 可写为

$$\frac{k_2}{2}-\boldsymbol{B}^{\mathrm{T}}(k_0\boldsymbol{Q}_1)^{-1}\boldsymbol{B}\geqslant 0$$

从而，根据 Schur 补定理，式(9.19)等价于

$$\left(\frac{k_2}{2}-\boldsymbol{B}^{\mathrm{T}}(k_0\boldsymbol{Q}_1)^{-1}\boldsymbol{B}\right)-(\boldsymbol{K}_1\boldsymbol{B}_1)^{\mathrm{T}}\boldsymbol{K}_1\boldsymbol{B}_1\geqslant 0$$

即

$$k_0\boldsymbol{B}^{\mathrm{T}}\boldsymbol{P}_1\boldsymbol{B}+\boldsymbol{B}^{\mathrm{T}}\boldsymbol{K}_1^{\mathrm{T}}\boldsymbol{K}_1\boldsymbol{B}\leqslant\frac{k_2}{2} \tag{9.22}$$

由于 $-(\boldsymbol{KB})^{\mathrm{T}}\boldsymbol{K}_1\boldsymbol{B}-(\boldsymbol{K}_1\boldsymbol{B})^{\mathrm{T}}\boldsymbol{KB}=-2(\boldsymbol{KB})^{\mathrm{T}}\boldsymbol{K}_1\boldsymbol{B}\leqslant(\boldsymbol{KB})^{\mathrm{T}}\boldsymbol{KB}+(\boldsymbol{K}_1\boldsymbol{B})^{\mathrm{T}}\boldsymbol{K}_1\boldsymbol{B}$，$\boldsymbol{K}^{\mathrm{T}}\boldsymbol{K}\leqslant k_0\boldsymbol{P}_1$，则

$$\begin{aligned}
&(\boldsymbol{KB}-\boldsymbol{K}_1\boldsymbol{B})^{\mathrm{T}}(\boldsymbol{KB}-\boldsymbol{K}_1\boldsymbol{B})\\
&=(\boldsymbol{KB})^{\mathrm{T}}\boldsymbol{KB}+(\boldsymbol{K}_1\boldsymbol{B})^{\mathrm{T}}\boldsymbol{K}_1\boldsymbol{B}-(\boldsymbol{KB})^{\mathrm{T}}\boldsymbol{K}_1\boldsymbol{B}-(\boldsymbol{K}_1\boldsymbol{B})^{\mathrm{T}}\boldsymbol{KB}\\
&\leqslant(\boldsymbol{KB})^{\mathrm{T}}\boldsymbol{KB}+(\boldsymbol{K}_1\boldsymbol{B})^{\mathrm{T}}\boldsymbol{K}_1\boldsymbol{B}+(\boldsymbol{KB})^{\mathrm{T}}\boldsymbol{KB}+(\boldsymbol{K}_1\boldsymbol{B})^{\mathrm{T}}\boldsymbol{K}_1\boldsymbol{B}\\
&=2(\boldsymbol{KB})^{\mathrm{T}}\boldsymbol{KB}+2(\boldsymbol{K}_1\boldsymbol{B})^{\mathrm{T}}\boldsymbol{K}_1\boldsymbol{B}\leqslant 2k_0\boldsymbol{B}^{\mathrm{T}}\boldsymbol{P}_1\boldsymbol{B}+2(\boldsymbol{K}_1\boldsymbol{B})^{\mathrm{T}}\boldsymbol{K}_1\boldsymbol{B}=k_2
\end{aligned}$$

即

$$(\boldsymbol{KB}-\boldsymbol{K}_1\boldsymbol{B})^{\mathrm{T}}(\boldsymbol{KB}-\boldsymbol{K}_1\boldsymbol{B})\leqslant k_2 \tag{9.23}$$

根据 $\dot{\hat{d}}=\boldsymbol{K}_1\boldsymbol{B}\tilde{d}$，可得

$$\begin{aligned}
\dot{u}&=\boldsymbol{K}\dot{\boldsymbol{x}}-\dot{\hat{d}}=\boldsymbol{K}(\boldsymbol{Ax}+\boldsymbol{B}(u+d))-\boldsymbol{K}_1\boldsymbol{B}\tilde{d}\\
&=\boldsymbol{K}(\boldsymbol{Ax}+\boldsymbol{B}(\boldsymbol{Kx}-\hat{d}+d))-\boldsymbol{K}_1\boldsymbol{B}\tilde{d}
\end{aligned}$$

即

$$\dot{u}=\boldsymbol{K}(\boldsymbol{A}+\boldsymbol{BK})\boldsymbol{x}(t)+(\boldsymbol{KB}-\boldsymbol{K}_1\boldsymbol{B})\tilde{d}(t) \tag{9.24}$$

则根据式(9.22)～式(9.24)，并采用引理 $\phi_1\phi_2\leqslant\frac{1}{2}\phi_1^2+\frac{1}{2}\phi_2^2$，可得

$$|\dot{u}|^2=\dot{u}\dot{u}=(\boldsymbol{K}(\boldsymbol{A}+\boldsymbol{BK})\boldsymbol{x}(t)+(\boldsymbol{KB}-\boldsymbol{K}_1\boldsymbol{B})\tilde{d}(t))^{\mathrm{T}}(\boldsymbol{K}(\boldsymbol{A}+\boldsymbol{BK})\boldsymbol{x}(t)+(\boldsymbol{KB}-\boldsymbol{K}_1\boldsymbol{B})\tilde{d}(t))^{\mathrm{T}}$$

$$\leqslant 2\boldsymbol{x}^{\mathrm{T}}(\boldsymbol{A}+\boldsymbol{BK})^{\mathrm{T}}\boldsymbol{K}^{\mathrm{T}}\boldsymbol{K}(\boldsymbol{A}+\boldsymbol{BK})\boldsymbol{x}+2\tilde{d}(\boldsymbol{KB}-\boldsymbol{K}_1\boldsymbol{B})^{\mathrm{T}}(\boldsymbol{KB}-\boldsymbol{K}_1\boldsymbol{B})\tilde{d}$$

根据 $\boldsymbol{K}^{\mathrm{T}}\boldsymbol{K}\leqslant k_0\boldsymbol{P}_1$、式(9.21)和式(9.23)

$$|\dot{u}|^2\leqslant 2k_0k_1\boldsymbol{x}^{\mathrm{T}}\boldsymbol{P}_1\boldsymbol{x}+2k_2\tilde{d}^{\mathrm{T}}\tilde{d}\leqslant v_{\max}^2\bar{\omega}^{-1}(\boldsymbol{x}^{\mathrm{T}}\boldsymbol{P}_1\boldsymbol{x}+\tilde{d}^{\mathrm{T}}\tilde{d})=v_{\max}^2\bar{\omega}^{-1}V\leqslant v_{\max}^2$$

即 $|\dot{u}|\leqslant v_{\max}$。

控制律采用式(9.2)，利用 LMI 式(9.8)、式(9.11)、式(9.12)、式(9.13)、式(9.18)和式(9.19)求解 $\boldsymbol{K}$，当 $t\to\infty$ 时，$\tilde{d}(t)\to 0$，$\boldsymbol{x}\to 0$，且 $\forall t>0$，$|u|\leqslant u_{\max}$，$|\dot{u}|\leqslant v_{\max}$。

9.3.3 仿真实例

被控对象为式(9.1)，同 9.2 节的仿真实例，取 $D_1=1.0$，$D_2=1.0$，$\tilde{d}(0)=1.0$，$\bar{\omega}=$

2.0。

取 $u_{\max}=100$，$v_{\max}=100$，$\alpha=15$，$\sigma_1=1.0$，$\bar{\omega}=2.0$，采用 LMI 程序 chap9_3LMI.m，求解 LMI 式(9.8)、式(9.11)、式(9.12)、式(9.13)、式(9.18)和式(9.19)，运行后显示有可行解，解为 $\boldsymbol{K}=[-3.1415,-0.3875]$，$\boldsymbol{K}_1=[0,0.1844]$。

控制律采用式(9.2)，观测器采用式(9.3)，将求得的 $\boldsymbol{K}$ 和 $\boldsymbol{K}_1$ 代入控制器和观测器中，仿真结果如图 9.7～图 9.9 所示。

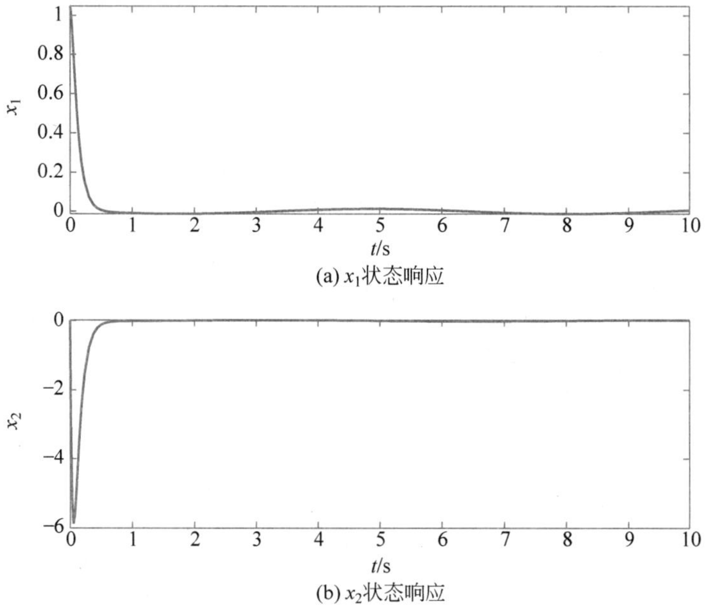

(a) x_1状态响应

(b) x_2状态响应

图 9.7　状态响应 3

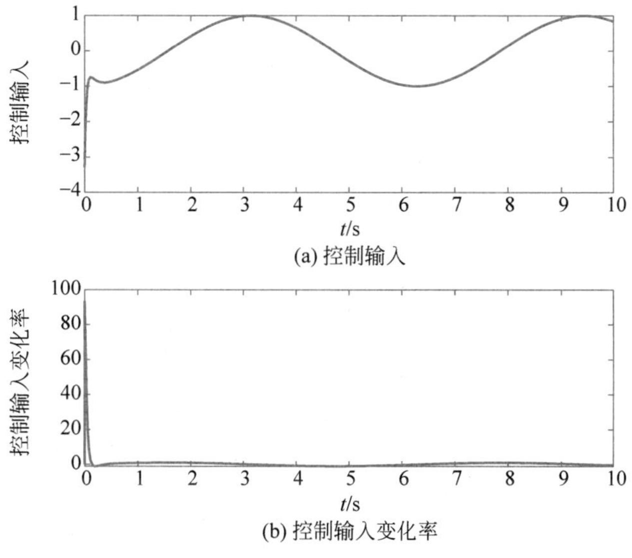

(a) 控制输入

(b) 控制输入变化率

图 9.8　控制输入及其变化率信号

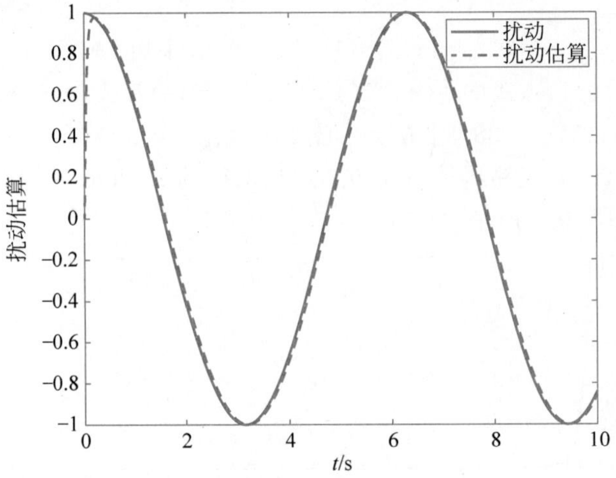

图 9.9 扰动及其观测结果 3

仿真程序：

（1）LMI 不等式求 $\boldsymbol{K}$ 程序：chap9_3LMI.m。

（2）Simulink 主程序：chap9_3sim.mdl。

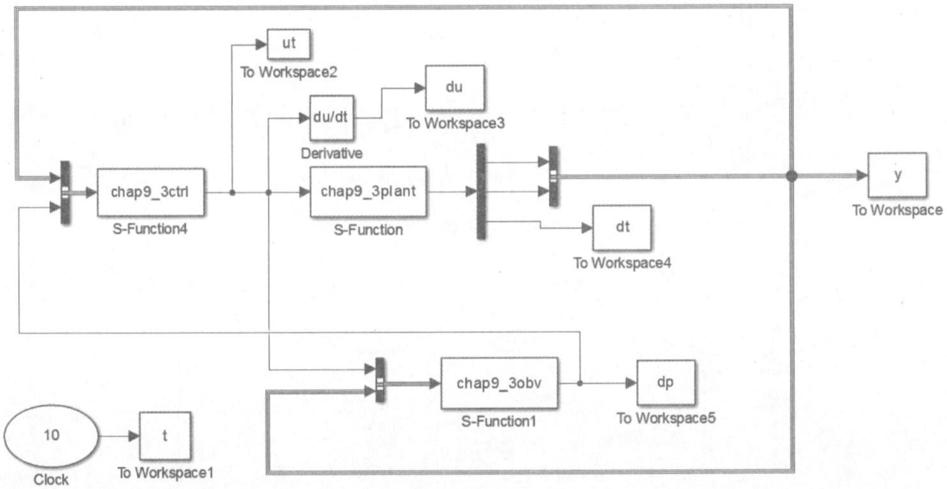

（3）被控对象 S 函数：chap9_3plant.m。

（4）控制器 S 函数：chap9_3ctrl.m。

（5）观测器 S 函数：chap9_3obv.m。

附录

Schur 补定理[5]　假设 $\boldsymbol{C}$ 为正定矩阵，则 $\boldsymbol{A}-\boldsymbol{B}\boldsymbol{C}^{-1}\boldsymbol{B}^{\mathrm{T}}\geqslant 0$ 等价为 $\begin{bmatrix}\boldsymbol{A} & \boldsymbol{B}\\ \boldsymbol{B}^{\mathrm{T}} & \boldsymbol{C}\end{bmatrix}\geqslant 0$，则 $\boldsymbol{x}_0^{\mathrm{T}}\boldsymbol{P}_1\boldsymbol{x}_0+\varepsilon-\bar{\omega}\leqslant 0$ 可写作

$$\begin{bmatrix} \varepsilon - \omega & \boldsymbol{x}_0^{\mathrm{T}} \\ * & -\boldsymbol{P}^{-1} \end{bmatrix} \leqslant 0$$

思考题

1. 控制系统 LMI 设计方法适合于什么类型的被控对象？局限性如何？

2. 控制系统 LMI 设计方法适合于解决什么类型的控制问题？其局限性如何？

3. 在本章所介绍的 LMI 控制律中，影响控制性能的参数有哪些？如何调整这些参数使控制性能得到提升？

4. 当前解决控制系统 LMI 设计问题有哪些方法？每种方法有何优点和局限性？

5. 如果将模型式(9.1)改为欠驱动线性系统，如何设计控制器？如何进行稳定性分析？

6. 作出 9.3 节的控制系统框图和算法流程图。

7. 参考文献[2]，在式(9.1)中，如果考虑控制输入饱和问题，即实际的控制输入大于执行器额度值，如何设计 LMI？

参考文献

[1] 俞立. 鲁棒控制——线性矩阵不等式处理方法[M]. 北京：清华大学出版社，2002.

[2] 刘金琨，刘志杰. 基于 LMI 的控制系统设计、分析及 Matlab 仿真[M]. 北京：清华大学出版社，2020.

[3] LIU Z J，LIU J K，WANG L J. Disturbance observer based attitude control for flexible spacecraft with input magnitude and rate constraints[J]. Aerospace Science and Technology，2018，72：486-492.

[4] HU T，TEEL A R，ZACCARIAN L. Stability and performance for saturated systems via quadratic and nonquadratic Lyapunov functions[J]. IEEE Transactions on Automatic Control，2006，51(11)：1770-1786.

[5] GAHINET P，NEMIROVSKY A，LAUB A. J. LMI control toolbox：for use with MATLAB[M]. MA：The MathWorks，Inc.，1995.

第 10 章 基于干扰观测器的控制

CHAPTER 10

控制输入扰动是运动控制中最常见的现象，也是影响控制系统性能的关键因素。采用干扰观测器的方法实现对输入扰动的观测，从而进行补偿，是一种克服扰动非常有效的方法。图 10.1 所示为基于干扰观测器的控制系统。

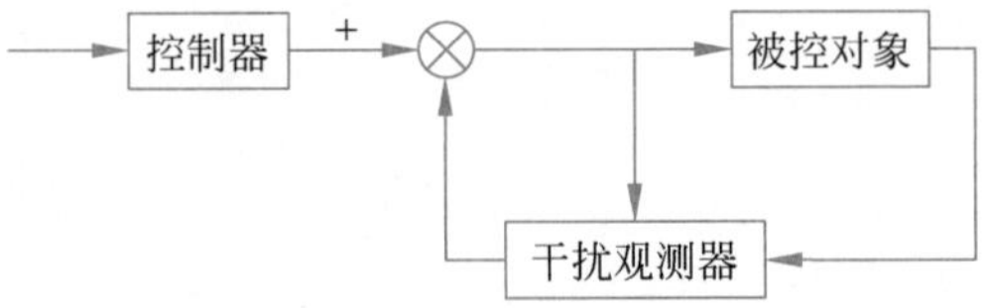

图 10.1 基于干扰观测器的控制系统

10.1 基于慢时变干扰观测器的连续滑模控制

10.1.1 系统描述

考虑带有慢干扰的二阶系统

$$\ddot{\theta}=-b\dot{\theta}+au-d \tag{10.1}$$

其中，θ 为角度，$\dot{\theta}$ 为角速度，$\ddot{\theta}$ 为角加速度，$b>0$，$a>0$，a 和 b 为已知值，d 为慢干扰时变信号。

10.1.2 观测器设计

针对二阶系统式(10.1)，设计观测器为

$$\dot{\hat{d}}=k_1(\hat{\omega}-\dot{\theta})-k_1\eta\hat{d} \tag{10.2}$$

$$\dot{\hat{\omega}}=-\hat{d}+au-k_2(\hat{\omega}-\dot{\theta})-b\dot{\theta} \tag{10.3}$$

其中，$\hat{d}$ 为对 d 项的估计，$\hat{\omega}$ 为对 $\dot{\theta}$ 的估计，$k_1>0$，$k_2>0$，$\eta>0$。

稳定性分析如下：定义 Lyapunov 函数为

$$V_o=\frac{1}{2k_1}\tilde{d}^2+\frac{1}{2}\tilde{\omega}^2 \tag{10.4}$$

其中，$\tilde{d}=d-\hat{d}$，$\tilde{\omega}=\dot{\theta}-\hat{\omega}$。则

$$\dot{V}_{\mathrm{o}}=\frac{1}{k_1}\tilde{d}\dot{\tilde{d}}+\tilde{\omega}\dot{\tilde{\omega}}=\frac{1}{k_1}\tilde{d}(\dot{d}-\dot{\hat{d}})+\tilde{\omega}(\ddot{\theta}-\dot{\hat{\omega}})$$

将式(10.1)、式(10.2)和式(10.3)代入上式，可得

$$\begin{aligned}\dot{V}_{\mathrm{o}}&=\frac{1}{k_1}\tilde{d}\dot{d}-\frac{1}{k_1}\tilde{d}\dot{\hat{d}}+\tilde{\omega}(\ddot{\theta}-(-\hat{d}+au-k_2(\hat{\omega}-\dot{\theta})-b\dot{\theta}))\\&=\frac{1}{k_1}\tilde{d}\dot{d}-\frac{1}{k_1}\tilde{d}(k_1(\hat{\omega}-\dot{\theta})-k_1\eta\hat{d})+\tilde{\omega}(-b\dot{\theta}+au-d-(-\hat{d}+au-k_2(\hat{\omega}-\dot{\theta})-b\dot{\theta}))\\&=\frac{1}{k_1}\tilde{d}\dot{d}-\tilde{d}(\hat{\omega}-\dot{\theta})+\eta\tilde{d}\hat{d}+\tilde{\omega}(-d+\hat{d}+k_2(\hat{\omega}-\dot{\theta}))\\&=\frac{1}{k_1}\tilde{d}\dot{d}+\tilde{d}\tilde{\omega}+\eta\tilde{d}(d-\tilde{d})+\tilde{\omega}(-\tilde{d}-k_2\tilde{\omega})\\&=\frac{1}{k_1}\tilde{d}\dot{d}-\eta\tilde{d}^2+\eta\tilde{d}d-k_2\tilde{\omega}^2\end{aligned}$$

由于$\frac{1}{k_1}\tilde{d}\dot{d}\leqslant\frac{1}{2k_1}\tilde{d}^2+\frac{1}{2k_1}\dot{d}^2$，$\eta\tilde{d}d\leqslant\frac{\eta}{2}\tilde{d}^2+\frac{\eta}{2}d^2$，则

$$\begin{aligned}\dot{V}_{\mathrm{o}}&\leqslant\frac{1}{2k_1}\tilde{d}^2+\frac{1}{2k_1}\dot{d}^2-\frac{\eta}{2}\tilde{d}^2+\frac{\eta}{2}d^2-k_2\tilde{\omega}^2\\&\leqslant-\left(\frac{\eta}{2}-\frac{1}{2k_1}\right)\tilde{d}^2-k_2\tilde{\omega}^2+\frac{1}{2k_1}\dot{d}^2+\frac{\eta}{2}d^2\\&\leqslant-\lambda V_{\mathrm{o}}+\frac{1}{2k_1}\dot{d}^2+\frac{\eta}{2}d^2\end{aligned}$$

其中，$\frac{\eta}{2}-\frac{1}{2k_1}>0$，$\lambda=\min\left\{\frac{\eta}{2}-\frac{1}{2k_1},k_2\right\}$。

由于 d 为慢干扰时变信号，则 $\dot{d}$ 很小，且 d 和 $\dot{d}$ 都有界，取 $D=\max\left(\frac{1}{2k_1}\dot{d}^2+\frac{\eta}{2}d^2\right)$，则

$$\dot{V}_{\mathrm{o}}\leqslant-\lambda V_{\mathrm{o}}+D \tag{10.5}$$

解不等式$\dot{V}_{\mathrm{o}}\leqslant-\lambda V_{\mathrm{o}}+D$，其解为

$$V_{\mathrm{o}}(t)\leqslant\mathrm{e}^{-\lambda t}V_{\mathrm{o}}(0)+\frac{D}{2}(1-\mathrm{e}^{-\lambda t})$$

当 $t\to\infty$时，$V_{\mathrm{o}}(t)\to\frac{D}{2}$，

可见，$\tilde{d}$ 和 $\tilde{\omega}$ 的收敛精度取决于λ 和 D，即取决于 k_2、k_1 和 η。通过取足够大的 k_1 和足够小的 η，同时满足$\frac{\eta}{2}-\frac{1}{2k_1}>0$，即 $\eta k_1>1$，可有效地降低 D 值，从而提高观测误差收敛精度，从而实现 $t\to\infty$时，$\tilde{d}\to0$。

10.1.3　仿真实例

考虑带有慢干扰的二阶系统

$$\ddot{\theta} = -b\dot{\theta} + au - d$$

其中，$a=5$，$b=0.15$，$d=\sin(0.1t)$。

采用观测器式(10.2)和式(10.3)，由 $\eta k_1 > 1$，可取 $\eta=0.00001$，$k_1=50000$，取 $k_2=200$。仿真结果如图 10.2 所示。

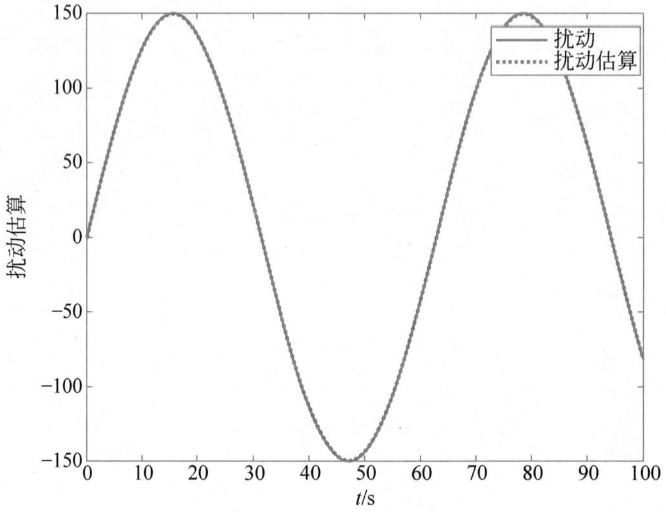

图 10.2 扰动及观测结果

仿真程序：

(1) Simulink 主程序：chap10_1sim.mdl。

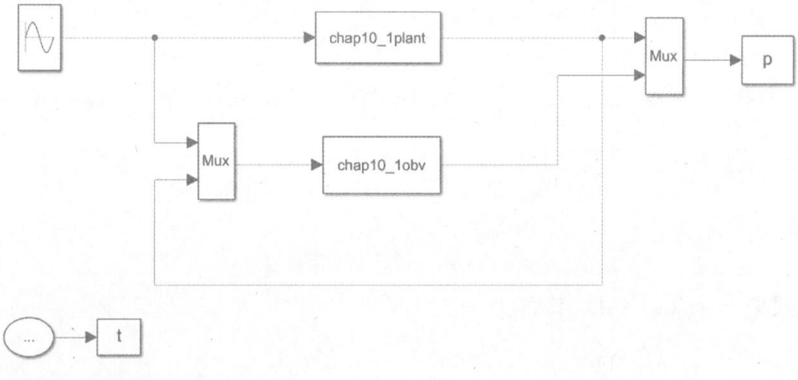

(2) 观测器 S 函数：chap10_1obv.m。

(3) 被控对象 S 函数：chap10_1plant.m。

10.1.4 基于慢时变干扰观测器的连续滑模控制

针对式(10.1)，取位置指令为 θ_d，误差为 $e=\theta_d-\theta$。滑模函数为

$$s = \dot{e} + ce \tag{10.6}$$

其中，$c>0$，则

$$\dot{s} = \ddot{e} + c\dot{e} = \ddot{\theta}_d - \ddot{\theta} + c\dot{e} = \ddot{\theta}_d + b\dot{\theta} - au + d + c\dot{e}$$

基于干扰补偿的滑模控制器设计为

$$u=\frac{1}{a}[\ddot{\theta}_{\mathrm{d}}+b\dot{\theta}+c\dot{e}+\hat{d}+ks+\eta_1\operatorname{sgn}(s)] \tag{10.7}$$

其中，$k>0$，$\tilde{d}=d-\hat{d}$，$|\tilde{d}|\leqslant\eta_1$。

取 Lyapunov 函数为

$$V_{\mathrm{c}}=\frac{1}{2}s^2$$

则

$$\begin{aligned}\dot{V}_{\mathrm{c}}&=s\dot{s}=s(\ddot{\theta}_{\mathrm{d}}+b\dot{\theta}-au+d+c\dot{e})\\&=s(\ddot{\theta}_{\mathrm{d}}+b\dot{\theta}-(\ddot{\theta}_{\mathrm{d}}+b\dot{\theta}+ks+c\dot{e}+\hat{d}+\eta_1\operatorname{sgn}(s))+d+c\dot{e})\\&=s(-ks+d-\hat{d}-\eta_1\operatorname{sgn}(s))\\&=-ks^2+\tilde{d}s-\eta_1|s|\leqslant-ks^2=-2kV_{\mathrm{c}}\end{aligned} \tag{10.8}$$

取闭环系统的 Lyapunov 函数为

$$V=V_{\mathrm{o}}+V_{\mathrm{c}}$$

由式(10.5)和式(10.8)，可得

$$\dot{V}\leqslant-2kV_{\mathrm{c}}-\lambda V_{\mathrm{o}}+D\leqslant-\alpha V+D$$

其中，$\alpha=\min\{2k,\lambda\}$。

解不等式 $\dot{V}\leqslant-\alpha V+D$，其解为

$$V(t)\leqslant\mathrm{e}^{-\alpha t}V(0)+\frac{D}{2}(1-\mathrm{e}^{-\alpha t})$$

当 $t\to\infty$ 时，$V(t)\to\frac{D}{2}$，可见，s 的收敛精度取决于 α 和 D，即取决于 k 及观测器的收敛精度。通过调整 k、k_2、k_1 和 η，降低 D 值，可提高控制精度，从而在 $t\to\infty$ 时，$s\to0$，$e\to0$，$\dot{e}\to0$。

为了降低抖振，在控制律式(10.7)中，采用饱和函数 sat(s)代替符号函数 sgn(s)，定义饱和函数如下：

$$\operatorname{sat}(s)=\begin{cases}1, & s>\Delta\\ Ms, & |s|\leqslant\Delta,\quad M=1/\Delta\\ -1, & s<-\Delta\end{cases}$$

其中，Δ 为边界层。

10.1.5 仿真实例

考虑带有慢干扰的二阶系统

$$\ddot{\theta}=-b\dot{\theta}+au-d$$

其中，$a=5$，$b=0.15$，$d=150\sin(0.1t)$。

位置指令为 $\theta_{\mathrm{d}}=\sin t$，控制器采用式(10.7)，观测器采用式(10.2)和式(10.3)。取 $k=3.0$，$\eta=0.00001$，$k_1=50000$，$k_2=200$，取 $\eta_1=5.0$，$c=15$，$\Delta=0.10$。仿真结果如图 10.3～图 10.5 所示。

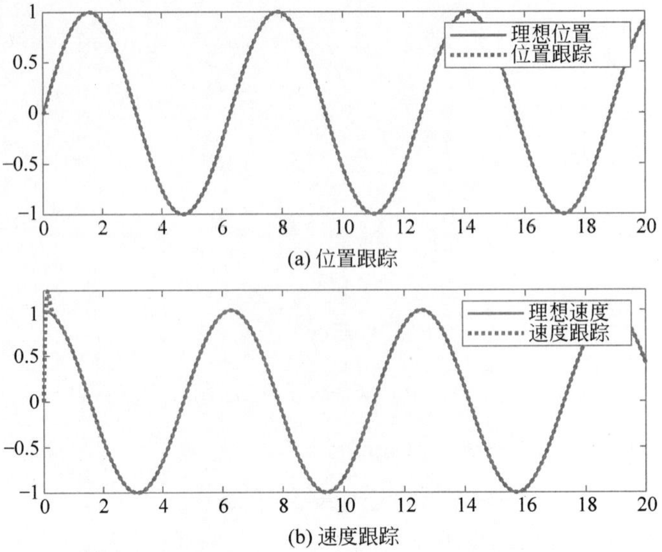

图 10.3　控制器采用式(10.7)的位置和速度跟踪

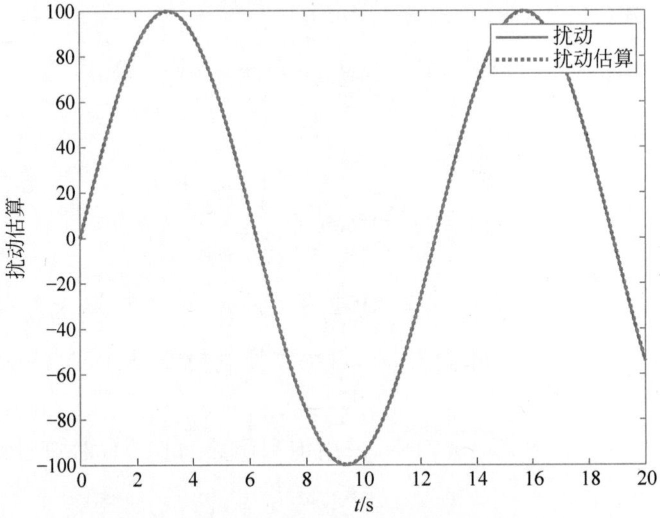

图 10.4　控制器采用式(10.7)的扰动及观测结果

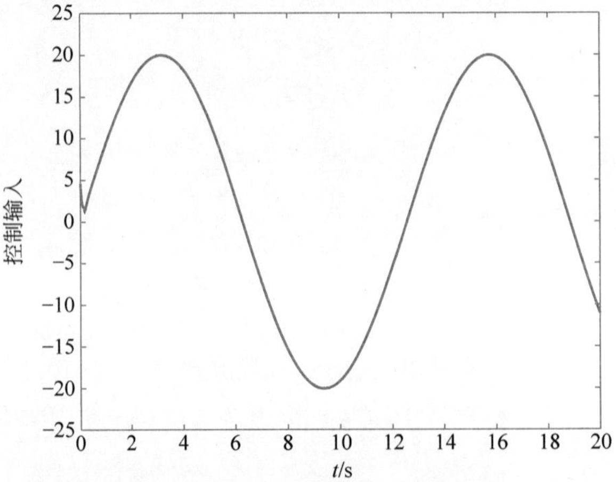

图 10.5　控制器采用式(10.7)的控制输入

仿真程序：

(1) Simulink 主程序：chap10_2sim.mdl。

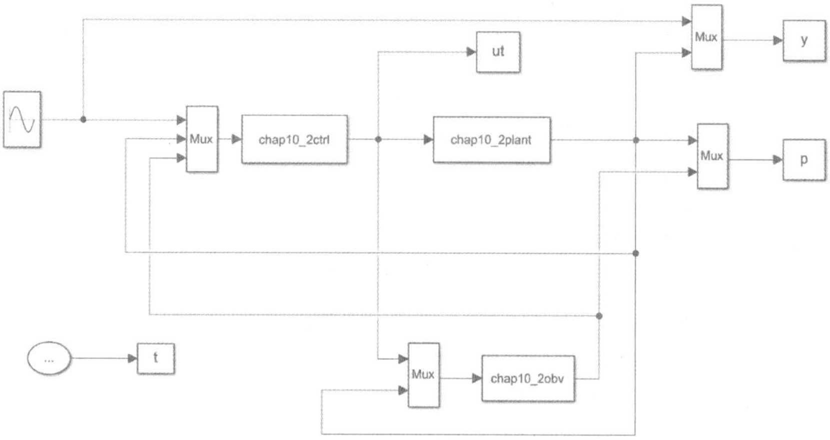

(2) 控制器 S 函数：chap10_2ctrl.m。

(3) 观测器 S 函数：chap10_2obv.m。

(4) 被控对象 S 函数：chap10_2plant.m。

(5) 作图程序：chap10_2plot.m。

10.2 基于指数收敛干扰观测器的滑模控制

10.2.1 系统描述

考虑 SISO 系统动态方程

$$J\ddot{\theta}+b\dot{\theta}=u+d \tag{10.9}$$

其中，J 为转动惯量，b 为阻尼系数，u 为控制输入，θ、$\dot{\theta}$ 分别代表角度、角速度，d 为外界干扰，$J>0$，$b>0$。

10.2.2 指数收敛干扰观测器的设计

干扰观测器设计为

$$\begin{cases}\dot{z}=K(b\dot{\theta}-u)-K\hat{d}\\ \hat{d}=z+KJ\dot{\theta}\end{cases} \tag{10.10}$$

则

$$\begin{aligned}\dot{\hat{d}}&=K(b\dot{\theta}-u)-K\hat{d}+KJ\ddot{\theta}\\&=K(b\dot{\theta}-u)-K\hat{d}+K(u+d-b\dot{\theta})\\&=Kd-K\hat{d}=K\tilde{d}\end{aligned}$$

其中，$\tilde{d}=d-\hat{d}$。

通过设计足够大的 K 值，针对常值干扰或慢干扰，可假设 $\dot{d}=0$[2]，则

$$\dot{\tilde{d}}=\dot{d}-\dot{\hat{d}}=-K\tilde{d}$$

其解为

$$\tilde{d}(t)=\tilde{d}(t_0)\mathrm{e}^{-Kt}$$

由于 $\tilde{d}(t_0)$的值是确定的，可见，观测器的收敛精度取决于参数 K 值。通过设计参数 K，使估计值 $\hat{\boldsymbol{d}}$ 按指数逼近干扰 d，$t\to\infty$时，$\tilde{d}\to 0$，且指数收敛。

10.2.3 仿真实例：干扰观测器的测试

分别取 $d(t)=-5$ 和 $d(t)=0.05\sin t$。取参数 $K=50$，采用观测器式(10.10)，仿真结果如图 10.6 和图 10.7 所示。需要特殊说明的是，由于观测器式(10.10)需要较高的求解精度，因此，在 Simulink 环境中将 ODE45 迭代法的 Relative tolerance 精度取 1×10^{-6} 或更小的值。

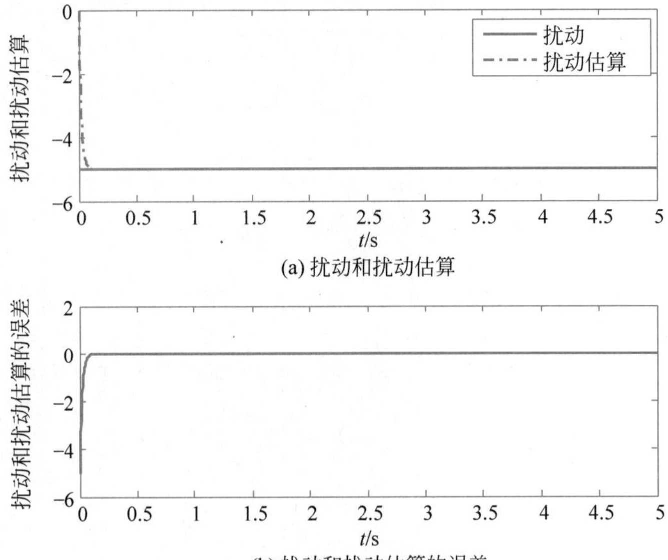

(a) 扰动和扰动估算

(b) 扰动和扰动估算的误差

图 10.6　$d(t)=-5$ 的扰动观测结果

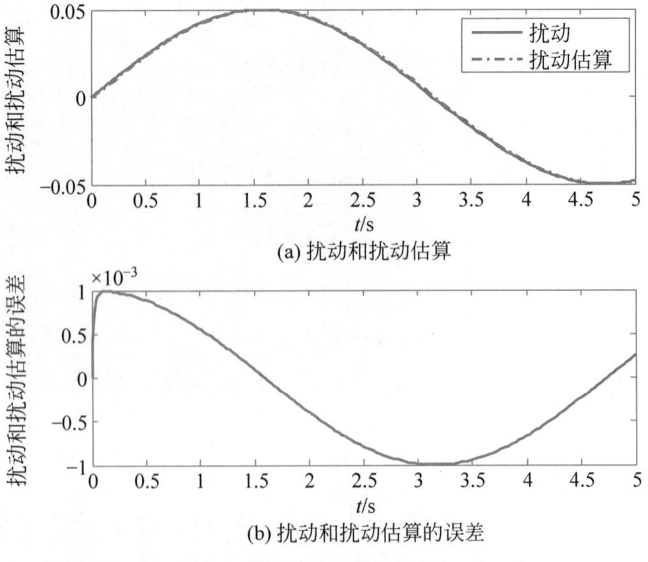

(a) 扰动和扰动估算

(b) 扰动和扰动估算的误差

图 10.7　$d(t)=0.05\sin t$ 的干扰观测结果

仿真程序：观测器测试

（1）Simulink 主程序：chap10_3sim. mdl。

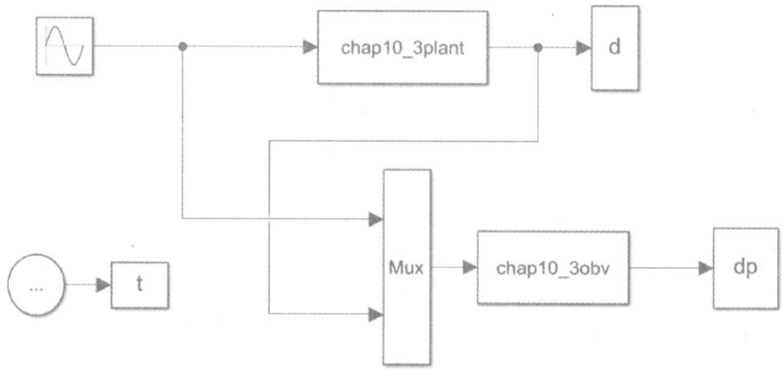

（2）被控对象程序：chap10_3plant. m。

（3）干扰观测器程序：chap10_3obv. m。

（4）作图程序：chap10_3plot. m。

10.2.4　滑模控制器的设计与分析

采用观测器式(10.10)观测干扰 d，在滑模控制中对干扰进行补偿，可有效地降低切换增益，从而有效地降低抖振。

取控制目标为 $\theta \to \theta_d$，$\dot{\theta} \to \dot{\theta}_d$。针对模型式(10.9)，设计滑模函数

$$s = ce + \dot{e} \tag{10.11}$$

其中，$c>0$，$e=\theta_d-\theta$。

由于 $\ddot{\theta}=\frac{1}{J}(-b\dot{\theta}+u+d)$，则

$$\ddot{e} = \ddot{\theta}_d - \ddot{\theta} = \ddot{\theta}_d - \frac{1}{J}(-b\dot{\theta}+u+d)$$

则

$$\dot{s} = c\dot{e} + \ddot{e} = c\dot{e} + \ddot{\theta}_d - \frac{1}{J}(-b\dot{\theta}+u+d) = c\dot{e} + \ddot{\theta}_d + \frac{b}{J}\dot{\theta} - \frac{1}{J}u - \frac{1}{J}d$$

取控制律为

$$u(t) = J\left(c\dot{e} + \ddot{\theta}_d + \frac{b}{J}\dot{\theta} - \frac{1}{J}\hat{d} + k_0 s + \eta \text{sgn} s\right) \tag{10.12}$$

其中，$k_0>0$。则

$$\begin{aligned}\dot{s} &= c\dot{e} + \ddot{\theta}_d + \frac{b}{J}\dot{\theta} - \left(c\dot{e} + \ddot{\theta}_d + \frac{b}{J}\dot{\theta} - \frac{1}{J}\hat{d} + k_0 s + \eta \text{sgn} s\right) - \frac{1}{J}d \\ &= \frac{1}{J}\hat{d} - k_0 s - \eta \text{sgn} s - \frac{1}{J}d = -k_0 s - \eta \text{sgn} s - \frac{1}{J}\tilde{d}\end{aligned}$$

取闭环系统的 Lyapunov 函数为

$$V = \frac{1}{2}s^2 + \frac{1}{2}\tilde{d}^2$$

则

$$\dot{V}=s\dot{s}+\tilde{d}\dot{\tilde{d}}=s\left(-k_0 s-\eta\operatorname{sgn}s-\frac{1}{J}\tilde{d}\right)-K\tilde{d}^2=-k_0 s^2-\eta\mid s\mid-\frac{1}{J}\tilde{d}s-K\tilde{d}^2\leqslant 0$$

其中，$\eta\geqslant\frac{1}{J}|\tilde{d}|_{\max}$。

由于观测器初始观测误差为 $\tilde{d}(0)$，则可取 $|\tilde{d}|_{\max}=|\tilde{d}(0)|$，从而可取 $\eta\geqslant\frac{1}{J}|\tilde{d}(0)|$。

控制系统收敛性分析如下。

由于

$$\dot{V}=-k_0 s^2-\eta\mid s\mid-\frac{1}{J}\tilde{d}s-K\tilde{d}^2\leqslant-k_0 s^2-K\tilde{d}^2\leqslant-k_1\left(\frac{1}{2}s^2+\frac{1}{2}\tilde{d}^2\right)=-k_1 V$$

其中，$k_1=2\min\{k_0,K\}$。可得不等式方程 $\dot{V}\leqslant-k_1 V$ 的解为

$$V(t)\leqslant \mathrm{e}^{-k_1(t-t_0)}V(t_0)$$

可见，控制系统指数收敛，收敛精度取决于参数 k_1 值，则 $t\to\infty$ 时，$\tilde{d}\to 0$，$s\to 0$，$e\to 0$，$\dot{e}\to 0$，且指数收敛。

10.2.5 仿真实例：滑模控制的测试

模型为 $\ddot{\theta}=-25\dot{\theta}+133(u+d)$，对比 $J\ddot{\theta}+b\dot{\theta}=u+d$，可知 $J=\frac{1}{133}$，$b=\frac{25}{133}$。

针对模型式(10.9)，取 $d(t)=-5$。位置指令为 $\theta_{\mathrm{d}}=\sin t$，观测器采用式(10.10)，控制器采用式(10.12)，取 $c=10$，$K=50$，根据干扰值及观测器初始值，取 $\eta=5.0$。采用饱和函数代替连续函数，饱和函数设计同 10.1 节，取边界层厚度为 $\Delta=0.05$，仿真结果如图 10.8～图 10.10 所示。

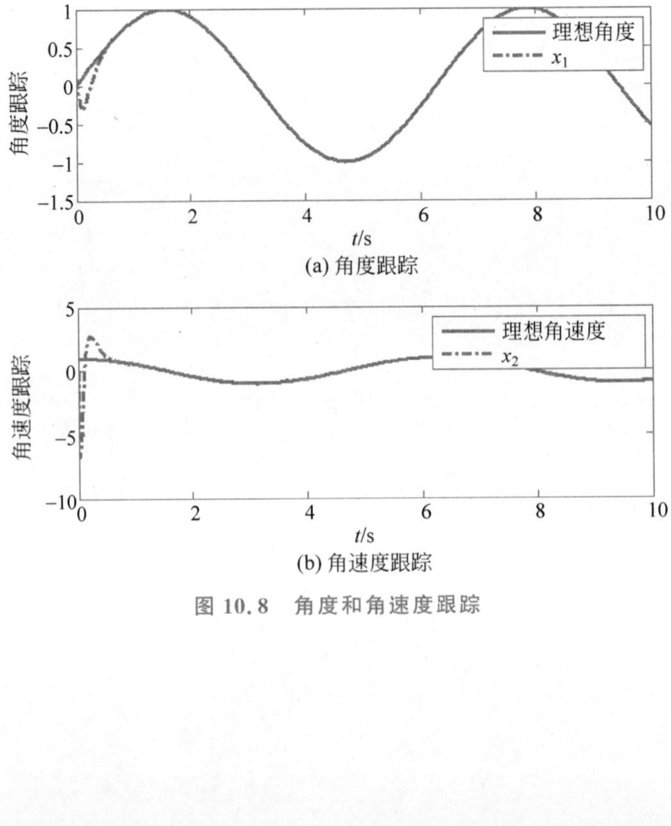

(a) 角度跟踪

(b) 角速度跟踪

图 10.8 角度和角速度跟踪

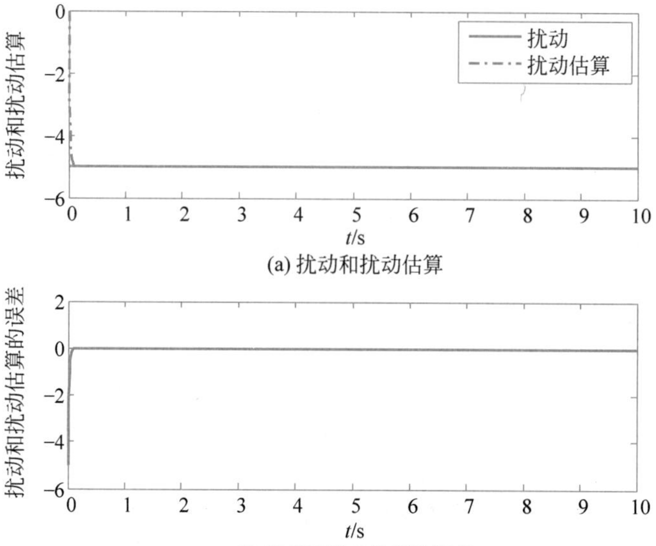

(a) 扰动和扰动估算

(b) 扰动和扰动估算的误差

图 10.9　扰动及观测结果

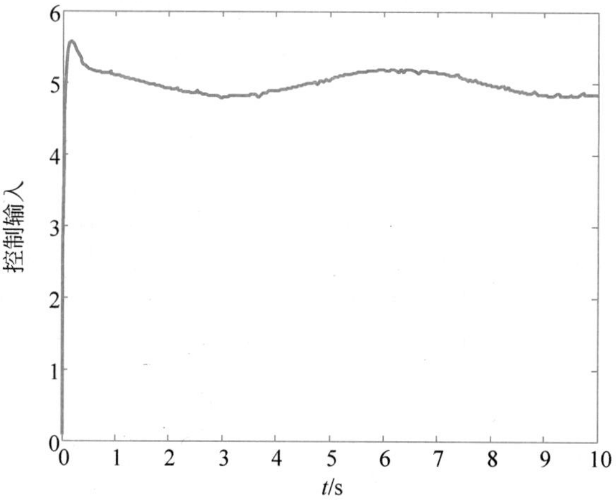

图 10.10　控制输入

仿真程序：控制测试

（1）Simulink 主程序：chap10_4sim.mdl。

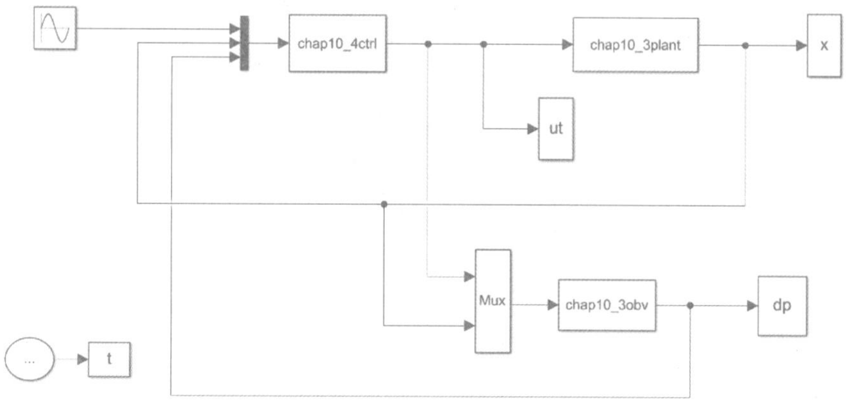

(2) 被控对象程序：chap10_3plant.m。

(3) 控制器程序：chap10_4ctrl.m。

(4) 干扰观测器程序：chap10_3obv.m。

(5) 作图程序：chap10_4plot.m。

思考题

1. 控制输入扰动有何特点？

2. 控制输入扰动是怎么引起的？

3. 作出包含控制输入扰动观测器的控制系统框图和算法流程图。

4. 当前解决控制输入扰动问题有哪些方法？每种方法有何优点和局限性？

5. 典型的扰动观测器设计方法有几种，各有何特点？

6. 在本章所介绍的扰动观测器中，影响控制性能的参数有哪些？如何调整这些参数使控制性能得到提升？

7. 10.1节和10.2节的扰动观测器有何区别？

8. 如果将模型式(10.1)和式(10.10)改为多输入多输出系统或欠驱动系统，如何设计扰动观测器和控制器？

参考文献

[1] ATSUO K, HIROSHI I, KIYOSHI S. Chattering Reduction of Disturbance Observer Based Sliding Mode Control[J]. IEEE Transactions on Industry Applications, 1994, 30(2): 456-461.

[2] CHEN W H, BALANCE D J, GAWTHROP P J, et al. A nonlinear disturbance observer for robotic manipulator[J]. IEEE Transactions on Industrial Electronics, 2000, 47(4): 932-938.

第11章 控制系统输出测量延迟控制

CHAPTER 11

在运动控制系统中，由于测量传感器的因素，通常会造成位置和速度信号的测量延迟，通过设计输出延迟观测器，可以很好地对测量信号进行校正。国内外学者在输出延迟观测器方向取得了很大的进展。最初，针对线性系统，文献[1]基于时滞微分方程设计了线性系统的有输出延时的观测器，文献[2]针对线性系统中输出延时做了进一步研究，在时变延时的情况下设计了延迟观测器。文献[3]针对非线性系统输出延时情况下，设计了一种链式观测器，这类观测器由很多个观测器串联组成，每个子观测器负责观测出指定的一小段延时的延时信号，由最后一个子观测器观测出正确的无延时的信号，其缺点是每个子观测器的参数都是不同的，给工程实践造成了不便，针对这一情况，文献[4]提出了另一种结构的链式延迟观测器，其中每个子观测器都具有相同的结构和参数，便于工程实现，并且具有指数收敛的良好稳定性能。

针对带有时变测量输出的控制系统，可以采用基于延迟观测器的控制方法，控制系统框图如图11.1所示。

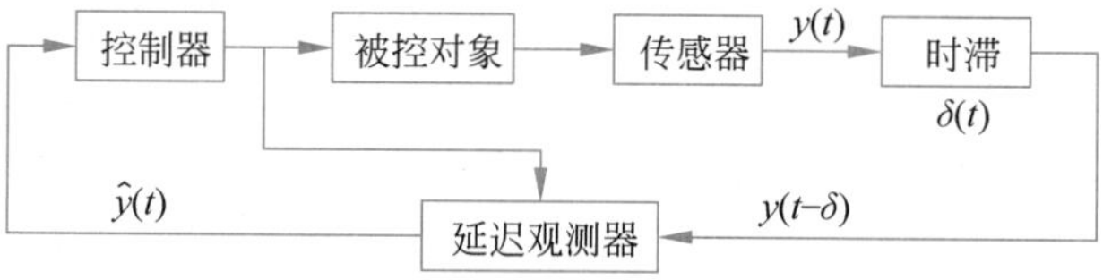

图11.1 基于输出延迟观测器的控制系统

11.1 基于输出延迟观测器的滑模控制

本节针对简单的线性系统，设计一种具有固定测量延迟的观测器，在此基础上设计了一种滑模控制方法。

11.1.1 系统描述

考虑对象

$$\ddot{\theta}=-a\dot{\theta}-b\theta+ku(t) \tag{11.1}$$

其中，$\theta(t)$为位置信号，$u(t)$为控制输入。

取 $\boldsymbol{z}=[\theta,\dot{\theta}]^{\mathrm{T}}$，式(11.1)可表示为

$$\dot{\boldsymbol{z}}(t)=\boldsymbol{A}\boldsymbol{z}(t)+\boldsymbol{H}u(t) \tag{11.2}$$

其中，$\boldsymbol{A}=\begin{bmatrix}0 & 1\\ -b & -a\end{bmatrix}$，$\boldsymbol{H}=[0,k]^{\mathrm{T}}$。

假设输出信号有延迟，Δ 为输出的角度时间延迟，则实际测量输出可表示为

$$\bar{y}(t)=\theta(t-\Delta)=\boldsymbol{C}\boldsymbol{z}(t-\Delta) \tag{11.3}$$

其中，$\boldsymbol{C}=[1,0]$，$\Delta>0$ 为常数。

观测的目标为当 $t\to\infty$ 时，$\hat{\theta}(t)\to\theta(t)$，$\hat{\dot{\theta}}(t)\to\dot{\theta}(t)$。

11.1.2 输出延迟观测器的设计

引理 11.1[5-6] 针对线性延迟系统

$$\dot{\boldsymbol{x}}(t)=\boldsymbol{A}\boldsymbol{x}(t)+\boldsymbol{B}\boldsymbol{x}(t-\Delta) \tag{11.4}$$

其稳定性条件为

$$\sigma\boldsymbol{I}-\boldsymbol{A}-\boldsymbol{B}\mathrm{e}^{-\Delta\sigma}=0 \tag{11.5}$$

特征根的实部为负，则延迟系统式(11.4)为指数稳定，其中 σ 为拉普拉斯算子。

针对延迟系统式(11.2)，取 $\hat{z}=[\hat{\theta},\hat{\dot{\theta}}]^{\mathrm{T}}$，设计如下延迟观测器：

$$\dot{\hat{\boldsymbol{z}}}(t)=\boldsymbol{A}\hat{\boldsymbol{z}}(t)+\boldsymbol{H}u(t)+\boldsymbol{K}[\bar{y}(t)-\boldsymbol{C}\hat{\boldsymbol{z}}(t-\Delta)] \tag{11.6}$$

其中，$\hat{\boldsymbol{z}}(t-\Delta)$ 是 $\hat{\boldsymbol{z}}(t)$ 的延迟信号。

由式(11.2)～式(11.6)有

$$\dot{\boldsymbol{\delta}}(t)=\boldsymbol{A}\boldsymbol{\delta}(t)-\boldsymbol{K}\boldsymbol{C}\boldsymbol{\delta}(t-\Delta) \tag{11.7}$$

其中，$\boldsymbol{\delta}(t)=\boldsymbol{z}(t)-\hat{\boldsymbol{z}}(t)$。

则根据引理 11.1，延迟观测器的稳定性条件为选择合适的 $\boldsymbol{K}$，使式(11.7)特征根的实部为负，则延迟系统式(11.7)为指数稳定，即 $t\to\infty$ 时，$\hat{\theta}(t)\to\theta(t)$，$\hat{\dot{\theta}}(t)\to\dot{\theta}(t)$，且指数收敛。

根据引理 11.1，针对线性延迟系统式(11.7)，其稳定性条件为方程的特征根 σ 在负半面。

$$\sigma\boldsymbol{I}-\boldsymbol{A}+\boldsymbol{K}\boldsymbol{C}\mathrm{e}^{-\Delta\sigma}=0 \tag{11.8}$$

仿真中首先根据经验给出 $\boldsymbol{K}$ 值，然后采用 MATLAB 函数“fsolve”来解方程式(11.8)中的根 σ，使其在负半面，从而验证 $\boldsymbol{K}$。

11.1.3 滑模控制器的设计与分析

控制的目标为 $t\to\infty$ 时，$\theta\to\theta_{\mathrm{d}}$，$\dot{\theta}\to\dot{\theta}_{\mathrm{d}}$。针对模型式(11.1)，设计滑模函数

$$s=ce+\dot{e} \tag{11.9}$$

其中，$c>0$，$e=\theta_{\mathrm{d}}-\theta$。

取控制律为

$$u(t)=\frac{1}{k}(\ddot{\theta}_{\mathrm{d}}+a\hat{\dot{\theta}}+b\hat{\theta}+\eta\hat{s}+c\hat{\dot{e}}) \tag{11.10}$$

其中，$\eta>0$，$\hat{e}=\theta_{\mathrm{d}}-\hat{\theta}$，$\hat{s}=c\hat{e}+\hat{\dot{e}}$。

取滑模控制的 Lyapunov 函数为

$$V=\frac{1}{2}s^2 \tag{11.11}$$

由于

$$\ddot{e}=\ddot{\theta}_d-\ddot{\theta}=\ddot{\theta}_d+a\dot{\theta}+b\theta-ku$$

$$\dot{s}=c\dot{e}+\ddot{e}=c\dot{e}+\ddot{\theta}_d+a\dot{\theta}+b\theta-ku$$

则

$$\begin{aligned}\dot{s}&=c\dot{e}+\ddot{\theta}_d+a\dot{\theta}+b\theta-(\ddot{\theta}_d+a\hat{\dot{\theta}}+b\hat{\theta}+\eta\hat{s}+c\hat{\dot{e}})\\&=c\tilde{\dot{e}}+a\tilde{\dot{\theta}}+b\tilde{\theta}-\eta\hat{s}=-\eta s+\eta\tilde{s}+c\tilde{\dot{e}}+a\tilde{\dot{\theta}}+b\tilde{\theta}\\&=-\eta s+\eta(-c\tilde{\theta}-\tilde{\dot{\theta}})+c(-\tilde{\dot{\theta}})+a\tilde{\dot{\theta}}+b\tilde{\theta}\\&=-\eta s+\eta(-c\tilde{\theta}-\tilde{\dot{\theta}})+c(-\tilde{\dot{\theta}})+a\tilde{\dot{\theta}}+b\tilde{\theta}\\&=-\eta s+(b-\eta c)\tilde{\theta}+(a-\eta-c)\tilde{\dot{\theta}}\end{aligned}$$

其中，$\tilde{\theta}=\theta-\hat{\theta}$，$\tilde{\dot{\theta}}=\dot{\theta}-\hat{\dot{\theta}}$，$\tilde{e}=e-\hat{e}=-\theta+\hat{\theta}=-\tilde{\theta}$，$\tilde{\dot{e}}=-\tilde{\dot{\theta}}$，$\tilde{s}=s-\hat{s}=c\tilde{e}+\tilde{\dot{e}}=-c\tilde{\theta}-\tilde{\dot{\theta}}$。则

$$\dot{V}=-\eta s^2+s((b-\eta c)\tilde{\theta}+(a-\eta-c)\tilde{\dot{\theta}})=-\eta s^2+k_1s\tilde{\theta}+k_2s\tilde{\dot{\theta}}$$

其中，$k_1=b-\eta c$，$k_2=a-\eta-c$。

由于 $k_1s\tilde{\theta}\leqslant\frac{1}{2}s^2+\frac{1}{2}k_1^2\tilde{\theta}^2$，$k_2s\tilde{\dot{\theta}}\leqslant\frac{1}{2}s^2+\frac{1}{2}k_2^2\tilde{\dot{\theta}}^2$，则

$$\dot{V}\leqslant-\eta s^2+\frac{1}{2}s^2+\frac{1}{2}k_1^2\tilde{\theta}^2+\frac{1}{2}s^2+\frac{1}{2}k_2^2\tilde{\dot{\theta}}^2=-(\eta-1)s^2+\frac{1}{2}k_1^2\tilde{\theta}^2+\frac{1}{2}k_2^2\tilde{\dot{\theta}}^2$$

其中，$\eta>1$。

由于观测器指数收敛，则

$$\dot{V}\leqslant-\eta_1V+\chi(\cdot)\mathrm{e}^{-\sigma_0(t-t_0)}\leqslant-\eta_1V+\chi(\cdot)$$

其中，$\eta_1=\eta-1>0$，$\chi(\cdot)$是$\|\tilde{z}(t_0)\|$的 K 类函数，其中，$z=[\theta,\dot{\theta}]^{\mathrm{T}}$。

不等式方程 $\dot{V}\leqslant-\eta_1V+\chi(\cdot)$的解为

$$\begin{aligned}V(t)&\leqslant\mathrm{e}^{-\eta_1(t-t_0)}V(t_0)+\chi(\cdot)\mathrm{e}^{-\eta_1t}\int_{t_0}^{t}\mathrm{e}^{\eta_1\tau}\mathrm{d}\tau=\mathrm{e}^{-\eta_1(t-t_0)}V(t_0)+\frac{\chi(\cdot)\mathrm{e}^{-\eta_1t}}{\eta_1}(\mathrm{e}^{\eta_1t}-\mathrm{e}^{\eta_1t_0})\\&=\mathrm{e}^{-\eta_1(t-t_0)}V(t_0)+\frac{\chi(\cdot)}{\eta_1}(1-\mathrm{e}^{-\eta_1(t-t_0)})\end{aligned}$$

则

$$\lim_{t\to\infty}V(t)\leqslant\frac{1}{\eta_1}\chi(\cdot),\quad 即\lim_{t\to\infty}|s|\leqslant\sqrt{\frac{2}{\eta_1}\chi(\cdot)}$$

且 $V(t)$渐近收敛，收敛精度取决于 η_1，即 η。

根据引理 5.3，可得

$$\lim_{t\to\infty}|e|\leqslant\frac{1}{c}\sqrt{\frac{2}{\eta_1}\chi(\cdot)}$$

$$\lim_{t\to\infty}|\dot{e}|\leqslant2\sqrt{\frac{2}{\eta_1}\chi(\cdot)}$$

从而 $t\to\infty$ 时，$\theta\to\theta_{\mathrm{d}}$，$\dot{\theta}\to\dot{\theta}_{\mathrm{d}}$。

11.1.4 仿真实例

考虑对象

$$\ddot{\theta}=-10\dot{\theta}-\theta+u(t)$$

取角度延迟时间为 $\Delta=3.0$。延迟观测器中，取 $\boldsymbol{K}=[0.1,0.1]$，采用 MATLAB 函数“fsolve”求方程式(11.8)的根为 $\sigma=-0.3661$，根据引理 11.1，满足稳定性要求。

取 $u(t)=\sin t$，系统初始状态为$[0.20,0]$，延迟观测器式(11.6)的初始值 $\hat{z}(t-\Delta)=[0,0]^{\mathrm{T}}$。延迟观测器的观测结果如图 11.2 和图 11.3 所示。可见，采用延迟观测器可实现位置和速度的理想观测。

采用基于延迟观测器的滑模控制，控制器取式(11.10)，取 $c=10$，$k=1$，$\eta=15$，控制效果如图 11.4 和图 11.5 所示。可见，通过采用输出延迟观测器，可获得很好的跟踪性能。

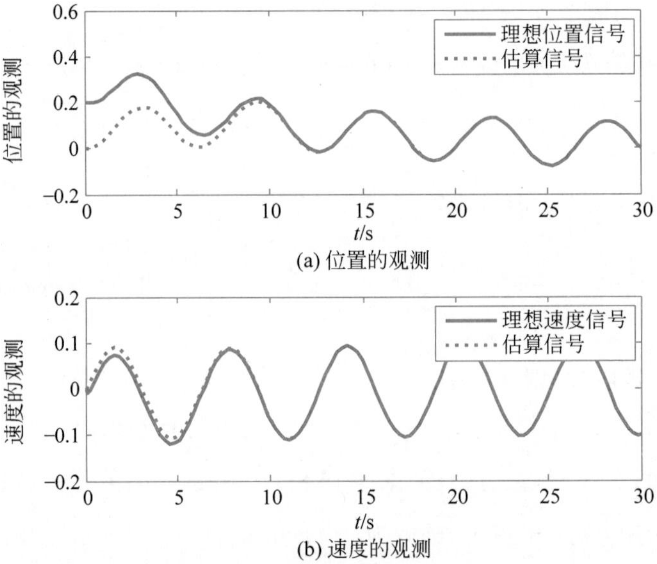

(a) 位置的观测

(b) 速度的观测

图 11.2 位置和速度的观测

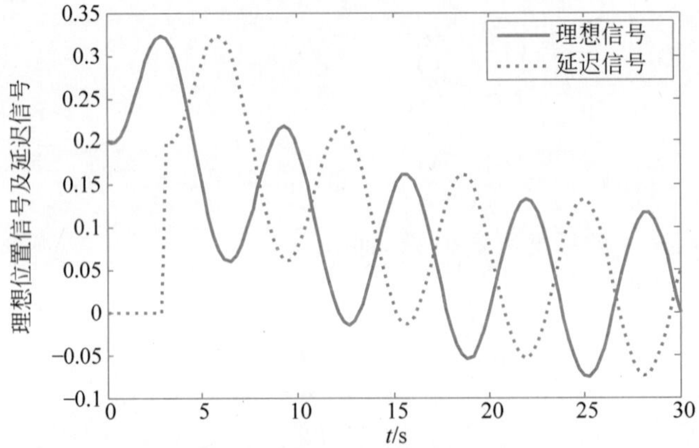

图 11.3 理想位置信号及其实测延迟信号

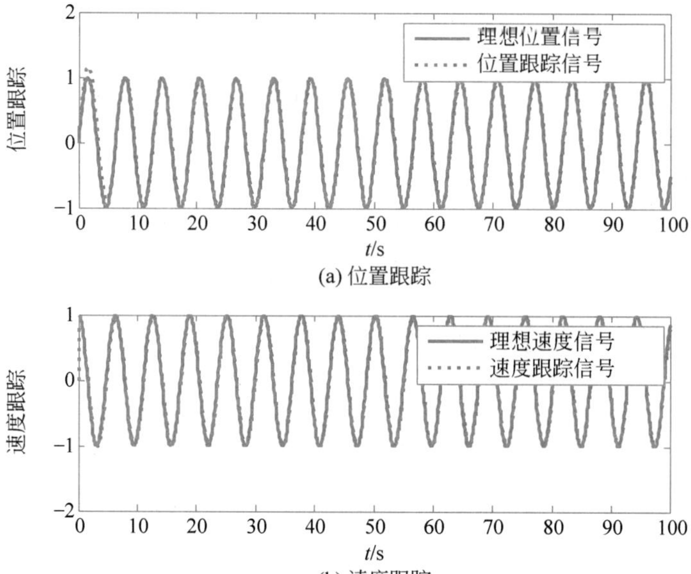

(a) 位置跟踪

(b) 速度跟踪

图 11.4　基于延迟观测器的位置、速度跟踪

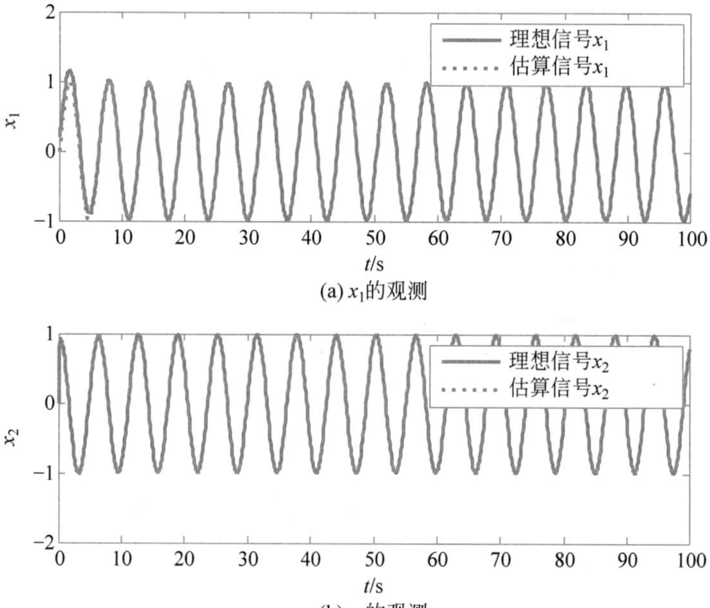

(a) x_1的观测

(b) x_2的观测

图 11.5　延迟观测器的观测结果

仿真程序：

1. 延迟观测器的验证

式(11.8)中的根 σ 求解及 K 的验证程序：

(1) fun_x. m。

```
function F = fun(x)
tol = 3;
k1 = 0.1;k2 = 0.1;
```

```
K = [k1,k2]';
C = [1,0];
A = [0 1; -1 -10];

F = det(x * eye(2) - A + K * C * exp( - tol * x));
```

(2) design_K. m。

```
close all;

x0 = 0;
x = fsolve('fun_x',x0)
```

2. 延迟观测器

(1) 主程序：chap11_1sim. mdl。

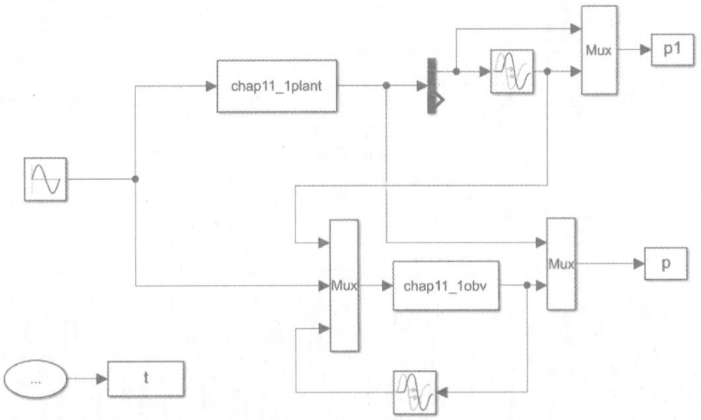

(2) 对象 S 函数：chap11_1plant. m。

(3) 观测器 S 函数：chap11_1obv. m。

(4) 作图程序：chap11_1plot. m。

3. 滑模控制系统仿真程序

(1) 主程序：chap11_2sim. mdl。

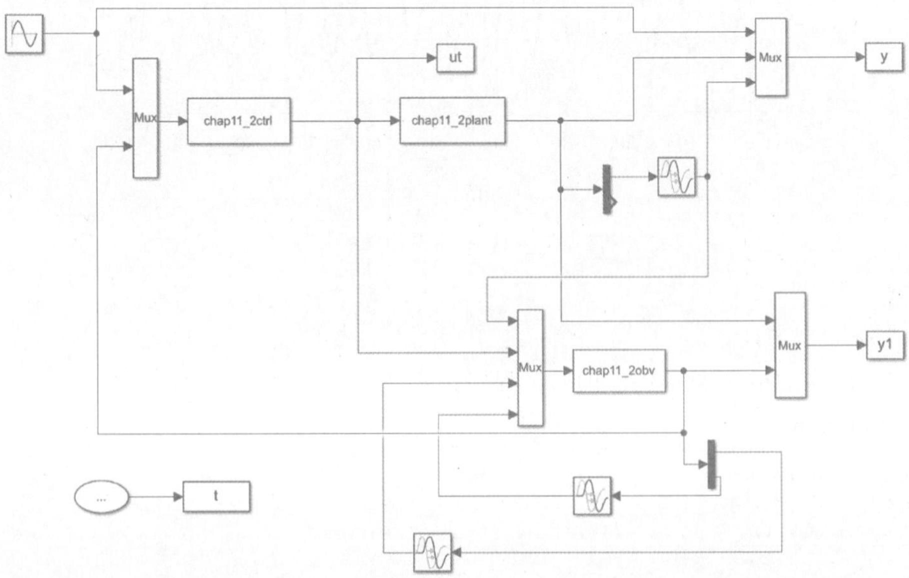

（2）控制器 S 函数：chap11_2ctrl. m。

（3）对象 S 函数：chap11_2plant. m。

（4）观测器 S 函数：chap11_2obv. m。

（5）作图程序：chap11_2plot. m。

11.2 一种时变测量延迟观测器的设计

在实际过程中，测量延迟信号往往是时变的，此时需要设计时变测量延迟观测器。文献[7-8]给出了满足 Lipschitz 条件下的两类测量延迟观测器的设计方法。本节针对满足 Lipschitz 条件的非线性系统，设计一种具有时变测量延迟的观测器[7]。

11.2.1 系统描述

假设二阶非线性系统为

$$\dot{\boldsymbol{x}}(t)=\boldsymbol{A}\boldsymbol{x}(t)+\boldsymbol{M}(x,t,u) \tag{11.12}$$

其中，$\boldsymbol{x}=[x_1,x_2]^{\mathrm{T}}$，$x_1$ 为位置信号，$u(t)$为控制输入，$\boldsymbol{A}=\begin{bmatrix}0 & 1\\ 0 & 0\end{bmatrix}$，$\boldsymbol{M}(x,t,u)=\boldsymbol{B}\chi(x,t,u)$，$\boldsymbol{B}=[0,1]^{\mathrm{T}}$。

假设 1：$\boldsymbol{M}(x,t,u)$为 Lipschitz 条件；

假设 2：$\delta(t)$为时变的，$\delta(t)\in[0,\Delta]$。

在实际工程中，延迟时间 $\delta(t)$是可以获得的[7]，由于 $\delta(t)=t-t_s$，其中 t 为实际测得的时间，t_s 为传感器采样时间，$\delta(t)\in[0,\Delta]$。

假设输出信号有延迟，$\delta(t)$为输出位置的延迟，则实际输出可表示为

$$y(t-\delta)=x_1(t-\delta)=\boldsymbol{C}\boldsymbol{x}(t-\delta(t)) \tag{11.13}$$

其中，$\boldsymbol{C}=[1,0]$。

观测的目标为当 $t\to\infty$时，$\hat{x}_1(t)\to x_1(t)$，$\hat{x}_2(t)\to x_2(t)$。

11.2.2 输出延迟观测器的设计

引理 11.2[7]　针对非线性系统式(11.12)，假设 $x_1(t-\delta)$为实测的延迟信号，则延迟观测器设计为

$$\dot{\hat{\boldsymbol{x}}}(t)=\boldsymbol{A}\hat{\boldsymbol{x}}(t)+\boldsymbol{M}(\hat{\boldsymbol{x}},t,u)+\boldsymbol{K}(y(t-\delta)-\boldsymbol{C}\hat{\boldsymbol{x}}(t-\delta))$$

针对二阶系统，观测器具体表示为

$$\begin{cases}\dot{\hat{x}}_1=\hat{x}_2+k_1(x_1(t-\delta)-\hat{x}_1(t-\delta))\\ \dot{\hat{x}}_2=\chi(\hat{x},t,u)+k_2(x_1(t-\delta)-\hat{x}_1(t-\delta))\end{cases} \tag{11.14}$$

其中，$\hat{\boldsymbol{x}}(t-\delta)$是 $\hat{\boldsymbol{x}}(t)$的延迟信号，$\boldsymbol{K}=[k_1,k_2]^{\mathrm{T}}$，通过对 $\boldsymbol{K}$ 的设计，使 $\boldsymbol{A}-\boldsymbol{KC}$ 满足 Hurwitz 条件。

则根据上面的定理，延迟观测器式(11.14)为渐近收敛，即当 $t\to\infty$时，$\hat{x}_1(t)\to x_1(t)$，$\hat{x}_2(t)\to x_2(t)$。该定理的分析和证明见文献[7]。

11.2.3 按 $\boldsymbol{A}-\boldsymbol{KC}$ 为 Hurwitz 矩阵进行 $\boldsymbol{K}$ 的设计

观测器式(11.14)稳定条件是 $\boldsymbol{A}-\boldsymbol{KC}$ 为 Hurwitz 矩阵。由于

$$\bar{\boldsymbol{A}}=\boldsymbol{A}-\boldsymbol{KC}=\begin{bmatrix}0 & 1\\ 0 & 0\end{bmatrix}-\begin{bmatrix}k_1\\ k_2\end{bmatrix}[1,0]=\begin{bmatrix}0 & 1\\ 0 & 0\end{bmatrix}-\begin{bmatrix}k_1 & 0\\ k_2 & 0\end{bmatrix}=\begin{bmatrix}-k_1 & 1\\ -k_2 & 0\end{bmatrix}$$

其特征方程为

$$|\lambda \boldsymbol{I}-\bar{\boldsymbol{A}}|=\begin{vmatrix}\lambda+k_1 & 1\\ -k_2 & \lambda\end{vmatrix}=\lambda^2+k_1\lambda+k_2=0$$

由 $(\lambda+k)^2=0$ 得 $\lambda^2+2k\lambda+k^2=0, k>0$，从而

$$k_1=2k,\quad k_2=k^2 \tag{11.15}$$

通过对 $\boldsymbol{K}$ 的设计，使 $\boldsymbol{A}-\boldsymbol{KC}$ 满足 Hurwitz 条件。

11.2.4 观测器仿真实例

单力臂机械手动力学方程为

$$\ddot{x}=-\frac{1}{I}(d\dot{x}+mgl\cos x)+\frac{1}{I}u$$

该动态方程可写为

$$\dot{x}_1=x_2$$

$$\dot{x}_2=-\frac{d}{I}x_2-\frac{mgl}{I}\cos x_1+\frac{1}{I}u$$

其中，x_1 和 x_2 分别为角度和角速度，u 为控制输入。模型物理参数取 $g=9.8\text{m/s}^2, m=1, l=0.25, d=2.0$。

上式可整理为

$$\dot{\boldsymbol{x}}(t)=\boldsymbol{A}\boldsymbol{x}(t)+\boldsymbol{M}(\boldsymbol{x},t,u)$$

其中，$\boldsymbol{x}=[x_1,x_2]^{\mathrm{T}}$，$x_1$ 为位置信号，$u(t)$ 为控制输入，$\boldsymbol{A}=\begin{bmatrix}0 & 1\\ 0 & 0\end{bmatrix}$，$\boldsymbol{M}(\boldsymbol{x},t,u)=\boldsymbol{B}\boldsymbol{\chi}(\boldsymbol{x},t,u)$，$\boldsymbol{B}=[0,1]^{\mathrm{T}}$，$\boldsymbol{\chi}(\boldsymbol{x},t,u)=-\frac{d}{I}x_2-\frac{mgl}{I}\cos x_1+\frac{1}{I}u$。

可见，$\boldsymbol{M}(\boldsymbol{x},t,u)$ 为 Lipschitz 的。仿真时，取 $\Delta=1.0$，则延迟时间取值范围为 $\delta(t)\in[0,1.0]$，测量延迟信号产生函数程序 delta.m。延迟观测器中，按式(11.15)设计 $\boldsymbol{K}$，取 $k=1$，则 $\boldsymbol{K}=[2,1]^{\mathrm{T}}$。取输入 $u(t)=\sin t$，模型式(11.12)初始状态为 $[0.50,0]^{\mathrm{T}}$，延迟观测器式(11.14)的初始值 $\hat{\boldsymbol{x}}(t-\delta)=[0,0]^{\mathrm{T}}$。延迟观测器的观测结果如图 11.6～图 11.8 所示。可见，采用延迟观测器式(11.14)，可实现带位置测量延迟的位置和速度理想观测。

仿真程序：

(1) 测量延迟信号程序：chap11_3delta.m。

(2) 测量延迟信号产生函数：delta.m。

(3) 主程序：chap11_3sim.mdl。

(4) 对象 S 函数：chap11_3plant.m。

(5) 观测器 S 函数：chap11_3obv.m。

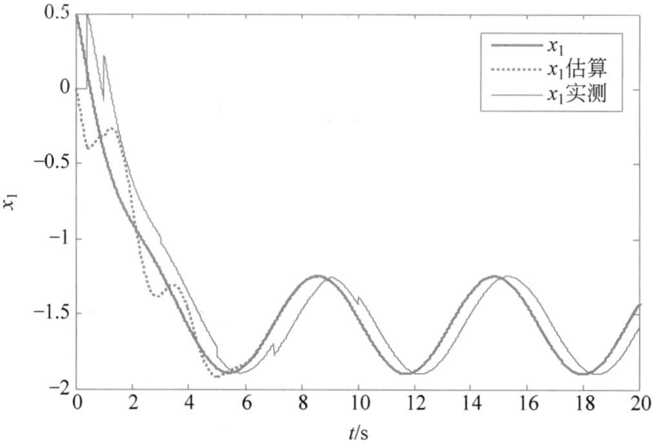

图 11.6　理想位置信号、观测值及实测延迟信号 1

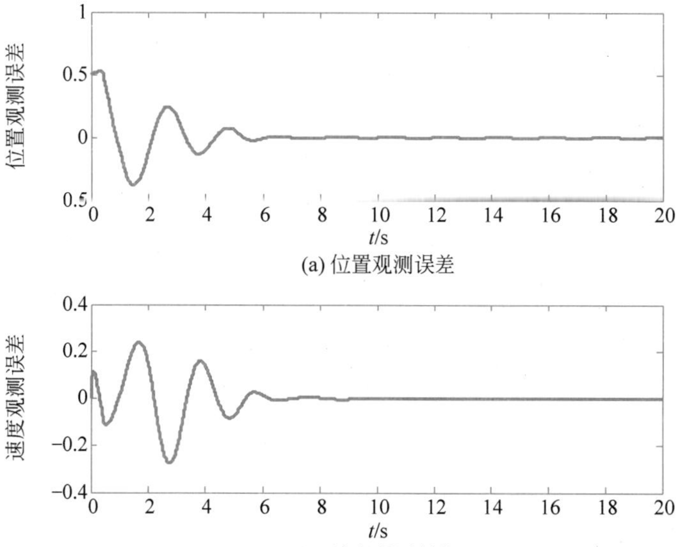

(a) 位置观测误差

(b) 速度观测误差

图 11.7　位置和速度的观测误差

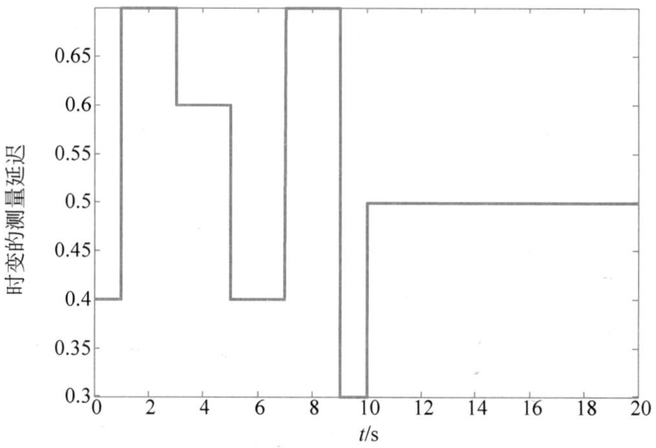

图 11.8　时变的测量延迟

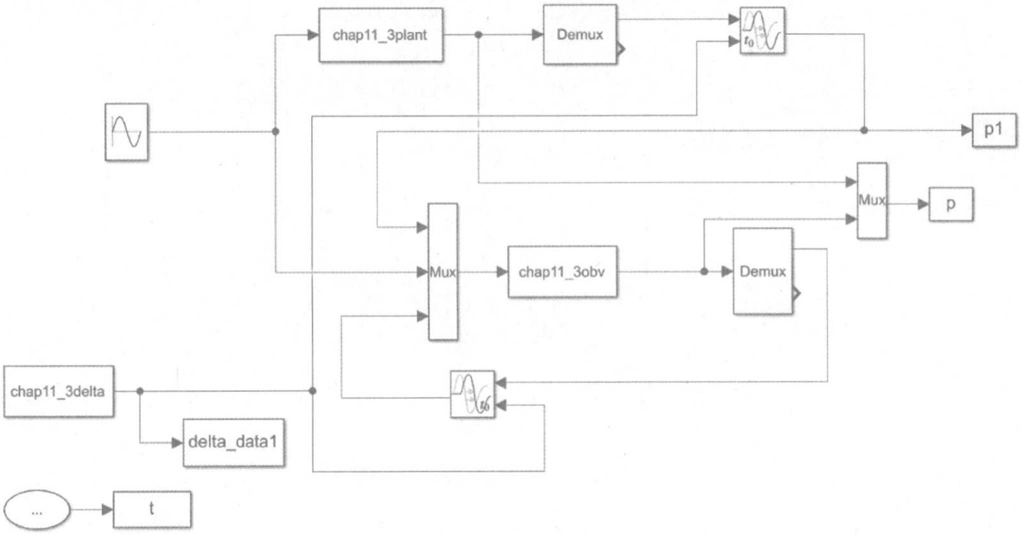

(6) 作图程序：chap11_3plot.m。

11.3 基于时变测量输出延迟观测器的滑模控制

11.3.1 系统描述

考虑上一节的单力臂机械手动力学方程

$$\begin{cases}\dot{x}_1 = x_2 \\ \dot{x}_2 = -\dfrac{d}{I}x_2 - \dfrac{mgl}{I}\cos x_1 + \dfrac{1}{I}u \\ y = x_1\end{cases} \tag{11.16}$$

参照图 11.8，实际测量输出为 $y(t-\delta)=x_1(t-\delta)$，$\hat{x}_1(t-\delta)$为对实际测量输出 $x_1(t-\delta)$的观测值。

控制的目标为当 $t\to\infty$时，$x_1\to x_{1d}$，$x_2\to\dot{x}_{1d}$。

11.3.2 控制律设计与分析

设计滑模函数为

$$s = ce + \dot{e}$$

其中，$c>0$，$e=x_1-x_{1d}$。

取 Lyapunov 函数为

$$V = \frac{1}{2}s^2$$

由于

$$\ddot{e} = \ddot{x}_1 - \ddot{x}_{1d} = -\frac{d}{I}x_2 - \frac{mgl}{I}\cos x_1 + \frac{1}{I}u - \ddot{x}_{1d}$$

则

$$\dot{s}=c\dot{e}+\ddot{e}=c\dot{e}-\frac{d}{I}x_2-\frac{mgl}{I}\cos x_1+\frac{1}{I}u-\ddot{x}_{1d}$$

设计控制律为

$$u(t)=I\left(\frac{d}{I}\hat{x}_2+\frac{mgl}{I}\cos\hat{x}_1+\ddot{x}_{1d}-c\hat{\dot{e}}-\eta\hat{s}\right) \tag{11.17}$$

其中，$\hat{x}_1$ 和 $\hat{x}_2$ 为 x_1 和 x_2 的观测器估计值，$\eta>0$，$\hat{e}=\hat{x}_1-x_{1d}$，$\hat{s}=c\hat{e}+\hat{\dot{e}}$。

取 $\tilde{s}=\hat{s}-s$，则

$$\begin{aligned}\dot{s}&=c\dot{e}+\ddot{e}=c\dot{e}-\frac{d}{I}x_2-\frac{mgl}{I}\cos x_1+\frac{1}{I}u-\ddot{x}_{1d}\\&=c\dot{e}-\frac{d}{I}x_2-\frac{mgl}{I}\cos x_1+\frac{d}{I}\hat{x}_2+\frac{mgl}{I}\cos\hat{x}_1-c\hat{\dot{e}}-\eta\hat{s}\\&=-\eta s-\eta\tilde{s}-c\tilde{\dot{e}}+\frac{d}{I}\tilde{x}_2+\frac{mgl}{I}(\cos\hat{x}_1-\cos x_1)\\&=-\eta s-\eta(c\tilde{x}_1+\tilde{x}_2)-c\tilde{x}_2+\frac{d}{I}\tilde{x}_2+\frac{mgl}{I}(\cos\hat{x}_1-\cos x_1)\end{aligned}$$

其中，$\tilde{e}=e-\hat{e}=x_1-\hat{x}_1=\tilde{x}_1$，$\tilde{\dot{e}}=\dot{e}-\hat{\dot{e}}=x_2-\hat{x}_2=\tilde{x}_2$，$\tilde{s}=\hat{s}-s=c\tilde{e}+\tilde{\dot{e}}=c\tilde{x}_1+\tilde{x}_2$。则

$$\begin{aligned}\dot{V}&=-\eta s^2+s\left(-\eta(c\tilde{x}_1+\tilde{x}_2)-c\tilde{x}_2+\frac{d}{I}\tilde{x}_2+\frac{mgl}{I}(\cos\hat{x}_1-\cos x_1)\right)\\&\leqslant-\eta s^2+s\left(-\eta(c\tilde{x}_1+\tilde{x}_2)-c\tilde{x}_2+\frac{d}{I}\tilde{x}_2+\frac{2mgl}{I}\right)\\&=-\eta s^2+s\left(O(\tilde{x}_1,\tilde{x}_2)+\frac{2mgl}{I}\right)\end{aligned}$$

其中，$O(\tilde{x}_1,\tilde{x}_2)=-\eta(c\tilde{x}_1+\tilde{x}_2)-c\tilde{x}_2+\frac{d}{I}\tilde{x}_2$。

由于观测器渐近收敛，取 $\left|O(\tilde{x}_1,\tilde{x}_2)+\frac{2mgl}{I}\right|\leqslant O_{\max}$，则

$$\dot{V}\leqslant-\eta s^2+0.5(s^2+O_{\max}^2)=-(\eta-0.5)s^2+0.5O_{\max}^2=-(2\eta-1)V+0.5O_{\max}^2$$

取 $\eta_1=2\eta-1>0$，不等式方程 $\dot{V}\leqslant-\eta_1V+0.5O_{\max}^2$ 的解为

$$V(t)\leqslant\mathrm{e}^{-\eta_1 t}V(t_0)+0.5O_{\max}^2\int_0^t\mathrm{e}^{-\eta_1(t-\tau)}\mathrm{d}\tau$$

由于 $\int_0^t\mathrm{e}^{-\eta_1(t-\tau)}\mathrm{d}\tau=\frac{1}{\eta_1}\mathrm{e}^{-\eta_1 t}\int_0^t\mathrm{e}^{\eta_1\tau}d\eta_1\tau=\frac{1}{\eta_1}\mathrm{e}^{-\eta_1 t}\mathrm{e}^{\eta_1 t}=\frac{1}{\eta_1}$，则

$$V(t)\leqslant\mathrm{e}^{-\eta_1 t}V(t_0)+\frac{1}{2\eta_1}O_{\max}^2$$

从而，当 $t\to\infty$ 时，$\frac{1}{2}s^2\leqslant\frac{1}{2\eta_1}O_{\max}^2$，即 $|s|\leqslant\sqrt{\frac{1}{\eta_1}}O_{\max}$，根据引理 5.3，则

$$\lim_{t\to\infty}|e|\leqslant\frac{1}{c}\sqrt{\frac{1}{\eta_1}}O_{\max}$$

$$\lim_{t\to\infty}|\dot{e}|\leqslant 2\sqrt{\frac{1}{\eta_1}}O_{\max}$$

则 $t\to\infty$ 时，$x_1\to x_{1d}$，$x_2\to\dot{x}_{1d}$。

11.3.3 仿真实例

采用与观测器仿真实例同样的单力臂机械手动力学方程为被控对象模型。仿真时，取 $\Delta=1.0$，则延迟取值范围为 $\delta(t)\in[0,1.0]$。延迟观测器中，取 $k=1$，则 $\boldsymbol{K}=[2,1]^{\mathrm{T}}$。取输入 $u(t)=\sin t$，模型式(11.12)初始状态为 $[0.50,0]^{\mathrm{T}}$，延迟观测器式(11.14)的初始值 $\hat{\boldsymbol{x}}(t-\delta)=[0,0]^{\mathrm{T}}$。

采用控制器式(11.17)，取 $c=50$，$\eta=30$，仿真结果如图 11.9～图 11.11 所示。可见，采用基于延迟观测器的滑模控制方法，可实现位置和速度的高精度控制。

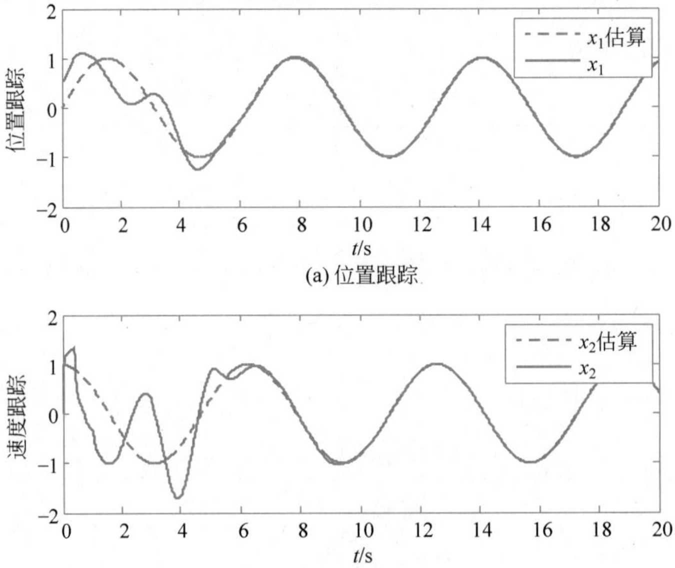

(a) 位置跟踪

(b) 速度跟踪

图 11.9 位置和速度跟踪

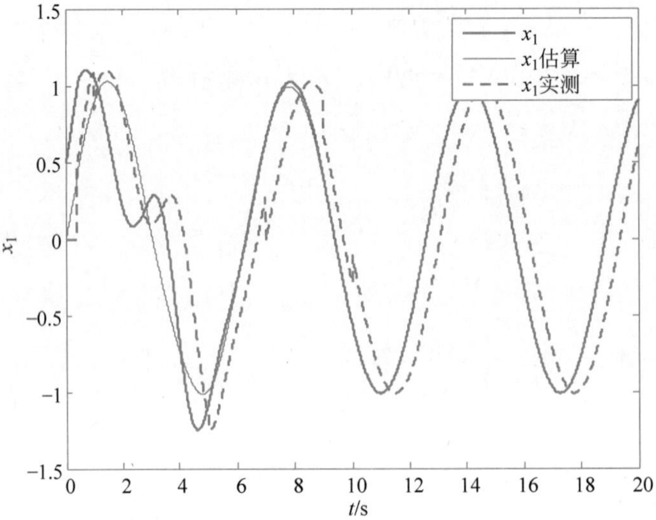

图 11.10 理想位置信号、观测值及实测延迟信号 2

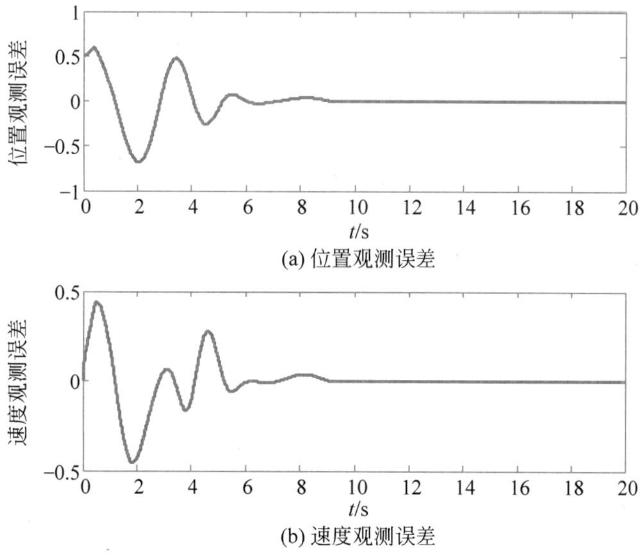

图 11.11 位置和速度的观测误差

仿真程序：

（1）测量延迟信号程序：chap11_3delta.m。

（2）测量延迟信号产生函数：delta.m。

（3）主程序：chap11_4sim.mdl。

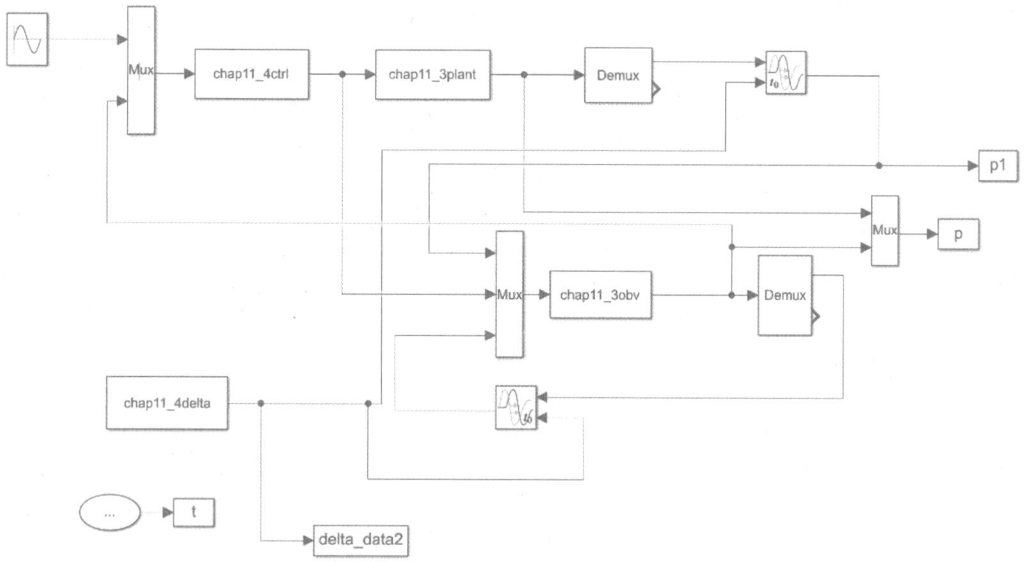

（4）控制器 S 函数：chap11_4ctrl.m。

（5）被控对象 S 函数：chap11_3plant.m。

（6）观测器 S 函数：chap11_3obv.m。

（7）作图程序：chap11_4plot.m。

思考题

1. 控制系统输出延迟有何特点？是怎么引起的？

2. 作出包含输出延迟观测器的控制系统框图和算法流程图。

3. 当前解决控制输出延时有哪些方法？每种方法有何优点和局限性？

4. 典型的输出延迟观测器设计方法有几种，各有何特点？

5. 在本章所介绍的输出延迟观测器中，影响控制性能的参数有哪些？如何调整这些参数使控制性能得到提升？

6. 11.1节和11.2节的输出延迟观测器有何区别？

7. 如果将模型式(11.1)和式(11.12)改为多输入多输出系统或欠驱动系统，如何设计输出观测器和控制器？

参考文献

[1] MICHIELS W, ROOSE D. Time-delay compensation in unstable plants using delayed[C]// Proceedings of the 40th IEEE Conference on Decision and Control. Piscataway: IEEE Press, 2001, 2: 1433-1437.

[2] SUBBARAO K, MURALIDHAR P C. State observer for linear systems with piece-wise constant output delays[J]. IET Control Theory and Applications, 2009, 3(8): 1017-1022.

[3] GERMANI A, MANES C, PEPE P. A new approach to state observation of nonlinear systems with delayed output[J]. IEEE Transaction on Automatic Control, 2002, 47(1): 96-101.

[4] KAZANTZIS N, WRIGHT R A. Nonlinear observer design in the presence of delayed output measurements[J]. Systems & Control Letters, 2005, 54(9): 877-886.

[5] SUN L. Stability criteria for delay differential equations[J]. Journal of Shanghai Teachers University, 1998, 27(3): 1-6.

[6] DESOER C A, VIDYASAGAR M. Feedback system: input-output properties[M]. New York: Academic Press, 1977.

[7] QING H, LIU J K. An observer for a velocity-sensorless VTOL aircraft with time-varying measurement delay[J]. International Journal of Systems Science, 2016(47): 652-661.

[8] QING H, LIU J K. Sliding mode observer for a class of globally Lipschitz nonlinear systems with time-varying delay and noise in its output[J]. IET Control Theory & Applications, 2014(8): 1328-1336.

第 12 章 CHAPTER 12

自抗扰控制

自抗扰控制器自 PID 控制器演变而来，采取了 PID 误差反馈控制的核心理念。传统 PID 控制直接取参考给定与输出反馈之差作为控制信号，导致出现响应快速性与超调性的矛盾。

自抗扰控制(Active Disturbance Rejection Control，ADRC)由韩京清教授提出[1-4]，该控制策略对经典 PID 控制做了 4 个方面的改进：(1)采用微分器安排过渡过程；(2)由非线性扩张观测器实现扰动估计和补偿；(3)由误差的 P、I、D 的非线性组合构成非线性 PID 控制器。

跟踪微分器的作用是安排过渡过程，给出合理的控制信号，解决了响应速度与超调性之间的矛盾。扩展状态观测器用来解决模型未知部分和外部未知扰动综合对控制对象的影响，扩展状态观测器通过扩展的状态量来跟踪模型未知部分和外部未知扰动的影响，实现扰动的补偿。非线性误差反馈 PID 控制律实现了对被控对象的控制。

自抗扰控制系统结构如图 12.1 所示，采用微分器实现安排过渡过程，由非线性扩张观测器实现扰动估计和补偿，控制器采用非线性 PID 控制。

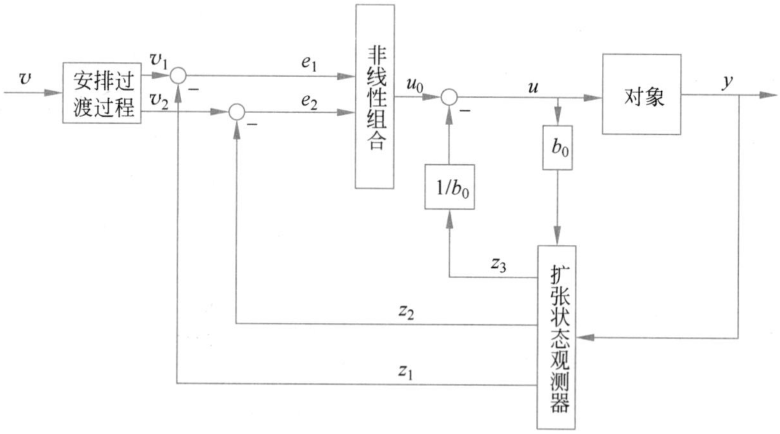

图 12.1　自抗扰控制系统结构

在图 12.1 中，v_1 和 v_2 为微分器的输出，z_1、z_2 和 z_3 为扩张观测器的输出，u_0 为非线性 PID 控制器的输出。

12.1 非线性跟踪微分器

12.1.1 Levant 微分器

微分器既可以对信号求导，又对信号的测量误差和输入噪声具有鲁棒性。Levant[6]提出了一种基于滑模技术的非线性微分器：

$$\begin{cases} \dot{x}=u \\ u=u_1-\lambda\,|x-v(t)|^{1/2}\operatorname{sign}(x-v(t)) \\ \dot{u}_1=-\alpha\operatorname{sign}(x-v(t)) \end{cases} \tag{12.1}$$

$$\alpha>C,\quad \lambda^2\geqslant 4C\frac{\alpha+C}{\alpha-C} \tag{12.2}$$

其中，$C>0$ 是输入信号 $v(t)$ 导数的 Lipschitz 常数上界。

对于上述微分器，需要事先知道输入信号 $v(t)$ 导数的 Lipschitz 常数上界，才能设计微分器参数，采用 Levant 微分器，可以实现对信号 $v(t)$ 和 $\dot{v}(t)$ 的估计，即 $t\to\infty$ 时，$x\to v(t)$，$u_1\to\dot{v}(t)$。

12.1.2 离散非线性跟踪微分器

韩京清[1]利用二阶最速开关系统构造出跟踪不连续输入信号并提取近似微分信号的机构，提出了非线性跟踪-微分器的概念。韩京清所提出的一种离散形式的非线性微分跟踪器在一些运动控制系统中得到了应用。离散形式的非线性微分跟踪器为

$$\begin{cases} r_1(k+1)=r_1(k)+hr_2(k) \\ r_2(k+1)=r_2(k)+h\operatorname{fst}(r_1(k)-v(k),r_2(k),\delta,h) \end{cases} \tag{12.3}$$

其中，h 为采样周期，$v(k)$ 为第 k 时刻的输入信号，δ 为决定跟踪速度的参数。fst(·)函数为最速控制综合函数，描述如下：

$$\operatorname{fst}(x_1,x_2,\delta,h)=\begin{cases} -\delta\operatorname{sign}(a), & |a|>d \\ -\delta\dfrac{a}{d}, & |a|\leqslant d \end{cases}$$

$$a=\begin{cases} x_2+\dfrac{a_0-d}{2}\operatorname{sign}(y), & |y|>d_0 \\ x_2+y/h, & |y|\leqslant d_0 \end{cases}$$

其中，$d=\delta h$，$d_0=hd$，$y=x_1+hx_2$，$a_0=\sqrt{d^2+8\delta|y|}$。

输入信号为 $v(k)$，则采用微分器式(12.3)，可实现 $t\to\infty$ 时，$r_1(k)\to v(k)$，$r_2(k)\to\dot{v}(k)$。并且如果 $v(k)$ 是带有噪声的信号，微分器可同时实现滤波。

12.2 安排过渡过程

12.2.1 实现方法

在阶跃和方波跟踪时，由于被控对象的输出是动态环节的输出，有一定的惯性，其变化

不可能是跳变,而指令信号是跳变的,这意味着用一个不可能跳变的量来跟踪跳变的量,这是一个不合理的要求[2]。

当初始误差较大时,为了提升跟踪效果,势必要加大控制增益,这就必然产生较大的超调,从而造成很大的初始冲击。为了降低初始误差,需要设计一个合适的过渡过程。由于跟踪微分器能实现真实信号的提取及求导,故可采用跟踪微分器实现阶跃指令信号的过渡过程。微分器不仅给出过渡过程本身,同时给出过渡过程的微分信号。本节采用12.1节介绍的离散非线性跟踪微分器对方波指令信号进行处理,实现方波信号的安排过渡过程。

12.2.2 仿真实例

输入信号为方波信号,采用12.1节介绍的Levant跟踪微分器式(12.1)来获得指令信号的位置和速度,取$\alpha=1$,$\lambda=5$。运行安排过渡过程程序chap12_1sim.mdl,经过微分器处理过的方波信号及其导数如图12.2所示。

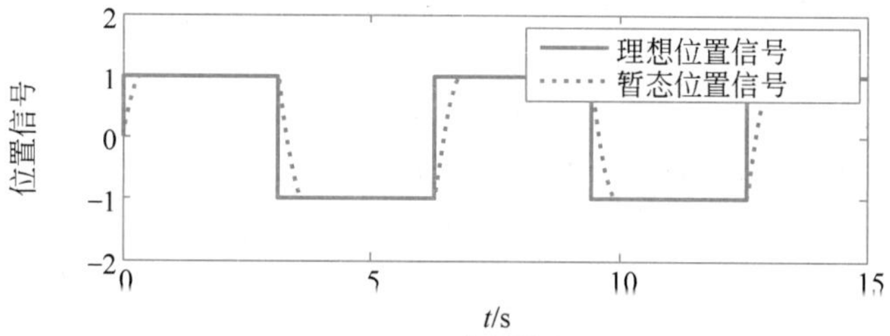

(a) 位置信号

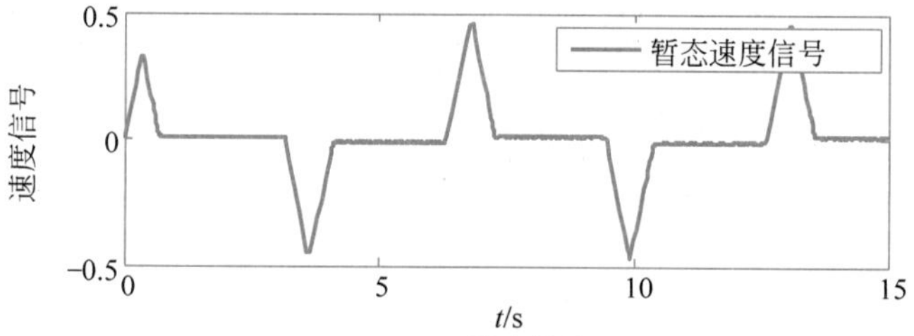

(b) 速度信号

图12.2 基于Levant微分器的方波过渡过程

仿真程序:采用Levant跟踪微分器实现安排过渡过程

(1) 主程序:chap12_1sim.mdl。

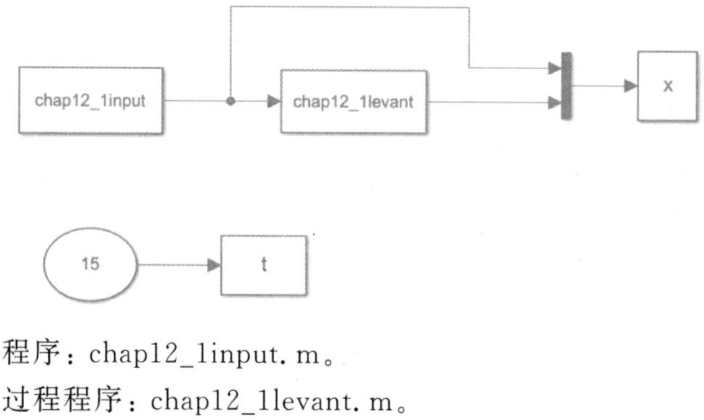

(2) 输入指令程序:chap12_1input.m。

(3) 安排过渡过程程序:chap12_1levant.m。

(4) 作图程序:chap12_1plot.m。

12.3 非线性扩张观测器

12.3.1 系统描述

对象表示为

$$\begin{cases}\dot{x}_1 = x_2 \\ \dot{x}_2 = f(x_1, x_2) + bu \\ y = x_1\end{cases} \tag{12.4}$$

其中，$f(x_1,x_2)$为未知，b 为已知。

取对象中未知部分为 $x_3(t)=f(x_1,x_2)$，则对象表示为

$$\begin{cases}\dot{x}_1 = x_2 \\ \dot{x}_2 = bu + x_3 \\ y = x_1\end{cases} \tag{12.5}$$

通过设计扩张观测器来实现速度的估计，并实现未知不确定性和外加干扰的估计。将其应用于闭环 PID 控制中，可实现无需速度测量的控制，并实现对未知不确定性和外加干扰的补偿。

12.3.2 非线性扩张观测器

将被扩张的系统的状态观测器称为扩张观测器 ESO(Extended State Observer)，韩京清所设计的非线性扩张观测器表示为[3]

$$\begin{cases}e = z_1 - y \\ \dot{z}_1 = z_2 - \beta_1 e \\ \dot{z}_2 = z_3 - \beta_2 \operatorname{fal}(e, \alpha_1, \delta) + bu \\ \dot{z}_3 = -\beta_3 \operatorname{fal}(e, \alpha_2, \delta)\end{cases} \tag{12.6}$$

其中，$\beta_i>0(i=1,2,3)$，$\alpha_1=0.5$，$\alpha_2=0.25$。饱和函数 $\operatorname{fal}(e,\alpha,\delta)$的作用为抑制信号抖振，表示为

$$\operatorname{fal}(e,\alpha,\delta)=\begin{cases}\dfrac{e}{\delta^{1-\alpha}}, & |e| \leqslant \delta \\ |e|^{\alpha}\operatorname{sgn}(e), & |e| > \delta\end{cases} \tag{12.7}$$

则在 $t\to\infty$时，有

$$z_1(t) \to x_1(t), \quad z_2(t) \to x_2(t), \quad z_3(t) \to x_3(t) = f_1(x_1, x_2)。$$

观测器式(12.6)中，变量 $z_3(t)$称为被扩张的状态。可见，通过非线性扩张观测器式(12.6)，可实现对被控对象式(12.4)的位置、速度和未知部分的观测。在实际控制工程中，可采用本观测器实现无需速度测量的控制，并可实现对未知不确定性和外加干扰的补偿。

由于扩张观测器只用到描述对象的名义模型信息，而没有用到描述对象的函数 $f(\cdot)$信息，因此，该观测器具有很好的工程应用价值。由非线性扩张观测器的表达式中的非线性切换部分可见，当误差较大时，通过对其绝对值进行开方使其切换增益降低，防止产生超调，

当误差较小时，通过对其绝对值进行开方使其切换增益增大，加快收敛过程。

12.3.3 仿真实例

被观测对象为

$$\begin{cases}\dot{x}_1 = x_2 \\ \dot{x}_2 = f(x_1, x_2) + bu\end{cases}$$

取 $f(x_1, x_2) = -25x_2, b = 133$。假设 $f(x_1, x_2)$ 为未知部分，b 为已知部分。采用离散扩张观测器，观测器参数参考文献[2]中 4.3 节的例 1，取值为采样时间 $h = 0.01, \beta_1 = 100, \beta_2 = 300, \beta_3 = 1000, \delta = h, \alpha_1 = 0.5, \alpha_2 = 0.25$，观测器的输入信号为 $u = \sin t$，对象的初始位置和速度取值为零，扩张观测器仿真结果如图 12.3 和图 12.4 所示。采用连续扩张观测器，运行程序 chap12_6sim.mdl，也可以得到同样的效果。

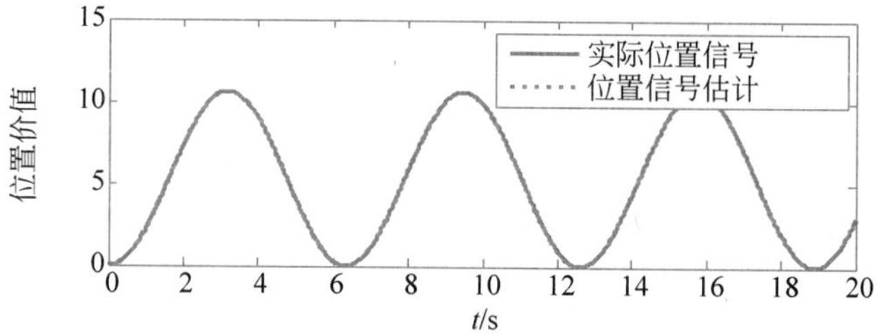

(a) 位置的观测

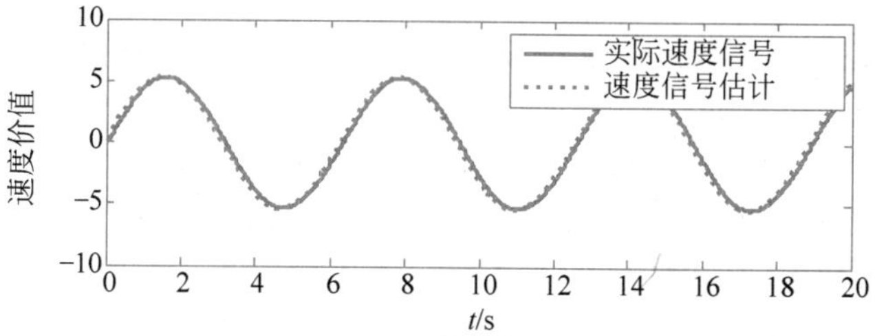

(b) 速度的观测

图 12.3 位置、速度的观测

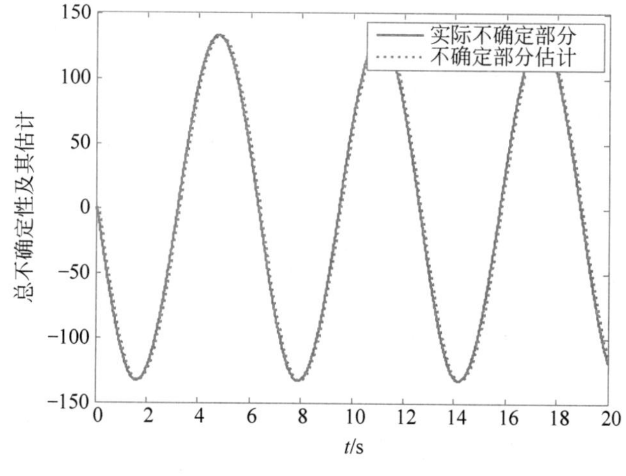

图 12.4 不确定性的观测

仿真程序：非线性扩张观测器仿真程序

(1) 主程序：chap12_2sim. mdl。

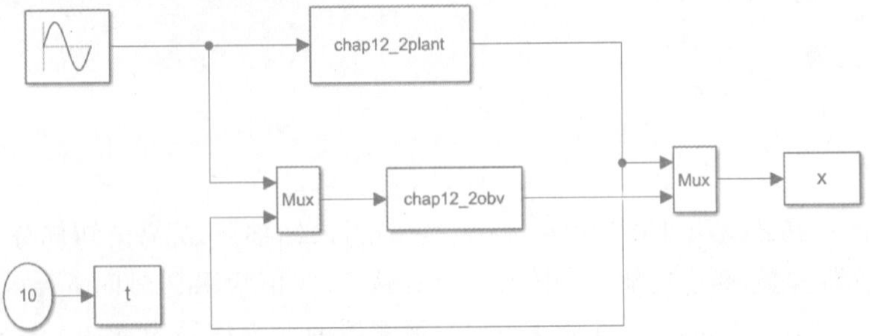

(2) 观测器程序：chap12_2obv. m。

(3) 被控对象：chap12_2plant. m。

(4) 作图程序：chap12_2plot. m。

12.4 非线性 PID 控制

12.4.1 非线性 PID 控制算法

传统的 PID 控制形式为误差的现在(P)、过去(I)和将来(变化趋势 D)的线性组合，显然这种线性组合不是最佳的组合形式，可以在非线性范围内寻求更合适、更有效的组合形式[4]。

韩京清教授推荐了三种非线性组合形式的 PID 控制器，其中的一种 PID 形式的非线性组合表示为[2]

$$u=\beta_1 \mathrm{fal}(e_1,\alpha_1,\delta)+\beta_2 \mathrm{fal}(e_2,\alpha_2,\delta) \tag{12.8}$$

其中，$0<\alpha_1<1<\alpha_2$，$k_\mathrm{p}=\beta_1$，$k_\mathrm{d}=\beta_2$，e_1 为指令信号与被控对象位置输出之差，e_2 为指令信号微分与被控对象速度输出之差。

为了避免高频振荡现象，将幂函数 $|e|^\alpha \mathrm{sign}(e)$ 改造成原点附近具有线性段的连续的幂次函数，即饱和函数，表示为

$$\mathrm{fal}(e,\alpha,\delta)=\begin{cases}\dfrac{e}{\delta^{\alpha-1}}, & |e|\leqslant\delta \\ |e|^\alpha \mathrm{sign}(e), & |e|>\delta\end{cases} \tag{12.9}$$

其中，δ 为线性段的区间长度。

12.4.2 仿真实例

被控对象为

$$\begin{cases}\dot{x}_1=x_2 \\ \dot{x}_2=-25x_2+33\sin(\pi t)+133u\end{cases}$$

取位置指令为 1.0，采用控制律式(12.8)，控制律参数按参考文献[2,4]选取，取采样时间为 $h=0.001$，$\alpha_1=\dfrac{3}{4}$，$\alpha_2=\dfrac{3}{2}$，$\delta=2h$，$\beta_1=150$，$\beta_2=1.0$，仿真结果如图 12.5 所示。如果采用线性 PID 控制，k_p 和 k_d 不变，仿真结果如图 12.6 所示。

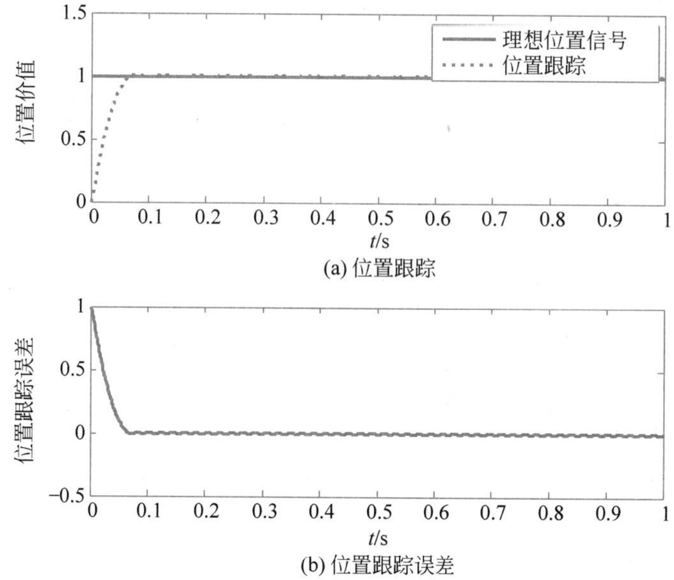

(a) 位置跟踪

(b) 位置跟踪误差

图 12.5　非线性 PID 控制阶跃响应（$M=1$）

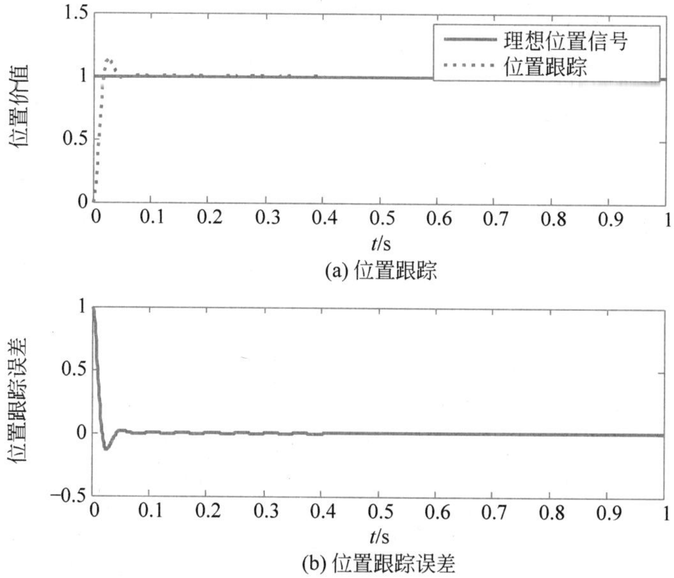

(a) 位置跟踪

(b) 位置跟踪误差

图 12.6　线性 PID 控制阶跃响应（$M=2$）

仿真程序：

（1）主程序：chap12_3. m。

（2）被控对象程序：chap12_3plant. m。

12.5　自抗扰控制

12.5.1　自抗扰控制结构

自抗扰控制系统结构如图 12.1 所示，自抗扰控制策略具体的设计方法如下：采用 12.1

节介绍的非线性跟踪微分器实现安排过渡过程，非线性扩张观测器采用 12.3 节介绍的方法，根据 12.4 节设计非线性 PID 控制器。

12.5.2 仿真实例

被控对象为

$$\begin{cases}\dot{x}_1 = x_2 \\ \dot{x}_2 = -25x_2 + 33\sin(\pi t) + 133u\end{cases}$$

其中，$f(x_1, x_2) = -25x_2 + 33\sin(\pi t)$ 为未知，$b = 133$ 为已知。

取位置指令为幅值为 1.0 的方波信号。按离散和连续两种方式进行仿真。

(1) 连续系统仿真。

采用用于安排过渡过程的 Levant 微分器式(12.1)，参数取 $\alpha = 1.0, \lambda = 5.0$。采用扩张观测器式(12.6)，取 $\beta_1 = 100, \beta_2 = 300, \beta_3 = 1000, \delta = 0.0025, \alpha_1 = 0.5, \alpha_2 = 0.25$。采用非线性 PID 控制器式(12.8)，取 $\alpha_1 = \dfrac{3}{4}, \alpha_2 = \dfrac{3}{2}, \delta = 0.02, \beta_1 = 6.0, \beta_2 = 1.5$。采用自抗扰控制方法的方波跟踪及扩张观测器仿真结果如图 12.7 和图 12.8 所示。

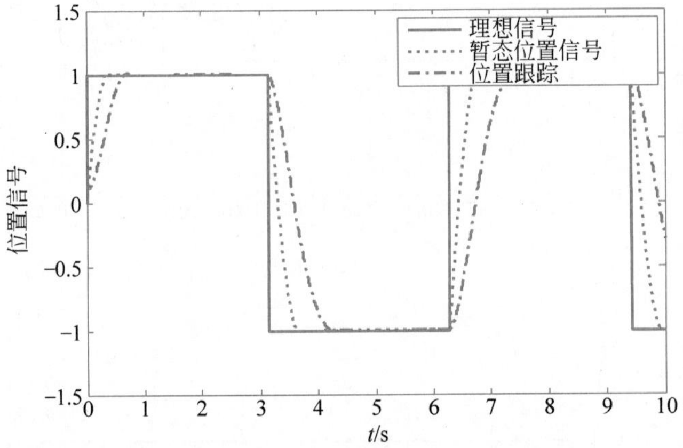

图 12.7 基于自抗扰控制的方波响应

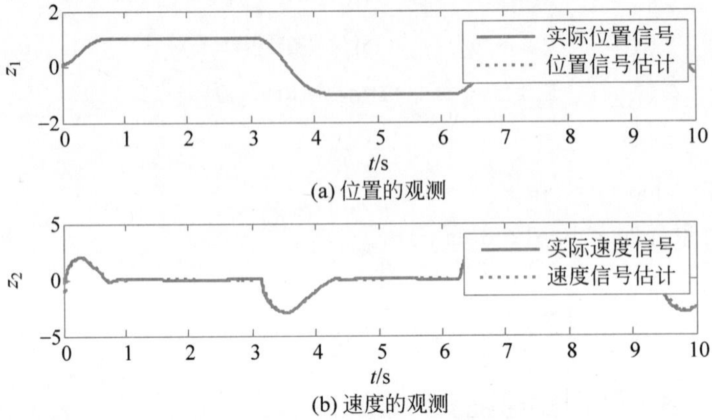

图 12.8 扩张观测器的观测结果

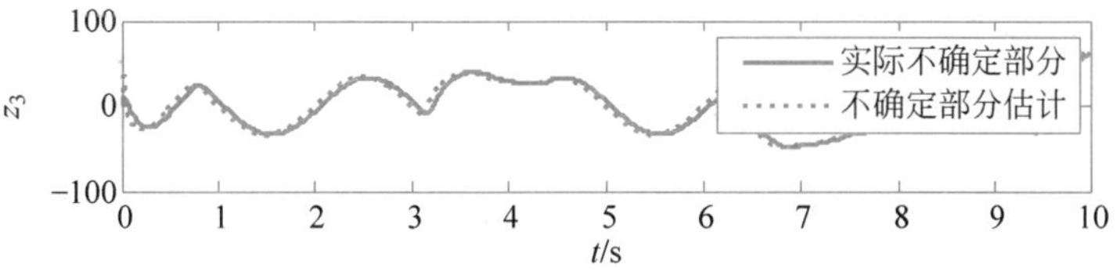

(c) 不确定性的观测

图 12.8 （续）

(2) 离散系统仿真。

取采样时间为 $h=0.01$。用于安排过渡过程的微分器采用式(12.3)，参数取 $\delta=10$。扩张观测器中，取 $\beta_1=100$，$\beta_2=300$，$\beta_3=1000$，$\delta=0.0025$，$\alpha_1=0.5$，$\alpha_2=0.25$。非线性 PID 控制器中，取 $\alpha_1=\dfrac{3}{4}$，$\alpha_2=\dfrac{3}{2}$，$\delta=2h$，$\beta_1=3.0$，$\beta_2=0.3$。采用自抗扰控制方法的方波跟踪及扩张观测器仿真结果如图 12.9 和图 12.10 所示。如果采用线性 PID 控制，k_p 和 k_d 不变，仿真结果如图 12.11 所示。

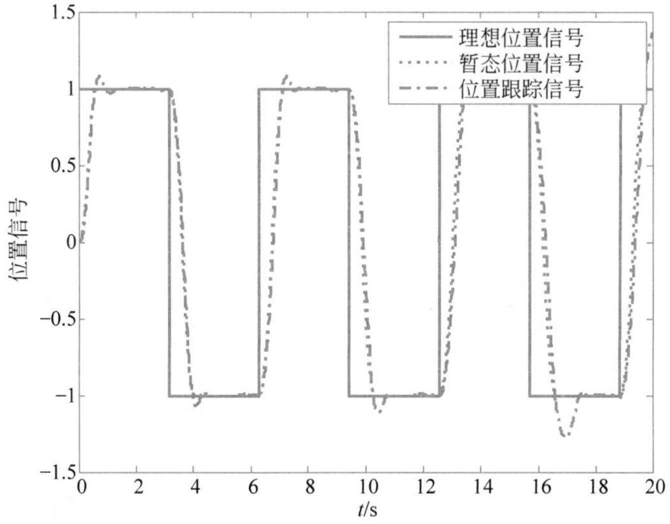

图 12.9 基于自抗扰控制的方波响应($M=1$)

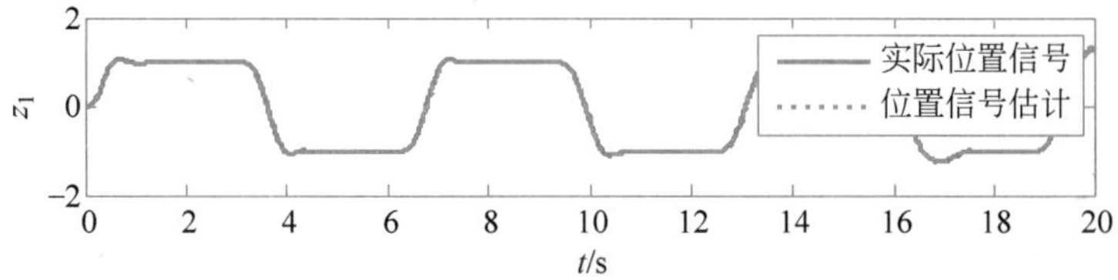

(a) 位置的观测

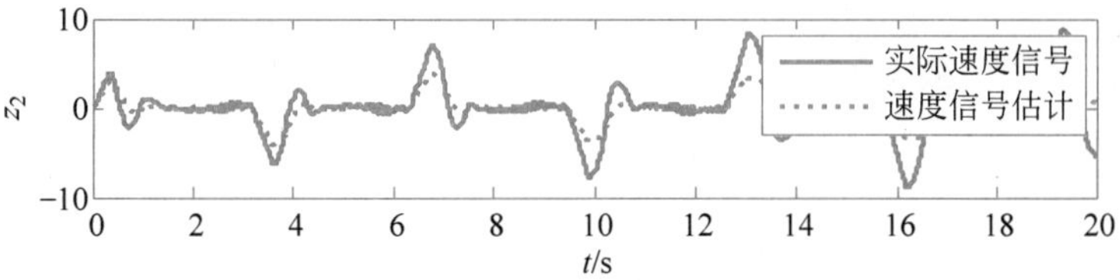

(b) 速度的观测

图 12.10 扩张观测器的观测结果($M=1$)

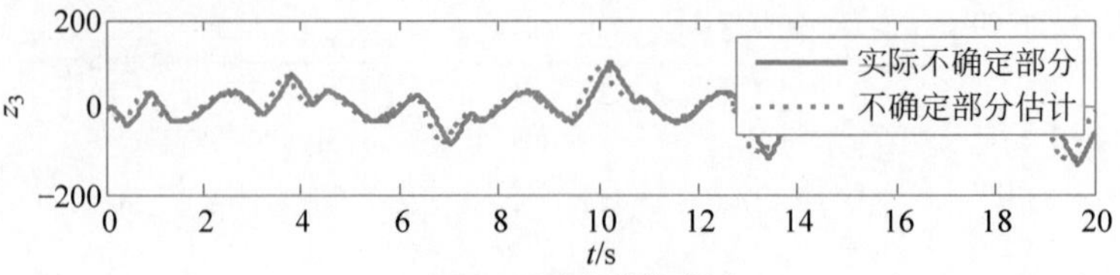

(c) 不确定性的观测

图 12.10 (续)

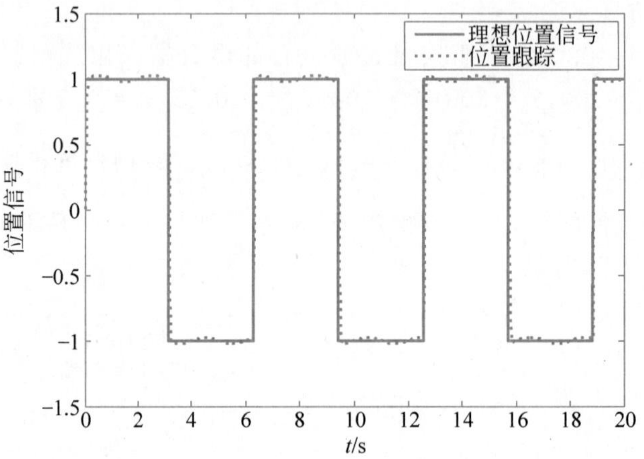

图 12.11 传统线性 PID 下的方波响应($M=2$)

仿真程序:

1. 连续系统仿真

(1) Simulink 主程序:chap12_4sim.mdl。

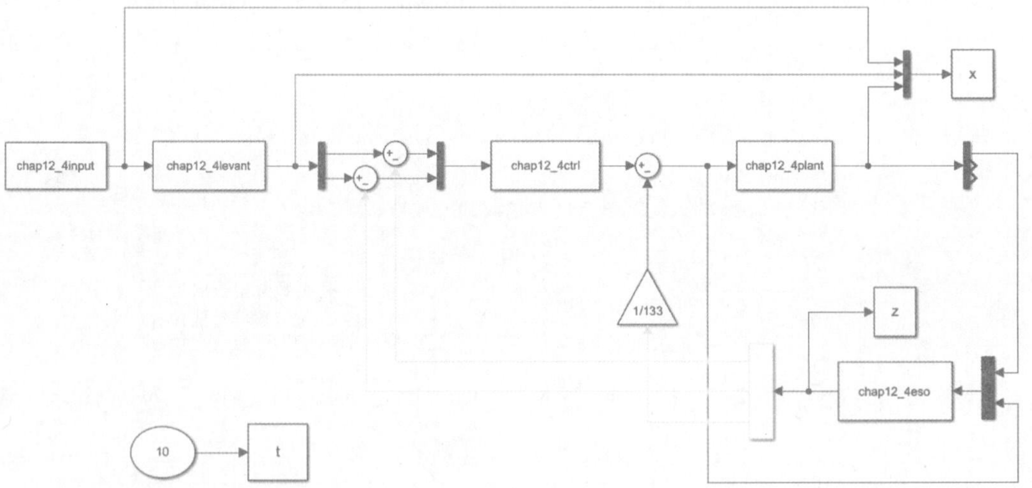

(2) 方波输入指令 S 函数:chap12_4input.m。

(3) 微分器 S 函数:chap12_4levant.m。

(4) 控制器 S 函数:chap12_4ctrl.m。

(5) 扩张观测器 S 函数:chap12_4eso.m。

(6) 被控对象 S 函数:chap12_4plant.m。

(7) 作图程序：chap12_4plot. m。

2. 离散系统仿真

(1) 主程序：chap12_5. m。

(2) 被控对象程序：chap12_5plant. m。

思考题

1. 自抗扰控制系统由几部分构成？各解决什么问题？

2. 自抗扰控制系统可解决工程中的什么问题？简述其工程意义。

3. 作出自抗扰控制系统的控制系统框图和算法流程图。

4. 自抗扰控制系统各部分之间的关系是什么？如何协调各部分之间的关系？

5. 自抗扰控制系统中，采用微分器的作用是什么？可采用的微分器分几种？如何调整微分器参数使控制性能得到提升？

6. 自抗扰控制系统中，采用扩展状态观测器的作用是什么？如何调整扩展状态观测器参数使控制性能得到提升？

7. 自抗扰控制系统中，采用非线性 PID 控制器的作用是什么？如何调整非线性 PID 控制器参数使控制性能得到提升？

8. 自抗扰控制理论国内外发展现状如何？

9. 以单关节机械手角度跟踪控制为例，说明自抗扰控制方法的实际应用，给出具体的算法，并仿真说明。

参考文献

[1] 韩京清，袁露林. 跟踪微分器的离散形式[J]. 系统科学与数学，1999，19(3)：268-273.

[2] 韩京清. 自抗扰控制技术[M]. 北京：国防工业出版社，2008.

[3] 韩京清. 从 PID 技术到自抗扰控制技术[J]. 控制工程，2002，9(3)：13-18.

[4] 韩京清. 非线性 PID 控制器[J]. 自动化学报，1994，20(4)：487-490.

[5] HAN J Q. From PD to active disturbance rejection control[J]. IEEE Transactions on Industrial Electronics. 2009，56(3)：900-906.

[6] LEVANT A. Robust exact differentiation via sliding mode technique[J]. Automatica，1998，34：379-384.

第 13 章 基于参数估计及在线辨识的自适应控制

CHAPTER 13

13.1 基于未知物理常数的参数自适应滑模控制

自适应控制(Adaptive Control)是一种能修正自己特性以适应对象和扰动动态特性变化的一种控制方法。鲁棒控制(Robust Control)是指控制系统在一定的参数摄动下,维持某些性能的特性。通过采用自适应鲁棒控制方法,可实现很好地控制系统性能[1]。

13.1.1 问题的提出

不确定性机械系统可描述为

$$\begin{cases} \dfrac{\mathrm{d}x_1}{\mathrm{d}t}=x_2 \\ J\dfrac{\mathrm{d}x_2}{\mathrm{d}t}=u(t)+\Delta \end{cases}$$

其中,$\boldsymbol{x}=[x_1,x_2]^{\mathrm{T}}$ 表示位置和速度,J 为系统未知转动惯量,J 为大于零的未知常数,Δ 表示包括干扰和模型不确定部分的总的不确定性。

取 $\theta=J$,则上式可写为

$$\begin{cases} \dot{x}_1=x_2 \\ \theta\dot{x}_2=u+\Delta \end{cases} \tag{13.1}$$

假设 1:不确定参数 θ 的上下界定义为

$$\theta\in\Omega\triangleq\{\theta:0<\theta_{\min}\leqslant\theta\leqslant\theta_{\max}\}$$

假设 2:不确定项 Δ 有界,表示为

$$|\Delta|\leqslant D$$

13.1.2 自适应控制律的设计

定义滑模函数为

$$s=\dot{e}+ce=x_2-\dot{x}_{\mathrm{d}}+ce$$

其中,x_{d} 为位置指令,$e=x_1-x_{\mathrm{d}}$ 为位置跟踪误差,$c>0$。则

$$\theta\dot{s}=\theta(\dot{x}_2-\ddot{x}_{\mathrm{d}}+c\dot{e})$$

定义 Lyapunov 函数为

$$V=\frac{1}{2}\theta s^2+\frac{1}{2\gamma}\tilde{\theta}^2 \tag{13.2}$$

其中，$\tilde{\theta}=\hat{\theta}-\theta,\gamma>0$。则

$$\begin{aligned}\dot{V}&=\theta s\dot{s}+\frac{1}{\gamma}\tilde{\theta}\dot{\tilde{\theta}}=s(\theta\dot{x}_2-\theta\ddot{x}_{\mathrm{d}}+\theta c\dot{e})+\frac{1}{\gamma}\tilde{\theta}\dot{\hat{\theta}}\\&=s(u+\Delta-\theta(\ddot{x}_{\mathrm{d}}-c\dot{e}))+\frac{1}{\gamma}\tilde{\theta}\dot{\hat{\theta}}\end{aligned}$$

控制律设计为

$$u=\hat{\theta}(\ddot{x}_{\mathrm{d}}-c\dot{e})-k_s s-\eta\operatorname{sign}(s) \tag{13.3}$$

其中，$k_s>0,\eta>D$。则

$$\begin{aligned}\dot{V}&=s(\hat{\theta}(\ddot{x}_{\mathrm{d}}-c\dot{e})-k_s s-\eta\operatorname{sign}(s)+\Delta-\theta(\ddot{x}_{\mathrm{d}}-c\dot{e}))+\frac{1}{\gamma}\tilde{\theta}\dot{\hat{\theta}}\\&=s(\tilde{\theta}(\ddot{x}_{\mathrm{d}}-c\dot{e})-k_s s-\eta\operatorname{sign}(s)+\Delta)+\frac{1}{\gamma}\tilde{\theta}\dot{\hat{\theta}}\\&=s(\tilde{\theta}(\ddot{x}_{\mathrm{d}}-c\dot{e})-k_s s-\eta\operatorname{sign}(s)+\Delta)+\frac{1}{\gamma}\tilde{\theta}\dot{\hat{\theta}}\\&=-k_s s^2-\eta\mid s\mid+\Delta\cdot s+\tilde{\theta}\left(s(\ddot{x}_{\mathrm{d}}-c\dot{e})+\frac{1}{\gamma}\dot{\hat{\theta}}\right)\end{aligned}$$

取自适应律为

$$\dot{\hat{\theta}}=-\gamma s(\ddot{x}_{\mathrm{d}}-c\dot{e}) \tag{13.4}$$

则

$$\dot{V}=-k_s s^2-\eta\mid s\mid+\Delta\cdot s\leqslant -k_s s^2\leqslant 0$$

当且仅当 $s=0$ 时，$\dot{V}=0$。当 $\dot{V}\equiv 0$ 时，$s=0$。根据 LaSalle 不变性原理[2]，闭环系统为渐近稳定，即当 $t\to\infty$ 时，$s\to 0,e\to 0,\dot{e}\to 0$。系统的收敛速度取决于 k_s。

由于 $V\geqslant 0,\dot{V}\leqslant 0$，则 $\forall t$，V 有界，因此，可以证明 $\hat{\theta}$ 有界，但无法保证 $\hat{\theta}$ 收敛于 θ。

为了防止 $\hat{\theta}$ 过大而造成控制输入信号 $u(t)$ 过大，需要通过自适应律的设计使 $\hat{\theta}$ 的变化在$[\theta_{\min},\theta_{\max}]$范围内，可采用一种映射自适应算法[1]，对式(13.4)进行以下修正

$$\dot{\hat{\theta}}=\operatorname{Proj}_{\hat{\theta}}(-\gamma s(\ddot{x}_{\mathrm{d}}-c\dot{e})) \tag{13.5}$$

$$\operatorname{Proj}_{\hat{\theta}}(\cdot)=\begin{cases}0, & \hat{\theta}\geqslant\theta_{\max}\text{ 且 }\cdot>0\\0, & \hat{\theta}\leqslant\theta_{\min}\text{ 且 }\cdot<0\\\cdot, & \text{其他}\end{cases} \tag{13.6}$$

即当 $\hat{\theta}$ 超过最大值时，如果有继续增大的趋势，即 $\dot{\hat{\theta}}>0$，则取 $\hat{\theta}$ 值不变，即 $\dot{\hat{\theta}}=0$；当 $\hat{\theta}$ 超过最小值时，如果有继续减小的趋势，即 $\dot{\hat{\theta}}<0$，则取 $\hat{\theta}$ 值不变，即 $\dot{\hat{\theta}}=0$。

13.1.3 仿真实例

取被控对象为

$$\begin{cases}\dfrac{\mathrm{d}x_1}{\mathrm{d}t}=x_2\\ J\dfrac{\mathrm{d}x_2}{\mathrm{d}t}=u(t)+\Delta\end{cases}$$

其中，$J=1.0$，Δ 取摩擦模型，表示为 $\Delta=0.5\dot{\theta}+1.5\mathrm{sign}(\dot{\theta})$。

位置指令信号取 $\sin t$，参数 θ 的变化范围取 $\theta_{\min}=0.5$，$\theta_{\max}=1.5$。控制参数取 $c=15$，$k_s=15$，$\gamma=500$，$\eta=D+0.01=2.01$。采用控制律式(13.3)，如果自适应律取式(13.4)，则仿真结果如图 13.1～图 13.3 所示，如果自适应律取式(13.5)，则仿真结果如图 13.4～图 13.6 所示。可见，通过采用改进的自适应律，可限制参数 θ 的自适应变化范围，防止控制输入信号 $u(t)$过大。

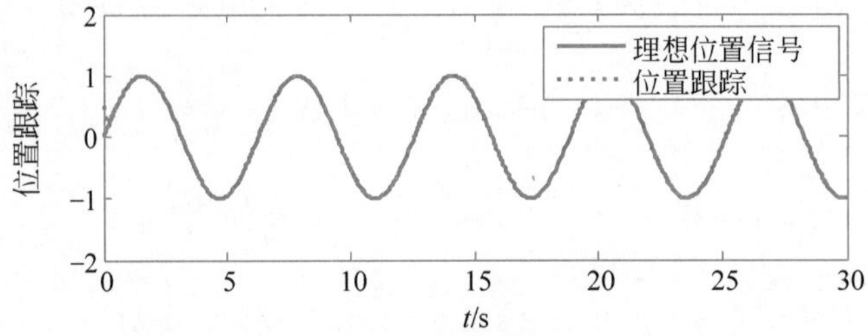

(a) 位置跟踪

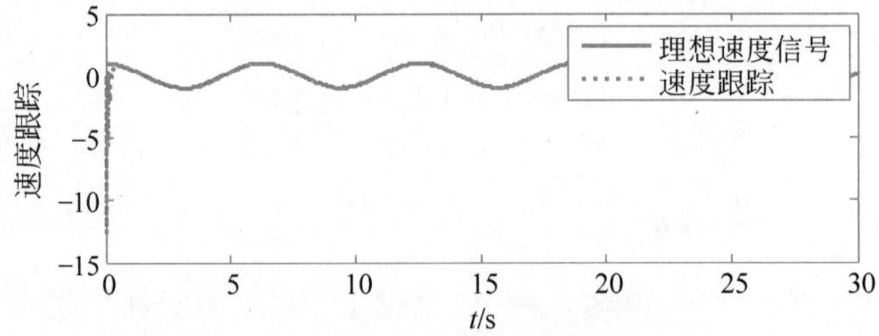

(b) 速度跟踪

图 13.1 自适应律取式(13.4)时的位置和速度跟踪

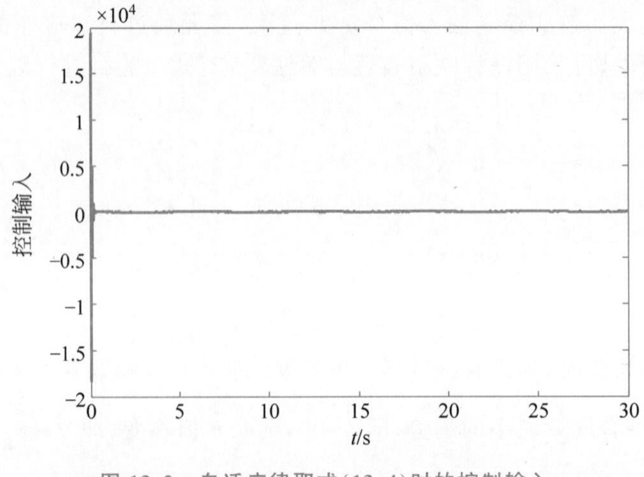

图 13.2 自适应律取式(13.4)时的控制输入

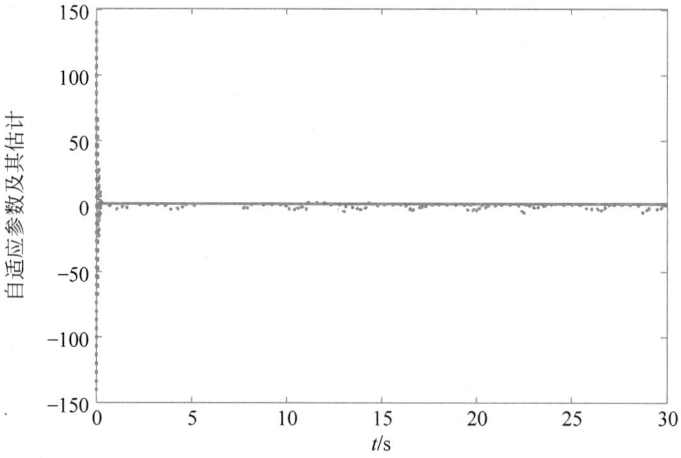

图 13.3　自适应律取式(13.4)时的自适应参数变化过程

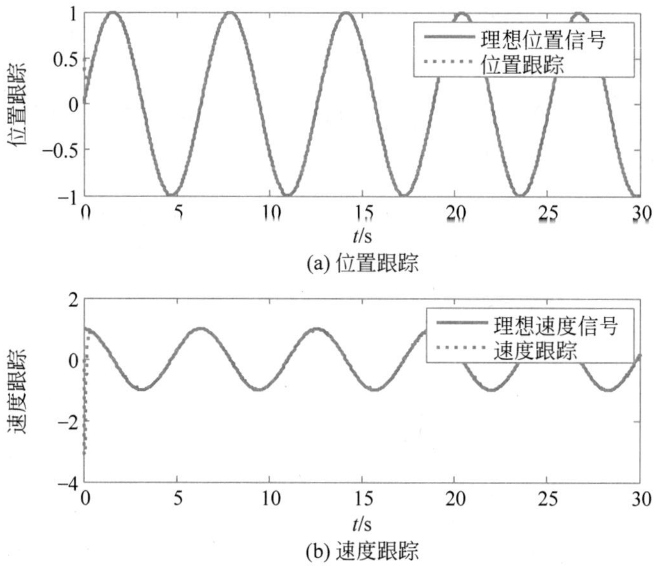

图 13.4　自适应律取式(13.5)时的位置和速度跟踪

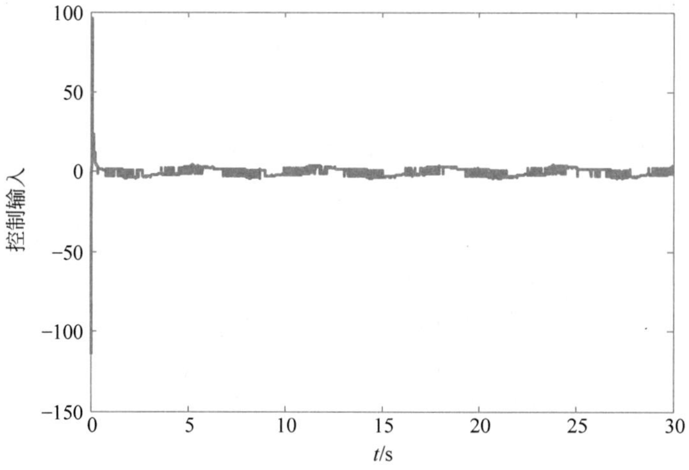

图 13.5　自适应律取式(13.5)时的控制输入

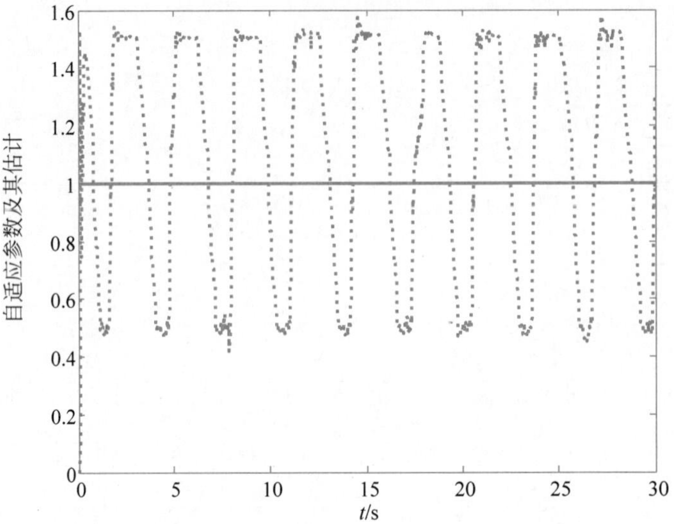

图 13.6 自适应律取式(13.5)时的自适应参数变化过程

如果只采用 PID 控制($M=2$)，取 $k_p=100$，$k_d=50$，仿真结果如图 13.7 所示，由仿真结果可见，位置跟踪出现了平顶现象，PID 控制无法获得高精度控制效果。

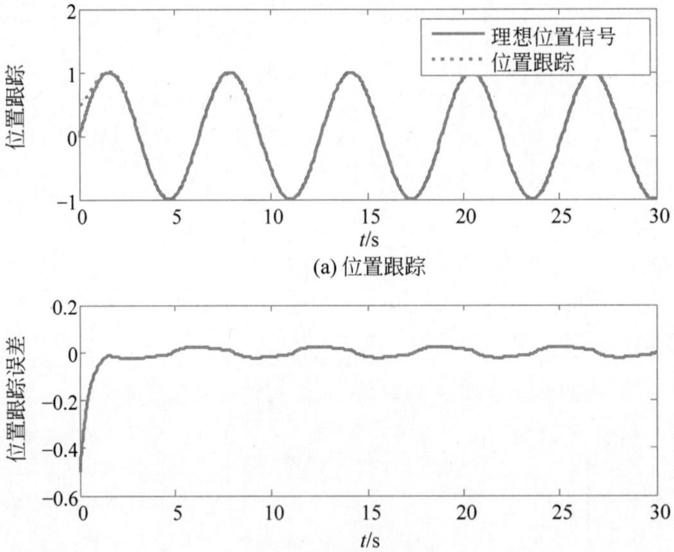

(a) 位置跟踪

(b) 位置跟踪误差

图 13.7 PID 控制位置跟踪($M=2$)

仿真程序：

(1) Simulink 主程序：chap13_1sim.mdl。

(2) 控制律程序：chap13_1ctrl.m。

(3) 自适应律程序：chap13_1adapt.m。

(4) 被控对象程序：chap13_1plant.m。

(5) 作图程序：chap13_1plot.m。

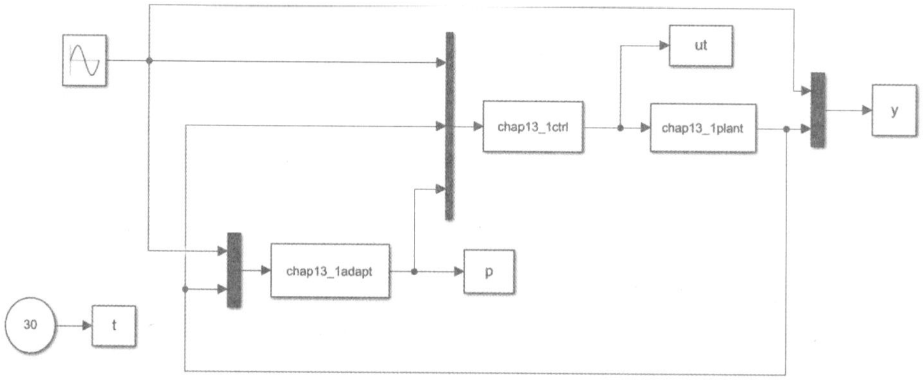

13.2 二阶系统的参数在线辨识

$$\begin{cases}\dot{x}_1=x_2\\ \dot{x}_2=a_1u+a_2x_2\end{cases} \tag{13.7}$$

其中，x_1 和 x_2 为角度和角速度，u 为输入信号，a_1 和 a_2 为未知常数。

定义 $y=x_2$，设计状态估计方程

$$\dot{\hat{y}}=-k(\hat{y}-y)+\hat{a}_1u+\hat{a}_2x_2 \tag{13.8}$$

其中，$k>0$。

定义 $e=\hat{y}-y$，则由 $\dot{y}=a_1u+a_2$ 及式(13.8)可得

$$\dot{e}=-ke+\tilde{a}_1u+\tilde{a}_2x_2 \tag{13.9}$$

其中，$\tilde{a}_1=\hat{a}_1-a_1$，$\tilde{a}_2=\hat{a}_2-a_2$。

在线辨识任务为设计在线辨识算法，实现 $t\to\infty$ 时，$\tilde{a}_1\to 0$，$\tilde{a}_2\to 0$，即实现参数 a_1 和 a_2 的在线辨识。

13.2.1 辨识算法设计与分析

针对辨识目标，设计如下 Lyapunov 函数：

$$V=\frac{1}{2}e^2+\frac{1}{2\gamma_1}\tilde{a}_1^2+\frac{1}{2\gamma_2}\tilde{a}_2^2 \tag{13.10}$$

其中，$\gamma_i>0$，$i=1,2$。则

$$\begin{aligned}\dot{V}&=e\dot{e}+\frac{1}{\gamma_1}\tilde{a}_1\dot{\hat{a}}_1+\frac{1}{\gamma_2}\tilde{a}_2\dot{\hat{a}}_2\\ &=-ke^2+\tilde{a}_1ue+\tilde{a}_2x_2e+\frac{1}{\gamma_1}\tilde{a}_1\dot{\hat{a}}_1+\frac{1}{\gamma_2}\tilde{a}_2\dot{\hat{a}}_2\\ &=-ke^2+\tilde{a}_1\left(ue+\frac{1}{\gamma_1}\dot{\hat{a}}_1\right)+\tilde{a}_2\left(x_2e+\frac{1}{\gamma_2}\dot{\hat{a}}_2\right)\end{aligned}$$

设计在线辨识自适应律为

$$\begin{cases}\dot{\hat{a}}_1=-\gamma_1ue\\ \dot{\hat{a}}_2=-\gamma_2x_2e\end{cases} \tag{13.11}$$

可得

$$\dot{V}=-ke^2\leqslant 0 \tag{13.12}$$

取输入激励信号 u 为连续信号，并保证系统状态信号连续有界。

收敛性及有界性分析如下。

由于 $V\geqslant 0,\dot{V}\leqslant 0$，则 $\forall t,V$ 有界。由式(13.12)得 $\ddot{V}=-2ke\dot{e}$，由于 V 有界，e 和 $\tilde{a}_i(i=1,2)$ 有界，根据式(13.9)可知 $\dot{e}$ 有界，则 $\ddot{V}$ 有界，根据 Barbalat 引理重要推论[3]，当 $t\rightarrow\infty$ 时，$\dot{V}\rightarrow 0$，即 $e\rightarrow 0$。

由于激励信号 u 有界且一致连续，e 和 $\tilde{a}_i(i=1,2,3)$ 有界且一致连续，由式(13.9)可知，$\dot{e}$ 一致连续，根据 Barbalat 引理[3]，可得 $t\rightarrow\infty$ 时，$\dot{e}\rightarrow 0$。

定义集合

$$G=\{\boldsymbol{E}\in\mathbf{R}^2\mid e=0,\dot{e}=0\}$$

则 $t\rightarrow\infty$ 时，$\boldsymbol{E}\rightarrow G$，即 $\boldsymbol{E}$ 的正极限集是 G 的一个子集。满足集合 G 中条件时，$e=0,\dot{e}=0$，则根据式(13.9)可得

$$\tilde{a}_1u+\tilde{a}_2x_2=0 \tag{13.13}$$

因此，在集合 G 内，根据式(13.11)，有 $\dot{\hat{a}}_i=0$，此时 $\hat{a}_i$ 为常值，即 $\tilde{a}_i$ 为常值。由于 u 为时变变量，则针对式(13.13)，对于集合 G，有 $\tilde{a}_1=0,\tilde{a}_2=0$，从而 $t\rightarrow\infty$ 时，$\tilde{a}_i\rightarrow 0$。

因此，应用所设计的自适应律，并使系统状态跟踪正弦信号以保持激励状态的情况下，有 $t\rightarrow\infty$ 时，各参数的估计值渐近收敛到真值。

13.2.2 仿真实例

在仿真中，取真实参数 $a_1=0.10,a_2=0.01$，模型初始值取[0.5,0.5]。

运行模型测试程序 chap13_2sim.slx，对象的输入信号取正弦，$u=\sin t$，采用观测器式(13.8)观测 $\hat{y}$，取 $\hat{y}(0)=0,k=3.0$，采用辨识自适应律式(13.11)，取 $\gamma_1=3.0,\gamma_2=3.0$，$\hat{a}_1(0)=0,\hat{a}_2(0)=0$，参数辨识过程如图 13.8 所示。

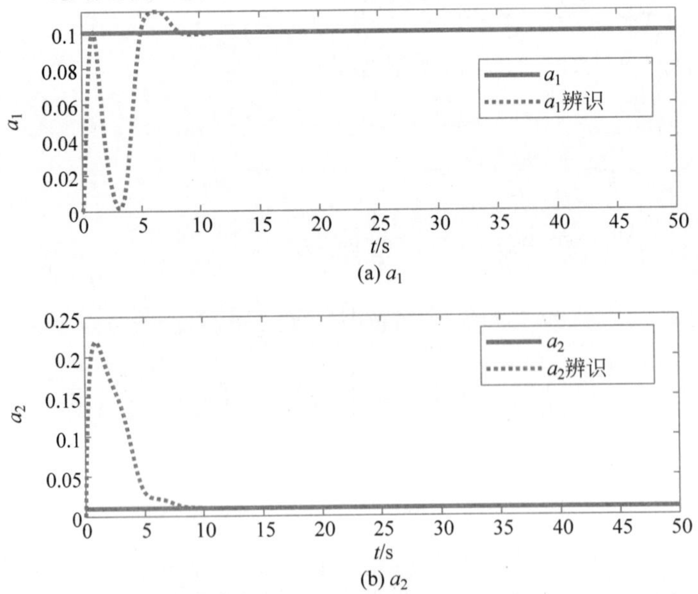

(a) a_1

(b) a_2

图 13.8 待辨识参数的在线辨识过程

仿真程序：

(1) Simulink 主程序：chap13_2sim. slx。

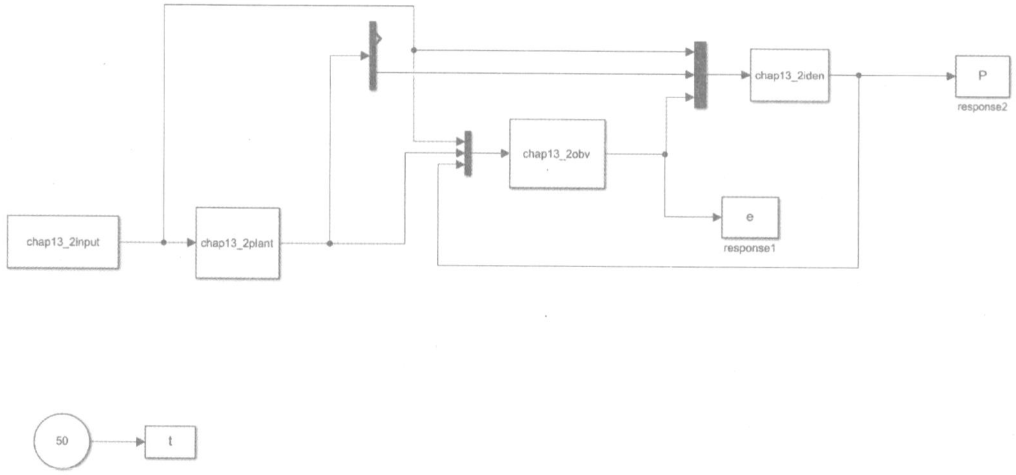

(2) 输入信号子程序：chap13_2input. m。

(3) 辨识子程序：chap13_2iden. m。

(4) 辨识对象子程序：chap13_2plant. m。

(5) 作图程序：chap13_2plot. m。

13.3 VTOL 飞行器参数在线辨识

13.3.1 问题的提出

垂直起落(Vertical Take-Off and Landing,VTOL)飞行器一般指可以垂直起落的战斗机或轰炸机。该飞行器可实现自由起落,从而突破跑道的限制,具有重要的价值。

如图 13.9 所示为 XOY 平面上的 VTOL 受力图。由于只考虑起飞过程,因此只考虑垂直方向 Y 轴和横向 X 轴,忽略了前后运动(即 Z 方向)。XOY 为惯性坐标系,X_bOY_b 为飞行器的机体坐标系。

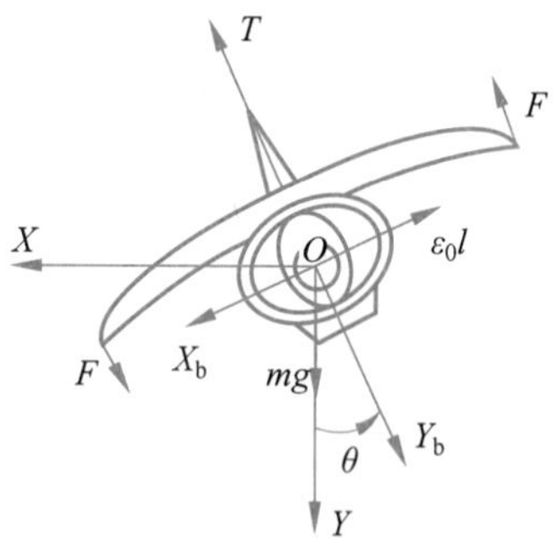

图 13.9 VTOL 示意图

根据图 9.6,可建立 VTOL 动力学平衡方程为

$$\begin{cases} -m\ddot{X}=-T\sin\theta+\varepsilon_0 l\cos\theta \\ -m\ddot{Y}=T\cos\theta+\varepsilon_0 l\sin\theta-mg \\ I_x\ddot{\theta}=l \end{cases} \tag{13.14}$$

其中,T 和 l 为输入信号,即飞行器底部推力力矩和滚动力矩,g 为重力加速度,ε_0 是描述 T 和 l 之间耦合关系的系数,m 为飞行器质量,I_x 为转动惯量。

由式(13.14)可见,该模型为两个控制输入控制三个状态,为典型的欠驱动系统。模型中包括三个未知物理参数,即 m、ε_0 和 I_x。

令$[X,\dot{X},Y,\dot{Y},\theta,\dot{\theta}]=[x_1,x_2,x_3,x_4,x_5,x_6]$,则式(13.14)可表示为

$$\begin{cases} \dot{x}_1 = x_2 \\ -m\dot{x}_2 = -T\sin x_5 + \varepsilon_0 l\cos x_5 \\ \dot{x}_3 = x_4 \\ -m\dot{x}_4 = T\cos x_5 + \varepsilon_0 l\sin x_5 - mg \\ \dot{x}_5 = x_6 \\ I_x\dot{x}_6 = l \end{cases} \tag{13.15}$$

令 $a_1 = \dfrac{1}{m}, a_2 = \dfrac{\varepsilon_0}{m}, a_3 = \dfrac{1}{I_x}, T = u_1, l = u_2$，则

$$\begin{cases} \dot{x}_1 = x_2 \\ \dot{x}_2 = a_1\sin x_5 \cdot u_1 - a_2\cos x_5 \cdot u_2 \\ \dot{x}_3 = x_4 \\ \dot{x}_4 = -a_1\cos x_5 \cdot u_1 - a_2\sin x_5 \cdot u_2 + g \\ \dot{x}_5 = x_6 \\ \dot{x}_6 = a_3 u_2 \end{cases} \tag{13.16}$$

上式可表示为

$$\begin{bmatrix} \dot{x}_2 \\ \dot{x}_4 \\ \dot{x}_6 \end{bmatrix} = \begin{bmatrix} a_1u_1\sin x_5 - a_2u_2\cos x_5 \\ -a_1u_1\cos x_5 - a_2u_2\sin x_5 \\ a_3u_2 \end{bmatrix} + \begin{bmatrix} 0 \\ g \\ 0 \end{bmatrix}$$

定义 $\boldsymbol{y} = [x_2, x_4, x_6]^{\mathrm{T}}$，则

$$\dot{\boldsymbol{y}} = \begin{bmatrix} a_1u_1\sin x_5 - a_2u_2\cos x_5 \\ -a_1u_1\cos x_5 - a_2u_2\sin x_5 + g \\ a_3u_2 \end{bmatrix} \tag{13.17}$$

设计如下稳定矩阵及状态估计方程：

$$\boldsymbol{A} = \begin{bmatrix} -7 & -6 & -7 \\ -7 & -7 & -6 \\ -8 & -10 & -10 \end{bmatrix}$$

$$\dot{\hat{\boldsymbol{y}}} = \boldsymbol{A}\hat{\boldsymbol{y}} - \boldsymbol{A}\boldsymbol{y} + \begin{bmatrix} \hat{a}_1u_1\sin x_5 - \hat{a}_2u_2\cos x_5 \\ -\hat{a}_1u_1\cos x_5 - \hat{a}_2u_2\sin x_5 + g \\ \hat{a}_3u_2 \end{bmatrix} \tag{13.18}$$

定义 $\boldsymbol{e} = \hat{\boldsymbol{y}} - \boldsymbol{y}$，则由式(13.17)和式(13.18)可得

$$\dot{\boldsymbol{e}} = \boldsymbol{A}\boldsymbol{e} + \begin{bmatrix} \tilde{a}_1u_1\sin x_5 - \tilde{a}_2u_2\cos x_5 \\ -\tilde{a}_1u_1\cos x_5 - \tilde{a}_2u_2\sin x_5 \\ \tilde{a}_3u_2 \end{bmatrix} \tag{13.19}$$

其中，$\tilde{a}_1 = \hat{a}_1 - a_1, \tilde{a}_2 = \hat{a}_2 - a_2, \tilde{a}_3 = \hat{a}_3 - a_3$。

在线辨识任务为设计在线辨识算法，实现 $t \to \infty$ 时，$\tilde{a}_1 \to 0, \tilde{a}_2 \to 0, \tilde{a}_3 \to 0$，即实现物理参

数 m、ε_0 和 I_x 的在线辨识。

13.3.2 辨识算法设计与分析

选取矩阵 $\boldsymbol{P}$ 满足 $\boldsymbol{A}^{\mathrm{T}}\boldsymbol{P}+\boldsymbol{P}\boldsymbol{A}=-\boldsymbol{Q}$，其中，$\boldsymbol{Q}$ 为正定矩阵，采用仿真程序 chap13_4P_design.m，可得 $\boldsymbol{P}$。

针对辨识目标，设计如下 Lyapunov 函数：

$$V=\boldsymbol{e}^{\mathrm{T}}\boldsymbol{P}\boldsymbol{e}+\frac{1}{\gamma_1}\tilde{a}_1^2+\frac{1}{\gamma_2}\tilde{a}_2^2+\frac{1}{\gamma_3}\tilde{a}_3^2 \tag{13.20}$$

其中，$\gamma_i>0$，$i=1,2,3$，$V_1=\boldsymbol{e}^{\mathrm{T}}\boldsymbol{P}\boldsymbol{e}$，$V_2=\frac{1}{\gamma_1}\tilde{a}_1^2+\frac{1}{\gamma_2}\tilde{a}_2^2+\frac{1}{\gamma_3}\tilde{a}_3^2$。则

$$\begin{aligned}
\dot{V}_1&=\dot{\boldsymbol{e}}^{\mathrm{T}}\boldsymbol{P}\boldsymbol{e}+\boldsymbol{e}^{\mathrm{T}}\boldsymbol{P}\dot{\boldsymbol{e}}\\
&=\left(\boldsymbol{A}\boldsymbol{e}+\begin{bmatrix}\tilde{a}_1u_1\sin x_5-\tilde{a}_2u_2\cos x_5\\-\tilde{a}_1u_1\cos x_5-\tilde{a}_2u_2\sin x_5\\\tilde{a}_3u_2\end{bmatrix}\right)^{\mathrm{T}}\boldsymbol{P}\boldsymbol{e}+\boldsymbol{e}^{\mathrm{T}}\boldsymbol{P}\left(\boldsymbol{A}\boldsymbol{e}+\begin{bmatrix}\tilde{a}_1u_1\sin x_5-\tilde{a}_2u_2\cos x_5\\-\tilde{a}_1u_1\cos x_5-\tilde{a}_2u_2\sin x_5\\\tilde{a}_3u_2\end{bmatrix}\right)\\
&=-\boldsymbol{e}^{\mathrm{T}}\boldsymbol{Q}\boldsymbol{e}+2\boldsymbol{e}^{\mathrm{T}}\boldsymbol{P}\begin{bmatrix}\tilde{a}_1u_1\sin x_5-\tilde{a}_2u_2\cos x_5\\-\tilde{a}_1u_1\cos x_5-\tilde{a}_2u_2\sin x_5\\\tilde{a}_3u_2\end{bmatrix}
\end{aligned}$$

其中，$(\boldsymbol{A}\boldsymbol{e})^{\mathrm{T}}\boldsymbol{P}\boldsymbol{e}+\boldsymbol{e}^{\mathrm{T}}\boldsymbol{P}\boldsymbol{A}\boldsymbol{e}=\boldsymbol{e}^{\mathrm{T}}(\boldsymbol{A}^{\mathrm{T}}\boldsymbol{P}+\boldsymbol{P}\boldsymbol{A})\boldsymbol{e}=-\boldsymbol{e}^{\mathrm{T}}\boldsymbol{Q}\boldsymbol{e}$。

$$\dot{V}_2=\frac{2}{\gamma_1}\tilde{a}_1\dot{\hat{a}}_1+\frac{2}{\gamma_2}\tilde{a}_2\dot{\hat{a}}_2+\frac{2}{\gamma_3}\tilde{a}_3\dot{\hat{a}}_3$$

则

$$\begin{aligned}
\dot{V}&=-\boldsymbol{e}^{\mathrm{T}}\boldsymbol{Q}\boldsymbol{e}+2\boldsymbol{e}^{\mathrm{T}}[\boldsymbol{P}(1,:)\quad\boldsymbol{P}(2,:)\quad\boldsymbol{P}(3,:)]\begin{bmatrix}\tilde{a}_1u_1\sin x_5-\tilde{a}_2u_2\cos x_5\\-\tilde{a}_1u_1\cos x_5-\tilde{a}_2u_2\sin x_5\\\tilde{a}_3u_2\end{bmatrix}+\\
&\quad\frac{2}{\gamma_1}\tilde{a}_1\dot{\hat{a}}_1+\frac{2}{\gamma_2}\tilde{a}_2\dot{\hat{a}}_2+\frac{2}{\gamma_3}\tilde{a}_3\dot{\hat{a}}_3\\
&=-\boldsymbol{e}^{\mathrm{T}}\boldsymbol{Q}\boldsymbol{e}+2\boldsymbol{e}^{\mathrm{T}}\boldsymbol{P}(1,:)(\tilde{a}_1u_1\sin x_5-\tilde{a}_2u_2\cos x_5)+2\boldsymbol{e}^{\mathrm{T}}\boldsymbol{P}(2,:)\\
&\quad(-\tilde{a}_1u_1\cos x_5-\tilde{a}_2u_2\sin x_5)+2\boldsymbol{e}^{\mathrm{T}}\boldsymbol{P}(3,:)\tilde{a}_3u_2+\frac{2}{\gamma_1}\tilde{a}_1\dot{\hat{a}}_1+\frac{2}{\gamma_2}\tilde{a}_2\dot{\hat{a}}_2+\frac{2}{\gamma_3}\tilde{a}_3\dot{\hat{a}}_3\\
&=-\boldsymbol{e}^{\mathrm{T}}\boldsymbol{Q}\boldsymbol{e}+2\tilde{a}_1\left(\boldsymbol{e}^{\mathrm{T}}u_1\boldsymbol{P}(1,:)\sin x_5-\boldsymbol{e}^{\mathrm{T}}u_1\boldsymbol{P}(2,:)\cos x_5+\frac{1}{\gamma_1}\dot{\hat{a}}_1\right)+\\
&\quad 2\tilde{a}_2\left(-\boldsymbol{e}^{\mathrm{T}}\boldsymbol{P}(1,:)u_2\cos x_5-\boldsymbol{e}^{\mathrm{T}}\boldsymbol{P}(2,:)u_2\sin x_5+\frac{1}{\gamma_2}\dot{\hat{a}}_2\right)+2\tilde{a}_3\left(\boldsymbol{e}^{\mathrm{T}}u_2\boldsymbol{P}(3,:)+\frac{1}{\gamma_3}\dot{\hat{a}}_3\right)
\end{aligned}$$

设计在线辨识自适应律为

$$\begin{cases}\dot{\hat{a}}_1=-\gamma_1\boldsymbol{e}^{\mathrm{T}}u_1(\boldsymbol{P}(1,:)\sin x_5-\boldsymbol{P}(2,:)\cos x_5)\\\dot{\hat{a}}_2=\gamma_2\boldsymbol{e}^{\mathrm{T}}u_2(\boldsymbol{P}(1,:)\cos x_5+\boldsymbol{P}(2,:)\sin x_5)\\\dot{\hat{a}}_3=-\gamma_3\boldsymbol{e}^{\mathrm{T}}u_2\boldsymbol{P}(3,:)\end{cases} \tag{13.21}$$

其中，$\gamma>0$。则可得

$$\dot{V}=-\boldsymbol{e}^{\mathrm{T}}\boldsymbol{Q}\boldsymbol{e} \tag{13.22}$$

取输入激励信号 u_1 和 u_2 为连续信号，并保证系统状态信号连续有界。

收敛性及有界性分析如下。

由于 $V\geqslant 0,\dot{V}\leqslant 0$，则 $\forall t,V$ 有界。由式(13.22)得 $\ddot{V}=-2\boldsymbol{e}^{\mathrm{T}}\boldsymbol{Q}\dot{\boldsymbol{e}}$，由于 V 有界，$\boldsymbol{e}$ 和 $\tilde{a}_i(i=1,2,3)$有界，根据式(13.19)可知 $\dot{\boldsymbol{e}}$ 有界，则 $\ddot{V}$ 有界，根据 Barbalat 引理重要推论[3]，当 $t\to\infty$时，$\dot{V}\to 0$，即 $\boldsymbol{e}\to\boldsymbol{0}$。

由于激励信号 u_1 和 u_2 有界且一致连续，$\boldsymbol{e}$ 和 $\tilde{a}_i(i=1,2,3)$有界且一致连续，由式(13.21)可知，$\dot{\boldsymbol{e}}$ 一致连续，根据 Barbalat 引理[3]，可得 $t\to\infty$时，$\dot{\boldsymbol{e}}\to\boldsymbol{0}$。

定义集合

$$G=\{\boldsymbol{E}\in\mathbf{R}^6 \mid \boldsymbol{e}=\boldsymbol{0},\dot{\boldsymbol{e}}=\boldsymbol{0}\}$$

其中，$\boldsymbol{E}$ 为状态估计误差 $\boldsymbol{e}$ 和参数估计误差 $\tilde{a}_i(i=1,2,3)$组成的向量，则 $t\to\infty$时，$\boldsymbol{E}\to G$，即 $\boldsymbol{E}$ 的正极限集是 G 的一个子集。

满足集合 G 中条件时，$\boldsymbol{e}=\boldsymbol{0},\dot{\boldsymbol{e}}=\boldsymbol{0}$，则根据式(13.19)可得

$$\tilde{a}_1u_1\sin x_5-\tilde{a}_2u_2\cos x_5=0 \tag{13.23}$$

$$-\tilde{a}_1u_1\cos x_5-\tilde{a}_2u_2\sin x_5=0 \tag{13.24}$$

$$\tilde{a}_3u_2=0 \tag{13.25}$$

在集合 G 内，根据式(13.21)，有 $\dot{\hat{a}}_i=0$，此时 $\hat{a}_i$ 为常值，即 $\tilde{a}_i$ 为常值。

由于 $u_1\sin x_5$、$u_2\cos x_5$ 和 u_2 均为时变函数，且相互线性无关，则针对式(13.23)～式(13.25)，对于集合 G，有 $\tilde{a}_1=0,\tilde{a}_2=0,\tilde{a}_3=0$，从而 $t\to\infty$时，$\tilde{a}_i\to 0,i=1,2,3$。

因此，应用所设计的自适应律，并使系统状态跟踪多频正弦信号以保持激励状态的情况下，则在 $t\to\infty$时，各参数的估计值渐近收敛到真值。

13.3.3 仿真实例

仿真中，取真实参数为 $\boldsymbol{P}=[m,\varepsilon_0,I_x]=[68.6,0.5,123.1]$，辨识参数集为 $\hat{\boldsymbol{P}}=[\hat{m},\hat{\varepsilon}_0,\hat{I}_x]$，模型初始值取[0,0,0,0,0,0]。

运行模型测试程序 chap13_3sim.slx，对象的输入信号取正弦和余弦信号，$u_1=10\sin 0.5t$，$u_2=20\sin 0.1t$，采用观测器式(13.18)观测 $\hat{\boldsymbol{y}}$，设计稳定矩阵 $\boldsymbol{A}=\begin{bmatrix}-7 & -6 & -7\\ -7 & -7 & -6\\ -8 & -10 & -10\end{bmatrix}$，采用辨识自适应律式(13.21)，取 $\gamma_1=0.2,\gamma_2=0.2,\gamma_3=0.1,\boldsymbol{Q}=\begin{bmatrix}1.5 & 0 & 0\\ 0 & 1.5 & 0\\ 0 & 0 & 1.5\end{bmatrix}$，参数辨识过程如图 13.10 所示。

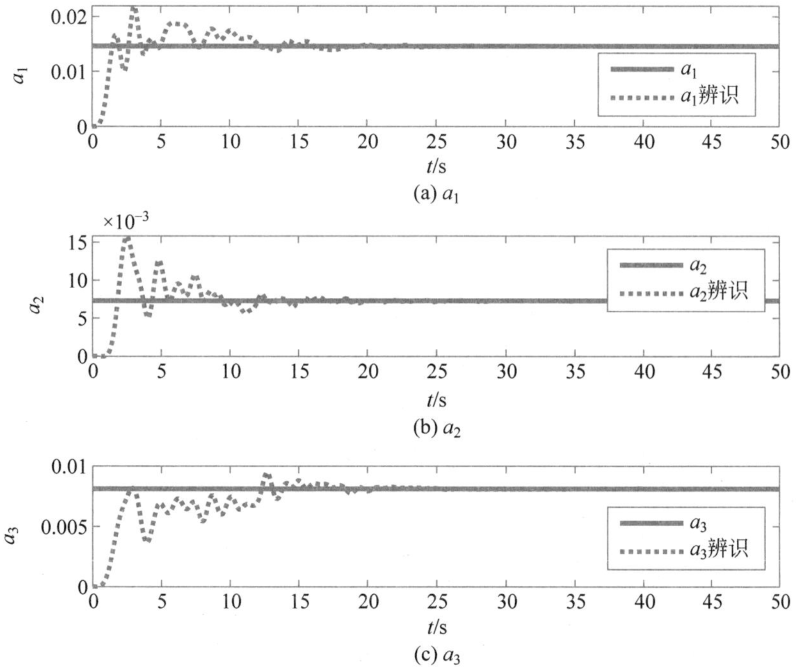

(a) a_1
(b) a_2
(c) a_3

图 13.10　待辨识参数的辨识过程

仿真程序：

（1）矩阵 ***P*** 的设计程序：chap13_3P_design. m。

（2）Simulink 主程序：chap13_3sim. slx。

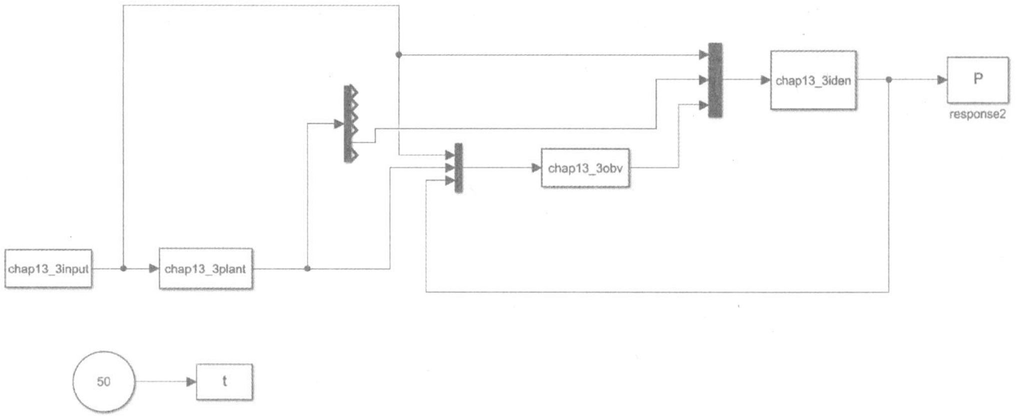

（3）输入信号子程序：chap13_3input. m。

（4）辨识子程序：chap13_3iden. m。

（5）辨识对象子程序：chap13_3plant. m。

（6）作图程序：chap13_3plot. m。

附录

Barbalat 引理：如果可微函数 $f(t)$，当 $t\to\infty$ 时存在有限极限，且 $\dot{f}$ 一致连续，则当

$t\to\infty$时，$\dot{f}(t)\to 0$。

Barbalat 引理重要推论：如果可微函数 $f(t)$，当 $t\to\infty$时存在有限极限，且 $\ddot{f}$ 存在且有界，则当 $t\to\infty$时，$\dot{f}(t)\to 0$。

思考题

1. 参数的在线辨识工程意义何在？参数的在线辨识在理论上有何难度？
2. 参数的在线辨识与离线辨识的区别是什么？各有何优缺点？
3. 简述参数在线辨识的工程意义，并举例说明。
4. 作出包含参数在线辨识和自适应控制的控制系统框图和算法流程图。
5. 参数的在线辨识算法式(13.11)中，如何调整参数使辨识精度得到提升？
6. 参数的在线辨识算法式(13.11)中，如何改进以实现无须速度信号的在线辨识？
7. 以飞行器(VTOL、四旋翼等)的参数在线辨识为例，给出具体的控制算法，并仿真说明。
8. 参数的在线辨识理论在国内外发展现状如何？

参考文献

[1] XU L,YAO B. Adaptive robust control of mechanical systems with non-linear dynamic friction compensation[J]. International Journal of Control,2008,81(2):167-176.
[2] LASALLE J,LEFSCHETZ S. Stability by Lyapunov's direct method[M]. New York: Academic Press,1961.
[3] 斯洛廷. 应用非线性控制[M]. 程代展,等译. 北京：机械工业出版社,2006.

第 14 章 欠驱动机械系统的控制

CHAPTER 14

欠驱动系统是指系统的独立控制变量个数小于系统自由度个数的一类非线性系统,在节约能量、降低造价、减轻重量、增强系统灵活度等方面都较完全驱动系统优越。简单说就是输入比要控制的量多的系统。欠驱动系统结构简单,便于进行整体的动力学分析和试验。同时由于系统的高度非线性、参数摄动、多目标控制要求及控制量受限等原因,欠驱动系统又足够复杂,便于研究和验证各种算法的有效性。当驱动器故障时,可能使完全驱动系统成为欠驱动系统,欠驱动控制算法可以起到容错控制的作用。从控制理论的角度看,欠驱动系统控制输入的限制是具有挑战性的控制问题,研究欠驱动机械系统的控制问题有助于非完整约束系统控制理论的发展。桥式吊车、Pendubot(Pendulum Robot)、Acrobot(Acrobat Robot)、倒立摆系统都是典型的欠驱动系统。

14.1 基于 Hurwitz 稳定的小车倒立摆系统滑模控制

14.1.1 系统描述

小车倒立摆动力学方程为

$$\begin{aligned}\ddot{x}&=\frac{M_{\text{uu}}f_{\text{a}}-M_{\text{au}}f_{\text{u}}}{M_{\text{aa}}M_{\text{uu}}-M_{\text{au}}M_{\text{au}}}+\frac{M_{\text{uu}}}{M_{\text{aa}}M_{\text{uu}}-M_{\text{au}}M_{\text{au}}}u\\ \ddot{\theta}&=\frac{-M_{\text{au}}f_{\text{a}}+M_{\text{aa}}f_{\text{u}}}{M_{\text{aa}}M_{\text{uu}}-M_{\text{au}}M_{\text{au}}}+\frac{-M_{\text{au}}}{M_{\text{aa}}M_{\text{uu}}-M_{\text{au}}M_{\text{au}}}u\end{aligned}\tag{14.1}$$

其中,u 为控制输入,$M_{\text{aa}}=M_{\text{c}}+m$,$M_{\text{au}}=ml\cos\theta$,$M_{\text{uu}}=ml^2$,$f_{\text{a}}=ml\sin\theta\cdot\dot{\theta}^2$,$f_{\text{u}}=mgl\sin\theta$。小车质量为 M_{c},摆的质量为 m,小车位置为 x,摆的角度为 θ,摆的长度为 l。

上式可写为

$$\begin{cases}\ddot{x}=f_1+b_1u\\ \ddot{\theta}=f_2+b_2u\end{cases}\tag{14.2}$$

其中,$f_1=\dfrac{M_{\text{uu}}f_{\text{a}}-M_{\text{au}}f_{\text{u}}}{M_{\text{aa}}M_{\text{uu}}-M_{\text{au}}M_{\text{au}}}$,$b_1=\dfrac{M_{\text{uu}}}{M_{\text{aa}}M_{\text{uu}}-M_{\text{au}}M_{\text{au}}}$,$f_2=\dfrac{-M_{\text{au}}f_{\text{a}}+M_{\text{aa}}f_{\text{u}}}{M_{\text{aa}}M_{\text{uu}}-M_{\text{au}}M_{\text{au}}}$,$b_2=\dfrac{-M_{\text{au}}}{M_{\text{aa}}M_{\text{uu}}-M_{\text{au}}M_{\text{au}}}$。

小车倒立摆的控制目标为在 $t\to\infty$ 时，$x\to 0,\dot{x}\to 0,\theta\to 0,\dot{\theta}\to 0$。

14.1.2 滑模控制律设计

式(14.2)是一个欠驱动系统的形式，可采用滑模控制方法设计控制律。定义滑模面为

$$s=\dot{x}+c_1x+c_2\dot{\theta}+c_3\theta \tag{14.3}$$

其中，c_1,c_2,c_3 为待定实数，通过下面的滑模面方程的 Hurwitz 稳定性分析求得。则

$$\begin{aligned}\dot{s}&=\ddot{x}+c_2\ddot{\theta}+c_1\dot{x}+c_3\dot{\theta}=f_1+b_1u+c_2(f_2+b_2u)+c_1\dot{x}+c_3\dot{\theta}\\&=f_1+c_2f_2+(b_1+c_2b_2)u+c_1\dot{x}+c_3\dot{\theta}\end{aligned}$$

设计控制律为

$$u=-\frac{1}{b_1+c_2b_2}(f_1+c_2f_2+c_1\dot{x}+c_3\dot{\theta}+\eta\operatorname{sgn}(s)) \tag{14.4}$$

其中，$\eta>0$。

将控制律式(14.4)代入 $\dot{s}$ 中，得 $\dot{s}=-\eta\operatorname{sgn}(s)$，从而 $s\dot{s}=-\eta s\cdot\operatorname{sgn}(s)=-\eta|s|\leqslant 0$。从而在 $t\to\infty$ 时，$s\to 0$，且在有限时间收敛。

14.1.3 Hurwitz 稳定性分析

通过上述分析可见，存在时间 t_s，当 $t\geqslant t_s$ 时，在滑模面上有 $s=0$，即

$$s=\dot{x}+c_1x+c_2\dot{\theta}+c_3\theta=0$$

即

$$\dot{x}=-c_1x-c_2\dot{\theta}-c_3\theta$$

下面需要证明当 $s=0$ 时，通过滑模面参数 c_1、c_2、c_3 的选取，使 $x\to 0,\dot{x}\to 0,\theta\to 0,\dot{\theta}\to 0$ 成立。

将 u 代入 $\ddot{\theta}$，得

$$\begin{aligned}\ddot{\theta}&=f_2+b_2\frac{-1}{b_1+c_2b_2}(f_1+c_2f_2+c_1\dot{x}+c_3\dot{\theta})\\&=\frac{1}{b_1+c_2b_2}(f_2b_1+c_2f_2b_2-f_1b_2-c_2f_2b_2-b_2(c_1\dot{x}+c_3\dot{\theta}))\\&=\frac{1}{b_1+c_2b_2}(f_2b_1-f_1b_2-b_2(c_1\dot{x}+c_3\dot{\theta}))\\&=\frac{f_2b_1-f_1b_2}{b_1+c_2b_2}-\frac{b_2}{b_1+c_2b_2}(c_1\dot{x}+c_3\dot{\theta})\\&=\frac{1}{M_{uu}-c_2M_{au}}(f_u+M_{au}(c_1\dot{x}+c_3\dot{\theta}))\end{aligned}$$

其中，

$$f_2M_{uu}+f_1M_{au}=\frac{-M_{au}f_a+M_{aa}f_u}{M_{aa}M_{uu}-M_{au}M_{au}}M_{uu}+\frac{M_{uu}f_a-M_{au}f_u}{M_{aa}M_{uu}-M_{au}M_{au}}M_{au}$$

$$=\frac{M_{aa}f_uM_{uu}-M_{au}f_uM_{au}}{M_{aa}M_{uu}-M_{au}M_{au}}=f_u,$$

$$\frac{f_2b_1-f_1b_2}{b_1+c_2b_2}=\frac{f_2M_{uu}+f_1M_{au}}{M_{uu}-c_2M_{au}}=\frac{f_u}{M_{uu}-c_2M_{au}},\quad \frac{b_2}{b_1+c_2b_2}=\frac{-M_{au}}{M_{uu}-c_2M_{au}}$$

将 M_{uu} 和 M_{au} 代入，得

$$\begin{aligned}\ddot{\theta}&=\frac{1}{ml^2-c_2ml\cos\theta}(mgl\sin\theta+ml\cos\theta(c_1\dot{x}+c_3\dot{\theta}))\\&=\frac{1}{l-c_2\cos\theta}(g\sin\theta+\cos\theta(c_1(-c_1x-c_2\dot{\theta}-c_3\theta)+c_3\dot{\theta}))\\&=\frac{g\sin\theta+\cos\theta(-c_1c_3\theta+(-c_1c_2+c_3)\dot{\theta}-c_1c_1x)}{l-c_2\cos\theta}\end{aligned}$$

设 $y_1=\theta, y_2=\dot{\theta}, y_3=x$，则得状态方程为

$$\begin{cases}\dot{y}_1=y_2\\ \dot{y}_2=\dfrac{g\sin y_1+\cos y_1(-c_1c_3y_1+(-c_2c_1+c_3)y_2-c_1c_1y_3)}{l-c_2\cos\theta}\\ \dot{y}_3=-c_3y_1-c_2y_2-c_1y_3\end{cases}\tag{14.5}$$

假设小车倒立摆在平衡点运动，平衡点为 $\theta=0, \dot{\theta}=0, x=0, \dot{x}=0$，即 $y_1=0, y_2=0, y_3=0$。在平衡点线性化，假设 θ 很小，可取 $\sin\theta\approx\theta, \cos\theta\approx1$，则

$$\begin{cases}\dot{y}_1=y_2\\ \dot{y}_2=\dfrac{gy_1-c_1c_3y_1+(-c_2c_1+c_3)y_2-c_1c_1y_3}{l-c_2}+\varepsilon_1y_1+\varepsilon_2y_2+\varepsilon_3y_3\\ \dot{y}_3=-c_3y_1-c_2y_2-c_1y_3\end{cases}$$

其中，ε_i 为线性化造成的偏差，$i=1,2,3$。则

$$\dot{\boldsymbol{y}}=\boldsymbol{A}\boldsymbol{y}+\begin{bmatrix}0&0&0\\ \varepsilon_1&\varepsilon_2&\varepsilon_3\\ 0&0&0\end{bmatrix}\boldsymbol{y},\quad \boldsymbol{A}=\begin{bmatrix}0&1&0\\ A_{21}&A_{22}&A_{23}\\ -c_3&-c_2&-c_1\end{bmatrix}\tag{14.6}$$

由于 ε_i 是很小的实数，当 $\boldsymbol{A}$ 的特征值在负半平面远离原点的位置就可满足系统 Hurwitz 渐近稳定，故只需考虑 $\dot{\boldsymbol{y}}=\boldsymbol{A}\boldsymbol{y}$ 的稳定性。

取 $c_2\neq l, A_{21}=\dfrac{g-c_1c_3}{l-c_2}, A_{22}=\dfrac{-c_2c_1+c_3}{l-c_2}, A_{23}=-\dfrac{c_1^2}{l-c_2}$。由 $|A-\lambda I|=0$ 得

$$\begin{vmatrix}-\lambda&1&0\\ A_{21}&A_{22}-\lambda&A_{23}\\ -c_3&-c_2&-c_1-\lambda\end{vmatrix}=0$$

则

$$-\lambda(\lambda-A_{22})(\lambda+c_1)-c_3A_{23}-c_2\lambda A_{23}-(-c_1-\lambda)A_{21}=0$$

从而得

$$\lambda^3-(A_{22}-c_1)\lambda^2+(-c_1A_{22}-A_{21}+c_2A_{23})\lambda-c_1A_{21}+c_3A_{23}=0$$

取期望特征方程$(\lambda+1)(\lambda+2)(\lambda+3)=1$,即$\lambda^3+6\lambda^2+11\lambda+6=0$,对应的方程组为

$$\begin{cases}-(A_{22}-c_1)=6\\-c_1A_{22}-A_{21}+c_2A_{23}=11\\-c_1A_{21}+c_3A_{23}=6\end{cases}$$

由于

$$A_{22}-c_1=\frac{-c_2c_1+c_3-lc_1+c_2c_1}{l-c_2}=\frac{c_3-lc_1}{l-c_2}$$

$$-c_1A_{22}-A_{21}+c_2A_{23}=-c_1\frac{-c_2c_1+c_3}{l-c_2}-\frac{g-c_1c_3}{l-c_2}-c_2\frac{c_1^2}{l-c_2}$$

$$=\frac{c_2c_1^2-c_1c_3-g+c_1c_3-c_2c_1^2}{l-c_2}=-\frac{g}{l-c_2}$$

$$-c_1A_{21}+c_3A_{23}=-c_1\frac{g-c_1c_3}{l-c_2}-\frac{c_3c_1^2}{l-c_2}=\frac{-c_1g+c_1^2c_3-c_3c_1^2}{l-c_2}$$

$$=-\frac{c_1g}{l-c_2}$$

即

$$\begin{cases}-\dfrac{c_3-lc_1}{l-c_2}=6\\-\dfrac{g}{l-c_2}=11\\-\dfrac{c_1g}{l-c_2}=6\end{cases}$$

上式可写为

$$\begin{cases}lc_1-c_3=6(l-c_2)\\11(l-c_2)=-g\\c_1g=-6(l-c_2)\end{cases}$$

解方程组得

$$\begin{cases}c_2=l+\dfrac{g}{11}\\c_1=\dfrac{6}{g}(c_2-l)\\c_3=lc_1+6(c_2-l)\end{cases}\tag{14.7}$$

从而可求得c_1、c_2、c_3。

需要说明的是,式(14.5)线性化造成的偏差ε_i会导致模型式(14.2)中的f_1和f_2有偏差,可由滑模控制器式(14.4)中的切换增益来克服。

14.1.4 仿真实例

针对被控对象式(14.1),取$m_c=0.4$,$m=0.14$,$l=0.215$,$g=9.8$。被控对象初始状态取$\left[-\frac{\pi}{3},0,0.5,0\right]$。

为了使 **A** 为 Hurwitz 矩阵，滑模函数参数按式(14.7)确定，通过式(14.7)求 c_1，c_2，c_3。控制律采用式(14.4)，$\eta=50$，采用饱和函数方法(见 10.1.4 节)，取边界层厚度 Δ 为 0.10。仿真结果如图 14.1 和图 14.2 所示。

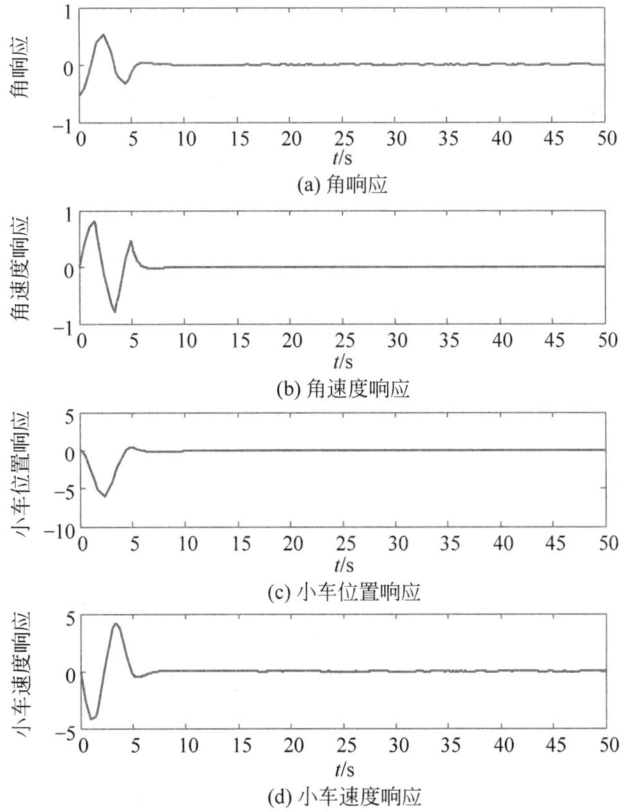

图 14.1　小车和摆的状态响应

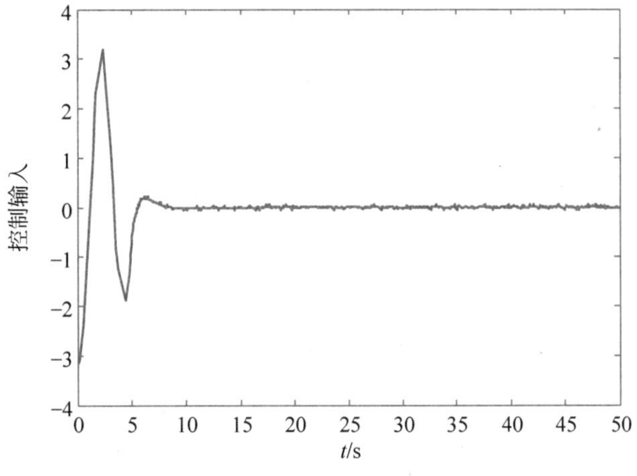

图 14.2　滑模控制输入

仿真程序：

(1) Simulink 主程序：chap14_1sim.mdl。

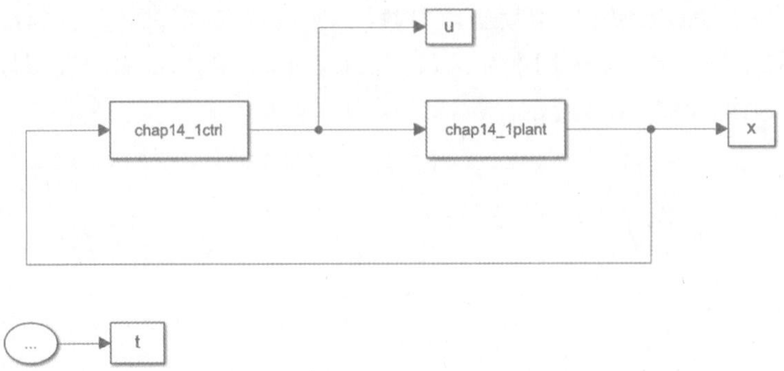

(2) 被控对象程序：chap14_1plant. m。

(3) 控制器程序：chap14_1ctrl. m。

(4) 作图程序：chap14_1plot. m。

14.2 TORA 欠驱动机械系统的滑模控制

14.2.1 系统描述

考虑欠驱动系统

$$\begin{cases} \dot{x}_1 = x_2 \\ \dot{x}_2 = -x_1 + \varepsilon \sin x_3 \\ \dot{x}_3 = x_4 \\ \dot{x}_4 = u \end{cases} \tag{14.8}$$

与欠驱动系统的标准形式相对应，有 $f(x_1,x_3) = -x_1 + \varepsilon \sin x_3$。采用滑模控制方法，函数 $f(x_1,x_3)$需要满足如下三个条件[1]。

条件 1：$f(0,0)=0$；

条件 2：$\frac{\partial f}{\partial x_3}$可逆；

条件 3：如果 $f(0,x_3)=0$，则 $x_3=0$。

由于$\frac{\partial f}{\partial x_3}$可逆无法满足条件 2，需要重新定义 $f(x_1,x_3)$为

$$f(x_1,x_3) = -x_1 + \varepsilon \sin x_3 + 11\varepsilon x_3$$

则$\frac{\partial f}{\partial x_3} = \varepsilon \cos x_3 + 11\varepsilon$ 可逆，模型式(14.8)变为

$$\begin{cases} \dot{x}_1 = x_2 \\ \dot{x}_2 = f(x_1,x_3) - 11\varepsilon x_3 \\ \dot{x}_3 = x_4 \\ \dot{x}_4 = u \end{cases} \tag{14.9}$$

以式(14.9)为被控对象进行控制律设计，控制目标为 $t\to\infty$时，$x_i \to 0, i=1,2,3,4$。

14.2.2 滑模控制算法设计

根据式(14.9)，取误差方程为

$$\begin{cases} e_1 = x_1 \\ e_2 = \dot{e}_1 = x_2 \\ e_3 = f(x_1, x_3) \\ e_4 = \dot{e}_3 = \dot{f}(x_1, x_3) = \dfrac{\partial f}{\partial x_1} x_2 + \dfrac{\partial f}{\partial x_3} x_4 \end{cases} \tag{14.10}$$

上式中，没有取 $e_3 = \dot{e}_2$，是为了防止所设计的滑模控制律系数出现奇异。

取滑模函数为

$$s = c_1 e_1 + c_2 e_2 + c_3 e_3 + e_4 \tag{14.11}$$

其中，$c_i > 0, i = 1, 2, 3$。

由于$\dfrac{\mathrm{d}}{\mathrm{d}t}\left(\dfrac{\partial f}{\partial x_1}\right) = 0$，则

$$\dot{s} = c_1 \dot{e}_1 + c_2 \dot{e}_2 + c_3 \dot{e}_3 + \dot{e}_4 = c_1 x_2 + c_2 (f - 11\varepsilon x_3) + c_3 e_4 + \frac{\mathrm{d}}{\mathrm{d}t}\left(\frac{\partial f}{\partial x_1} x_2 + \frac{\partial f}{\partial x_3} x_4\right) \tag{14.12}$$

其中，$\dfrac{\mathrm{d}}{\mathrm{d}t}\left(\dfrac{\partial f}{\partial x_1} x_2 + \dfrac{\partial f}{\partial x_3} x_4\right) = \dfrac{\partial f}{\partial x_1}(f - 11\varepsilon x_3) + \dfrac{\mathrm{d}}{\mathrm{d}t}\left(\dfrac{\partial f}{\partial x_3}\right) x_4 + \dfrac{\partial f}{\partial x_3} u$。则

$$\dot{s} = c_1 x_2 + c_2 (f - 11\varepsilon x_3) + c_3 e_4 + \frac{\partial f}{\partial x_1}(f - 11\varepsilon x_3) + \frac{\mathrm{d}}{\mathrm{d}t}\left(\frac{\partial f}{\partial x_3}\right) x_4 + \frac{\partial f}{\partial x_3} u = M + \frac{\partial f}{\partial x_3} u$$

其中，$M = c_1 x_2 + c_2 (f - 11\varepsilon x_3) + c_3 e_4 + \dfrac{\partial f}{\partial x_1}(f - 11\varepsilon x_3) + \dfrac{\mathrm{d}}{\mathrm{d}t}\left(\dfrac{\partial f}{\partial x_3}\right) x_4$。

则滑模控制律为

$$u = \left[\frac{\partial f}{\partial x_3}\right]^{-1} \{-M - \eta \operatorname{sgn} s - ks\} \tag{14.13}$$

其中，$\eta > 0, k > 0$。

将控制律式(14.13)代入，得 $\dot{s} = -\eta \operatorname{sgn}(s) - ks$。取 Lyapunov 函数为 $V = \dfrac{1}{2} s^2$，则

$$\dot{V} = s\dot{s} = -\eta \mid s \mid - ks^2 \leqslant 0$$

可见，$t \to \infty$时，$s \to 0$，且由于 $s\dot{s} \leqslant 0$ 成立，则在 $t \to \infty$时，$s \to 0$，且存在 $t > t_0$，$s = 0$。

14.2.3 收敛性分析

由式(14.10)可知

$$\dot{e}_1 = e_2, \quad \dot{e}_2 = e_3 - 11\varepsilon x_3, \quad \dot{e}_3 = e_4$$

当 $s = 0$ 时，有

$$e_4 = -c_1 e_1 - c_2 e_2 - c_3 e_3$$

则有

$$\begin{cases} \dot{e}_1 = e_2 \\ \dot{e}_2 = e_3 - 11\varepsilon x_3 \\ \dot{e}_3 = -c_1 e_1 - c_2 e_2 - c_3 e_3 \end{cases} \tag{14.14}$$

由于 $e_3=f(x_1,x_3)=-x_1+\varepsilon\sin x_3+11\varepsilon x_3$，取 $d=-11\varepsilon x_3=-e_3-x_1+\varepsilon\sin x_3$，考虑 $\sin x_3<x_3$，可得

$$|d|=11\varepsilon|x_3|=|-e_3-x_1+\varepsilon\sin x_3|\leqslant|e_3|+|e_1|+\varepsilon|x_3|$$

则 $10\varepsilon|x_3|\leqslant|e_3|+|e_1|$，根据 2 范数的定义可知 $e_3^2+e_1^2+2|e_1e_3|\leqslant 2e_1^2+2e_2^2+2e_3^2$，则 $|e_3|+|e_1|\leqslant\sqrt{2}\|E\|_2$，从而

$$|d|=11\varepsilon|x_3|=1.1\times 10\varepsilon|x_3|\leqslant 1.1(|e_3|+|e_1|)\leqslant 1.1\sqrt{2}\|\boldsymbol{E}\|_2$$

其中，$\boldsymbol{E}=[e_1,e_2,e_3]^{\mathrm{T}}$。

取 $\boldsymbol{D}=[0,d,0]^{\mathrm{T}}$，则 $\|D\|_2=|d|$，取 $\gamma=1.1\sqrt{2}$，则 $\|\boldsymbol{D}\|_2\leqslant\gamma\|\boldsymbol{E}\|_2$。取 $\boldsymbol{A}=\begin{bmatrix}0&1&0\\0&0&1\\-c_1&-c_2&-c_3\end{bmatrix}$，由式(14.14)可得

$$\dot{\boldsymbol{E}}=\boldsymbol{AE}+\boldsymbol{D}\tag{14.15}$$

为了保证 $\boldsymbol{E}=[e_1,e_2,e_3]^{\mathrm{T}}\to 0$，需要使 $\boldsymbol{A}$ 为 Hurwitz 矩阵，即 $\boldsymbol{A}$ 的特征值实部为负，即

$$|\boldsymbol{A}-\lambda\boldsymbol{I}|=\begin{vmatrix}-\lambda&1&0\\0&-\lambda&1\\-c_1&-c_2&-c_3-\lambda\end{vmatrix}=\lambda^2(-c_3-\lambda)-c_1-c_2\lambda=-\lambda^3-c_3\lambda^2-c_2\lambda-c_1=0$$

的根实部为负。取特征值为 $-a$，$a>0$，由 $(\lambda+a)^3=0$ 可得 $\lambda^3+3a\lambda^2+3a^2\lambda+a^3=0$，从而按 $\lambda^3+c_3\lambda^2+c_2\lambda+c_1=0$ 可取 $c_1=a^3$，$c_2=3a^2$，$c_3=3a$。

取 $\boldsymbol{Q}=\boldsymbol{Q}^{\mathrm{T}}>0$，由于 $\boldsymbol{A}$ 为 Hurwitz 矩阵，则存在 Lyapunov 方程 $\boldsymbol{A}^{\mathrm{T}}\boldsymbol{P}+\boldsymbol{PA}=-\boldsymbol{Q}$，其解为 $\boldsymbol{P}=\boldsymbol{P}^{\mathrm{T}}>0$。取 Lyapunov 函数为

$$V_1=\boldsymbol{E}^{\mathrm{T}}\boldsymbol{PE}\tag{14.16}$$

则

$$\begin{aligned}\dot{V}_1&=\dot{\boldsymbol{E}}^{\mathrm{T}}\boldsymbol{PE}+\boldsymbol{E}^{\mathrm{T}}\boldsymbol{P}\dot{\boldsymbol{E}}=(\boldsymbol{AE}+\boldsymbol{D})^{\mathrm{T}}\boldsymbol{PE}+\boldsymbol{E}^{\mathrm{T}}\boldsymbol{P}(\boldsymbol{AE}+\boldsymbol{D})\\&=\boldsymbol{E}^{\mathrm{T}}\boldsymbol{A}^{\mathrm{T}}\boldsymbol{PE}+\boldsymbol{D}^{\mathrm{T}}\boldsymbol{PE}+\boldsymbol{E}^{\mathrm{T}}\boldsymbol{PAE}+\boldsymbol{E}^{\mathrm{T}}\boldsymbol{PD}=\boldsymbol{E}^{\mathrm{T}}(\boldsymbol{A}^{\mathrm{T}}\boldsymbol{P}+\boldsymbol{PA})\boldsymbol{E}+\boldsymbol{D}^{\mathrm{T}}\boldsymbol{PE}+\boldsymbol{E}^{\mathrm{T}}\boldsymbol{PD}\\&=-\boldsymbol{E}^{\mathrm{T}}\boldsymbol{QE}+\boldsymbol{D}^{\mathrm{T}}\boldsymbol{PE}+\boldsymbol{E}^{\mathrm{T}}\boldsymbol{PD}\leqslant-\lambda_{\min}(\boldsymbol{Q})\|\boldsymbol{E}\|_2^2+2\lambda_{\max}(\boldsymbol{P})\gamma\|\boldsymbol{E}\|_2^2\\&=(-\lambda_{\min}(\boldsymbol{Q})+2\lambda_{\max}(\boldsymbol{P})\gamma)\|\boldsymbol{E}\|_2^2\end{aligned}$$

其中，$\boldsymbol{D}^{\mathrm{T}}\boldsymbol{PE}+\boldsymbol{E}^{\mathrm{T}}\boldsymbol{PD}\leqslant 2\lambda_{\max}(\boldsymbol{P})\gamma\|\boldsymbol{E}\|_2^2$，$\lambda_{\min}(\boldsymbol{Q})$ 为正定阵 $\boldsymbol{Q}$ 的最小特征值，$\lambda_{\max}(\boldsymbol{P})$ 为正定阵 $\boldsymbol{P}$ 的最大特征值。

取 $\dfrac{\lambda_{\min}(\boldsymbol{Q})}{2\lambda_{\max}(\boldsymbol{P})}>\gamma$，则可保证 $\dot{V}_1\leqslant 0$。因此，闭环系统的稳定性取决于 $\dfrac{\lambda_{\min}(\boldsymbol{Q})}{2\lambda_{\max}(\boldsymbol{P})}$ 的值。取 $\boldsymbol{Q}=\boldsymbol{I}_3$ 时，$\lambda_{\min}(\boldsymbol{Q})=1$，$\lambda_{\max}(\boldsymbol{P})=\dfrac{1}{2\lambda_{\text{left}}(-\boldsymbol{A})}$，则 $\dfrac{\lambda_{\min}(\boldsymbol{Q})}{2\lambda_{\max}(\boldsymbol{P})}>\gamma$ 等价于 $\lambda_{\text{left}}(-\boldsymbol{A})>\gamma$。由于 $\gamma=2.2$，因此，通过在 $\boldsymbol{A}$ 负半面设计较大的极点值，可以保证较快的收敛速度。

通过设计参数 c_i，$i=1,2,3$，使 $\boldsymbol{A}$ 为 Hurwitz 矩阵，从而可实现在 $t\to\infty$ 时，$\boldsymbol{E}=[e_1,e_2,e_3]^{\mathrm{T}}\to 0$，即 $e_1\to 0$，$e_2\to 0$，$e_3\to 0$，又由 $s\to 0$ 可知 $e_4\to 0$。由 $e_1\to 0$，$e_2\to 0$ 可得 $x_1\to 0$，$x_2\to 0$。由 $e_3=f(0,x_3)\to 0$，根据假设 3 可得 $x_3\to 0$。由式(14.10)可知 $x_4\to 0$。

14.2.4 仿真实例

考虑前驱动系统式(14.8)，$\varepsilon=0.10$，被控对象初始状态取 $[1,0,\pi,0]$。

取 **A** 特征值为 $a=3.0$，取 $c_1=a^3$，$c_2=3a^2$，$c_3=3a$。采用控制律式(14.13)求 u，取 $k=5.0$，$\eta=0.50$，采用饱和函数方法(见 10.1.4 节)，取边界层厚度 Δ 为 0.10。仿真结果如图 14.3 和图 14.4 所示。

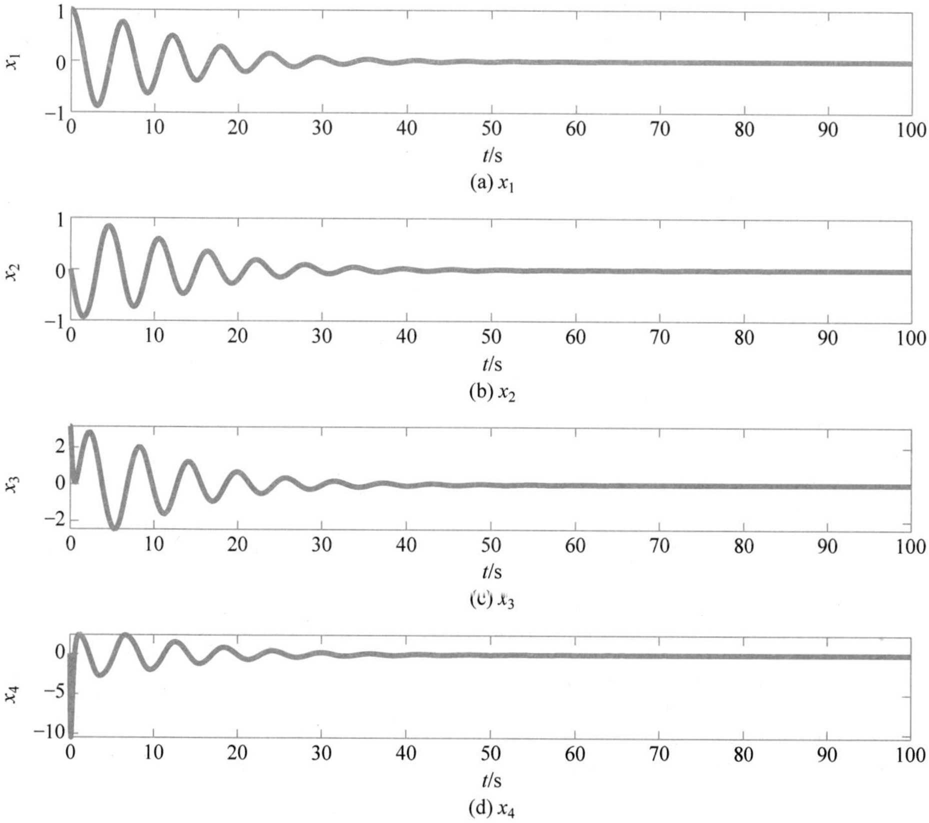

图 14.3 状态响应

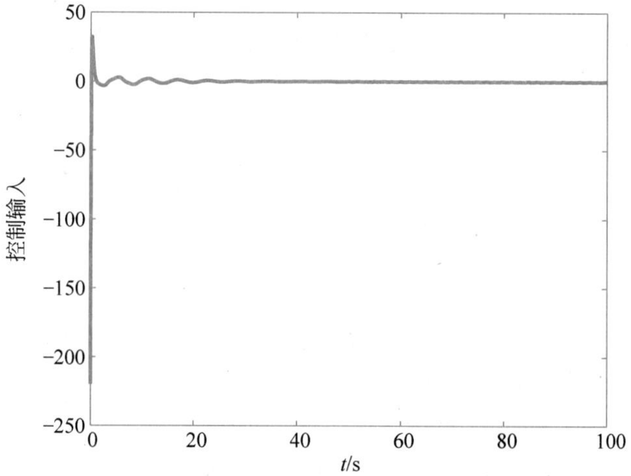

图 14.4 控制输入

仿真程序：

(1) Simulink 主程序：chap14_2sim.mdl。

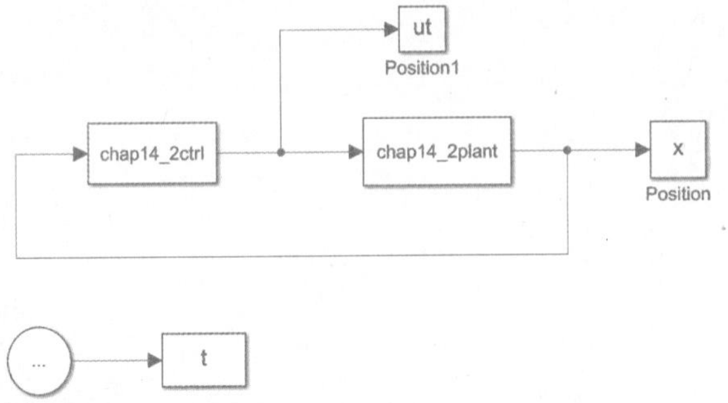

(2) 滑模控制程序：chap14_2ctrl.m。

(3) 被控对象程序：chap14_2plant.m。

(4) 作图程序：chap14_2plot.m。

14.3 基于双环设计的 VTOL 飞行器轨迹跟踪控制

垂直起降飞行器(VTOL)的控制系统有三个自由度，两个控制输入的欠驱动为非最小相位系统，其控制算法的设计富有挑战性。

文献[2]通过对状态变量进行坐标变换，使变换后的 VTOL 系统中不含有零动态，利用静态反馈很方便地实现了飞行器的稳定性和输入有界问题。反演设计为非匹配不确定非线性系统控制提供了一种有效的方法。文献[3]首先利用全局坐标变换使新系统符合下三角的形式，然后采用反演法完成控制律的设计，使 VTOL 飞行器可以全局渐近跟踪一个由参考模型产生的参考轨迹。

14.3.1 VTOL 模型描述

不考虑耦合系数和位置子系统的扰动，VTOL 动力学模型可简化为[2]

$$\begin{cases} \dot{x}_1 = x_2 \\ \dot{x}_2 = -u_1 \sin\theta \\ \dot{y}_1 = y_2 \\ \dot{y}_2 = u_1 \cos\theta - g \\ \dot{\theta} = \omega \\ \dot{\omega} = u_2 + \Delta_3(t) \end{cases} \tag{14.17}$$

式中，u_1 和 u_2 为控制输入，即飞行器底部推力力矩和滚动力矩，g 为重力加速度，$\Delta_3(t)$为外界干扰力矩，且对于正数 δ_3 满足$|\Delta_3(t)| \leqslant \delta_3$。

跟踪指令分别为 x_d 和 y_d，则式(14.17)转化为位置跟踪子系统

$$\begin{cases}\dot{\tilde{x}}_1=\tilde{x}_2\\ \dot{\tilde{x}}_2=-u_1\sin\theta-\ddot{x}_d\\ \dot{\tilde{y}}_1=\tilde{y}_2\\ \dot{\tilde{y}}_2=u_1\cos\theta-g-\ddot{y}_d\\ \dot{\theta}=\omega\\ \dot{\omega}=u_2+\Delta_3(t)\end{cases} \tag{14.18}$$

其中，$\tilde{x}_1=x_1-x_d$，$\tilde{x}_2=x_2-\dot{x}_d$，$\tilde{y}_1=y_1-y_d$，$\tilde{y}_2=y_2-\dot{y}_d$。

控制任务为通过设计控制律 u_1 和 u_2，实现 $t\to\infty$ 时，$x_1\to x_d$，$x_2\to\dot{x}_d$，$y_1\to y_d$，$y_2\to\dot{y}_d$，并且实现姿态角 θ 和 $\dot{\theta}$ 的随动，从而实现 VTOL 飞行器的轨迹跟踪。

14.3.2 针对航迹跟踪子系统的控制

针对式(14.18)中的第一个子系统，即航迹跟踪子系统设计控制输入 u_1：

$$\begin{cases}\dot{\tilde{x}}_1=\tilde{x}_2\\ \dot{\tilde{x}}_2=-u_1\sin\theta-\ddot{x}_d\\ \dot{\tilde{y}}_1=\tilde{y}_2\\ \dot{\tilde{y}}_2=u_1\cos\theta-g-\ddot{y}_d\end{cases} \tag{14.19}$$

假设存在 θ_d，使下式成立

$$-u_1\sin\theta_d=v_1$$

$$u_1\cos\theta_d=v_2$$

分别针对式(14.19)中的 x 子系统和 y 子系统设计滑模控制。首先针对 x 子系统，设计滑模函数 $s_1=c_1\tilde{x}_1+\dot{\tilde{x}}_1$，$c_1>0$。则 $\dot{s}_1=c_1\dot{\tilde{x}}_1+\ddot{\tilde{x}}_1=c_1\tilde{x}_2+v_1-\ddot{x}_d$，取滑模控制律为

$$v_1=-c_1\tilde{x}_2+\ddot{x}_d-\eta_1 s_1 \tag{14.20}$$

则 $\dot{s}_1=-\eta_1 s_1$，从而 $s_1\dot{s}_1=-\eta_1 s_1^2$。

然后针对 y 子系统，设计滑模函数 $s_2=c_1\tilde{y}_1+\dot{\tilde{y}}_1$，$c_1>0$。则 $\dot{s}_2=c_2\dot{\tilde{y}}_1+\ddot{\tilde{y}}_1=c_1\tilde{y}_2+v_2-g-\ddot{y}_d$，取滑模控制律为

$$v_2=g+\ddot{y}_d-c_2\tilde{y}_2-\eta_2 s_2 \tag{14.21}$$

则 $\dot{s}_2=-\eta_2 s_2$，从而 $s_2\dot{s}_2=-\eta_2 s_2^2$。

定义 Lyapunov 函数 $V_i=\frac{1}{2}s_i^2$，则 $\dot{V}_i=-\eta_i V_i$，其解为

$$V_i(t)=\mathrm{e}^{-\eta_i(t-t_0)}V_i(t_0)$$

可见，由 x 子系统和 y 子系统构成的控制系统指数收敛，在 $t\to\infty$ 时，$\tilde{x}_1\to 0$，$\dot{\tilde{x}}_1\to 0$，$\tilde{y}_1\to 0$，$\dot{\tilde{y}}_1\to 0$。收敛精度取决于参数 η_i 值。

上述控制器构成了一个外环系统，外环控制器产生角度指令 θ_d，并传递给内环系统，外环产生的误差 $\theta-\theta_d$ 通过内环控制消除。

基于双环的控制系统结构如图 14.5 所示。

由于与重力方向相比，u_1 方向向上，即 u_1 取正方向，故可由式(14.20)和式(14.21)得控制律为

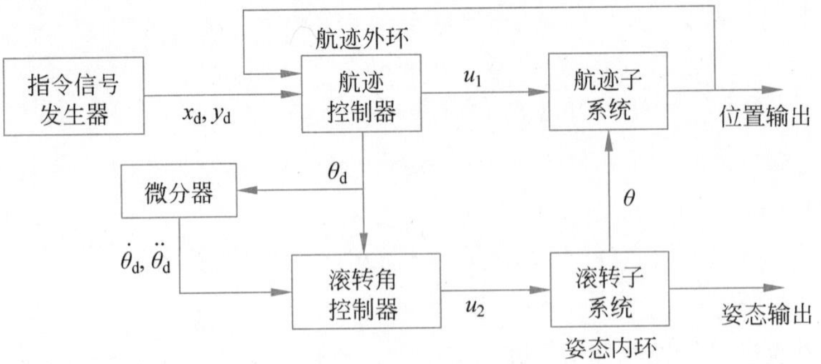

图 14.5 双环控制系统结构

$$u_1 = \sqrt{v_1^2 + v_2^2} \tag{14.22}$$

$$\theta_d = \arctan\left(-\frac{v_1}{v_2}\right) \tag{14.23}$$

上述控制算法实现了外环控制，所产生的 θ_d 作为内环控制指令，通过内环控制实现 θ 跟踪 θ_d。在双环控制中，为了保证整个闭环系统的稳定性，工程上一般采用快速的内环控制算法，即需要 θ 快速跟踪 θ_d。基于双闭环系统的稳定性分析是一个重要的理论问题，这方面的研究成果可见文献[4-5]。

需要说明的是，在下面针对第二个子系统设计内环控制输入时，需要 θ_d 的导数，故要求外环控制器式(14.23)所产生的 θ_d 连续可导。这就要求外环控制器中不能含有切换项，即不能采用带有切换的滑模控制方法。可采用基于干扰观测器补偿的滑模控制方法实现扰动项 $\Delta_1(t)$ 和 $\Delta_2(t)$ 的克服，其最后收敛结果为收敛于干扰估计误差的上界。

为了简单起见，此处忽略第一个子系统的扰动项 $\Delta_1(t)$ 和 $\Delta_2(t)$，采用无切换项的滑模控制算法。

14.3.3 针对滚转跟踪子系统的控制

针对第二个子系统，即滚转跟踪子系统设计内环控制输入 u_2：

$$\begin{cases} \dot{\theta} = \omega \\ \dot{\omega} = u_2 + \Delta_3(t) \end{cases} \tag{14.24}$$

其中，$|\Delta_3(t)| \leqslant D_3$。取角度指令为 θ_d，该指令来自式(14.23)，$e = \theta - \theta_d$ 为跟踪误差。定义滑模函数为 $s = ce + \dot{e}$，$c > 0$。定义 Lyapunov 函数 $V = \frac{1}{2}s^2$，由于

$$\dot{s} = c\dot{e} + \ddot{e} = c(\dot{\theta} - \dot{\theta}_d) + \ddot{\theta} - \ddot{\theta}_d = c(\omega - \dot{\theta}_d) + u_2 + \Delta_3(t) - \ddot{\theta}_d$$

设计基于指数稳定的滑模控制律为

$$u_2 = -c(\omega - \dot{\theta}_d) + \ddot{\theta}_d - ks - D_3 \operatorname{sgn} s \tag{14.25}$$

其中，$k > 0$。则 $\dot{s} = -D_3 \operatorname{sgn} s + \Delta_3(t)$，从而

$$\dot{V} = s(-ks - D_3 \operatorname{sgn} s + \Delta_3(t)) = -ks^2 - D_3 |s| - \Delta_3 s \leqslant -ks^2 = -2kV$$

不等式方程 $\dot{V} \leqslant -2kV$ 的解为

$$V(t) \leqslant e^{-2k(t-t_0)} V(t_0)$$

可见,控制系统指数收敛,收敛精度取决于参数 k 值。通过适当增加 k 的值,可保证 θ 快速跟踪 θ_d,当 $t \to \infty$ 时,$s \to 0$,从而 $\theta \to \theta_d$,$\dot{\theta} \to \dot{\theta}_d$。

在控制律式(14.25)中,需要对式(14.23)中的 θ_d 求导,而该求导过程过于复杂,为了简单起见,可采用如下三阶积分链式微分器实现 $\dot{\theta}_d$ 和 $\ddot{\theta}_d$:

$$\begin{cases} \dot{x}_1 = x_2 \\ \dot{x}_2 = x_3 \\ \dot{x}_3 = -\dfrac{k_1}{\varepsilon^3}(x_1 - \theta_d) - \dfrac{k_2}{\varepsilon^2}x_2 - \dfrac{k_3}{\varepsilon}x_3 \end{cases} \tag{14.26}$$

微分器的输出 x_1 和 x_2 即为 $\dot{\theta}_d$ 和 $\ddot{\theta}_d$。为了抑制微分器中的峰值现象,在初始时刻 $0 \leqslant t \leqslant 1.0$ 时,取

$$\varepsilon = \frac{1}{100}(1 - e^{-2t})$$

14.3.4 仿真实例

被控对象为式(14.17),g 取 9.8m/s^2,初始状态 $x_1(0)=0$,$x_2(0)=0$,$y_1(0)=1.0$,$y_2(0)=0$,$\theta(0)=0$,$\omega(0)=0$,$\Delta_3(t)=3\sin t$。

取理想航迹为 $x_d=\sin t$,$y_d=\cos t$,即为半径为 1 的圆。采用控制律式(14.22)和式(14.25),取 $c_1=c_2=10$,$\eta_1=\eta_2=3$,$D_3=3.1$。在内环控制律式(14.25)中,采用饱和函数方法,取边界层厚度 Δ 为 0.10。微分器参数取 $\varepsilon=0.01$,$k_1=9$,$k_2=27$,$k_3=27$。

仿真结果如图 14.6～图 14.10 所示。可见,在控制律的作用下,飞行器实际位置轨迹快速收敛于参考位置轨迹,且滚转角及其角速度是有界的。

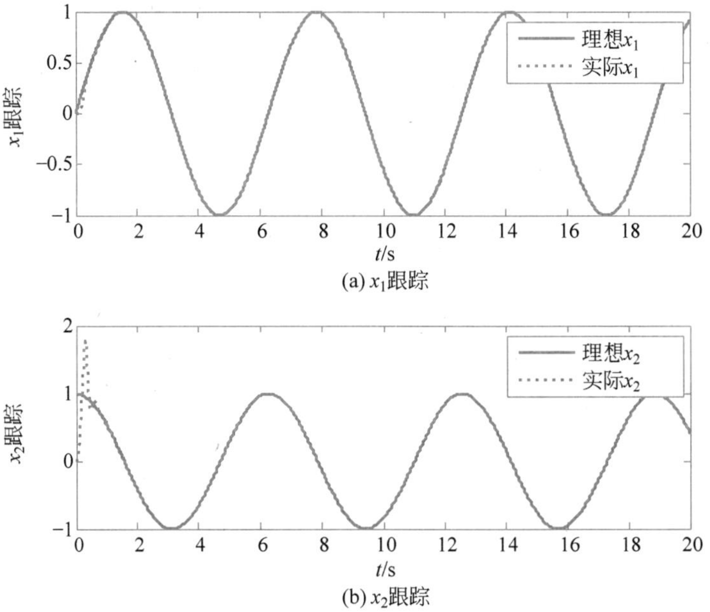

(a) x_1跟踪

(b) x_2跟踪

图 14.6　横向跟踪

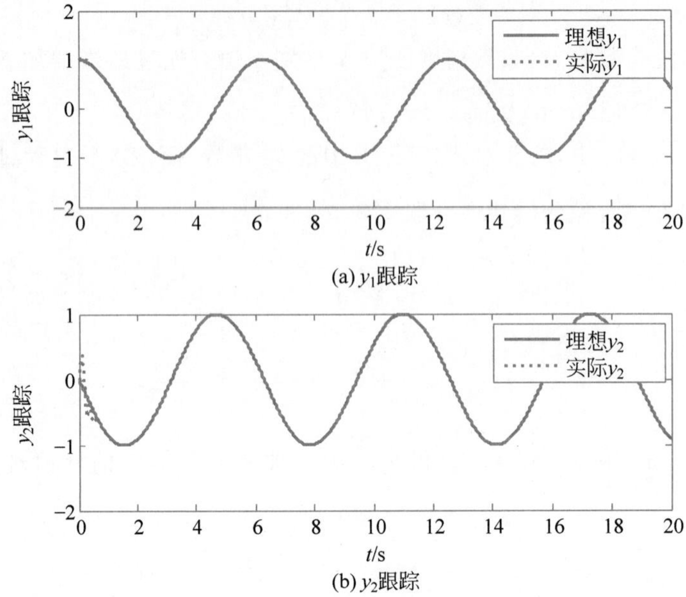

图 14.7 垂直方向跟踪

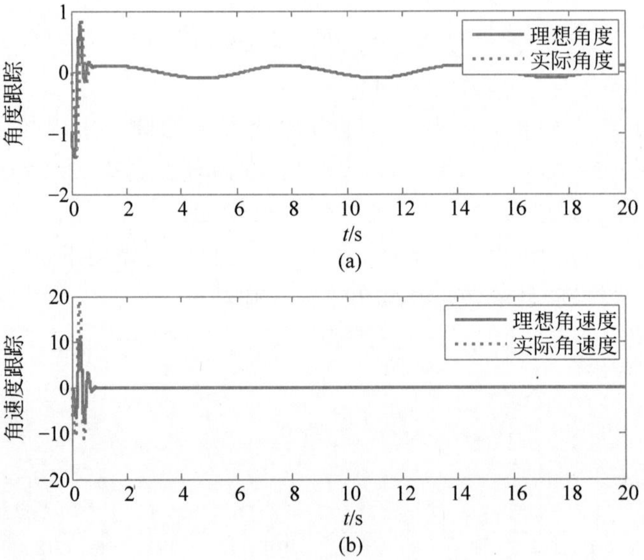

图 14.8 滚转角及其角速度响应

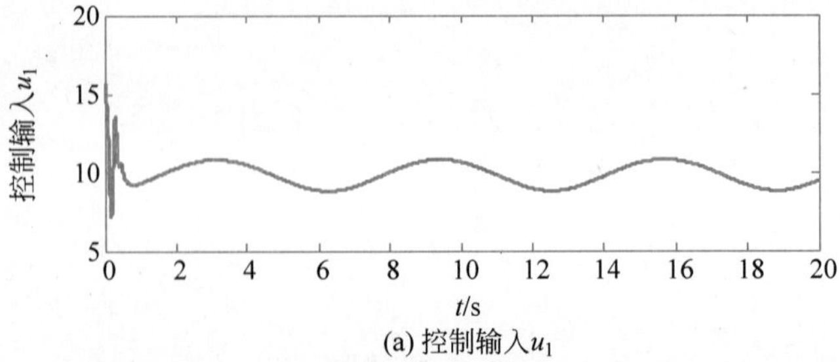

图 14.9 控制输入信号

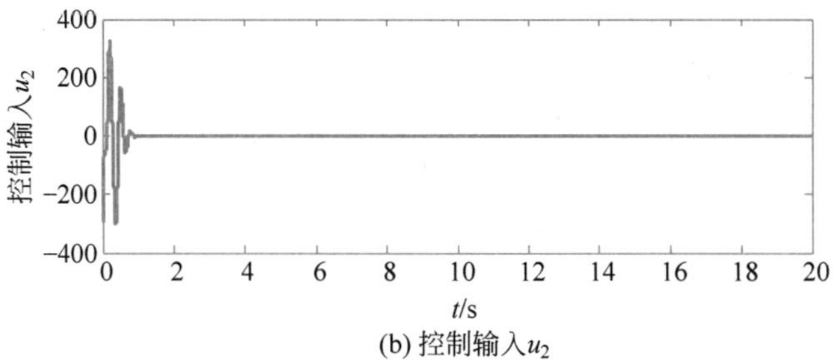

(b) 控制输入u_2

图 14.9 （续）

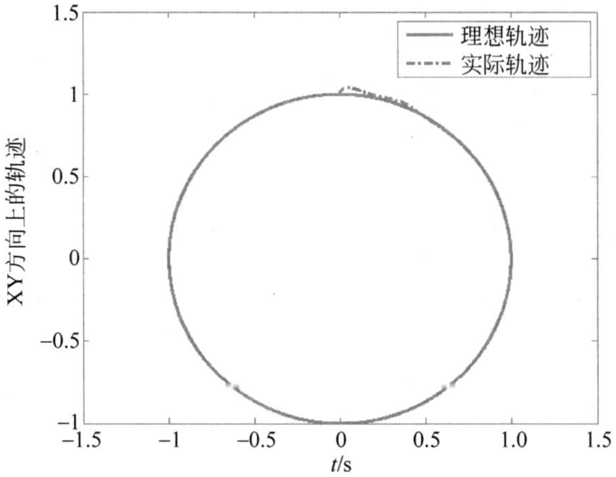

图 14.10 轨迹跟踪

仿真程序：

(1) Simulink 主程序：chap14_3sim.mdl。

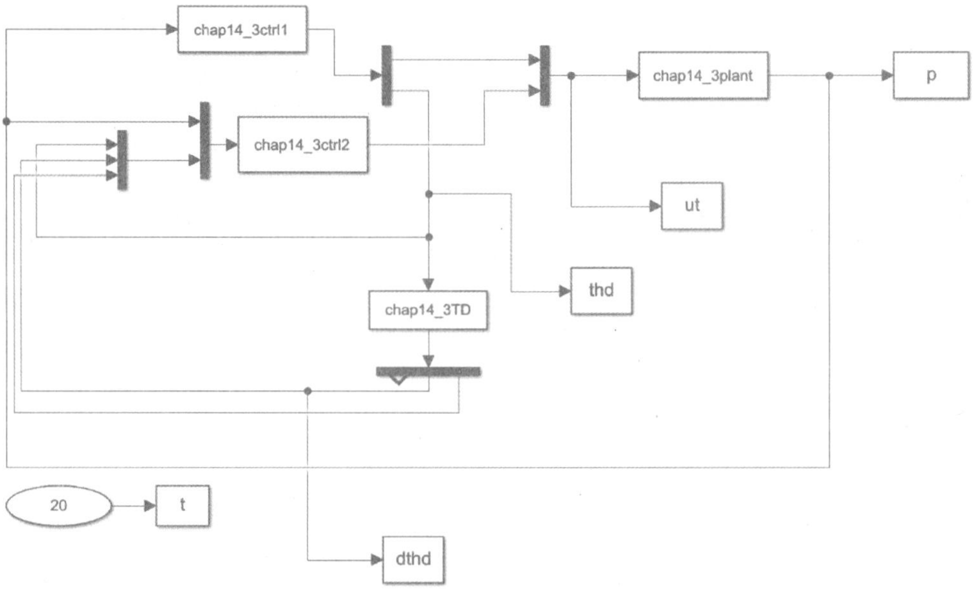

(2) 航迹跟踪子系统外环控制器 S 函数程序：chap14_3ctrl1.m。

(3) 滚转跟踪子系统内环控制器 S 函数程序：chap14_3ctrl2. m。

(4) 微分器 S 函数程序：chap14_3TD. m。

(5) 被控对象 S 函数程序：chap14_3plant. m。

(6) 作图程序：chap14_3plot. m。

思考题

1. 欠驱动系统有何特点？与传统系统有何区别？

2. 欠驱动系统是怎么引起的？简述其工程意义。

3. 作出包含控制输出受限的控制系统框图和算法流程图。

4. 欠驱动控制系统模型有哪几种表达形式？在实际工程中代表性的欠驱动系统有哪几种？

5. 在本章所介绍的欠驱动系统控制律式(14.4)中，影响控制性能的参数有哪些？如何调整这些参数使控制性能得到提升？

6. 当前解决欠驱动控制系统设计有哪些方法？每种方法有何优点和局限性？

7. 考虑模型式(14.1)，如果存在控制输入延迟，如何设计控制器？如何进行稳定性分析？

参考文献

[1] RONG X, OZGUNER U. Sliding mode control of a class of underactuated systems[J]. Automatica, 2008, 44: 233-241.

[2] SABER R O. Global configuration stabilization for the VTOL aircraft with strong input coupling[J]. IEEE Transactions on Automatic Control, 2002, 47(11): 1949-1952.

[3] DO K D, JIANG Z P, PAN J. On global tracking control of a VTOL aircraft without velocity measurements[J]. IEEE Transactions on Automatic Control, 2003, 48(12): 2212-2217.

[4] BERTRAND S, GUENARD N, HAMEL T, et al. A hierarchical controller for miniature VTOL UAVs: Design and stability analysis using singular perturbation theory[J]. Control Engineering Practice, 2011, 19: 1099-1108.

[5] JANKOVIC M, SEPULCHRE R, KOKOTOVIC P V. Constructive Lyapunov stabilization of nonlinear cascade systems[J]. IEEE Transactions on Automatic Control, 1996, 41(12): 1723-1735.

第 15 章 无向图下多智能体系统协调控制

CHAPTER 15

多智能体系统具有高效、低成本、扩展性强、灵活性高、容错性高、协作能力强等特点，被广泛应用于移动机器人编队控制、机械手协同控制、无人机编队控制和航天器编队控制等领域中[1]。

多智能体系统通过进行相互合作和协调，使得各个智能体协同工作以完成任务。多智能体协调控制策略在理论和应用领域上的研究是一项复杂的任务，在飞行器、机器人等领域具有广泛的应用前景。

目前，针对多智能体系统的协调控制研究主要包括一致性控制、编队控制、聚结控制、会合控制等。一致性控制是多智能体系统实现协调控制的重要基础，其目标在于设计一种分布式的控制策略，利用智能体之间的信息交换与融合，使得所有智能体在状态或输出上取得一致性。多智能体系统的编队控制、聚结控制、会合控制等可以看作一致性控制的推广与特例。针对各种多智能体系统的拓扑结构的协调控制研究是目前研究的重点。

多智能体系统的一致性问题是多智能体协同中的一个基础问题，即智能体间达成一种共同状态，如一致性跟踪控制、有限时间一致性等问题，不同类型的多智能体一致性体现了多智能体技术在不同领域应用中的不同需求。例如，文献[2]探讨了多智能体一致性控制中的执行器容错控制问题，文献[3]探讨了多智能体一致性跟踪误差有限时间收敛问题。

15.1 无向图下线性多智能体系统一致性控制

15.1.1 系统描述

针对二阶线性多智能体系统，第 i 个智能体动力学模型为

$$\begin{cases} \dot{x}_{i1}=x_{i2} \\ \dot{x}_{i2}=u_i+d_i \\ y_i=x_{i1} \end{cases} \tag{15.1}$$

其中，$i=1,2,\cdots,N$，$|d_i|\leqslant d_{i\max}$，$(j,i)\in E$ 表示智能体 i 可以获得智能体 j 的信息，智能体 i 的相邻集合表示为 $\Lambda_i=\{j\mid(j,i)\in E\}$。

智能体 i 与智能体 j 之间连接的标记取 a_{ij}，$a_{ij}=1$ 时表示智能体 i 与智能体 j 之间有通信，否则 $a_{ij}=0$，且有 $a_{ii}=0$，$\mathbf{A}=[a_{ij}]\in\mathbf{R}^{N\times N}$。

定义 $\boldsymbol{\Xi}=\mathrm{diag}\{\Xi_i,\cdots,\Xi_N\}$，$\Xi_i=\sum_{j=1}^{N}a_{ij}$，定义 Laplacian 矩阵

$$L=\Xi-A$$

一致性指令为 y_0，智能体 i 与指令 y_0 之间连接的标记取 μ_i，$\mu_i=1$ 时表示智能体 i 可以获得指令 y_0 信息，否则取 $\mu_i=0$，取

$$\boldsymbol{\mu}=\mathrm{diag}\{\mu_i,\cdots,\mu_N\}$$

控制目标：$t\to\infty$ 时，$x_{i1}\to y_0$，$x_{i2}\to\dot{y}_0$。

引理 15.1[2] 多智能体拓扑图是无向的，至少有一个智能体可以获得指令信息，则 $\boldsymbol{L}+\boldsymbol{\mu}$ 为对称正定阵。

15.1.2 控制律设计

智能体 i 的跟踪误差为 $\varepsilon_i=y_i-y_0$，定义

$$\begin{cases}\bar{\varepsilon}_i=\dot{\varepsilon}_i+\varepsilon_i\\ z_i=\mu_i(y_i-y_0)+\sum\limits_{j\in\Lambda_i}(y_i-y_j)\\ \bar{z}_i=\dot{z}_i+z_i\end{cases}\tag{15.2}$$

由于 $y_i-y_j=\varepsilon_i-\varepsilon_j$，根据 a_{ij} 的定义，有

$$z_i=\mu_i\varepsilon_i+\sum_p a_{ip}(\varepsilon_i-\varepsilon_{jp})=(\mu_i+\Xi_i)\varepsilon_i-\sum_p a_{ip}\varepsilon_p$$

由于 $\sum\limits_p a_{ip}\varepsilon_p=\boldsymbol{A}\bar{\boldsymbol{\varepsilon}}_i$，则

$$\bar{z}=(\boldsymbol{\mu}+\boldsymbol{\Xi})\bar{\boldsymbol{\varepsilon}}-\boldsymbol{A}\bar{\boldsymbol{\varepsilon}}=(\boldsymbol{L}+\boldsymbol{\mu})\bar{\boldsymbol{\varepsilon}}\tag{15.3}$$

根据文献[4]中的引理 3，可知 $\boldsymbol{L}+\boldsymbol{\mu}$ 为对称正定阵。根据控制目标，设计 Lyapunov 函数为

$$V=\frac{1}{2}\bar{\boldsymbol{\varepsilon}}^{\mathrm{T}}(\boldsymbol{L}+\boldsymbol{\mu})\bar{\boldsymbol{\varepsilon}}\tag{15.4}$$

则

$$\dot{V}=\bar{\boldsymbol{\varepsilon}}^{\mathrm{T}}(\boldsymbol{L}+\boldsymbol{\mu})\dot{\bar{\boldsymbol{\varepsilon}}}=\bar{z}^{\mathrm{T}}\dot{\bar{\boldsymbol{\varepsilon}}}$$

由于

$$\begin{aligned}\dot{\bar{\boldsymbol{\varepsilon}}}_i&=\ddot{\varepsilon}_i+\dot{\varepsilon}_i=\ddot{y}_i-\ddot{y}_0+\dot{y}_i-\dot{y}_0=u_i+d_i+x_{i2}-\mu_i(\dot{y}_0+\ddot{y}_0)+(\mu_i-1)(\dot{y}_0+\ddot{y}_0)\\&=u_i+x_{i2}-\mu_i(\dot{y}_0+\ddot{y}_0)+D_i\end{aligned}$$

其中，$D_i=d_i+(\mu_i-1)(\dot{y}_0+\ddot{y}_0)$，$D_{i\max}=d_{i\max}+\sup|\dot{y}_0+\ddot{y}_0|$，当智能体 i 可以获得指令 y_0 信息时，$\mu_i=1$，此时 $D_i=d_i$。则

$$\dot{V}=\sum_{i=1}^{N}\bar{z}_i(u_i+x_{i2}-\mu_i(\dot{y}_0+\ddot{y}_0)+D_i)$$

设计控制律为

$$u_i=-c_i\bar{z}_i-x_{i2}+\mu_i(\dot{y}_0+\ddot{y}_0)-\eta_i\,\mathrm{sgn}\bar{z}_i\tag{15.5}$$

其中，$\eta_i\geqslant D_{i\max}$。则

$$\dot{V}=-\sum_{i=1}^{N}c_i\bar{z}_i^2\leqslant 0$$

当 $t\to\infty$ 时，$\bar{z}_i\to 0$，根据式(15.3)，由于 $\boldsymbol{L}+\boldsymbol{\mu}$ 为对称正定阵(验证过程见本节附录)，$\bar{\boldsymbol{\varepsilon}}_i\to 0$，从而 $\boldsymbol{\varepsilon}_i\to 0$ 且 $\dot{\boldsymbol{\varepsilon}}_i\to 0$，即 $x_{i1}\to y_0$，$x_{i2}\to\dot{y}_0$。

15.1.3 仿真实例

考虑如图 15.1 所示的多智能体系统拓扑结构[2]，只有第二个智能体与指令 y_0 相连，$\mu_2=1$，$y_0=\sin t$。针对多智能体系统式(15.1)，$d_i=3\sin t$，$i=1,2,3,4$，当 $i=2$ 时，$D_{i\max}=d_{i\max}$，可取 $\eta_i\geqslant 3$；当 $i=1,3,4$ 时，$D_{i\max}=d_{i\max}+\sup|\dot{y}_0+\ddot{y}_0|$，可取 $\eta_i\geqslant 5$。

根据式(15.5)，针对图 15.1 中的四个智能体的控制律设计如下：

$$u_i=-c_i\bar{z}_i-x_{i2}+\mu_i(\dot{y}_0+\ddot{y}_0)-\eta_i\operatorname{sgn}\bar{z}_i$$

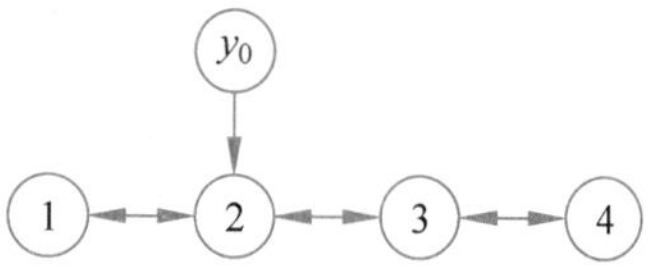

图 15.1 无向图多智能体系统结构

根据图 15.1，只有第二个智能体与 y_0 相连，则 $\mu_1=0$，$\mu_2=1$，$\mu_3=0$，$\mu_4=0$，则

$$u_1=-c_1\bar{z}_1-x_{12}-\eta_1\operatorname{sgn}\bar{z}_1$$
$$u_2=-c_2\bar{z}_2-x_{22}+\ddot{y}_0+\dot{y}_0-\eta_2\operatorname{sgn}\bar{z}_2$$
$$u_3=-c_3\bar{z}_3-x_{32}-\eta_3\operatorname{sgn}\bar{z}_3$$
$$u_4=-c_4\bar{z}_4-x_{42}-\eta_4\operatorname{sgn}\bar{z}_4$$

考虑 $D_{i\max}=d_{i\max}+\sup|\dot{y}_0+\ddot{y}_0|$，取 $\eta_1=\eta_3=\eta_4=5$，$\eta_2=3$。根据图 15.1 和式(15.5)，有

$$z_1=y_1-y_2$$
$$z_2=(y_2-y_0)+(y_2-y_1)+(y_2-y_3)$$
$$z_3=(y_3-y_2)+(y_3-y_4)$$
$$z_4=y_4-y_3$$

根据式(15.2)可得 $\bar{z}_i=\dot{z}_i+z_i$，取 $c_i=20$，$i=1,2,3,4$。为了防止抖振，控制器式(15.5)中，采用饱和函数 $\operatorname{sat}(x)$ 代替符号函数 $\operatorname{sgn}(x)$，设计如下：

$$\operatorname{sat}(x)=\begin{cases}1, & x>\Delta\\ kx, & |x|\leqslant\Delta,\quad k=1/\Delta\\ -1, & x<-\Delta\end{cases}$$

其中，Δ 为边界层。

取 $\Delta=0.003$，运行 Simulink 仿真主程序 chap15_1sim.mdl，仿真结果如图 15.2～图 15.4 所示。取离散时间为 $T=0.001$，离散仿真程序为 chap15_1dis.m。

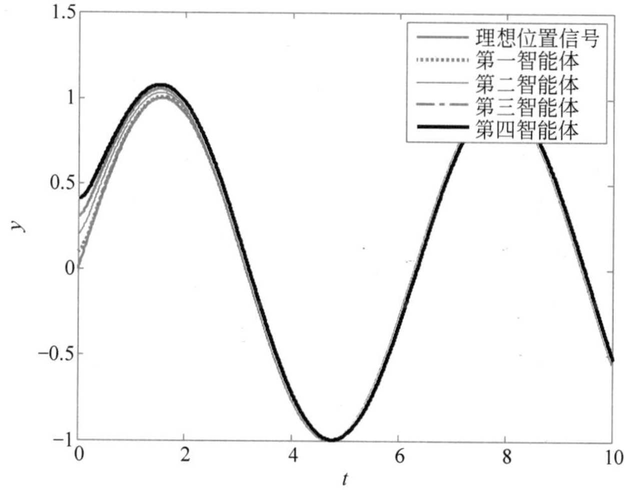

图 15.2 多智能体系统的位置一致性跟踪

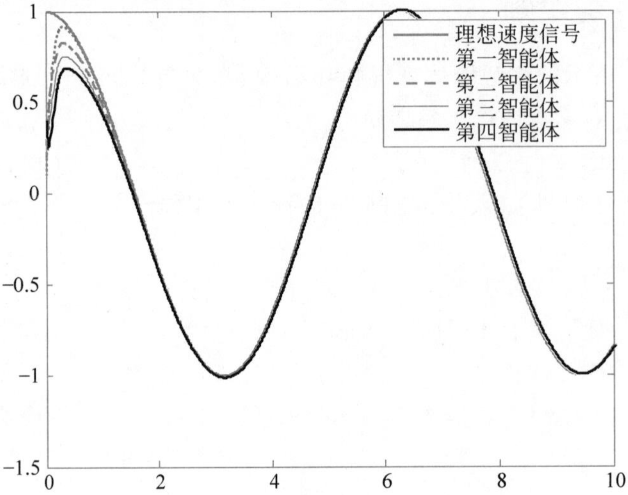

图 15.3 多智能体系统的速度一致性跟踪

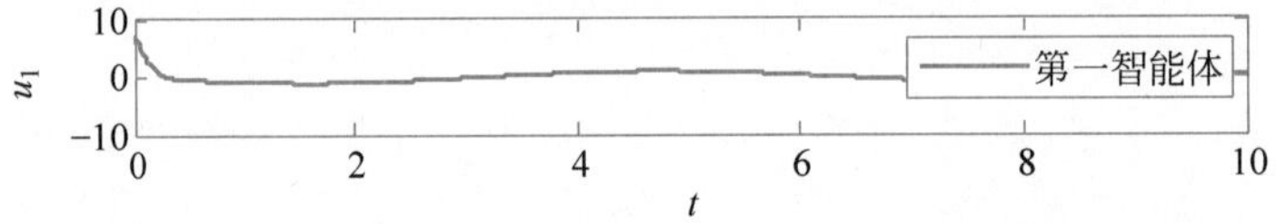

(a) u_1

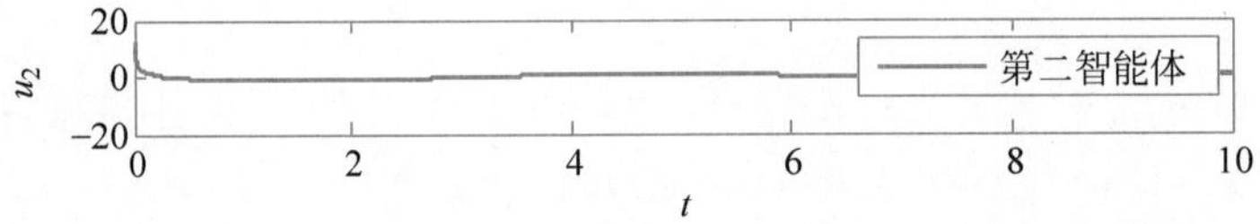

(b) u_2

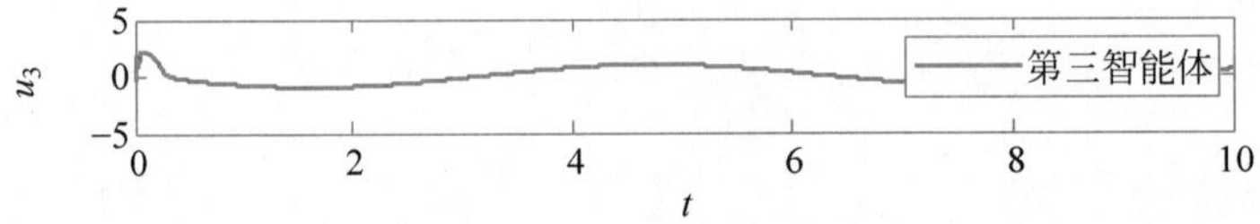

(c) u_3

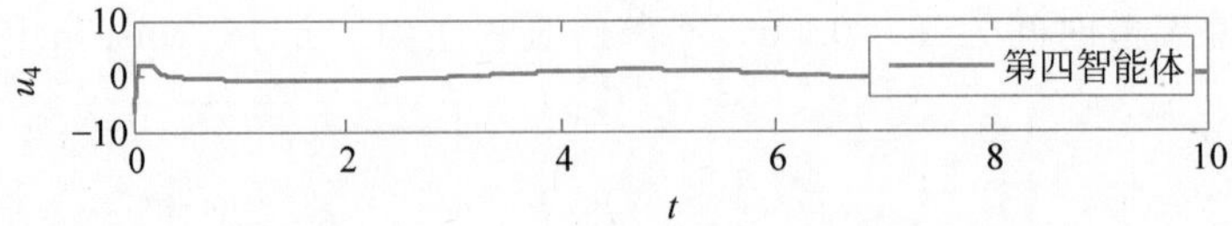

(d) u_4

图 15.4 多智能体系统的控制输入

采用 M 语言，对模型进行离散化，也可以实现多智能体控制系统的仿真，仿真程序设计更加简单方便。不足之处是计算精度较差。

附录

对式(15.3)进行 Laplacian 矩阵分析：根据图 15.1，可得

$$\boldsymbol{A}=[a_{ij}]=\begin{bmatrix}0&1&0&0\\1&0&1&0\\0&1&0&1\\0&0&1&0\end{bmatrix},\quad \boldsymbol{\Xi}=\begin{bmatrix}1&0&0&0\\0&2&0&0\\0&0&2&0\\0&0&0&1\end{bmatrix},\quad \boldsymbol{\mu}=\begin{bmatrix}0&0&0&0\\0&1&0&0\\0&0&0&0\\0&0&0&0\end{bmatrix}$$

则

$$\boldsymbol{L}=\boldsymbol{\Xi}-\boldsymbol{A}=\begin{bmatrix}1&0&0&0\\0&2&0&0\\0&0&2&0\\0&0&0&1\end{bmatrix}-\begin{bmatrix}0&1&0&0\\1&0&1&0\\0&1&0&1\\0&0&1&0\end{bmatrix}=\begin{bmatrix}1&-1&0&0\\-1&2&-1&0\\0&-1&2&-1\\0&0&-1&1\end{bmatrix}$$

$$\boldsymbol{L}+\boldsymbol{\mu}=\begin{bmatrix}1&-1&0&0\\-1&2&-1&0\\0&-1&2&-1\\0&0&-1&1\end{bmatrix}+\begin{bmatrix}0&0&0&0\\0&1&0&0\\0&0&0&0\\0&0&0&0\end{bmatrix}=\begin{bmatrix}1&-1&0&0\\-1&3&-1&0\\0&-1&2&-1\\0&0&-1&1\end{bmatrix}$$

特征值为 $\mathrm{eig}(\boldsymbol{L}+\boldsymbol{\mu})=[0.1729, 0.6617, 2.2091, 3.9563]$，则 $\boldsymbol{L}+\boldsymbol{\mu}$ 为正定阵。根据式(15.3)，$\bar{z}_i\to 0$ 时，$\bar{\boldsymbol{\varepsilon}}_i\to 0$。对应的程序为 chap11_1L. m。

仿真程序：

(1) 图 15.1 的 Laplacian 矩阵分析仿真程序：chap15_1L. m。

(2) Simulink 仿真程序：

① 主程序：chap15_1sim. mdl。

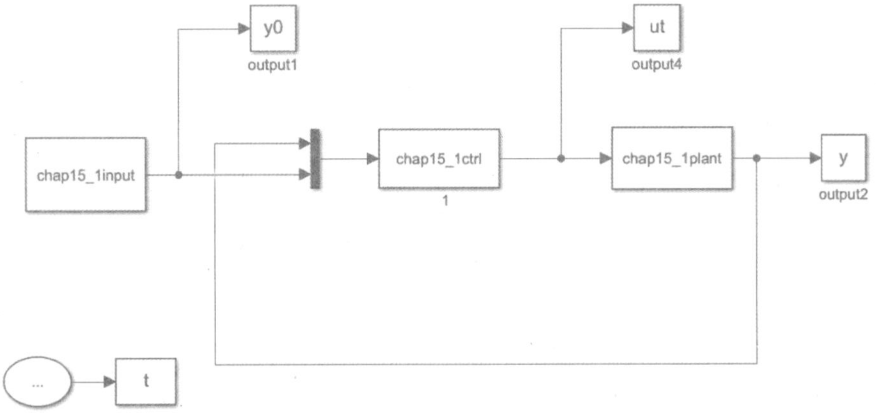

② 智能体控制器子程序：chap15_1ctrl. m。

③ 智能体被控对象子程序：chap15_1plant. m。

④ 作图子程序：chap15_1plot. m。

(3) M 语言离散仿真程序：chap15_1dis. m。

15.2 无向图多智能体一致性容错控制

考虑在多智能体控制系统中各个智能体执行器容错时的一致性跟踪控制。

15.2.1 系统描述

针对二阶线性多智能体系统,第 i 个智能体动力学模型为

$$\begin{cases}\dot{x}_{i1}=x_{i2}\\ \dot{x}_{i2}=u_i+d_i\\ y_i=x_{i1}\end{cases} \tag{15.6}$$

其中,$i=1,2,\cdots,N$,u_i 为控制输入,d_i 为控制输入扰动,$|d_i|\leqslant d_{i\max}$。

带有执行器故障的控制输入为 $u_i=\rho_i v_i$,$\rho_i\in(0,1)$,取 $p_i=\dfrac{1}{\rho_i}$,e_i 为未知常数。

$(j,i)\in E$ 表示智能体 i 可以获得智能体 j 的信息,智能体 i 的相邻集合表示为 $\Lambda_i=\{j\mid(j,i)\in E\}$,智能体 i 与智能体 j 之间连接的标记取 a_{ij},$a_{ij}=1$ 时表示智能体 i 与智能体 j 之间有通信,否则 $a_{ij}=0$,且有 $a_{ii}=0$,$\mathbf{A}=[a_{ij}]\in\mathbf{R}^{N\times N}$。

定义 $\boldsymbol{\Xi}=\mathrm{diag}\{\Xi_i,\Xi_{i+1},\cdots,\Xi_N\}$,$\Xi_i=\sum\limits_{j=1}^{N}a_{ij}$,定义 Laplacian 矩阵

$$\mathbf{L}=\boldsymbol{\Xi}-\mathbf{A}$$

指令为 y_0,智能体 i 与指令 y_0 之间连接的标记取 μ_i,$\mu_i=1$ 时表示智能体 i 可以获得指令 y_0 信息,否则取 $\mu_i=0$,取

$$\boldsymbol{\mu}=\mathrm{diag}\{\mu_i,\cdots,\mu_N\}$$

控制目标为 $t\to\infty$ 时,$x_{i1}\to y_0$,$x_{i2}\to\dot{y}_0$。

15.2.2 控制律设计

智能体 i 的跟踪误差为 $\varepsilon_i=y_i-y_0$,定义[2]

$$\begin{cases}\bar{\varepsilon}_i=\dot{\varepsilon}_i+\varepsilon_i\\ z_i=\mu_i(y_i-y_0)+\sum\limits_{j\in\Lambda_i}(y_i-y_j)\\ \bar{z}_i=\dot{z}_i+z_i\end{cases} \tag{15.7}$$

由于 $y_i-y_j=\varepsilon_i-\varepsilon_j$,根据 a_{ij} 的定义,有

$$z_i=\mu_i\varepsilon_i+\sum_p a_{ip}(\varepsilon_i-\varepsilon_{jp})=(\mu_i+\Xi_i)\varepsilon_i-\sum_p a_{ip}\varepsilon_p$$

由于 $\sum\limits_p a_{ip}\varepsilon_p=\mathbf{A}\varepsilon_i$,则

$$\bar{\mathbf{z}}=(\boldsymbol{\mu}+\boldsymbol{\Xi})\bar{\boldsymbol{\varepsilon}}-\mathbf{A}\bar{\boldsymbol{\varepsilon}}=(\mathbf{L}+\boldsymbol{\mu})\bar{\boldsymbol{\varepsilon}} \tag{15.8}$$

根据控制目标,设计 Lyapunov 函数为

$$V=\frac{1}{2}\bar{\boldsymbol{\varepsilon}}^{\mathrm{T}}(\mathbf{L}+\boldsymbol{\mu})\bar{\boldsymbol{\varepsilon}}+\sum_{i=1}^{N}\frac{|\rho_i|}{2\gamma_i}\tilde{p}_i^2 \tag{15.9}$$

其中,$\gamma_i>0$,$\tilde{p}_i=\hat{p}_i-p_i$,$\mathbf{L}+\boldsymbol{\mu}$ 为对称正定阵。则

$$\dot{V}=\bar{\boldsymbol{\varepsilon}}^{\mathrm{T}}(\mathbf{L}+\boldsymbol{\mu})\dot{\bar{\boldsymbol{\varepsilon}}}=\bar{z}^{\mathrm{T}}\dot{\bar{\boldsymbol{\varepsilon}}}+\sum_{i=1}^{N}\frac{|\rho_i|}{\gamma_i}\tilde{p}_i\dot{\hat{p}}_i$$

由于

$$\dot{\bar{\boldsymbol{\varepsilon}}}_i = \ddot{\varepsilon}_i + \dot{\varepsilon}_i = \ddot{y}_i - \ddot{y}_0 + \dot{y}_i - \dot{y}_0 = u_i + d_i + x_{i2} - \mu_i(\dot{y}_0 + \ddot{y}_0) + (\mu_i - 1)(\dot{y}_0 + \ddot{y}_0)$$
$$= u_i + x_{i2} - \mu_i(\dot{y}_0 + \ddot{y}_0) + D_i$$
$$= \rho_i v_i + x_{i2} - \mu_i(\dot{y}_0 + \ddot{y}_0) + D_i$$

其中，$D_i = d_i + (\mu_i - 1)(\dot{y}_0 + \ddot{y}_0)$，$D_{i\max} = d_{i\max} + \sup|\dot{y}_0 + \ddot{y}_0|$。则

$$\dot{V} = \bar{\boldsymbol{z}}^{\mathrm{T}} \sum_{i=1}^{N} (\rho_i v_i + x_{i2} - \mu_i(\dot{y}_0 + \ddot{y}_0) + D_i) + \sum_{i=1}^{N} \frac{|\rho_i|}{\gamma_i} \tilde{p}_i \dot{\hat{p}}_i$$

取

$$\alpha_i = c_i \bar{z}_i + x_{i2} - \mu_i(\dot{y}_0 + \ddot{y}_0) + \eta_i \operatorname{sgn}\bar{z}_i \tag{15.10}$$

则 $x_{i2} - \mu_i(\dot{y}_0 + \ddot{y}_0) = \alpha_i - c_i \bar{z}_i - \eta_i \operatorname{sgn}\bar{z}_i$，代入可得

$$\dot{V} = \bar{\boldsymbol{z}}^{\mathrm{T}} \sum_{i=1}^{N} (\rho_0 v_i + \alpha_i - c_i \bar{z}_i - \eta_i \operatorname{sgn}\bar{z}_i + D_i) + \sum_{i=1}^{N} \frac{|\rho_i|}{\gamma_i} \tilde{p}_i \dot{\hat{p}}_i$$

其中，$\eta_i \geqslant D_{i\max}$。

$$\dot{V} \leqslant \bar{\boldsymbol{z}}^{\mathrm{T}} \sum_{i=1}^{N} (\rho_i v_i + \alpha_i - c_i \bar{z}_i) + \sum_{i=1}^{N} \frac{|\rho_i|}{\gamma_i} \tilde{p}_i \dot{\hat{p}}_i$$

设计控制律为

$$v_i = -\hat{p}_i \alpha_i \tag{15.11}$$

$$\dot{\hat{p}}_i = \gamma_i \bar{\boldsymbol{z}}_i^{\mathrm{T}} \alpha_i \operatorname{sgn}\rho_i \tag{15.12}$$

可得

$$\dot{V} \leqslant \bar{\boldsymbol{z}}^{\mathrm{T}} \sum_{i=1}^{N} (-\rho_i \hat{p}_i \alpha_i + \alpha_i - c_i \bar{z}_i) + \sum_{i=1}^{N} \frac{|\rho_i|}{\gamma_i} \tilde{p}_i \gamma_i \bar{\boldsymbol{z}}_i^{\mathrm{T}} \alpha_i \operatorname{sgn}\rho_i$$
$$= \bar{\boldsymbol{z}}^{\mathrm{T}} \sum_{i=1}^{N} (-\rho_i \hat{p}_i \alpha_i + \alpha_i - c_i \bar{z}_i + \tilde{p}_i \alpha_i \rho_i)$$
$$= -\sum_{i=1}^{N} c_i \bar{z}_i^2 \leqslant 0$$

当 $t \to \infty$ 时，$\bar{z}_i \to 0$，同 15.1 节，$\boldsymbol{L} + \boldsymbol{\mu}$ 为对称正定阵，根据式(15.8)，则$\bar{\boldsymbol{\varepsilon}}_i \to 0$，从而$\boldsymbol{\varepsilon}_i \to 0$ 且 $\dot{\boldsymbol{\varepsilon}}_i \to 0$，即 $x_{i1} \to y_0$，$x_{i2} \to \dot{y}_0$。

15.2.3 仿真实例

考虑如图 15.5 所示的多智能体系统结构，同图 15.1，只有第二个智能体与指令 y_0 相连，$y_0 = \sin t$。针对多智能体系统式(15.6)，$d_i = 3\sin t$，$i = 1,2,3,4$，当 $i = 2$ 时，$D_i = 0$，可取 $\eta_i \geqslant 3$，当 $i = 1,3,4$ 时，$D_i = -\dot{y}_0 - \ddot{y}_0$，可取 $\eta_i \geqslant 5$。

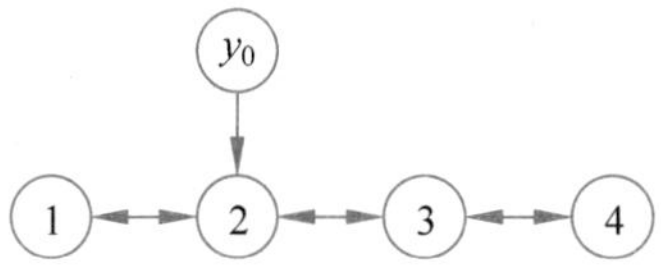

图 15.5　无向图多智能体系统结构

根据式(15.10)~式(15.12),针对图15.5中的四个智能体设计控制律和自适应律。取四个智能体控制输入故障系数分别为$\rho_1=0.5$,$\rho_2=0.6$,$\rho_3=0.7$,$\rho_4=0.8$。

根据式(15.7)可得$\bar{z}_i=\dot{z}_i+z_i$,取$c_i=2$,$i=1,2,3,4$。为了防止抖振,控制器中采用饱和函数sat(x)代替符号函数sgn(x),设计如下:

$$\operatorname{sat}(x)=\begin{cases}1, & x>\Delta\\ kx, & |x|\leqslant\Delta, k=1/\Delta\\ -1, & x<-\Delta\end{cases}$$

其中,Δ为边界层。

取$\Delta=0.003$,运行Simulink仿真程序chap18_4sim.mdl,仿真结果如图15.6~图15.8所示。

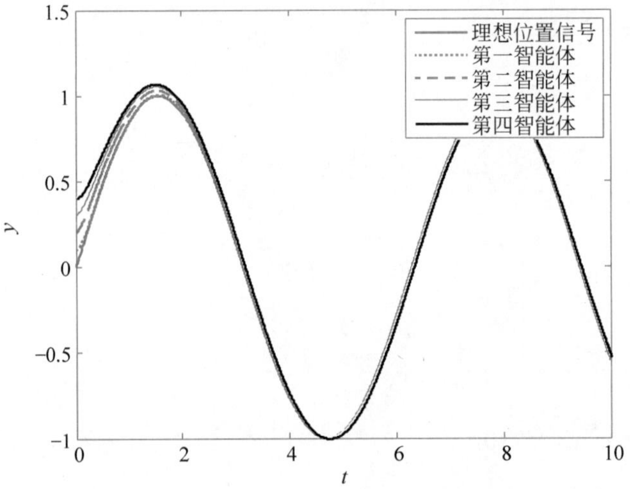

图15.6 多智能体系统的位置一致性跟踪

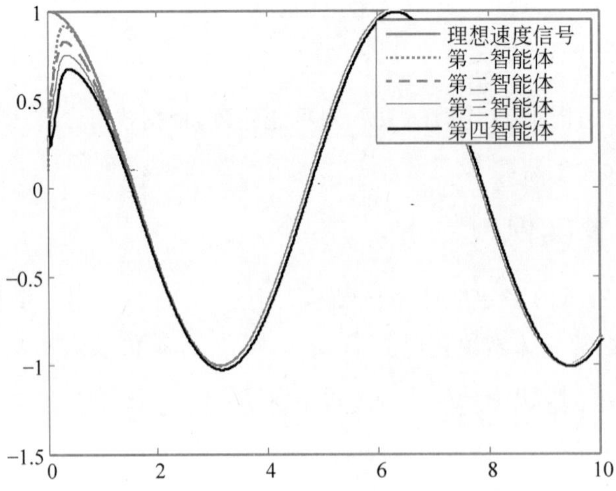

图15.7 多智能体系统的速度一致性跟踪

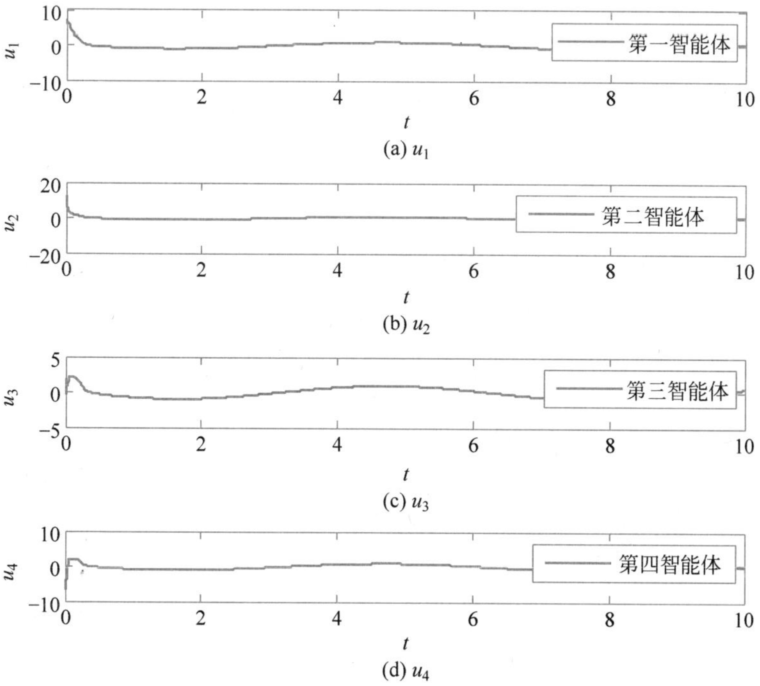

图 15.8 多智能体系统的控制输入

仿真程序：

(1) Laplacian 矩阵分析仿真程序：chap15_2L. m。

(2) Simulink 仿真程序：

① 主程序：chap15_2sim. mdl。

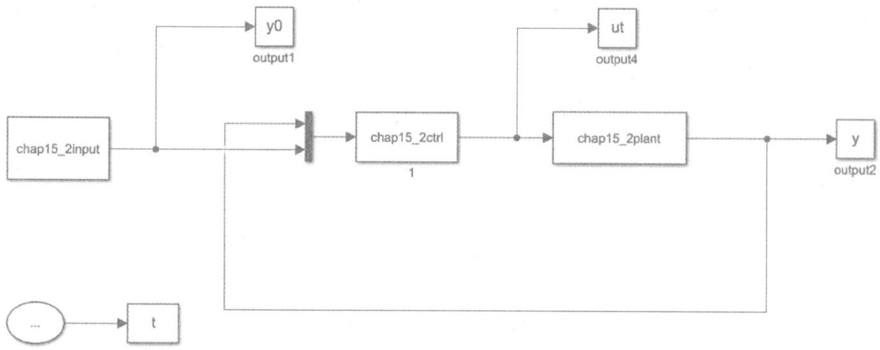

② 智能体控制器子程序：chap15_2ctrl. m。

③ 智能体被控对象子程序：chap15_2plant. m。

④ 作图子程序：chap15_2plot. m。

15.3 无向图下线性多智能体系统编队控制

15.3.1 系统描述

针对如下二阶线性多智能体系统：

$$\begin{cases}\dot{x}_{i1}=x_{i2}\\ \dot{x}_{i2}=u_i+d_i\\ y_i=x_{i1}\end{cases} \tag{15.13}$$

其中，$|d_i|\leqslant d_{i\max}$，$(j,i)\in E$ 表示智能体 i 可以获得智能体 j 的信息，智能体 i 的相邻集合表示为 $\Lambda_i=\{j\mid(j,i)\in E\}$。

智能体 i 与智能体 j 之间连接的标记取 a_{ij}，$a_{ij}=1$ 时表示智能体 i 与智能体 j 之间有通信，否则 $a_{ij}=0$，且有 $a_{ii}=0$，$\boldsymbol{A}=[a_{ij}]\in\mathbf{R}^{N\times N}$。

定义 $\boldsymbol{\Xi}=\mathrm{diag}\{\Xi_i,\Xi_{i+1},\cdots,\Xi_N\}$，$\Xi_i=\sum\limits_{j=1}^{N}a_{ij}$，定义 Laplacian 矩阵

$$\boldsymbol{L}=\boldsymbol{\Xi}-\boldsymbol{A}$$

对于第 i 个多智能体，跟踪轨迹为 $y_0+\rho_i$，$\rho_i(i=1,2,\cdots,N)$ 为智能体 i 与 y_0 之间的距离，ρ_i 对每个智能体均已知。智能体 i 与指令 y_0 之间连接的标记取 μ_i，$\mu_i=1$ 时表示智能体 i 可以获得指令 y_0 信息，否则取 $\mu_i=0$，取

$$\boldsymbol{\mu}=\mathrm{diag}\{\mu_i,\mu_{i+1},\cdots,\mu_N\}$$

智能体 i 的跟踪误差为 $\varepsilon_i=y_i-y_0-\rho_i$，编队的控制目标为：$t\to\infty$ 时，$\boldsymbol{\varepsilon}_i\to 0$ 且 $\dot{\boldsymbol{\varepsilon}}_i\to 0$。

15.3.2 控制律设计

定义

$$\begin{cases}\bar{\varepsilon}_i=\dot{\varepsilon}_i+\varepsilon_i\\ z_i=\mu_i(y_i-y_0-\rho_i)+\sum\limits_{j\in\Lambda_i}[(y_i-y_j)-(\rho_i-\rho_j)]\\ \bar{z}_i=\dot{z}_i+z_i\end{cases} \tag{15.14}$$

由于

$$(y_i-y_j)-(\rho_i-\rho_j)=(y_i-y_0-\rho_i)-(y_j-y_0-\rho_j)=\varepsilon_i-\varepsilon_j$$

根据 a_{ij} 的定义，有

$$z_i=\mu_i\varepsilon_i+\sum_p a_{ip}(\varepsilon_i-\varepsilon_{jp})=(\mu_i+\Xi_i)\varepsilon_i-\sum_p a_{ip}\varepsilon_p$$

由于 $\bar{z}_i=(\mu_i+\Xi_i)\bar{\varepsilon}_i-\sum\limits_p a_{ip}\bar{\varepsilon}_p$，则

$$\bar{\boldsymbol{z}}=(\boldsymbol{\mu}+\boldsymbol{\Xi})\bar{\boldsymbol{\varepsilon}}-\boldsymbol{A}\bar{\boldsymbol{\varepsilon}}=(\boldsymbol{L}+\boldsymbol{\mu})\bar{\boldsymbol{\varepsilon}} \tag{15.15}$$

根据控制目标，设计 Lyapunov 函数为

$$V=\frac{1}{2}\bar{\boldsymbol{\varepsilon}}^{\mathrm{T}}(\boldsymbol{L}+\boldsymbol{\mu})\bar{\boldsymbol{\varepsilon}} \tag{15.16}$$

其中，$\boldsymbol{L}+\boldsymbol{\mu}$ 为对称正定阵，则

$$\dot{V}=\bar{\boldsymbol{\varepsilon}}^{\mathrm{T}}(\boldsymbol{L}+\boldsymbol{\mu})\dot{\bar{\boldsymbol{\varepsilon}}}=\bar{z}^{\mathrm{T}}\dot{\bar{\boldsymbol{\varepsilon}}}$$

由于

$$\begin{aligned}\dot{\bar{\boldsymbol{\varepsilon}}}_i&=\ddot{\varepsilon}_i+\dot{\varepsilon}_i=\ddot{y}_i-\ddot{y}_0-\ddot{\rho}_i+\dot{y}_i-\dot{y}_0-\dot{\rho}_i\\&=u_i+d_i+x_{i2}-(\dot{\rho}_i+\ddot{\rho}_i)-\mu_i(\dot{y}_0+\ddot{y}_0)+(\mu_i-1)(\dot{y}_0+\ddot{y}_0)\end{aligned}$$

$$=u_i+x_{i2}-(\dot{\rho}_i+\ddot{\rho}_i)-\mu_i(\dot{y}_0+\ddot{y}_0)+D_i$$

其中，$D_i=d_i+(\mu_i-1)(\dot{y}_0+\ddot{y}_0)$，$D_{i\max}=d_{i\max}+\sup|\dot{y}_0+\ddot{y}_0|$，当智能体 i 可以获得指令 y_0 信息时，$\mu_i=1$，此时 $D_i=d_i$。则

$$\dot{V}=\sum_{i=1}^{N}\bar{z}_i(u_i+x_{i2}-(\dot{\rho}_i+\ddot{\rho}_i)-\mu_i(\dot{y}_0+\ddot{y}_0)+D_i)$$

设计控制律为

$$u_i=-c_i\bar{z}_i-x_{i2}+(\dot{\rho}_i+\ddot{\rho}_i)+\mu_i(\dot{y}_0+\ddot{y}_0)-\eta_i\operatorname{sgn}\bar{z}_i \tag{15.17}$$

其中，$\eta_i\geqslant D_{i\max}$。则

$$\dot{V}=-\sum_{i=1}^{N}c_i\bar{z}_i^2\leqslant 0$$

当 $t\to\infty$ 时，$\bar{z}_i\to 0$，同 15.1 节，由于 $\boldsymbol{L}+\boldsymbol{\mu}$ 是对称正定阵，根据式(15.15)，$\bar{\boldsymbol{\varepsilon}}_i\to 0$，从而 $\boldsymbol{\varepsilon}_i\to 0$ 且 $\dot{\boldsymbol{\varepsilon}}_i\to 0$。

15.3.3　仿真实例

考虑如图 15.9 所示的多智能体系统拓扑结构，同图 15.1，只有第二个智能体与指令 y_0 相连，$\mu_2=1$，$y_0=\sin t$。针对多智能体系统式(15.13)及式(15.14)，取 $d_i=3\sin t$，$i=1,2,3,4$，智能体之间的编队距离分别为 $\rho_1=1.0$，$\rho_2=2.0$，$\rho_3=3.0$，$\rho_4=4.0$。

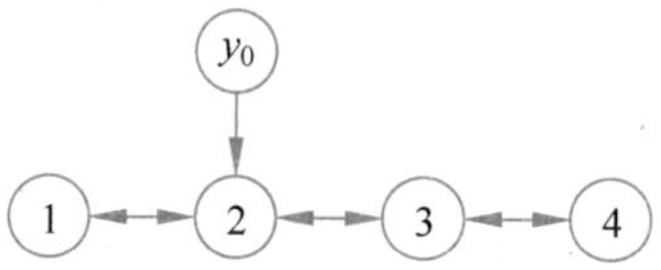

图 15.9　无向图多智能体系统结构

当 $i=2$ 时，$D_{i\max}=d_{i\max}$，可取 $\eta_i\geqslant 3$；当 $i=1,3,4$ 时，$D_{i\max}=d_{i\max}+\sup|\dot{y}_0+\ddot{y}_0|$，可取 $\eta_i\geqslant 5$。

根据式(15.17)，针对图 15.9 中的四个智能体的控制律设计如下：

$$u_i=-c_i\bar{z}_i-x_{i2}+\mu_i(\dot{y}_0+\ddot{y}_0)-\eta_i\operatorname{sgn}\bar{z}_i$$

根据图 15.9，只有第二个智能体与 y_0 相连，则 $\mu_1=0$，$\mu_2=1$，$\mu_3=0$，$\mu_4=0$，则

$$u_1=-c_1\bar{z}_1-x_{12}-\eta_1\operatorname{sgn}\bar{z}_1$$

$$u_2=-c_2\bar{z}_2-x_{22}+\ddot{y}_0+\dot{y}_0-\eta_2\operatorname{sgn}\bar{z}_2$$

$$u_3=-c_3\bar{z}_3-x_{32}-\eta_3\operatorname{sgn}\bar{z}_3$$

$$u_4=-c_4\bar{z}_4-x_{42}-\eta_4\operatorname{sgn}\bar{z}_4$$

考虑 $D_{i\max}=d_{i\max}+\sup|\dot{y}_0+\ddot{y}_0|$，取 $\eta_1=\eta_3=\eta_4=5$，$\eta_2=3$。根据图 15.9 和式(15.14)，有

$$z_1=y_1-y_2-(\rho_1-\rho_2)$$

$$z_2=(y_2-y_0-\rho_2)+(y_2-y_1)+(y_2-y_3)-(\rho_2-\rho_1)-(\rho_2-\rho_3)$$

$$z_3=(y_3-y_2)+(y_3-y_4)-(\rho_3-\rho_2)-(\rho_3-\rho_4)$$

$$z_4=y_4-y_3-(\rho_4-\rho_3)$$

取 $c_i=20, i=1,2,3,4$。为了防止抖振，控制器式(15.17)中，采用饱和函数 sat(x)代替符号函数 sgn(x)，设计如下

$$\mathrm{sat}(x)=\begin{cases}1, & x>\Delta \\ kx, & |x|\leqslant\Delta, \quad k=1/\Delta \\ -1, & x<-\Delta\end{cases}$$

其中，Δ 为边界层。

取 $\Delta=0.003$，运行 Simulink 仿真主程序 chap15_3sim.mdl，仿真结果如图 15.10～图 15.12 所示。

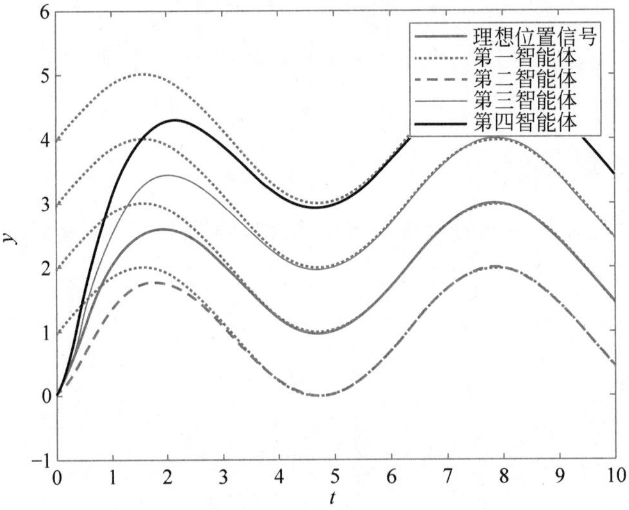

图 15.10 多智能体系统的位置编队控制

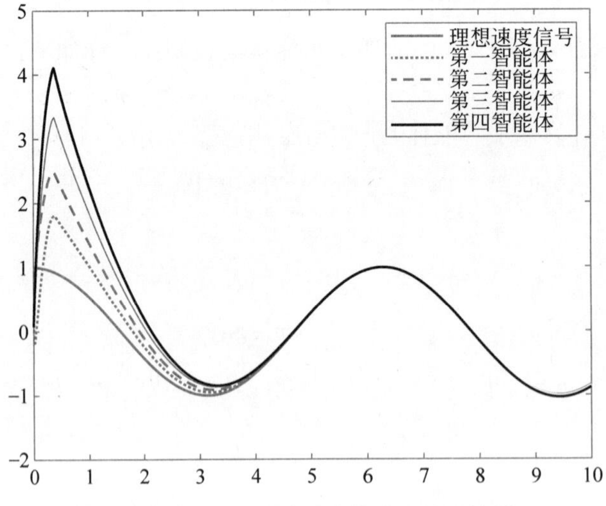

图 15.11 多智能体系统的速度编队控制

仿真程序：

(1) 图 15.9 的 Laplacian 矩阵分析仿真程序：chap15_3L.m。

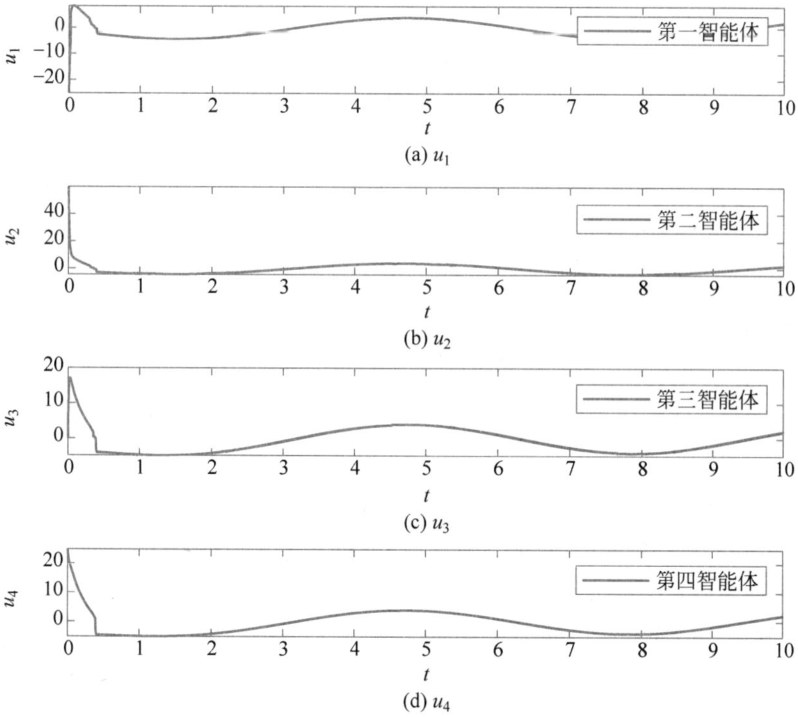

图 15.12 多智能体系统的控制输入

(2) Simulink 仿真程序：

① 主程序：chap15_3sim. mdl。

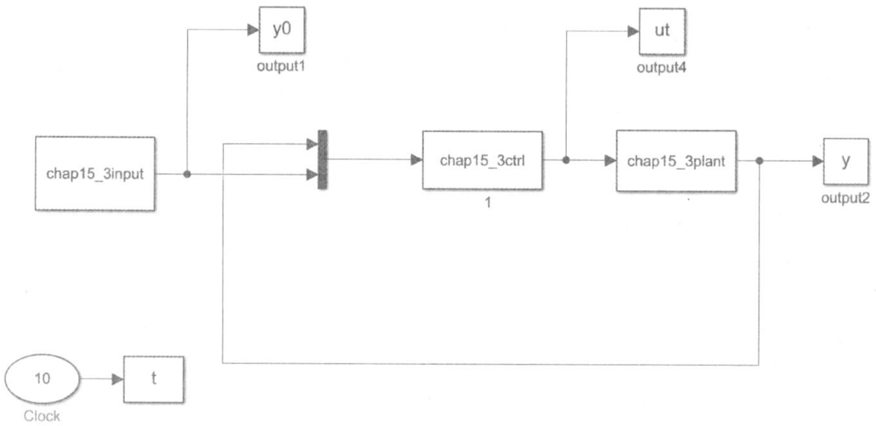

② 智能体控制器子程序：chap15_3ctrl. m。

③ 智能体被控对象子程序：chap15_3plant. m。

④ 作图子程序：chap15_3plot. m。

15.4 基于输出延迟的无向图多智能一致性控制

15.4.1 系统描述

针对如下二阶线性多智能体系统：

$$\begin{cases}\dot{x}_{i1}=x_{i2}\\ \dot{x}_{i2}=u_i\end{cases}\tag{15.18}$$

其中,$(j,i)\in E$ 表示智能体 i 可以获得智能体 j 的信息,智能体 i 的相邻集合表示为 $\Lambda_i=\{j\mid(j,i)\in E\}$。

式(15.18)可写为

$$\dot{\boldsymbol{x}}(t)=\boldsymbol{A}_{\mathrm{p}}\boldsymbol{x}(t)+\boldsymbol{M}(x,t,u)\tag{15.19}$$

其中,$\boldsymbol{x}_i=[x_{i1},x_{i2}]^{\mathrm{T}}$,$u(t)$为控制输入,$\boldsymbol{A}_{\mathrm{p}}=\begin{bmatrix}0&1\\0&0\end{bmatrix}$,$\boldsymbol{M}(x_i,t,u_i)=\boldsymbol{B}\boldsymbol{\chi}(x_i,t,u_i)$,$\boldsymbol{B}=[0,1]^{\mathrm{T}}$,$\boldsymbol{\chi}(x_i,t,u_i)=u_i$。

15.4.2 延迟观测器的设计

假设输出信号有延迟,$\delta(t)$为输出位置的时间延迟,则实际输出可表示为

$$\bar{y}_i(t)=x_{i1}(t-\delta)=\boldsymbol{C}\boldsymbol{x}_i(t-\delta(t))\tag{15.20}$$

其中,$\boldsymbol{C}=[1,0]$。

假设 1:$\boldsymbol{M}(x,t,u)$为 Lipschitz 条件;

假设 2:$\delta(t)$为时变的,$\delta(t)\in[0,\delta_{\max}]$。

在式(15.20)中,输出信号 x_{i1} 有延迟,$\delta(t)$为输出的延迟时间,式(15.20)的实际输出为 $x_{i1}(t-\delta)$。观测的目标为:当 $t\to\infty$时,$\hat{x}_{i1}(t)\to x_{i1}(t)$,$\hat{x}_{i2}(t)\to x_{i2}(t)$。

引理 15.2[5] 针对式(15.20),延迟观测器设计为

$$\begin{cases}\dot{\hat{x}}_{i1}=\hat{x}_{i2}+k_1(x_{i1}(t-\delta)-\hat{x}_{i1}(t-\delta))\\ \dot{\hat{x}}_{i2}=\chi(\hat{x}_i,t,u)+k_2(x_{i1}(t-\delta)-\hat{x}_{i1}(t-\delta))\end{cases}\tag{15.21}$$

其中,$\hat{\boldsymbol{x}}(t-\delta)$是 $\hat{\boldsymbol{x}}(t)$的延迟信号,$\boldsymbol{K}=[k_1,k_2]^{\mathrm{T}}$,通过对 $\boldsymbol{K}$ 的设计,使 $\boldsymbol{A}_{\mathrm{p}}-\boldsymbol{KC}$ 满足 Hurwitz 条件。

则根据引理 15.2,延迟观测器为渐近收敛,即当 $t\to\infty$时,$\hat{x}_{i1}(t)\to x_{i1}(t)$,$\hat{x}_{i2}(t)\to x_{i2}(t)$。引理 15.2 的分析和证明见文献[5]。

在实际工程中,延迟时间 $\delta(t)$是可以获得的[5],由于 $\delta(t)=t-t_s$,其中,t 为实际测得的时间,t_s 为传感器采样时间,$\delta(t)\in[0,\Delta]$。

观测器稳定条件 $\boldsymbol{A}_{\mathrm{p}}-\boldsymbol{KC}$ 为 Hurwitz 条件,针对式(15.21),为了实现按 $\boldsymbol{A}_{\mathrm{p}}-\boldsymbol{KC}$ 为 Hurwitz 进行对 $\boldsymbol{K}$ 的设计,取

$$\bar{\boldsymbol{A}}=\boldsymbol{A}_{\mathrm{p}}-\boldsymbol{KC}=\begin{bmatrix}0&1\\0&0\end{bmatrix}-\begin{bmatrix}k_1\\k_2\end{bmatrix}[1,0]=\begin{bmatrix}0&1\\0&0\end{bmatrix}-\begin{bmatrix}k_1&0\\k_2&0\end{bmatrix}=\begin{bmatrix}-k_1&1\\-k_2&0\end{bmatrix}$$

其特征方程为

$$|\lambda\boldsymbol{I}-\bar{\boldsymbol{A}}|=\begin{vmatrix}\lambda+k_1&1\\-k_2&\lambda\end{vmatrix}=\lambda^2+k_1\lambda+k_2=0$$

由$(\lambda+k)^2=0$ 得 $\lambda^2+2k\lambda+k^2=0$,$k>0$,从而

$$k_1=2k,\quad k_2=k^2\tag{15.22}$$

通过对 $\boldsymbol{K}$ 的设计,使 $\boldsymbol{A}_{\mathrm{p}}-\boldsymbol{KC}$ 满足 Hurwitz 条件。

15.4.3 控制律的设计与分析

智能体 i 与智能体 j 之间连接的标记取 a_{ij}，$a_{ij}=1$ 时表示智能体 i 与智能体 j 之间有通信，否则 $a_{ij}=0$，且有 $a_{ii}=0$，$\boldsymbol{A}=[a_{ij}]\in\mathbf{R}^{N\times N}$。

定义 $\boldsymbol{\Xi}=\mathrm{diag}\{\Xi_i,\Xi_{i+1},\cdots,\Xi_N\}$，$\Xi_i=\sum\limits_{j=1}^{N}a_{ij}$，定义 Laplacian 矩阵

$$\boldsymbol{L}=\boldsymbol{\Xi}-\boldsymbol{A}$$

一致性指令为 y_0，智能体 i 与指令 y_0 之间连接的标记取 μ_i，$\mu_i=1$ 时表示智能体 i 可以获得指令 y_0 信息，否则取 $\mu_i=0$，取

$$\boldsymbol{\mu}=\mathrm{diag}\{\mu_i,\mu_{i+1},\cdots,\mu_N\}$$

控制目标为：$t\to\infty$ 时，$x_{i1}\to y_0$，$x_{i2}\to\dot{y}_0$。

取 $y_i=x_{i1}$，智能体 i 的跟踪误差为 $\varepsilon_i=x_{i1}-y_0$，定义[2]

$$\begin{cases}\bar{\varepsilon}_i=\dot{\varepsilon}_i+\varepsilon_i\\ z_i=\mu_i(y_i-y_0)+\sum\limits_{j\in\Lambda_i}(y_i-y_j)\\ \bar{z}_i=\dot{z}_i+z_i\end{cases}\tag{15.23}$$

由于 $y_i-y_j=\varepsilon_i-\varepsilon_j$，根据 a_{ij} 的定义，有

$$z_i=\mu_i\varepsilon_i+\sum_p a_{ip}(\varepsilon_i-\varepsilon_p)=(\mu_i+\Xi_i)\varepsilon_i-\sum_p a_{ip}\varepsilon_p$$

由于 $\bar{z}_i=(\mu_i+\Xi_i)\bar{\varepsilon}_i-\sum\limits_p a_{ip}\bar{\varepsilon}_p$，则

$$\bar{\boldsymbol{z}}=(\boldsymbol{\mu}+\boldsymbol{\Xi})\bar{\boldsymbol{\varepsilon}}-\boldsymbol{A}\bar{\boldsymbol{\varepsilon}}=(\boldsymbol{L}+\boldsymbol{\mu})\bar{\boldsymbol{\varepsilon}}\tag{15.24}$$

根据控制目标，设计 Lyapunov 函数为

$$V=\frac{1}{2}\bar{\boldsymbol{\varepsilon}}^{\mathrm{T}}(\boldsymbol{L}+\boldsymbol{\mu})\bar{\boldsymbol{\varepsilon}}$$

其中，$\boldsymbol{L}+\boldsymbol{\mu}$ 为对称正定阵，则

$$\dot{V}=\bar{\boldsymbol{\varepsilon}}^{\mathrm{T}}(\boldsymbol{L}+\boldsymbol{\mu})\dot{\bar{\boldsymbol{\varepsilon}}}=\bar{\boldsymbol{z}}^{\mathrm{T}}\dot{\bar{\boldsymbol{\varepsilon}}}$$

由于

$$\begin{aligned}\dot{\bar{\boldsymbol{\varepsilon}}}_i&=\ddot{\varepsilon}_i+\dot{\varepsilon}_i=u_i-\ddot{y}_0+x_{i2}-\dot{y}_0\\&=u_i+x_{i2}-\mu_i(\dot{y}_0+\ddot{y}_0)+(\mu_i-1)(\dot{y}_0+\ddot{y}_0)\\&=u_i+x_{i2}-\mu_i(\dot{y}_0+\ddot{y}_0)+D_i\end{aligned}$$

其中，$D_i=(\mu_i-1)(\dot{y}_0+\ddot{y}_0)$，$D_{i\max}=|\mu_i-1|\sup|\dot{y}_0+\ddot{y}_0|$。则

$$\dot{V}=\sum_{i=1}^{N}\bar{z}_i(u_i+x_{i2}-\mu_i(\dot{y}_0+\ddot{y}_0)+D_i)$$

定义 $\hat{\varepsilon}_i=\hat{x}_{i1}-y_0$，$\hat{y}_i=\hat{x}_{i1}$，则

$$\hat{z}_i=\mu_i(\hat{y}_i-y_0)+\sum_{j\in\Lambda_i}(\hat{y}_i-\hat{y}_j)$$

$$\bar{\hat{z}}_i=\dot{\hat{z}}_i+\hat{z}_i=\mu_i(\dot{\hat{y}}_i-\dot{y}_0)+\sum_{j\in\Lambda_i}(\dot{\hat{y}}_i-\dot{\hat{y}}_j)+\mu_i(\hat{y}_i-y_0)+\sum_{j\in\Lambda_i}(\hat{y}_i-\hat{y}_j)$$

设计控制律为

$$u_i = -c_i\hat{\bar{z}}_i - \hat{x}_{i2} + \mu_i(\dot{y}_0 + \ddot{y}_0) \tag{15.25}$$

其中，$c_i>1$。

定义 $\tilde{\boldsymbol{x}}_1=\boldsymbol{x}_1-\hat{\boldsymbol{x}}_1,\tilde{\boldsymbol{x}}_2=\boldsymbol{x}_2-\hat{\boldsymbol{x}}_2,\tilde{\boldsymbol{x}}_1(t-\delta)=\boldsymbol{x}_1(t-\delta)-\hat{\boldsymbol{x}}_1(t-\delta)$，则

$$\begin{aligned}\hat{\bar{\boldsymbol{\varepsilon}}} - \bar{\boldsymbol{\varepsilon}} &= (\dot{\hat{\boldsymbol{x}}}_1 - \dot{\boldsymbol{y}}_0) + (\hat{\boldsymbol{x}}_1 - \boldsymbol{y}_0) - [(\boldsymbol{x}_2 - \dot{\boldsymbol{y}}_0) + (\boldsymbol{x}_1 - \boldsymbol{y}_0)] \\ &= (\hat{\boldsymbol{x}}_2 + k_1\tilde{\boldsymbol{x}}_1(t-\delta) - \dot{\boldsymbol{y}}_0) + (\hat{\boldsymbol{x}}_1 - \boldsymbol{y}_0) - [(\boldsymbol{x}_2 - \dot{\boldsymbol{y}}_0) + (\boldsymbol{x}_1 - \boldsymbol{y}_0)] \\ &= -\tilde{\boldsymbol{x}}_1 - \tilde{\boldsymbol{x}}_2 + k_1\tilde{\boldsymbol{x}}_1(t-\delta)\end{aligned}$$

$$\begin{aligned}\hat{\bar{\boldsymbol{z}}} &= (\boldsymbol{L}+\boldsymbol{\mu})\hat{\bar{\boldsymbol{\varepsilon}}} = (\boldsymbol{L}+\boldsymbol{\mu})(\bar{\boldsymbol{\varepsilon}} - \tilde{\boldsymbol{x}}_1 - \tilde{\boldsymbol{x}}_2 + k_1\tilde{\boldsymbol{x}}_1(t-\delta)) \\ &= \bar{\boldsymbol{z}} + O(\tilde{\boldsymbol{x}}_1,\tilde{\boldsymbol{x}}_2,\tilde{\boldsymbol{x}}_1(t-\delta))\end{aligned}$$

其中，$O(\tilde{\boldsymbol{x}}_1,\tilde{\boldsymbol{x}}_2,\tilde{\boldsymbol{x}}_1(t-\delta))=(\boldsymbol{L}+\boldsymbol{\mu})(-\tilde{\boldsymbol{x}}_1-\tilde{\boldsymbol{x}}_2+k_1\tilde{\boldsymbol{x}}_1(t-\delta))$。则

$$\begin{aligned}\dot{V} &= \sum_{i=1}^{N}\bar{z}_i(-c_i\hat{\bar{z}}_i + \tilde{x}_{i2} + D_i) \\ &= \sum_{i=1}^{N}\bar{z}_i(-c_i\bar{z}_i - c_iO(\tilde{\boldsymbol{x}}_1,\tilde{\boldsymbol{x}}_2,\tilde{\boldsymbol{x}}_1(t-\delta))_i + \tilde{x}_{i2} + D_i) \\ &= \sum_{i=1}^{N}(-c_i\bar{z}_i^2 + |\bar{z}_i||-c_iO(\tilde{\boldsymbol{x}}_1,\tilde{\boldsymbol{x}}_2,\tilde{\boldsymbol{x}}_1(t-\delta))_i + \tilde{x}_{i2}| + D_i\bar{z}_i) \\ &\leqslant \sum_{i=1}^{N}\left(-(c_i-1)\bar{z}_i^2 + \frac{1}{2}|-c_iO(\tilde{\boldsymbol{x}}_1,\tilde{\boldsymbol{x}}_2,\tilde{\boldsymbol{x}}_1(t-\delta))_i + \tilde{x}_{i2}|^2 + \frac{1}{2}D_i^2\right)\end{aligned}$$

如果满足

$$(c_i-1)\bar{z}_i^2 \geqslant \frac{1}{2}|-c_iO(\tilde{\boldsymbol{x}}_1,\tilde{\boldsymbol{x}}_2,\tilde{\boldsymbol{x}}_1(t-\delta))_i + \tilde{x}_{i2}|^2 + \frac{1}{2}D_i^2$$

即

$$|\bar{z}_i| \geqslant \sqrt{\frac{1}{c_i-1}\left(\frac{1}{2}|-c_iO(\tilde{\boldsymbol{x}}_1,\tilde{\boldsymbol{x}}_2,\tilde{\boldsymbol{x}}_1(t-\delta))_i + \tilde{x}_{i2}|^2 + \frac{1}{2}D_i^2\right)}$$

可实现

$$\dot{V} \leqslant 0$$

当 $t\to\infty$ 时，$O(\tilde{\boldsymbol{x}}_1,\tilde{\boldsymbol{x}}_2,\tilde{\boldsymbol{x}}_1(t-\delta))_i\to 0,\tilde{x}_{i2}\to 0$，此时

$$|\bar{z}_i| \geqslant \sqrt{\frac{1}{c_i-1}\left(\frac{1}{2}D_i^2\right)}$$

则收敛结果为 $t\to\infty$ 时，

$$|\bar{z}_i| \leqslant \sqrt{\frac{1}{2(c_i-1)}}D_i$$

由于 $\bar{\boldsymbol{z}}=(\boldsymbol{L}+\boldsymbol{\mu})\bar{\boldsymbol{\varepsilon}}$，则

$$\bar{\boldsymbol{z}}^{\mathrm{T}}\bar{\boldsymbol{z}} = \bar{\boldsymbol{\varepsilon}}^{\mathrm{T}}(\boldsymbol{L}+\boldsymbol{\mu})^{\mathrm{T}}(\boldsymbol{L}+\boldsymbol{\mu})\bar{\boldsymbol{\varepsilon}} = \bar{\boldsymbol{\varepsilon}}^{\mathrm{T}}\boldsymbol{M}\bar{\boldsymbol{\varepsilon}}$$

其中，$\boldsymbol{M}=(\boldsymbol{L}+\boldsymbol{\mu})^{\mathrm{T}}(\boldsymbol{L}+\boldsymbol{\mu})$。则

$$\lambda_{\min}(\boldsymbol{M})\bar{\boldsymbol{\varepsilon}}^{\mathrm{T}}\bar{\boldsymbol{\varepsilon}} \leqslant \bar{\boldsymbol{z}}^{\mathrm{T}}\bar{\boldsymbol{z}}$$

$$\lambda_{\min}(\boldsymbol{M})\sum_{i=1}^{N}|\bar{\boldsymbol{\varepsilon}}_i|^2 \leqslant \sum_{i=1}^{N}|\bar{\boldsymbol{z}}_i|^2 \leqslant N\Delta_i^2$$

其中，$\lambda_{\min}(\boldsymbol{M})$ 为 $\boldsymbol{M}$ 的最小特征值，$\Delta_i=\sqrt{\dfrac{1}{2(c_i-1)}}D_i$。

由于 $|\bar{\boldsymbol{\varepsilon}}_i|^2 \leqslant \sum_{i=1}^{N} |\bar{\boldsymbol{\varepsilon}}_i|^2$，则

$$|\bar{\boldsymbol{\varepsilon}}_i| \leqslant \sqrt{\frac{N}{\lambda_{\min}(\boldsymbol{M})}}\Delta_i$$

根据引理5.3，可得

$$\lim_{t\to\infty} |\varepsilon_i| \leqslant \sqrt{\frac{N}{\lambda_{\min}(\boldsymbol{M})}}\Delta_i, \quad \lim_{t\to\infty} |\dot{\varepsilon}_i| \leqslant 2\sqrt{\frac{N}{\lambda_{\min}(\boldsymbol{M})}}\Delta_i$$

可见，通过调节 a_{ij} 和 c_i 的值，可实现 $t\to\infty$ 时，$\varepsilon_i\to 0$，$\dot{\varepsilon}_i\to 0$，从而 $x_{i1}\to y_0$，$x_{i2}\to \dot{y}_0$。

15.4.4 仿真实例

考虑如图15.13所示带输出延迟的多智能体系统拓扑结构，同图15.1，只有第二个智能体与指令 y_0 相连，$\mu_2=1$，$y_0=\sin t$。

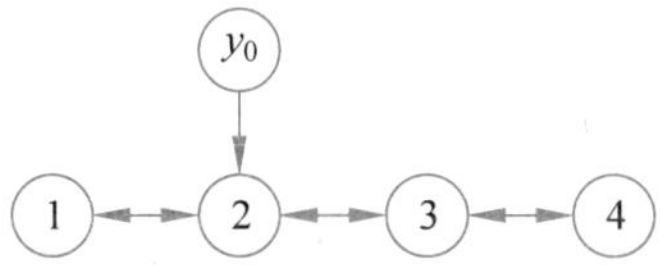

图15.13 带通信延迟的无向图多智能体系统结构

针对多智能体系统式(15.18)，$i=1,2,3,4$。

同15.1节的分析，$\boldsymbol{L}+\boldsymbol{\mu}$ 为对称正定阵。

延迟观测器中，按式(15.22)设计 $\boldsymbol{K}$，取 $k=1$，则 $\boldsymbol{K}=[2,1]^{\mathrm{T}}$。控制律采用式(15.25)，取 $c_i=300$，运行Simulink仿真主程序chap15_4sim.mdl，仿真结果如图15.14～图15.19所示。

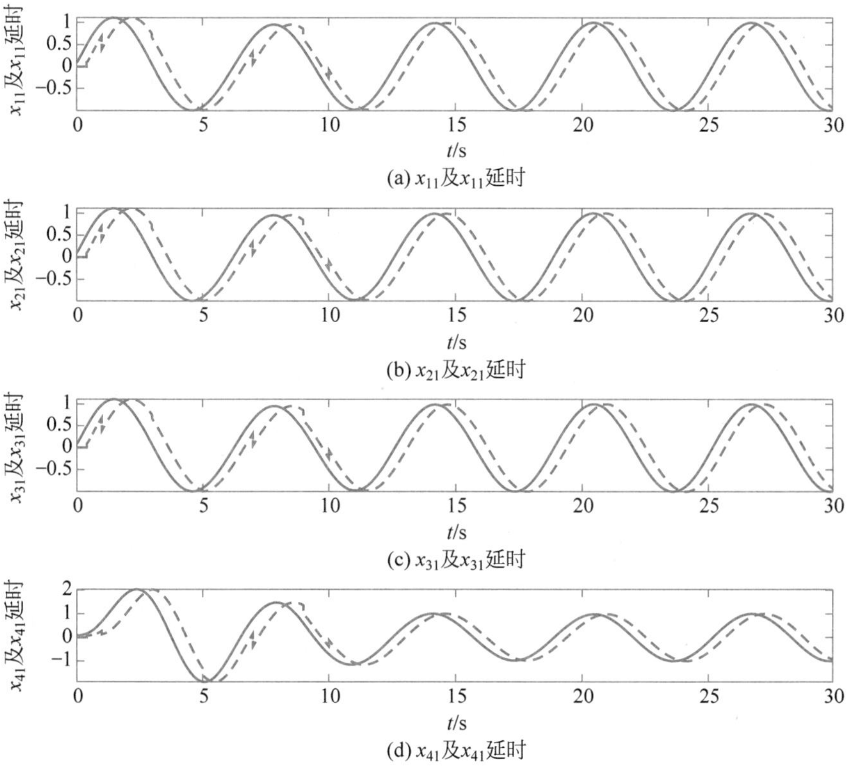

图15.14 各个智能体理想输出及时延输出

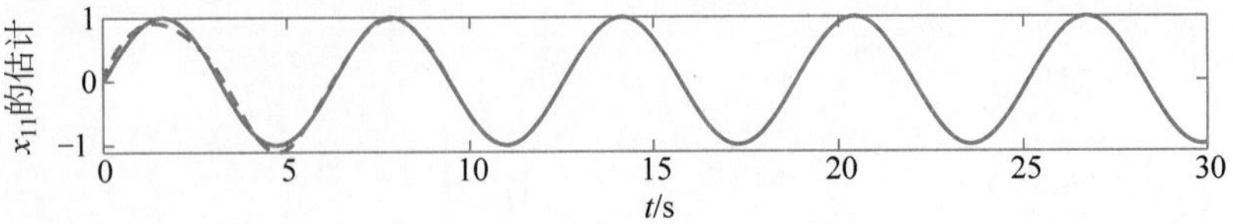

(a) x_{11}的估计

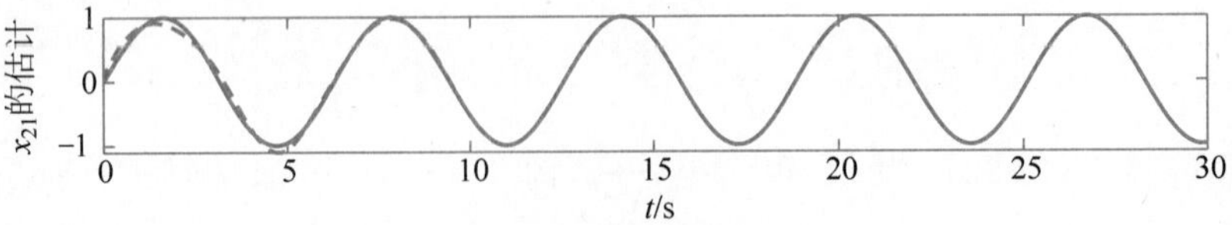

(b) x_{21}的估计

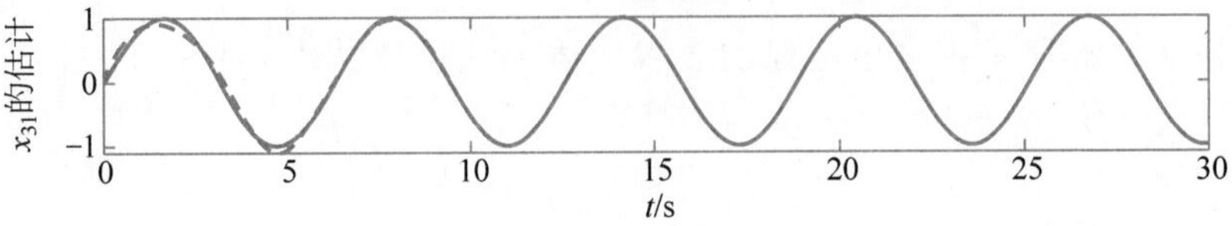

(c) x_{31}的估计

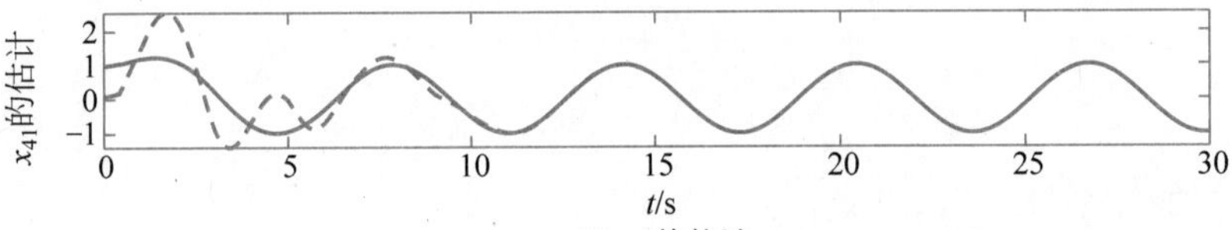

(d) x_{41}的估计

图 15.15　各个智能体的 x_1 观测

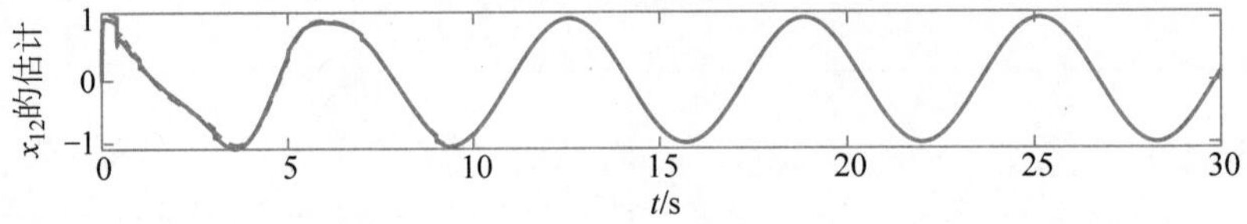

(a) x_{12}的估计

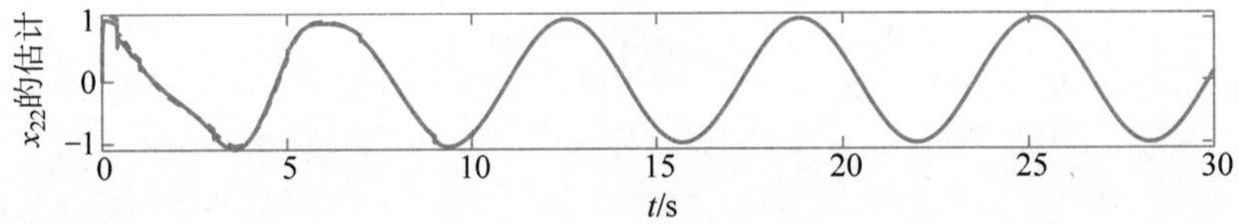

(b) x_{22}的估计

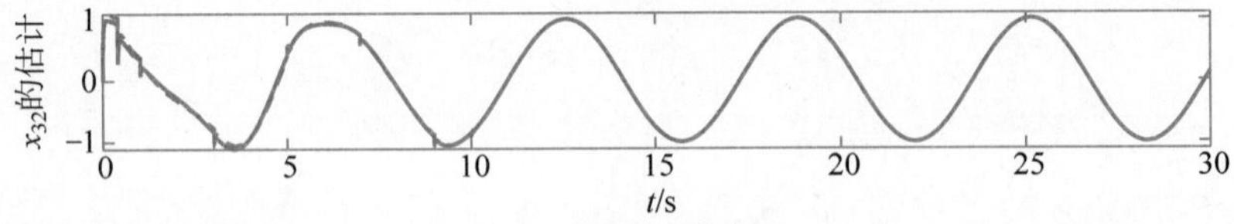

(c) x_{32}的估计

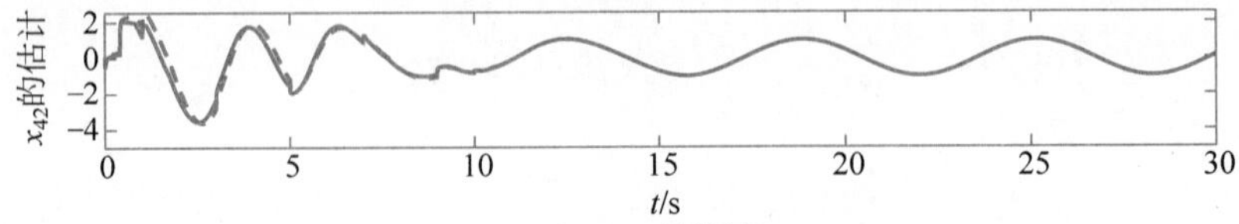

(d) x_{42}的估计

图 15.16　各个智能体的 x_2 观测

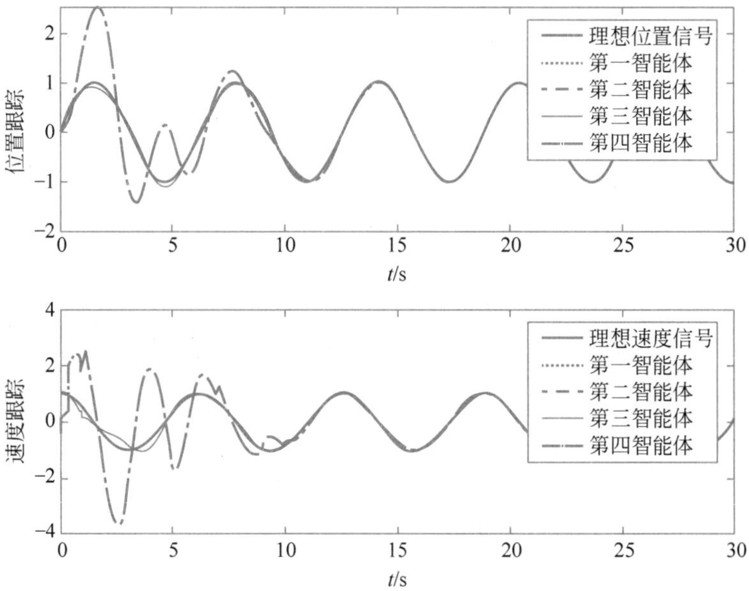

图 15.17 各个智能体的位置和速度跟踪

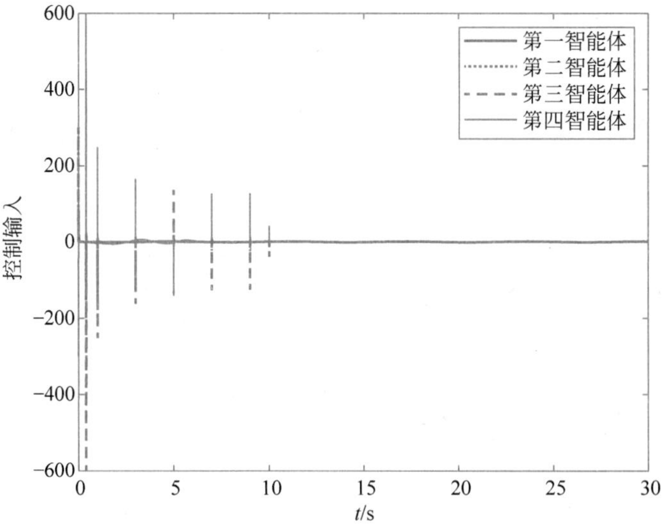

图 15.18 各个智能体的控制输入

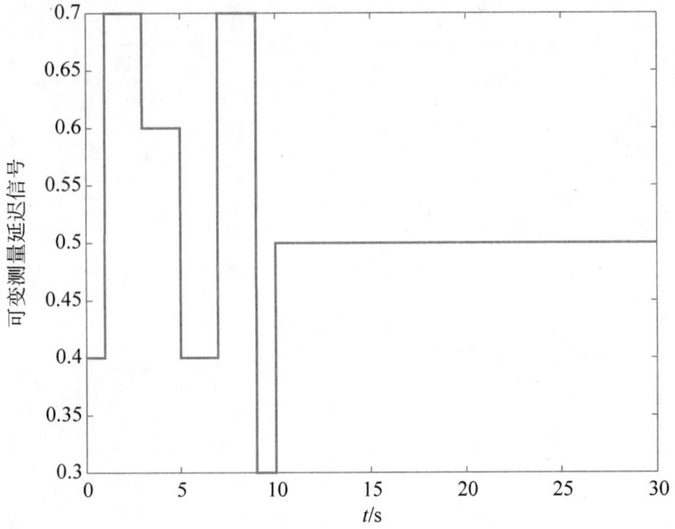

图 15.19 智能体测量输出时延信号($\delta_{max}=0.7$)

仿真程序:

(1) 输入信号子程序:chap15_4input. m。

(2) 延迟信号产生子程序:chap15_4delta. m。

(3) 主程序:chap15_4sim. mdl。

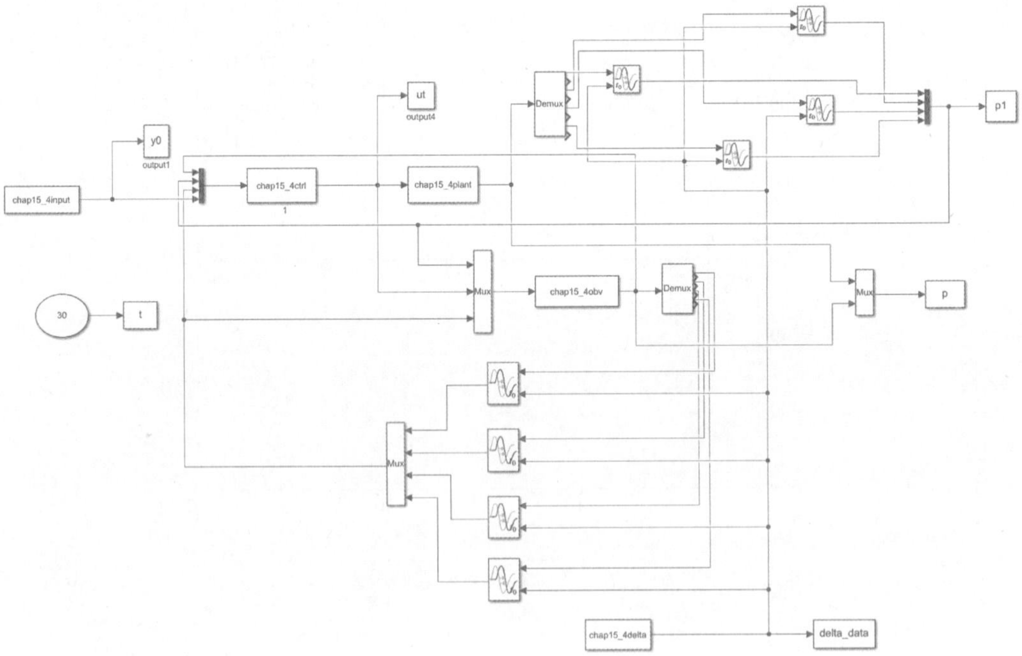

(4) 智能体控制器子程序:chap15_4ctrl. m。

(5) 智能体观测器子程序:chap15_4obv. m。

(6) 智能体被控对象子程序:chap15_4plant. m。

(7) 作图子程序:chap15_4plot. m。

思考题

1. 多智能体系统有何特点？与传统系统有何区别？

2. 简述多智能体系统在运动控制领域的工程意义。

3. 作出包含5个智能体的多智能体控制系统框图和算法流程图。

4. 在本章所介绍的控制律式(15.5)中，影响控制性能的参数有哪些？如何调整这些参数使控制性能得到提升？

5. 在15.2节中，如果多智能体系统结构图15.5发生变化，例如，领导者智能体由第二个变为第三个，如何设计控制器？

6. 在15.3节中，如果执行器和状态传感器同时出现容错，如何设计多智能体系统协调控制器？

7. 当前解决多智能体系统协调控制问题有哪些方法？每种方法有何优点和局限性？

8. 多智能体系统一致性控制与编队控制有何区别？在控制律设计上各有哪些关键点？

9. 以单机械臂的动力学模型为一个智能体，其第 i 个智能体表达式为

$$D\ddot{q}_i + C\dot{q}_i + N\sin q_i = \tau_i + d_i$$

其中，q_i、$\dot{q}_i$ 和 $\ddot{q}_i$ 分别是机械臂的角度、角速度和角加速度，τ_i 为控制输入，d_i 为加在控制输入上的扰动，机械臂的惯量为 $D=0.6\text{kg/m}^2$，黏性摩擦系数为 $C=30\text{N}\cdot\text{m}\cdot\text{s/rad}$，$N=21\text{N}\cdot\text{m}$ 是与载重和重力系数有关的常量。

假设多智能体拓扑结构为无向的，给出多智能体系统拓扑图，并设计控制算法，实现单机械臂角度和角速度跟踪的一致性控制。

参考文献

[1] 陈杰，方浩，辛斌. 多智能体系统的协同群集运动控制[M]. 北京：科学出版社，2017.

[2] WANG C, WEN C, GUO L. Adaptive consensus control for nonlinear multi agent systems with unknown control directions and time-varying actuator faults[J]. IEEE Transactions on Automatic Control, 2021, 66(9): 4222-4229.

[3] SARRAFAN N, ZAREI J. Bounded observer based consensus algorithm for robust finite time tracking control of multiple nonholonomic chained form systems[J]. IEEE Transactions on Automatic Control, 2021, 66(10): 4933-4938.

[4] HONG Y G, HU J P, GAO L X. Tracking control for multi-agent consensus with an active leader and variable topology[J]. Automatica, 2006, 42(7): 1177-1182.

[5] HE Q, LIU J K. An observer for a velocity-sensorless VTOL aircraft with time-varying measurement delay[J]. International Journal of Systems Science, 2016(47): 652-661.

第 16 章 有向图及切换图下的多智能体系统协调控制

CHAPTER 16

16.1 有向图多智能体系统协调控制

相比于要求智能体间双向通信的无向图拓扑，基于有向图拓扑的多智能体系统允许单向通信，其应用更为广泛，因此对于有向图拓扑的分布式控制研究具备更大的潜力和优势。比如文献[1]研究了一组基于有向图拓扑的异构无人机和无人地面车辆系统的自适应容错编队跟踪问题。文献[2]研究了具有通信噪声和执行器故障的非线性多智能体系统的有向链路故障或恢复的一致性容错控制问题。

本节介绍一种基于领导者信号观测器的有向图多智能体系统协调控制设计方法。

16.1.1 系统描述

智能体 i 的动力学模型为

$$\begin{cases}\dot{x}_{i1}=x_{i2}\\ \dot{x}_{i2}=\tau_i+d_i\end{cases}\tag{16.1}$$

其中，τ_i 为控制输入，x_{i1} 和 x_{i2} 为系统状态，d_i 为扰动，$|d_i|\leqslant D_i$，$i=1,2,\cdots,N$。

多智能体系统的通信情况可以由拓扑图$\mathcal{G}$表示，领导者标记为 0，跟随者标记为 1，2，…，N。$(i,j)\in E$ 用于表示智能体 j 可以获得智能体 i 的信息，这种情况下，智能体 i 称为智能体 j 的近邻，智能体 j 称为智能体 i 的外近邻。智能体 i 的内邻集合和外邻集合分别表示为 $\Omega_i^+=\{j\mid(j,i)\in E\}$，$\Omega_i^-=\{j\mid(i,j)\in E\}$。

定义邻接矩阵 $\mathbf{A}=[a_{ij}]\in\mathbf{R}^{(m+1)\times(m+1)}$，如果 $(j,i)\in E$，则 $a_{ij}=10$，否则 $a_{ij}=0$，且有 $a_{ii}=0$。定义 Laplacian 矩阵 $\boldsymbol{Q}=[q_{ij}]\in\mathbf{R}^{(m+1)\times(m+1)}$，当 $i\neq j$ 时，$q_{ij}=-a_{ij}$，且有 $q_{ii}=\sum_{j=1,j\neq i}^{m+1}a_{ij}$。定义

$$\boldsymbol{Q}=\begin{bmatrix}\mathbf{0} & \mathbf{0}_{1\times m}\\ \boldsymbol{Q}_1 & \boldsymbol{Q}_2\end{bmatrix}$$

其中，$\boldsymbol{Q}_1\in\mathbf{R}^m$ 用于表示领导者与跟随者之间的通信，$\boldsymbol{Q}_2\in\mathbf{R}^{m\times m}$ 用于表示跟随者之间的

通信。

取 σ_0 为领导者的输出，取 $\varepsilon_i = x_i - x_d$，控制目标为：$t \to \infty$ 时，$x_i \to x_d$，$\dot{x}_i \to \dot{x}_d$。

假设 1：图 $\mathcal{G}$ 包含一个以领导者为根节点的有向生成树。

假设 2：领导者的输出 x_d 及其导数 $\dot{x}_d$ 均是有界的，扰动 d_i 是有界的。

引理 16.1[3-4]　根据假设 1，$\boldsymbol{Q}_2$ 为非奇异矩阵，存在正定阵 $\boldsymbol{P}$，使 $\boldsymbol{M} = \boldsymbol{P}\boldsymbol{Q}_2 + \boldsymbol{Q}_2^{\mathrm{T}}\boldsymbol{P}$ 为正定对称阵。

引理 16.2[5]　针对 V：$[0,\infty) \in \mathbf{R}$，不等式方程 $\dot{V} \leqslant -\alpha V + f$，$\forall t \geqslant t_0 \geqslant 0$ 的解为

$$V(t) \leqslant \mathrm{e}^{-\alpha(t-t_0)} V(t_0) + \int_{t_0}^{t} \mathrm{e}^{-\alpha(t-\tau)} f(\tau)\,\mathrm{d}\tau$$

其中，α 为任意常数。

控制目标为各个智能体实现对 x_d 及 $\dot{x}_d$ 的一致性跟踪，即 $t \to \infty$ 时，$x_{i1} \to x_d$，$x_{i2} \to \dot{x}_d$。

为了实现控制目标，分两步进行设计：(1)通过设计观测器，实现 $t \to \infty$ 时，$\phi_{i1} \to x_d$，$\phi_{i2} \to \dot{x}_d$；(2)通过设计滑模控制律，实现 $t \to \infty$ 时，$x_{i1} \to \phi_{i1}$，$x_{i2} \to \phi_{i2}$。

16.1.2　观测器设计及收敛性分析

通过设计观测器，实现各跟随者智能体对领导者信息的估计，即实现 $t \to \infty$ 时，$\phi_{i1} \to x_d$，$\phi_{i2} \to \dot{x}_d$。

对于第 i 个跟随者$(i = 1, 2, \cdots, N)$，针对模型的输出状态，设计观测器为

$$\begin{cases} \dot{\phi}_{i1} = \phi_{i2} \\ \dot{\phi}_{i2} = -\beta \sum\limits_{j \in \Omega_i^+} a_{ij} v_{ij} - b\phi_{i2} \end{cases} \tag{16.2}$$

其中，$\beta > 0$，$b > 0$，$v_{ij} = \rho_i - \rho_j$，$\rho_j = \phi_{j2} + b\phi_{j1}$，$j = 0, 1, \cdots, N$，$\phi_{01} = x_d$，$\phi_{02} = \dot{x}_d$。

令滤波误差为

$$\begin{cases} \eta_i = \phi_{i1} - x_d \\ \bar{\eta}_i = \dot{\eta}_i + b\eta_i, \quad b > 0 \\ y_i = \sum\limits_{j \in \Omega_i^+} a_{ij}(\phi_{i1} - \phi_{j1}) \\ \bar{y}_i = \dot{y}_i + by_i \end{cases}$$

由于

$$\begin{aligned} \dot{\bar{\eta}}_i &= \ddot{\eta}_i + b\dot{\eta}_i = \ddot{\phi}_{i1} - \ddot{x}_d + b\dot{\phi}_{i1} - b\dot{x}_d = -\beta \sum_{j \in \Omega_i^+} a_{ij} v_{ij} - b\phi_{i2} - \ddot{x}_d + b\dot{\phi}_{i1} - b\dot{x}_d \\ &= -\beta \sum_{j \in \Omega_i^+} a_{ij}(\rho_i - \rho_j) - (\ddot{x}_d + b\dot{x}_d) \end{aligned}$$

且 $\rho_i = \phi_{i2} + b\phi_{i1}$，则

$$-\beta \sum_{j \in \Omega_i^+} a_{ij}(\rho_i - \rho_j) = -\beta \sum_{j \in \Omega_i^+} a_{ij}(\phi_{i2} + b\phi_{i1} - \phi_{j2} - b\phi_{j1})$$

$$= -\beta\sum_{j\in\Omega_i^+} a_{ij}(\phi_{i2}-\phi_{j2}) - \beta\sum_{j\in\Omega_i^+} a_{ij}(b\phi_{i1}-b\phi_{j1})$$

$$= -\beta(\dot{y}_i + by_i) = -\beta\bar{y}_i$$

因此，$\dot{\bar{\eta}}_i = -\beta\bar{y}_i - (\ddot{x}_d + b\dot{x}_d)$，取 Lyapunov 函数

$$\Lambda = \frac{1}{2}\bar{\boldsymbol{\eta}}^T\boldsymbol{P}\bar{\boldsymbol{\eta}}$$

其中，$\boldsymbol{P}$ 为正定阵，则

$$\dot{\Lambda} = \bar{\boldsymbol{\eta}}^T\boldsymbol{P}\dot{\bar{\boldsymbol{\eta}}} = \bar{\boldsymbol{\eta}}^T\boldsymbol{P}(-\beta\bar{\boldsymbol{y}} - \ddot{x}_d - b\dot{x}_d) = -\beta\bar{\boldsymbol{\eta}}^T\boldsymbol{P}\bar{\boldsymbol{y}} - \bar{\boldsymbol{\eta}}^T\boldsymbol{P}\boldsymbol{\omega}(t) \tag{16.3}$$

其中，$\bar{\boldsymbol{\eta}} = [\bar{\eta}_i] \in \mathbf{R}^{N\times 1}$，$\bar{\boldsymbol{y}} = [\bar{y}_i] \in \mathbf{R}^{N\times 1}$，$\boldsymbol{\omega}(t) = (\ddot{x}_d + b\dot{x}_d)\mathbf{1}_N \in \mathbf{R}^{N\times 1}$，$\mathbf{1}_N \in \mathbf{R}^{N\times 1}$ 是元素全为 1 的向量。

由于

$$\bar{y}_i = \dot{y}_i + by_i = \sum_{j\in\Omega_i^+} a_{ij}[(\dot{\phi}_{i1} - \dot{x}_d) - (\dot{\phi}_{j1} - \dot{x}_d)] + b\sum_{j\in\Omega_i^+} a_{ij}[(\phi_{i1} - x_d) - (\phi_{j1} - x_d)]$$

$$= \sum_{j\in\Omega_i^+} a_{ij}(\dot{\eta}_i - \dot{\eta}_j) + \sum_{j\in\Omega_i^+} a_{ij}b(\eta_i - \eta_j) = \sum_{j\in\Omega_i^+} a_{ij}(\bar{\eta}_i - \bar{\eta}_j)$$

则

$$\bar{\boldsymbol{y}} = \boldsymbol{Q}_2\bar{\boldsymbol{\eta}}$$

由于

$$\bar{y}_i = \sum_{j\in\Omega_i^+}(\bar{\eta}_i - \bar{\eta}_j) = \sum_{j=1}^{N} a_{ij}(\bar{\eta}_i - \bar{\eta}_j) = \sum_{j=1}^{N} a_{ij}\bar{\eta}_i - \sum_{j=1}^{N} a_{ij}\bar{\eta}_j = \Xi_i\bar{\eta}_i - \sum_{j=1}^{N} a_{ij}\bar{\eta}_j$$

取 $\Xi_i = \sum_{j=1}^{N} a_{ij}$，$\boldsymbol{Q}_2 = \boldsymbol{\Xi} - \boldsymbol{A}$，则

$$\bar{\boldsymbol{y}} = \boldsymbol{\Xi}\bar{\boldsymbol{\eta}} - \boldsymbol{A}\bar{\boldsymbol{\eta}} = (\boldsymbol{\Xi} - \boldsymbol{A})\bar{\boldsymbol{\eta}} = \boldsymbol{Q}_2\bar{\boldsymbol{\eta}}$$

由引理 16.1 可知，$\boldsymbol{M} = \boldsymbol{P}\boldsymbol{Q}_2 + \boldsymbol{Q}_2^T\boldsymbol{P}$ 为正定对称阵，从而结合杨氏不等式可得

$$-\beta\bar{\boldsymbol{\eta}}^T\boldsymbol{P}\bar{\boldsymbol{y}} = -\beta\bar{\boldsymbol{\eta}}^T\boldsymbol{P}\boldsymbol{Q}_2\bar{\boldsymbol{\eta}} = -\frac{\beta}{2}\bar{\boldsymbol{\eta}}^T\boldsymbol{M}\bar{\boldsymbol{\eta}} \leqslant -\frac{\beta\lambda_{\min}(\boldsymbol{M})}{2}\bar{\boldsymbol{\eta}}^T\bar{\boldsymbol{\eta}}$$

$$-\bar{\boldsymbol{\eta}}^T\boldsymbol{P}\boldsymbol{\omega}(t) \leqslant \frac{\beta\lambda_{\min}(\boldsymbol{M})}{8}\bar{\boldsymbol{\eta}}^T\bar{\boldsymbol{\eta}} + \frac{2}{\beta\lambda_{\min}(\boldsymbol{M})}\|\boldsymbol{P}\boldsymbol{\omega}(t)\|^2 \leqslant \frac{\beta\lambda_{\min}(\boldsymbol{M})}{8}\bar{\boldsymbol{\eta}}^T\bar{\boldsymbol{\eta}} + \varepsilon_1$$

其中，$\varepsilon_1 = \frac{2}{\beta\lambda_{\min}(\boldsymbol{M})}\sup_{t\geqslant 0}\|\boldsymbol{P}\boldsymbol{\omega}(t)\|^2$。

将上面两式代入式(16.3)，可得

$$\dot{\Lambda} \leqslant -\frac{3\beta\lambda_{\min}(\boldsymbol{M})}{8}\bar{\boldsymbol{\eta}}^T\bar{\boldsymbol{\eta}} + \varepsilon_1 \leqslant -\varepsilon_2\Lambda + \varepsilon_1$$

其中，$\varepsilon_2 = \frac{3\beta\lambda_{\min}(\boldsymbol{M})}{4\lambda_{\max}(\boldsymbol{P})}$。

利用引理 16.2，可得

$$0 \leqslant \Lambda(t) \leqslant \frac{\varepsilon_1}{\varepsilon_2} + \left[\Lambda(0) - \frac{\varepsilon_1}{\varepsilon_2}\right] \mathrm{e}^{-\varepsilon_2 t} \tag{16.4}$$

因此，$\Lambda(t)$和$\bar{\boldsymbol{\eta}}$是有界的，则 η_i 和 $\dot{\eta}_i$ 均有界。由于 $\dot{x}_\mathrm{d}$ 和$\ddot{x}_\mathrm{d}$ 有界，则 ϕ_{i1} 和 ϕ_{i2} 是有界的，ρ_i 和 v_{ij} 也有界。

由于 $\Lambda=\frac{1}{2}\bar{\boldsymbol{\eta}}^\mathrm{T}\boldsymbol{P}\bar{\boldsymbol{\eta}}$，结合式(16.4)可得 $\lim\limits_{t\to+\infty}|\bar{\eta}_i| \leqslant \lim\limits_{t\to+\infty}\sqrt{\frac{2\Lambda(t)}{\lambda_{\min}(\boldsymbol{P})}} \leqslant \sqrt{\frac{2\varepsilon_1}{\lambda_{\min}(\boldsymbol{P})\varepsilon_2}}$，即 $\lim\limits_{t\to+\infty}|\bar{\eta}_i| \leqslant \sqrt{\frac{2\varepsilon_1}{\lambda_{\min}(\boldsymbol{P})\varepsilon_2}}$，根据引理 5.3，可得

$$\lim_{t\to+\infty}|\eta_i| \leqslant \frac{1}{b}\sqrt{\frac{2\varepsilon_1}{\lambda_{\min}(\boldsymbol{P})\varepsilon_2}}$$

进而可得

$$\lim_{t\to+\infty}|\dot{\eta}_i| \leqslant 2\sqrt{\frac{2\varepsilon_1}{\lambda_{\min}(\boldsymbol{P})\varepsilon_2}}$$

通过调节 $\boldsymbol{P}$ 和$\boldsymbol{Q}_2$，可实现 $t\to\infty$时，$\phi_{i1}\to x_\mathrm{d}$，$\phi_{i2}\to\dot{x}_\mathrm{d}$。

通过观测器的设计，可实现对每个智能体领导者信息的估计，从而将多智能体系统的协调控制问题转化为单个智能体的跟踪控制问题。

16.1.3　针对观测器输出的滑模控制

针对第 i 个智能体，为了实现 $t\to\infty$时，$x_{i1}\to\phi_{i1}$，$x_{i2}\to\phi_{i2}$，取 $\mu_{i1}=x_{i1}-\phi_{i1}$，则 $\dot{\mu}_{i1}=\dot{x}_{i1}-\dot{\phi}_{i1}$，设计滑模函数

$$s_i = c\mu_{i1} + \dot{\mu}_{i1},\quad c>0$$

则

$$\dot{s}_i = c\dot{\mu}_{i1} + \ddot{\mu}_{i1} = c(x_{i2}-\phi_{i2}) + \dot{x}_{i2} - \dot{\phi}_{i2} = c(x_{i2}-\phi_{i2}) + \tau_i + d_i + \beta\sum_{j\in\Omega_i^+} a_{ij}v_{ij} + b\phi_{i2}$$

取 Lyapunov 函数为 $V=\frac{1}{2}s_i^2$，设计控制律为

$$\tau_i = -c(x_{i2}-\phi_{i2}) - \beta\sum_{j\in\Omega_i^+} a_{ij}v_{ij} - b\phi_{i2} - k_i\,\mathrm{sgn}s_i - k_0 s_i \tag{16.5}$$

其中，$k_i\geqslant D_i$，$k_0>0$，$D_i=\sup\limits_{t\geqslant0}|d_i(t)|$，$i=1,2,\cdots,N$。则

$$\dot{s}_i = d_i - k_i\,\mathrm{sgn}s_i - k_0 s_i$$

$$\dot{V} = s_i\dot{s}_i = s_i(d_i - k_i\,\mathrm{sgn}s_i - k_0 s_i) \leqslant -k_0 s_i^2 = -2k_0 V$$

则 s_i 指数收敛至 0，从而 μ_{i1} 和 $\dot{\mu}_{i1}$ 指数收敛至 0，即 $\lim\limits_{t\to+\infty}\mu_{i1} = \lim\limits_{t\to+\infty}(x_{i1}-\phi_{i1})=0$，$\lim\limits_{t\to+\infty}\dot{\mu}_{i1} = \lim\limits_{t\to+\infty}(x_{i2}-\phi_{i2})=0$。

下面分析各个智能体输出 x_{i1} 和 x_{i2} 对 x_d 及$\dot{x}_\mathrm{d}$ 的一致性收敛性能。

由于 $\mu_{i1}=x_{i1}-\phi_{i1}$，$\eta_i=\phi_{i1}-x_{\mathrm{d}}$，且 $\lim\limits_{t\to+\infty}\mu_{i1}=0$，$\lim\limits_{t\to+\infty}\dot{\mu}_{i1}=0$ 且指数收敛，则可得跟踪误差 $x_{i1}-x_{\mathrm{d}}$ 和 $x_{i2}-\dot{x}_{\mathrm{d}}$ 满足 $\lim\limits_{t\to+\infty}|x_{i1}-x_{\mathrm{d}}|\leqslant\sqrt{\dfrac{2\varepsilon_1}{\lambda_{\min}(\boldsymbol{P})\varepsilon_2 b^2}}$，$\lim\limits_{t\to+\infty}|x_{i2}-\dot{x}_{\mathrm{d}}|\leqslant 2\sqrt{\dfrac{2\varepsilon_1}{\lambda_{\min}(\boldsymbol{P})\varepsilon_2}}$，即 $t\to\infty$ 时，$x_{i1}\to x_{\mathrm{d}}$，$x_{i2}\to\dot{x}_{\mathrm{d}}$。

16.1.4 仿真实例

考虑如图 16.1 所示的多智能体系统结构，只有第 2 个智能体可以接收到领导者指令 x_{d}，$x_{\mathrm{d}}=\sin t$。针对多智能体系统式(16.1)，$d_i=0.03\sin t$，$i=1,2,3,4$。

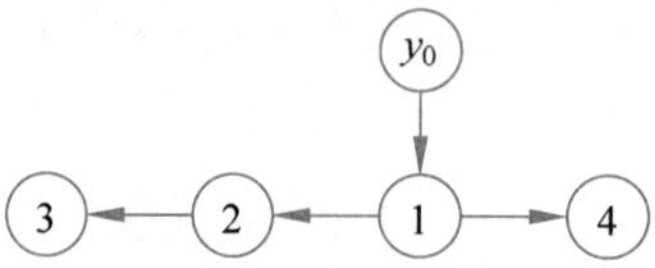

图 16.1 多智能体系统的有向通信拓扑结构

由图 16.1 可知，根据 a_{ij} 的定义可得 $\boldsymbol{A}=10\times\begin{bmatrix}0&0&0&0&0\\1&0&0&0&0\\0&1&0&0&0\\0&0&1&0&0\\0&1&0&0&0\end{bmatrix}$。根据观测器式(16.2)和控制律式(16.5)，取 $c=100$，$\beta=100$，$b=15$，$k=15$，$k_0=300$。

运行连续系统仿真主程序 chap16_1sim.mdl，仿真结果如图 16.2～图 16.4 所示。

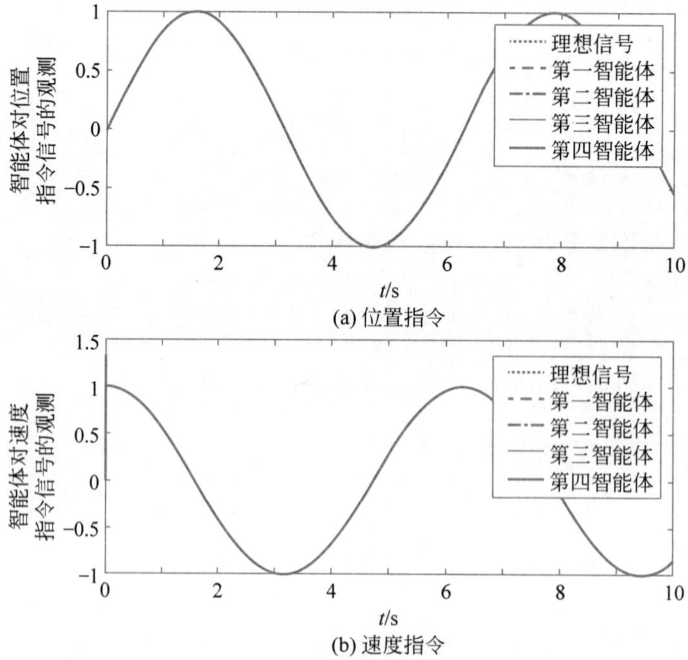

图 16.2 各个智能体对指令信号的观测

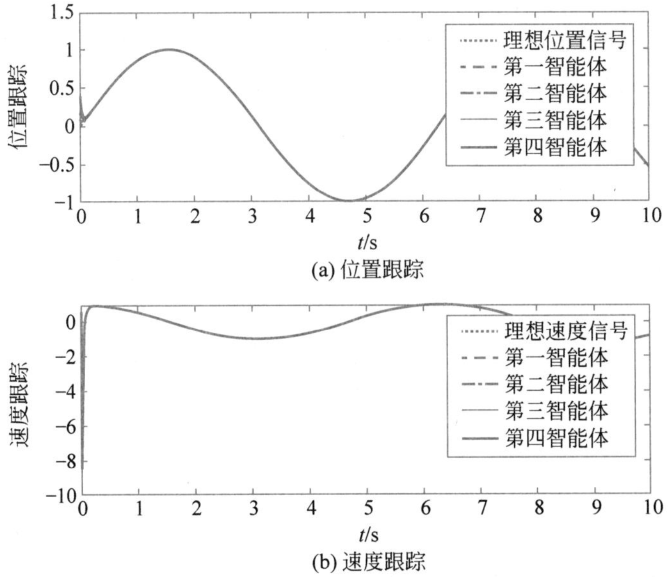

(a) 位置跟踪

(b) 速度跟踪

图 16.3　多智能体系统的位置和速度一致性跟踪

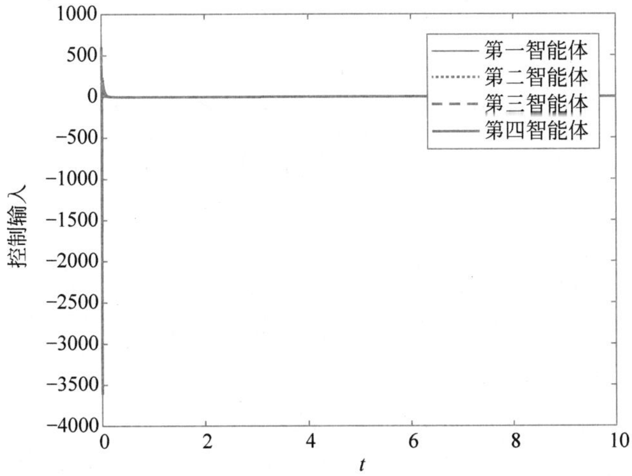

图 16.4　多智能体系统的控制输入

仿真程序：

(1) 连续系统仿真：

① 主程序：chap16_1sim. mdl。

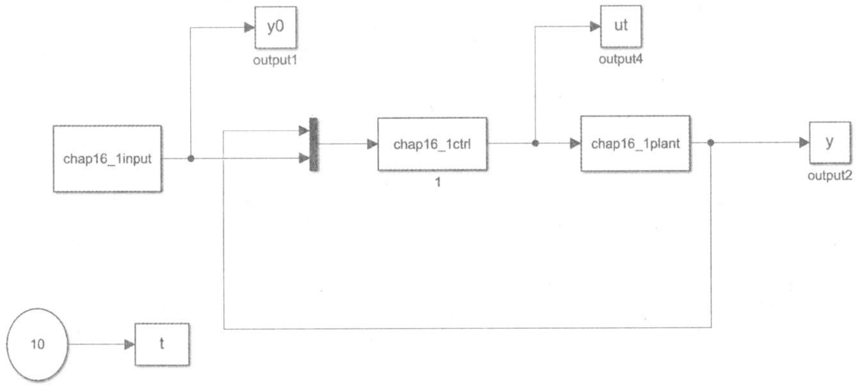

② 智能体控制器子程序：chap16_1ctrl. m。

③ 智能体被控对象子程序：chap16_1plant. m。

④ 作图子程序：chap16_1plot. m。

(2) 离散系统仿真：chap16_1dis. m。

16.2 切换网络下多智能体系统分布式观测器

16.2.1 系统描述

智能体 i 的动力学模型为二阶模型：

$$\begin{cases} \dot{x}_{i1}=x_{i2} \\ \dot{x}_{i2}=u_i+d_i \\ y_i=x_{i1} \end{cases} \tag{16.6}$$

其中，$i=1,2,\cdots,N$，u_i 为控制输入，x_{i1} 和 x_{i2} 为系统状态，$y_i\in\mathbf{R}$ 为系统输出，d_i 为加在控制输入上的扰动。

领导者的信号由下式产生：

$$\dot{\boldsymbol{v}}=\boldsymbol{S}_0\boldsymbol{v},\quad y_0=\boldsymbol{C}\boldsymbol{v} \tag{16.7}$$

其中，$\boldsymbol{v}=[v_1,v_2]^{\mathrm{T}}\in\mathbf{R}^2$，$\boldsymbol{S}_0\in\mathbf{R}^{2\times2}$，$\boldsymbol{C}\in\mathbf{R}^{1\times2}$，其中，$\boldsymbol{S}_0$ 和 $\boldsymbol{C}$ 为常值矩阵。

在式(16.7)中，向量 $\boldsymbol{v}=[v_1,v_2]^{\mathrm{T}}$ 为用于产生信号 y_0 的向量，$\boldsymbol{S}_0$ 反映了领导者的动态特性。

定义 $\boldsymbol{\rho}_0=c\boldsymbol{v}+\dot{\boldsymbol{v}}$，$c>0$，则

$$\dot{\boldsymbol{\rho}}_0=c\dot{\boldsymbol{v}}+\ddot{\boldsymbol{v}}=c\dot{\boldsymbol{v}}+\boldsymbol{S}_0\dot{\boldsymbol{v}}=c\boldsymbol{S}_0\boldsymbol{v}+\boldsymbol{S}_0\boldsymbol{S}_0\boldsymbol{v}=\boldsymbol{S}_0(c\boldsymbol{v}+\boldsymbol{S}_0\boldsymbol{v})=\boldsymbol{S}_0\boldsymbol{\rho}_0$$

在有限时间内，保证每个多智能体系统拓扑结构都存在，即对于 $\forall t\in[t_{k-1},t_k)$，$k=1,2,\cdots$，都有 $t_k-t_{k-1}\geqslant\tau_{\mathrm{d}}$，$\tau_{\mathrm{d}}>0$，$\sigma(t)$：$[0,+\infty)\to\mathcal{P}=\{1,2,\cdots,p\}$ 为分段连续切换信号，t_k 为切换瞬间，τ_{d} 为停留时间，$\mathcal{P}$ 为切换指标集。式(16.6)和式(16.7)可以看作一个由 $(N+1)$ 多智能体组成的多智能体系统，其中式(16.7)为领导者，式(16.6)中的 N 个智能体为跟随者。

给定切换信号 $\sigma(t)$，系统的通信情况可以由切换拓扑图 $\mathcal{G}_{\sigma(t)}=(\mathcal{V},\mathcal{E}_{\sigma(t)})$ 表示，节点集 $\mathcal{V}=\{0,1,\cdots,N\}$，边集 $\mathcal{E}_{\sigma(t)}\subseteq\mathcal{V}\times\mathcal{V}$。$(j,i)\in\mathcal{E}_{\sigma(t)}$，$i=1,2,\cdots,N$，$j=0,1,\cdots,N$ 表示智能体 i 在 t 时刻可以获得智能体 j 的信息，智能体 i 在 t 时刻的邻居集定义为 $\mathcal{N}_{\sigma(t)}=\{j\mid(j,i)\in\mathcal{E}_{\sigma(t)}\}$。切换有向图 $\mathcal{G}_{\sigma(t)}$ 的加权邻接矩阵定义为 $\boldsymbol{\mathcal{A}}_{\sigma(t)}=[a_{ij}(t)]\in\mathbf{R}^{(N+1)\times(N+1)}$，当 $i=0,1,\cdots,N$ 时，$a_{ii}(t)=0$；当 $i\neq j$ 时，$a_{ij}(t)=1\Leftrightarrow(j,i)\in\mathcal{E}_{\sigma(t)}$，否则 $a_{ij}(t)=0$。由矩阵 $\boldsymbol{\mathcal{A}}_{\sigma(t)}$ 进一步定义矩阵 $\boldsymbol{\mathcal{H}}_{\sigma(t)}=[h_{ij}(t)]_{i,j=1}^{N}$，当 $i\neq j$ 时，$h_{ij}(t)=-a_{ij}(t)$；$i=j$ 时，$h_{ii}(t)=\sum\limits_{j=0}^{N}a_{ij}(t)$。

观测目标：通过设计分布式观测器，实现各个跟随智能体对领导者信息的估计，即 η_i 观测 v，ξ_i 观测 $\dot{v}$，观测误差为 $\tilde{\boldsymbol{\eta}}_i=\boldsymbol{\eta}_i-\boldsymbol{v}$ 和 $\tilde{\boldsymbol{\xi}}_i=\boldsymbol{\xi}_i-\dot{\boldsymbol{v}}$。

假设 1：矩阵 $\boldsymbol{S}_0$ 没有实部为正的特征值。

假设2：在有限时间内，每个智能体都直接或间接可达领导者节点0，即存在序列$\{l:l=0,1,\cdots\}$的子序列$\{l_k\}$及某个正常数μ_0，当$t_{l_{k+1}}-t_{l_k}<\mu_0$时，联合图$\bigcup_{j=l_k}^{l_{k+1}-1}\mathcal{G}_{\sigma(t_j)}$中节点0可达每个节点$i,i=1,2,\cdots,N$。

16.2.2 观测器设计及收敛性分析

通过设计分布式观测器，实现各个跟随智能体对领导者信息的估计，由于$y_0=\boldsymbol{C}\boldsymbol{v}$，令$\hat{y}_{i0}=\boldsymbol{C}\boldsymbol{\eta}_i$，$\dot{\hat{y}}_{i0}=\boldsymbol{C}\boldsymbol{\xi}_i$。为了实现每个智能体都观测到$y_0$和$\dot{y}_0$，观测任务为在$t\to\infty$时，$\boldsymbol{\eta}_i\to\boldsymbol{v}$，$\boldsymbol{\xi}_i\to\dot{\boldsymbol{v}}$，观测误差为$\tilde{\boldsymbol{\eta}}_i=\boldsymbol{\eta}_i-\boldsymbol{v}$和$\tilde{\boldsymbol{\xi}}_i=\boldsymbol{\xi}_i-\dot{\boldsymbol{v}}$，从而实现$t\to\infty$时，$\hat{y}_{i0}\to y_0$，$\dot{\hat{y}}_{i0}\to\dot{y}_0$。

为了对领导者信息进行估计，对于第i个跟随者($i=1,2,\cdots,N$)，设计如下分布式观测器[6]：

$$\begin{cases}\dot{\boldsymbol{S}}_i=\mu_1\sum\limits_{j=0}^{N}a_{ij}(t)(\boldsymbol{S}_j-\boldsymbol{S}_i)\\ \dot{\boldsymbol{\eta}}_i=\boldsymbol{\xi}_i\\ \dot{\boldsymbol{\xi}}_i=\boldsymbol{S}_i\boldsymbol{\rho}_i+\mu_2\sum\limits_{j=0}^{N}a_{ij}(t)(\boldsymbol{\rho}_j-\boldsymbol{\rho}_i)-c\,\boldsymbol{\xi}_i\end{cases}\tag{16.8}$$

其中，$i=1,2,\cdots,N$，$\boldsymbol{\eta}_i\in\mathbf{R}^2$，$\boldsymbol{\xi}_i\in\mathbf{R}^2$，$\mu_1>0$，$\mu_2>0$，$j=0,1,\cdots,N$。

观测器式(16.8)中，$j=0$时，$\boldsymbol{S}_j=\boldsymbol{S}_0$，$\boldsymbol{S}_i$为智能体$i$对领导者动态特性矩阵$\boldsymbol{S}_0$的估计。定义

$$\boldsymbol{\rho}_j=\dot{\boldsymbol{\eta}}_j+c\boldsymbol{\eta}_j,\quad c>0\tag{16.9}$$

对于任意的列向量$\boldsymbol{a}_i$，$i=1,2,\cdots,s$，$\mathrm{col}(\boldsymbol{a}_1,\boldsymbol{a}_2,\cdots,\boldsymbol{a}_s)=(\boldsymbol{a}_1^{\mathrm{T}},\boldsymbol{a}_2^{\mathrm{T}},\cdots,\boldsymbol{a}_s^{\mathrm{T}})^{\mathrm{T}}$，$\otimes$表示矩阵的Kronecker积。定义$\tilde{\boldsymbol{S}}_i=\boldsymbol{S}_i-\boldsymbol{S}_0$，$\tilde{\boldsymbol{S}}=[\tilde{\boldsymbol{S}}_1^{\mathrm{T}},\tilde{\boldsymbol{S}}_2^{\mathrm{T}},\cdots,\tilde{\boldsymbol{S}}_N^{\mathrm{T}}]^{\mathrm{T}}$，$\tilde{\boldsymbol{\eta}}=\mathrm{col}(\tilde{\boldsymbol{\eta}}_1,\tilde{\boldsymbol{\eta}}_2,\cdots,\tilde{\boldsymbol{\eta}}_N)$，$\tilde{\boldsymbol{\xi}}=\mathrm{col}(\tilde{\boldsymbol{\xi}}_i,\cdots,\tilde{\boldsymbol{\xi}}_{iN})$，$\tilde{\boldsymbol{\rho}}_i=\boldsymbol{\rho}_i-\boldsymbol{\rho}_0$，$\tilde{\boldsymbol{\rho}}=\mathrm{col}(\tilde{\boldsymbol{\rho}}_1,\tilde{\boldsymbol{\rho}}_2,\cdots,\tilde{\boldsymbol{\rho}}_N)$，$\boldsymbol{\rho}=\mathrm{col}(\boldsymbol{\rho}_1,\boldsymbol{\rho}_2,\cdots,\boldsymbol{\rho}_N)$。

根据式(16.8)第一行，由于$\dot{\boldsymbol{S}}_0=\boldsymbol{0}_{2\times 2}$，则

$$\dot{\tilde{\boldsymbol{S}}}_i=\mu_1\sum_{j=0}^{N}a_{ij}(t)(\boldsymbol{S}_j-\boldsymbol{S}_0-(\boldsymbol{S}_i-\boldsymbol{S}_0))=-\mu_1\sum_{j=0}^{N}a_{ij}(t)(\tilde{\boldsymbol{S}}_i-\tilde{\boldsymbol{S}}_j)$$

由于当$i\neq j$时，$h_{ij}(t)=-a_{ij}(t)$，当$i=j$时，$h_{ii}(t)=\sum\limits_{j=0}^{N}a_{ij}(t)$，则

$$\sum_{j=0}^{N}h_{ij}(t)\tilde{\boldsymbol{S}}_j=\tilde{\boldsymbol{S}}_i\sum_{j=0}^{N}a_{ij}(t)-\sum_{j=0}^{N}a_{ij}(t)\tilde{\boldsymbol{S}}_j$$

即

$$\sum_{j=0}^{N}a_{ij}(t)(\tilde{\boldsymbol{S}}_i-\tilde{\boldsymbol{S}}_j)=\tilde{\boldsymbol{S}}_i\sum_{j=0}^{N}a_{ij}(t)-\sum_{j=0}^{N}a_{ij}(t)\tilde{\boldsymbol{S}}_j=\sum_{j=0}^{N}h_{ij}(t)\tilde{\boldsymbol{S}}_j=\sum_{j=1}^{N}h_{ij}(t)\tilde{\boldsymbol{S}}_j$$

其中，$j=0$时，$\tilde{\boldsymbol{S}}_j=\boldsymbol{S}_j-\boldsymbol{S}_0=0$。

从而

$$\dot{\tilde{\boldsymbol{S}}}_i=-\mu_1\sum_{j=1}^{N}h_{ij}(t)\tilde{\boldsymbol{S}}_j\tag{16.10}$$

定义$\boldsymbol{\mathcal{I}}_2$为2×2的单位阵，采用Kronecker积方法，可实现对$\boldsymbol{\mathcal{H}}_{\sigma(t)}$的$N\times N$维到$2N\times 2N$维的拓展，根据$\boldsymbol{\mathcal{H}}_{\sigma(t)}$定义，则由式(16.10)可得

$$\dot{\widetilde{\boldsymbol{S}}}=-\mu_1(\boldsymbol{\mathcal{H}}_{\sigma(t)}\otimes\boldsymbol{\mathcal{I}}_2)\widetilde{\boldsymbol{S}}$$

根据式(16.8)第三行，可得

$$\dot{\boldsymbol{\rho}}_i=\boldsymbol{S}_i\boldsymbol{\rho}_i+\mu_2\sum_{j=0}^{N}a_{ij}(t)(\boldsymbol{\rho}_j-\boldsymbol{\rho}_i)$$

由于$\boldsymbol{S}_i\boldsymbol{\rho}_i=\boldsymbol{S}_i\boldsymbol{\rho}_i+\boldsymbol{S}_0\boldsymbol{\rho}_i-\boldsymbol{S}_0\boldsymbol{\rho}_i=\boldsymbol{S}_0\boldsymbol{\rho}_i+(\boldsymbol{S}_i-\boldsymbol{S}_0)\boldsymbol{\rho}_i=\boldsymbol{S}_0\boldsymbol{\rho}_i+\widetilde{\boldsymbol{S}}_i\boldsymbol{\rho}_i$，$\boldsymbol{\rho}_j-\boldsymbol{\rho}_i=\tilde{\boldsymbol{\rho}}_j-\tilde{\boldsymbol{\rho}}_i$，并根据$\dot{\boldsymbol{\rho}}_0=\boldsymbol{S}_0\boldsymbol{\rho}_0$可得

$$\dot{\boldsymbol{\rho}}_i-\dot{\boldsymbol{\rho}}_0=\boldsymbol{S}_i\boldsymbol{\rho}_i+\mu_2\sum_{j=0}^{N}a_{ij}(t)(\boldsymbol{\rho}_j-\boldsymbol{\rho}_i)-\boldsymbol{S}_0\boldsymbol{\rho}_0$$

从而

$$\dot{\boldsymbol{\rho}}_i-\dot{\boldsymbol{\rho}}_0=\boldsymbol{S}_0\boldsymbol{\rho}_i+\widetilde{\boldsymbol{S}}_i\boldsymbol{\rho}_i+\mu_2\sum_{j=0}^{N}a_{ij}(t)(\tilde{\boldsymbol{\rho}}_j-\tilde{\boldsymbol{\rho}}_i)-\boldsymbol{S}_0\boldsymbol{\rho}_0$$

即

$$\dot{\tilde{\boldsymbol{\rho}}}_i=\boldsymbol{S}_0\tilde{\boldsymbol{\rho}}_i-\mu_2\sum_{j=0}^{N}a_{ij}(t)(\tilde{\boldsymbol{\rho}}_i-\tilde{\boldsymbol{\rho}}_j)+\widetilde{\boldsymbol{S}}_i\boldsymbol{\rho}_i \tag{16.11}$$

同理可得

$$\begin{aligned}\sum_{j=0}^{N}a_{ij}(t)(\tilde{\boldsymbol{\rho}}_i-\tilde{\boldsymbol{\rho}}_j)&=\tilde{\boldsymbol{\rho}}_i\sum_{j=0}^{N}a_{ij}(t)-\sum_{j=0}^{N}a_{ij}(t)\tilde{\boldsymbol{\rho}}_j\\&=\tilde{\boldsymbol{\rho}}_i h_{ii}(t)+\sum_{j=0}^{N}h_{ij}(t)\tilde{\boldsymbol{\rho}}_j\\&=\tilde{\boldsymbol{\rho}}_i h_{ii}(t)+\sum_{j=1}^{N}h_{ij}(t)\tilde{\boldsymbol{\rho}}_j\end{aligned}$$

则式(16.11)变为

$$\dot{\tilde{\boldsymbol{\rho}}}=(\boldsymbol{\mathcal{I}}_N\otimes\boldsymbol{S}_0-\mu_2(\boldsymbol{\mathcal{H}}_{\sigma(t)}\otimes\boldsymbol{\mathcal{I}}_2))\tilde{\boldsymbol{\rho}}+\widetilde{\boldsymbol{S}}_{\mathrm{d}}\boldsymbol{\rho}$$

其中，$\widetilde{\boldsymbol{S}}_{\mathrm{d}}=\begin{bmatrix}\widetilde{\boldsymbol{S}}_1&\cdots&\boldsymbol{0}\\\vdots&&\vdots\\\boldsymbol{0}&\cdots&\widetilde{\boldsymbol{S}}_N\end{bmatrix}$。

则式(16.8)所示的观测器可转化为如下标准形式

$$\begin{cases}\dot{\widetilde{\boldsymbol{S}}}=-\mu_1(\boldsymbol{\mathcal{H}}_{\sigma(t)}\otimes\boldsymbol{\mathcal{I}}_2)\widetilde{\boldsymbol{S}}\\\dot{\tilde{\boldsymbol{\rho}}}=(\boldsymbol{\mathcal{I}}_N\otimes\boldsymbol{S}_0-\mu_2(\boldsymbol{\mathcal{H}}_{\sigma(t)}\otimes\boldsymbol{\mathcal{I}}_2))\tilde{\boldsymbol{\rho}}+\widetilde{\boldsymbol{S}}_{\mathrm{d}}\boldsymbol{\rho}\end{cases} \tag{16.12}$$

根据式(16.9)的定义，可得$\dot{\tilde{\boldsymbol{\rho}}}=\dot{\boldsymbol{\rho}}-\boldsymbol{\mathcal{I}}_N\otimes\dot{\boldsymbol{\rho}}_0=\dot{\boldsymbol{\xi}}+c\boldsymbol{\xi}-\boldsymbol{\mathcal{I}}_N\otimes\dot{\boldsymbol{\rho}}_0$，从而

$$\dot{\boldsymbol{\xi}}=\boldsymbol{\mathcal{I}}_N\otimes\dot{\boldsymbol{\rho}}_0+\dot{\tilde{\boldsymbol{\rho}}}-c\boldsymbol{\xi} \tag{16.13}$$

在假设1和假设2成立的条件下，由文献[7]的引理2可知，对于任意的$\mu_1>0$，$\mu_2>0$，$c>0$，任意的初始条件$\widetilde{\boldsymbol{S}}(0)$和$\tilde{\boldsymbol{\rho}}(0)$，都有$\widetilde{\boldsymbol{S}}$指数收敛到0，$\tilde{\boldsymbol{\rho}}$渐近收敛到0，即可保证$\lim\limits_{t\to+\infty}\tilde{\boldsymbol{\rho}}(t)=0$，由于

$$\tilde{\boldsymbol{\rho}}(t)=\boldsymbol{\rho}(t)-\boldsymbol{\rho}_0=c\boldsymbol{\eta}(t)+\dot{\boldsymbol{\eta}}(t)-c\boldsymbol{v}(t)-\dot{\boldsymbol{v}}(t)=c\tilde{\boldsymbol{\eta}}(t)+\dot{\tilde{\boldsymbol{\eta}}}(t)$$

则

$$\tilde{\eta}(t)\to 0,\quad \dot{\tilde{\eta}}(t)\to 0$$

又由于 $\dot{\tilde{\eta}}_i=\dot{\eta}_i-\dot{v}_i=\xi_i-\dot{v}=\xi_i$，则

$$\lim_{t\to+\infty}\tilde{\boldsymbol{\eta}}(t)=0$$

$$\lim_{t\to+\infty}\tilde{\boldsymbol{\xi}}(t)=0$$

由于 $\tilde{\boldsymbol{\eta}}_i=\boldsymbol{\eta}_i-\boldsymbol{v}$ 和 $\tilde{\boldsymbol{\xi}}_i=\boldsymbol{\xi}_i-\dot{\boldsymbol{v}}$，定义跟踪指令观测误差 $\tilde{y}_{i0}=\hat{y}_{i0}-y_0$。由于 $\hat{y}_{i0}=c\eta_i$，$\dot{\hat{y}}_{i0}=c\xi_i$，由式(16.7)可得：$y_0=\boldsymbol{C}\boldsymbol{v}$，$\dot{y}_0=\boldsymbol{C}\dot{\boldsymbol{v}}$，可得

$$\lim_{t\to+\infty}\tilde{y}_{i0}=\lim_{t\to+\infty}\hat{y}_{i0}-y_0=0$$

$$\lim_{t\to+\infty}\dot{\tilde{y}}_{i0}=\lim_{t\to+\infty}\dot{\hat{y}}_{i0}-\dot{y}_0=0$$

其中，$\hat{y}_{i0}=\boldsymbol{C}\boldsymbol{\eta}_i$，$\dot{\hat{y}}_{i0}=\boldsymbol{C}\boldsymbol{\xi}_i$。

16.2.3 仿真实例

取智能体 i 的动力学模型为式(16.6)，采用文献[8]所用的多智能体系统通信拓扑结构，如图 16.5 所示，假设切换拓扑图 $\mathcal{G}_{\sigma(t)}=(\mathcal{V},\mathcal{E}_{\sigma(t)})$ 的切换信号 $\sigma(t)$ 是一个周期信号，描述如下：

$$\sigma(t)=\begin{cases}1, & t\in\left[\gamma T,\left(\gamma+\frac{1}{4}\right)T\right)\\ 2, & t\in\left[\left(\gamma+\frac{1}{4}\right)T,\left(\gamma+\frac{1}{2}\right)T\right)\\ 3, & t\in\left[\left(\gamma+\frac{1}{2}\right)T,\left(\gamma+\frac{3}{4}\right)T\right)\\ 4, & t\in\left[\left(\gamma+\frac{3}{4}\right)T,(\gamma+1)T\right)\end{cases}\tag{16.14}$$

其中，$\gamma=0,1,\cdots$，根据定义可知，$\tau_{\mathrm{d}}=\frac{1}{4}T$，仿真中取 $T=2$，则 $\tau_{\mathrm{d}}=0.50$。

图 16.5 为四个拓扑切换图 $\mathcal{G}_i(i=1,2,3,4)$，可见，在有限时间内，每个智能体都直接或间接可达领导者节点 0，即假设 2 成立。

取 $T=2$，跟踪指令 y_0 由式(16.7)产生，选取 $\boldsymbol{v}(0)=[0,1]$，$\boldsymbol{S}_0=\begin{bmatrix}0 & 1\\ -1 & 0\end{bmatrix}$，$\boldsymbol{C}=[1,0]$。采用 MATLAB 指令验证矩阵 $\boldsymbol{S}_0$，可得 $\mathrm{eig}(\boldsymbol{S}_0)=[0+i,0-i]$，即矩阵 $\boldsymbol{S}_0$ 没有实部为正的特征值，满足假设 1 的要求。

$\boldsymbol{S}_i$ 初始化为：$\boldsymbol{S}_1(0)=\begin{bmatrix}2 & -1\\ 1 & -2\end{bmatrix}$，$\boldsymbol{S}_2(0)=\begin{bmatrix}1 & 2\\ -2 & -1\end{bmatrix}$，$\boldsymbol{S}_3(0)=\begin{bmatrix}-1 & 0\\ 2 & 1\end{bmatrix}$，$\boldsymbol{S}_4(0)=\begin{bmatrix}1 & -1\\ 0 & 2\end{bmatrix}$。

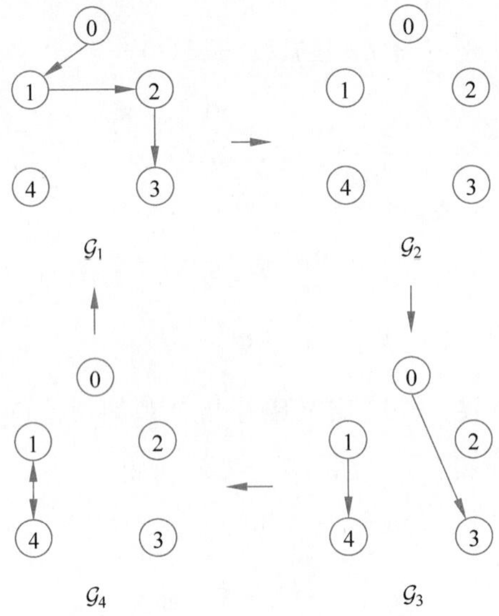

图 16.5 多智能体系统的通信拓扑结构

根据领导者的信号产生表达式$\dot{\boldsymbol{v}}=\boldsymbol{S}_0\boldsymbol{v}$，$y_0=\boldsymbol{C}\boldsymbol{v}$ 及定义$\boldsymbol{v}=[v_1,v_2]^{\mathrm{T}}$，可知 $y_0=v_1$，$\dot{y}_0=\boldsymbol{C}\dot{\boldsymbol{v}}=\boldsymbol{C}\boldsymbol{S}_0\boldsymbol{v}=[1,0]\begin{bmatrix}0 & 1\\-1 & 0\end{bmatrix}\boldsymbol{v}=[0,1]\boldsymbol{v}=v_2$，即观测器对$\boldsymbol{v}=[v_1,v_2]^{\mathrm{T}}$ 进行观测。

根据图 16.5，可得：$N=4$，在该结构下，根据 $\boldsymbol{A}_{\sigma(t)}=[a_{ij}(t)]\in\mathbf{R}^{(N+1)\times(N+1)}$ 和 $\boldsymbol{H}_{\sigma(t)}=[h_{ij}(t)]_{i,j=1}^{N}$ 的定义，每个智能体都分别按以下四种结构切换。

(1) 结构$\mathcal{G}_1$：$a_{10}=1$，$a_{21}=1$，$a_{32}=1$

$$\boldsymbol{A}_1=[a_{ij}(t)]_{5\times5}=\begin{bmatrix}0&0&0&0&0\\1&0&0&0&0\\0&1&0&0&0\\0&0&1&0&0\\0&0&0&0&0\end{bmatrix},\quad \boldsymbol{H}_1=[h_{ij}(t)]_{4\times4}=\begin{bmatrix}1&0&0&0\\-1&1&0&0\\0&-1&1&0\\0&0&0&0\end{bmatrix}$$

(2) 结构$\mathcal{G}_2$：$a_{ij}(t)=0$

$$\boldsymbol{A}_2=[a_{ij}(t)]_{5\times5}=\begin{bmatrix}0&0&0&0&0\\0&0&0&0&0\\0&0&0&0&0\\0&0&0&0&0\\0&0&0&0&0\end{bmatrix},\quad \boldsymbol{H}_2=[h_{ij}(t)]_{4\times4}=\begin{bmatrix}0&0&0&0\\0&0&0&0\\0&0&0&0\\0&0&0&0\end{bmatrix}$$

(3) 结构$\mathcal{G}_3$：$a_{41}=1$，$a_{30}=1$

$$\boldsymbol{A}_3=[a_{ij}(t)]_{5\times5}=\begin{bmatrix}0&0&0&0&0\\0&0&0&0&0\\0&0&0&0&0\\1&0&0&0&0\\0&1&0&0&0\end{bmatrix},\quad \boldsymbol{H}_3=[h_{ij}(t)]_{4\times4}=\begin{bmatrix}0&0&0&0\\0&0&0&0\\0&0&1&0\\-1&0&0&1\end{bmatrix}$$

(4) 结构$\mathcal{G}_4$：$a_{14}=a_{41}=1$

$$\boldsymbol{A}_4=[a_{ij}(t)]_{5\times 5}=\begin{bmatrix}0&0&0&0&0\\0&0&0&0&1\\0&0&0&0&0\\0&0&0&0&0\\0&1&0&0&0\end{bmatrix},\quad \boldsymbol{H}_4=[h_{ij}(t)]_{4\times 4}=\begin{bmatrix}1&0&0&-1\\0&0&0&0\\0&0&0&0\\-1&0&0&1\end{bmatrix}$$

针对模型式(16.6)，取 $d_i=3\sin t$，分布式观测器采用式(16.12)和式(16.13)，取 $\mu_1=30$，$\mu_2=20$，$c=20$。仿真结果如图 16.6 和图 16.7 所示，第 4 个智能体在$\dfrac{T}{2}$时才接收到领导者的信号，产生了延迟。

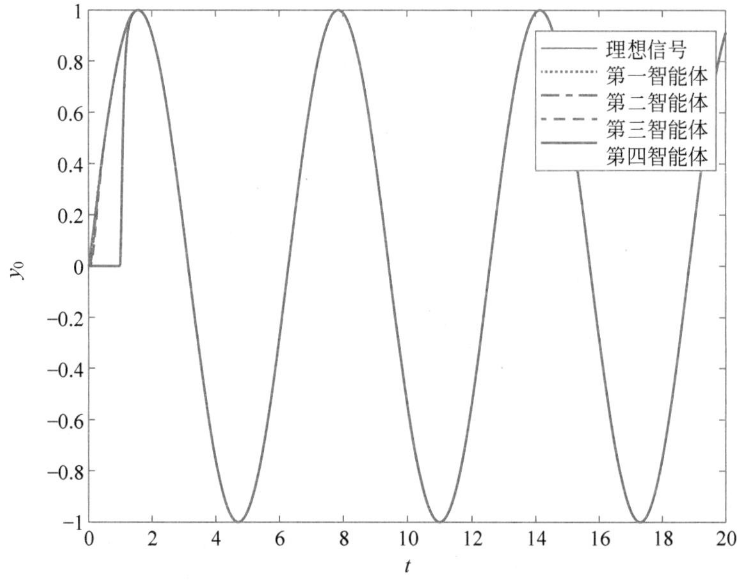

图 16.6　针对模型式(16.6)的各个智能体对指令 y_0 的观测结果

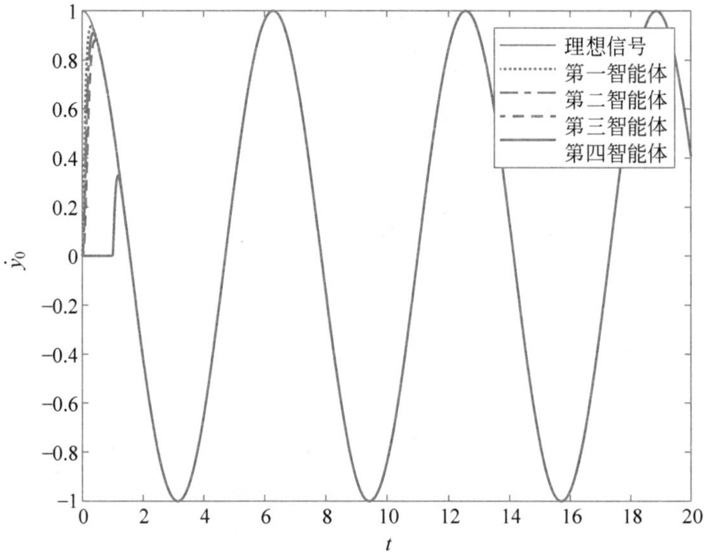

图 16.7　针对模型式(16.6)的各个智能体对指令 $\dot{y}_0$ 的观测结果

仿真程序：

(1) 矩阵 S 验证程序：chap16_2ver.m。

(2) 指令程序：chap16_2input.m。

(3) 观测器程序：chap16_2obv.m。

(4) Simulink 主程序：chap16_2sim.mdl。

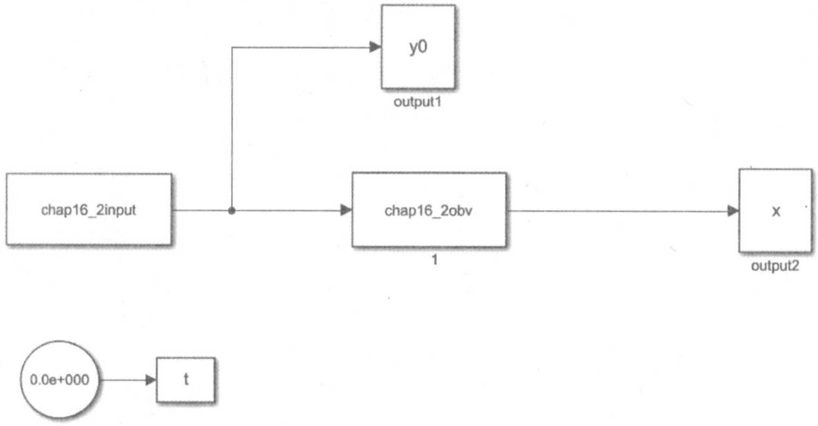

(5) 作图程序：chap16_2plot.m。

采用 MATLAB 命令 kron 实现矩阵的 Kronecker 积，例如，$A=[1,2]$，$B=[3,4]$，则 $\mathrm{kron}(A,B)=[3,4,6,8]$。

16.3 切换网络下多智能体系统协调滑模控制

随着智能机器人、飞行器等多智能体技术的发展，固定拓扑下的多智能体系统很难满足复杂的工程应用需求。实际工程中，固定拓扑结构的多智能体系统可能会因通信能力、传感器等因素，使得系统的通信网络变得不连通，因此研究切换拓扑下多智能体系统具有重要的工程价值。

由于切换拓扑中拉普拉斯矩阵及其特征值会随之发生变化，使得理论分析相对复杂。目前切换拓扑多智能体系统的研究成果很多，例如，文献[7-8]研究了切换拓扑下多智能体系统的一致性问题，得到了智能体达到一致的控制算法。

16.3.1 系统描述

智能体 i 的动力学模型为

$$\begin{cases}\dot{x}_{i1}=x_{i2}\\ \dot{x}_{i2}=u_i+d_i\\ y_i=x_{i1}\end{cases}\tag{16.15}$$

其中，$i=1,2,\cdots,N$，u_i 为控制输入，x_{i1} 和 x_{i2} 为系统状态，$y_i\in\mathbf{R}$ 为系统输出，d_i 为加在控制输入上的扰动。

领导者的信号由式(16.7)产生，通过观测器式(16.8)，可实现对领导者信息的观测，即

$$\lim_{t\to+\infty}\tilde{y}_{i0}=\lim_{t\to+\infty}\hat{y}_{i0}-y_0=0$$

$$\lim_{t\to+\infty}\dot{\tilde{y}}_{i0}=\lim_{t\to+\infty}\dot{\hat{y}}_{i0}-\dot{y}_0=0$$

通过上述观测器的设计，可实现对每个智能体领导者信息的估计，从而将多智能体系统的协调控制问题转化为单个智能体的跟踪控制问题。

控制目标为 $t\to\infty$ 时，$y_i\to y_0$，$\dot{y}_i\to\dot{y}_0$。

16.3.2 针对观测器输出的跟踪控制

针对第 i 个智能体，设计控制器，使 $t\to\infty$ 时，$y_i\to\hat{y}_{i0}$，$\dot{y}_i\to\dot{\hat{y}}_{i0}$。

取 $e_i=y_i-\hat{y}_{i0}$，则 $\dot{e}_i=\dot{y}_i-\dot{\hat{y}}_{i0}$，设计滑模函数

$$s_i=\lambda e_i+\dot{e}_i,\quad \lambda>0$$

则

$$\dot{s}_i=\lambda\dot{e}_i+\ddot{e}_i=\lambda(\dot{y}_i-\dot{\hat{y}}_0)+\ddot{y}_i-\ddot{\hat{y}}_{i0}=\lambda(x_{i2}-\boldsymbol{C}\dot{\boldsymbol{\xi}}_i)+u_i+d_i-\boldsymbol{C}\dot{\boldsymbol{\xi}}_i$$

其中，$\dot{\boldsymbol{\xi}}_i$ 由式(16.8)给出。

取 Lyapunov 函数为 $V=\frac{1}{2}s_i^2$，设计控制律为

$$u_i=-\lambda(x_{i2}-\boldsymbol{C}\boldsymbol{\xi}_i)+\boldsymbol{C}\dot{\boldsymbol{\xi}}_i-ks_i-k_0\operatorname{sgn}s_i \tag{16.16}$$

其中，$k_0\geqslant|d_i|_{\max}$，$k>0$，$i=1,2,\cdots,N$。

则

$$\dot{s}_i=-ks_i-k_0\operatorname{sgn}s_i+d_i$$

$$\dot{V}=s_i\dot{s}_i=-ks_i^2-k_0|s_i|+s_id_i\leqslant-2kV$$

则 s_i 指数收敛至 0，从而 e_i 和 $\dot{e}_i$ 指数收敛至 0，即 $\lim\limits_{t\to+\infty}e_i=\lim\limits_{t\to+\infty}(y_i-\hat{y}_{i0})=0$，$\lim\limits_{t\to+\infty}\dot{e}_i=\lim\limits_{t\to+\infty}(\dot{y}_i-\dot{\hat{y}}_{i0})=0$。

下面分析各个智能体输出 y_i 和 $\dot{y}_i$ 对 y_0 及 $\dot{y}_0$ 的一致性收敛性能。

考虑到 $\tilde{y}_i=y_i-y_0=e_i+\tilde{y}_{i0}$，通过上面的分析可知 $\lim\limits_{t\to+\infty}\tilde{y}_{i0}=\lim\limits_{t\to+\infty}\hat{y}_{i0}-y_0=0$，$\lim\limits_{t\to+\infty}e_i=\lim\limits_{t\to+\infty}(y_i-\hat{y}_{i0})=0$，则 $\lim\limits_{t\to+\infty}\tilde{y}_i=0$，同理有 $\lim\limits_{t\to+\infty}\dot{\tilde{y}}_i=0$。

16.3.3 仿真实例

取智能体 i 的动力学模型为式(16.15)，同 16.2.3 节，多智能体系统通信拓扑结构如图 16.5 所示，采用 16.2.3 节的方法设计观测器。

为了防止抖振，控制器中采用饱和函数 sat(s)代替符号函数 sgn(s)，即

$$\operatorname{sat}(s)=\begin{cases}1, & s>\Delta\\ ks, & |s|\leqslant\Delta,\quad k=1/\Delta\\ -1, & s<-\Delta\end{cases}$$

其中，Δ 为边界层。

采用饱和函数代替符号函数，$\Delta=0.05$，仿真结果如图 16.8～图 16.12 所示。

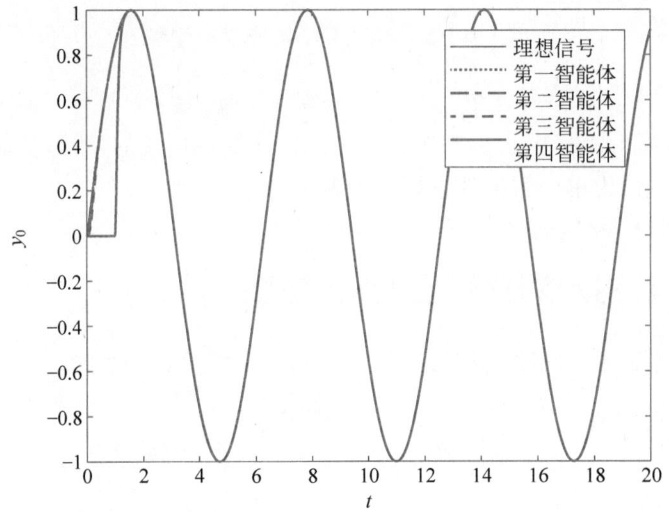

图 16.8 针对模型式(16.15)的各个智能体对指令 y_0 的观测结果

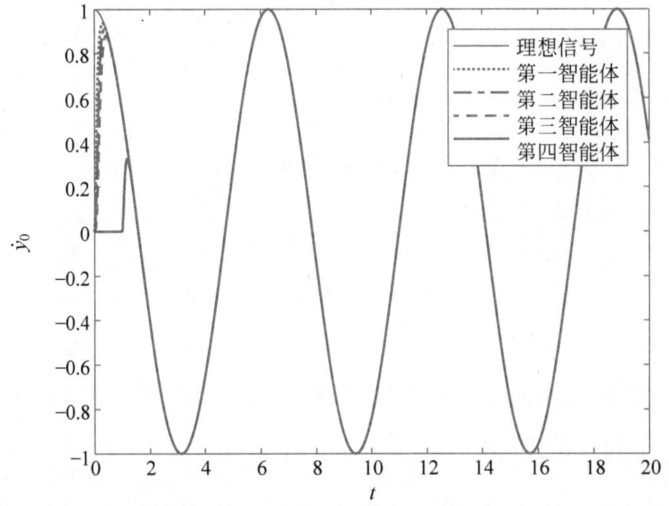

图 16.9 针对模型式(16.15)的各个智能体对指令 $\dot{y}_0$ 的观测结果

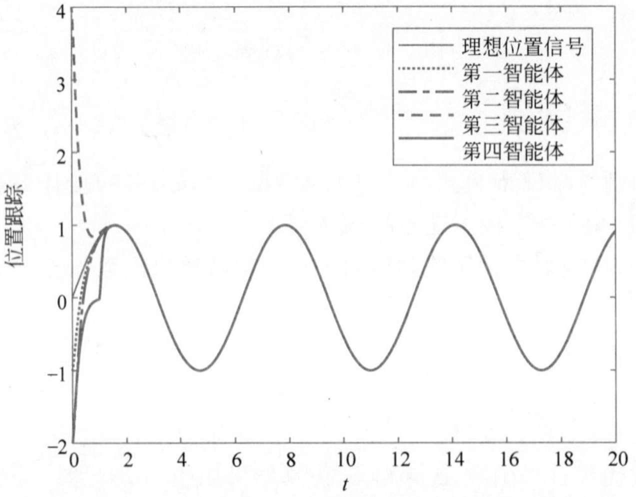

图 16.10 位置跟踪结果

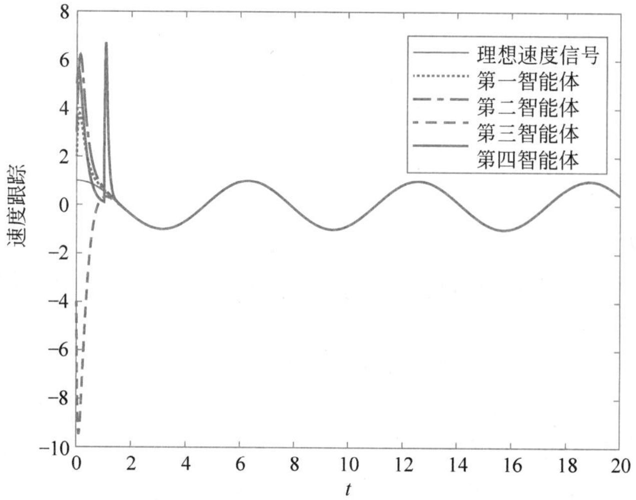

图 16.11　速度跟踪结果

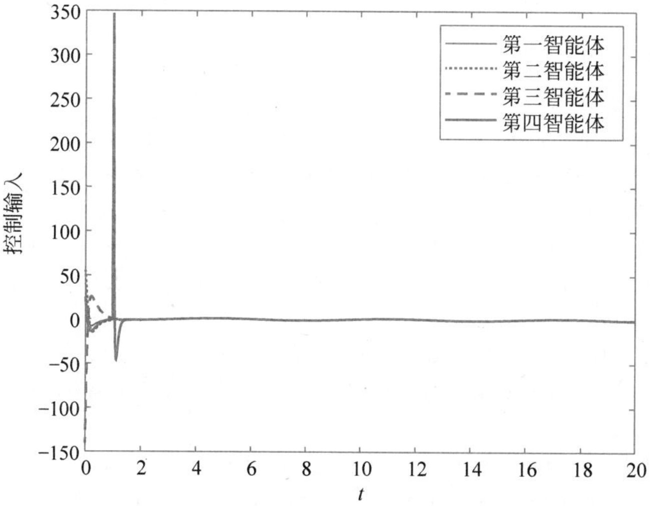

图 16.12　各个智能体的控制输入

仿真程序：

（1）矩阵 S 验证程序：chap16_3ver.m。

（2）输入信号程序：chap16_3input.m。

（3）Simulink 主程序：chap16_3sim.mdl。

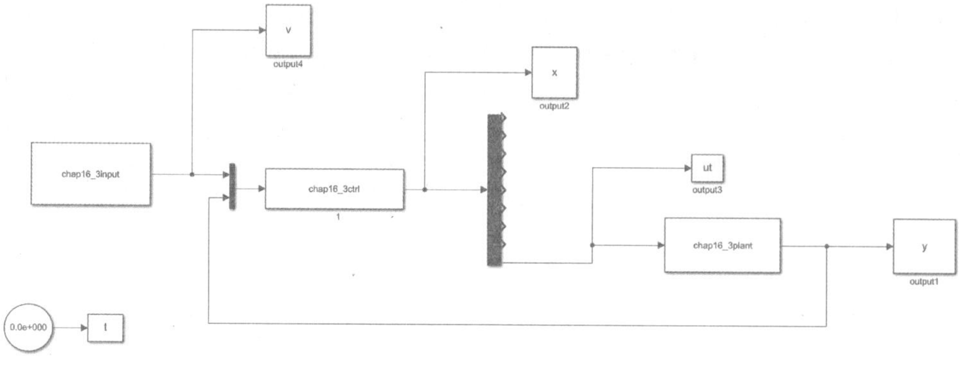

（4）控制器程序：chap16_3ctrl. mdl。

（5）被控对象程序：chap16_3plant. m。

（6）作图程序：chap16_3plot. m。

思考题

1. 多智能体系统中，智能体间的连接有几种拓扑结构？每种结构有何特点？针对每种结构如何设计控制器？

2. 多智能体协调控制理论国内外发展现状如何？

3. 以移动机器人编队控制为例，说明有向图下多智能体协调控制方法的实际应用，给出具体的算法，并仿真说明。

4. 以飞行器（VTOL、四旋翼等）的编队控制为例，说明切换图下多智能体协调控制方法的实际应用，给出具体的算法，并仿真说明。

参考文献

[1] GONG J, MA Y, JIANG B, et al. Fault tolerant formation tracking control for heterogeneous multiagent systems with directed topology[J]. Guidance, Navigation and Control, 2021. DOI: 10.1142/S2737480721500011.

[2] ABBAS T, HEIDAR A, MASOUD S. Fault-tolerant consensus of nonlinear multi-agent systems with directed link failures, communication noise and actuator faults [J]. International Journal of Control, 2021, 94(1): 137-147.

[3] WANG C L, GUO L, WEN C Y, et al. Attitude coordination control for spacecraft with disturbances and event-triggered communication[J]. IEEE Transactions on Aerospace and Electronic Systems, 2021, 57(1): 586-596.

[4] WANG Y, SONG Y D. Leader-following control of high-order multi-agent systems under directed graphs: Pre-specified finite time approach[J]. Automatica, 2018, 87: 113-120.

[5] PETROS A I, JING S. Robust adaptive control[M]. New Jersey: PTR Prentice-Hall, 1996, 75-76.

[6] CAI H, JIE H. The leader-following consensus for multiple uncertain Euler-Lagrange systems with an adaptive distributed observer[J]. IEEE Transaction on Automatic Control, 2016, 61(10): 3152-3157.

[7] WEI L, JIE H. Cooperative Adaptive output regulation for second-order nonlinear multiagent systems with jointly connected switching networks[J]. IEEE Transactions on Neural Networks and Learning Systems, 2018, 29(3): 695-705.

[8] MAOBIN L, LU L. Leader-following attitude consensus of multiple rigid spacecraft systems under switching networks[J]. IEEE Transactions on Automatic Control, 2020, 65(2): 839-845.

第 17 章 按指定时间或性能指标函数收敛的控制

CHAPTER 17

所谓 Terminal 滑模控制，就是在滑动超平面的设计中引入非线性函数，构造 Terminal 滑模面，使得在滑模面上跟踪误差能够在指定的有限时间 T 内收敛到零，该方法在复杂高精度控制领域有着广泛的应用[1]。

17.1 按指定时间收敛的控制

17.1.1 系统描述

考虑如下二阶系统：

$$\begin{cases}\dot{x}_1 = x_2 \\ \dot{x}_2 = u + d(t)\end{cases} \tag{17.1}$$

其中，$\boldsymbol{x}=[x_1, x_2]$，$|d(t)| \leqslant D$。

控制目标为通过设计控制律，使系统的状态 $\boldsymbol{x}$ 在指定时间 T，实现对期望状态 $\boldsymbol{x}_\mathrm{d}=[x_{1\mathrm{d}}, \dot{x}_{1\mathrm{d}}]$ 的跟踪，即 $t \to \infty$ 时，$x_1 \to x_{1\mathrm{d}}$，$x_2 \to \dot{x}_{1\mathrm{d}}$。

17.1.2 Terminal 滑模函数的设计

定义误差向量为 $\boldsymbol{E}=\boldsymbol{x}-\boldsymbol{x}_\mathrm{d}=[e, \dot{e}]^\mathrm{T}$，滑模函数设计为

$$s = \boldsymbol{C}(\boldsymbol{E}-\boldsymbol{P}) \tag{17.2}$$

式中，$\boldsymbol{C}=[c, 1]$，$\boldsymbol{P}(t)=[p, \dot{p}(t)]^\mathrm{T}$。

为了使系统的状态 $\boldsymbol{x}$ 在指定的有限时间 T 实现对期望状态 $\boldsymbol{x}_\mathrm{d}=[x_{1\mathrm{d}}, \dot{x}_{1\mathrm{d}}]$ 的跟踪，文献[2]提出了一种构造 Terminal 函数 $\boldsymbol{P}(t)$ 的方法。具体设计如下：为了实现全局鲁棒性，取 $\boldsymbol{E}(0)=\boldsymbol{P}(0)$，即 $p(0)=e(0)$，$\dot{p}(0)=\dot{e}(0)$；为了实现按指定的有限时间 T 收敛，取 $t=T$ 时，$p(t)=0$，$\dot{p}(t)=0$，$\ddot{p}(t)=0$。则可构造 Terminal 函数 $p(t)$ 的多项式为

$$p(t)=\begin{cases} e(0)+\dot{e}(0)t+\dfrac{1}{2}\ddot{e}(0)t^2-\left(\dfrac{a_{00}}{T^3}e(0)+\dfrac{a_{01}}{T^2}\dot{e}(0)+\dfrac{a_{02}}{T}\ddot{e}(0)\right)t^3+ \\ \left(\dfrac{a_{10}}{T^4}e(0)+\dfrac{a_{11}}{T^3}\dot{e}(0)+\dfrac{a_{12}}{T^2}\ddot{e}(0)\right)t^4-\left(\dfrac{a_{20}}{T^5}e(0)+\dfrac{a_{21}}{T^4}\dot{e}(0)+\dfrac{a_{22}}{T^3}\ddot{e}(0)\right)t^5, & 0 \leqslant t \leqslant T \\ 0, & t > T \end{cases} \tag{17.3}$$

其中，$a_{ij}(i,j=0,1,2)$为系数，可通过解方程得到。

由函数 $p(t)$表达式可知，当 $t=0$ 时，$p(0)=e(0)$，$\dot{p}(0)=\dot{e}(0)$，则

$$s(0)=\boldsymbol{C}(\boldsymbol{E}(0)-\boldsymbol{P}(0))=0$$

17.1.3 Terminal 滑模控制器的设计

指令为 x_{1d}，则 $e=x_1-x_{1d}$，$\dot{e}=x_2-\dot{x}_{1d}$，$\ddot{e}=\ddot{x}_1-\ddot{x}_{1d}$，则

$$\ddot{e}=\ddot{x}_1-\ddot{x}_{1d}=u+d(t)-\ddot{x}_{1d}$$

由式(17.2)得

$$\begin{aligned}\dot{s}&=\boldsymbol{C}\dot{\boldsymbol{E}}-\boldsymbol{C}\dot{\boldsymbol{P}}(t)=\boldsymbol{C}[\dot{e},\ddot{e}]^{\mathrm{T}}-\boldsymbol{C}[\dot{p},\ddot{p}]^{\mathrm{T}}\\&=c(\dot{e}-\dot{p})+\ddot{e}-\ddot{p}\\&=c(\dot{e}-\dot{p})+u+d(t)-\ddot{x}_{1d}-\ddot{p}\end{aligned}$$

设计 Lyapunov 函数为

$$V=\frac{1}{2}s^2$$

则

$$\dot{s}=c(\dot{e}-\dot{p})+u+d(t)-\ddot{x}_{1d}-\ddot{p}$$

控制器设计为

$$u=-c(\dot{e}-\dot{p})+\ddot{x}_{1d}+\ddot{p}-\eta\operatorname{sgn}(s)-ks \tag{17.4}$$

其中，$\eta\geqslant D+\eta_0$，$\eta_0>0$，$k>0$。则

$$\dot{s}=d(t)-\eta\operatorname{sgn}(s)-ks$$

将式(17.4)代入$\dot{V}$得：

$$\dot{V}=s\dot{s}=d(t)s-\eta|s|-ks^2\leqslant-\eta_0|s|-ks^2$$

则

$$\dot{V}\leqslant-ks^2=-2kV$$

则解为

$$V(t)\leqslant \mathrm{e}^{-2kt}V(0)$$

则

$$|s(t)|\leqslant\sqrt{2V(0)}\,\mathrm{e}^{-kt}$$

由于 $k>0$，则 $s(t)$以指数形式收敛于 0，从而 $\boldsymbol{E}-\boldsymbol{P}$ 以指数形式收敛于 0。由于 $s(0)=0$，则 $V(0)=0$，从而 $\forall t>0$，$s(t)=\boldsymbol{C}(\boldsymbol{E}(t)-\boldsymbol{P}(t))=0$，即 $\boldsymbol{E}(t)-\boldsymbol{P}(t)=0$。

可通过设计函数 $\boldsymbol{P}(T)=0$，保证 $\boldsymbol{E}(T)=0$，使跟踪误差在指定的有限时间 T 内收敛至 0。

17.1.4 函数 $p(t)$参数的求解

为了实现跟踪误差按指定的有限时间 T 收敛，需要保证当 $t=T$ 时，$p(T)=0$，$\dot{p}(T)=0$，$\ddot{p}(T)=0$，从而保证

$$\lim_{t\to T^-} p(t)=\lim_{t\to T^+} p(t),\quad \lim_{t\to T^-} \dot{p}(t)=\lim_{t\to T^+} \dot{p}(t),\quad \lim_{t\to T^-} \ddot{p}(t)=\lim_{t\to T^+} \ddot{p}(t)$$

当 $0\leqslant t\leqslant T$ 时，函数 $p(t)$ 及其导数可写为

$$p(t)=e(0)+\dot{e}(0)t+\frac{1}{2}\ddot{e}(0)t^2-\left(\frac{a_{00}}{T^3}e(0)+\frac{a_{01}}{T^2}\dot{e}(0)+\frac{a_{02}}{T}\ddot{e}(0)\right)t^3+$$

$$\left(\frac{a_{10}}{T^4}e(0)+\frac{a_{11}}{T^3}\dot{e}(0)+\frac{a_{12}}{T^2}\ddot{e}(0)\right)t^4-\left(\frac{a_{20}}{T^5}e(0)+\frac{a_{21}}{T^4}\dot{e}(0)+\frac{a_{22}}{T^3}\ddot{e}(0)\right)t^5$$

$$\dot{p}(t)=\dot{e}(0)+\ddot{e}(0)t+3\left(\frac{a_{00}}{T^3}e(0)+\frac{a_{01}}{T^2}\dot{e}(0)+\frac{a_{02}}{T}\ddot{e}(0)\right)t^2+$$

$$4\left(\frac{a_{10}}{T^4}e(0)+\frac{a_{11}}{T^3}\dot{e}(0)+\frac{a_{12}}{T^2}\ddot{e}(0)\right)t^3+5\left(\frac{a_{20}}{T^5}e(0)+\frac{a_{21}}{T^4}\dot{e}(0)+\frac{a_{22}}{T^3}\ddot{e}(0)\right)t^4$$

$$\ddot{p}(t)=\ddot{e}(0)+6\left(\frac{a_{00}}{T^3}e(0)+\frac{a_{01}}{T^2}\dot{e}(0)+\frac{a_{02}}{T}\ddot{e}(0)\right)t+12\left(\frac{a_{10}}{T^4}e(0)+\frac{a_{11}}{T^3}\dot{e}(0)+\frac{a_{12}}{T^2}\ddot{e}(0)\right)t^2+$$

$$20\left(\frac{a_{20}}{T^5}e(0)+\frac{a_{21}}{T^4}\dot{e}(0)+\frac{a_{22}}{T^3}\ddot{e}(0)\right)t^3$$

由 $t=T$ 时，$p(T)=0$ 可得

$$p(T)=e(0)+\dot{e}(0)t+\frac{1}{2}\ddot{e}(0)t^2+\left(\frac{a_{00}}{T^3}e(0)+\frac{a_{01}}{T^2}\dot{e}(0)+\frac{a_{02}}{T}\ddot{e}(0)\right)T^3+$$

$$\left(\frac{a_{10}}{T^4}e(0)+\frac{a_{11}}{T^3}\dot{e}(0)+\frac{a_{12}}{T^2}\ddot{e}(0)\right)T^4+\left(\frac{a_{20}}{T^5}e(0)+\frac{a_{21}}{T^4}\dot{e}(0)+\frac{a_{22}}{T^3}\ddot{e}(0)\right)T^5$$

$$=(1+a_{00}+a_{10}+a_{20})e(0)+T(1+a_{01}+a_{11}+a_{21})\dot{e}(0)+$$

$$T^2\left(\frac{1}{2}+a_{02}+a_{12}+a_{22}\right)\ddot{e}(0)=0$$

则 $p(T)=0$ 成立的必要条件为

$$\begin{cases}1+a_{00}+a_{10}+a_{20}=0\\1+a_{01}+a_{11}+a_{21}=0\\0.5+a_{02}+a_{12}+a_{22}=0\end{cases}$$

同理，由 $t=T$ 时，$\dot{p}(T)=0$，$\ddot{p}(T)=0$ 的必要条件为

$$\begin{cases}3a_{00}+4a_{10}+5a_{20}=0\\1+3a_{01}+4a_{11}+5a_{21}=0\\1+3a_{02}+4a_{12}+5a_{22}=0\end{cases}$$

$$\begin{cases}6a_{00}+12a_{10}+20a_{20}=0\\6a_{01}+12a_{11}+20a_{21}=0\\1+6a_{02}+12a_{12}+20a_{22}=0\end{cases}$$

由上述方程组可整理出三个三元一次方程组：

$$\begin{cases}a_{00}+a_{10}+a_{20}=-1\\3a_{00}+4a_{10}+5a_{20}=0\\6a_{00}+12a_{10}+20a_{20}=0\end{cases}$$

$$\begin{cases}a_{01}+a_{11}+a_{21}=-1\\3a_{01}+4a_{11}+5a_{21}=-1\\6a_{01}+12a_{11}+20a_{21}=0\end{cases}$$

$$\begin{cases}a_{02}+a_{12}+a_{22}=-0.5\\3a_{02}+4a_{12}+5a_{22}=-1\\6a_{02}+12a_{12}+20a_{22}=-1\end{cases}$$

按 $\boldsymbol{Ax}=\boldsymbol{B}$ 表达三元一次方程组，则上述三个方程组分别可写为以下三种形式：

$$\boldsymbol{A}_1\boldsymbol{x}_1=\boldsymbol{B}_1,\quad \boldsymbol{A}_1=\begin{bmatrix}1&1&1\\3&4&5\\6&12&20\end{bmatrix},\quad \boldsymbol{B}_1=\begin{bmatrix}-1\\0\\0\end{bmatrix}$$

$$\boldsymbol{A}_2\boldsymbol{x}_2=\boldsymbol{B}_2,\quad \boldsymbol{A}_2=\begin{bmatrix}1&1&1\\3&4&5\\6&12&20\end{bmatrix},\quad \boldsymbol{B}_2=\begin{bmatrix}-1\\-1\\0\end{bmatrix}$$

$$\boldsymbol{A}_3\boldsymbol{x}_3=\boldsymbol{B}_3,\quad \boldsymbol{A}_3=\begin{bmatrix}1&1&1\\3&4&5\\6&12&20\end{bmatrix},\quad \boldsymbol{B}_3=\begin{bmatrix}-0.5\\-1\\-1\end{bmatrix}$$

运行参数求解程序 chap17_1int.m，得到上述方程组的解：

$$\begin{cases}a_{00}=-10\\a_{10}=15\\a_{20}=-6\end{cases}\begin{cases}a_{01}=-6\\a_{11}=8\\a_{21}=-3\end{cases}\begin{cases}a_{02}=-1.5\\a_{12}=1.5\\a_{22}=-0.5\end{cases}$$

从而得到 $p(t)$ 的表达式为

$$p(t)=\begin{cases}e(0)+\dot{e}(0)t+\dfrac{1}{2}\ddot{e}(0)t^2-\left(\dfrac{10}{T^3}e(0)+\dfrac{6}{T^2}\dot{e}(0)+\dfrac{3}{2T}\ddot{e}(0)\right)t^3+\\\left(\dfrac{15}{T^4}e(0)+\dfrac{8}{T^3}\dot{e}(0)+\dfrac{3}{2T^2}\ddot{e}(0)\right)t^4-\left(\dfrac{6}{T^5}e(0)+\dfrac{3}{T^4}\dot{e}(0)+\dfrac{1}{2T^3}\ddot{e}(0)\right)t^5, & 0\leqslant t\leqslant T\\0, & t>T\end{cases}$$

17.1.5 仿真实例

考虑如下二阶系统：

$$\begin{cases}\dot{x}_1=x_2\\\dot{x}_2=u+d(t)\end{cases}$$

其中，$d(t)=3.0\sin(2\pi t)$。

位置指令为 $x_{\mathrm{d}}=\sin t$，采用控制律式(17.4)，取 $c=15,D=3.0,\eta=3.1,k=1.0$。为了防止抖振，控制器中采用饱和函数 $\mathrm{sat}(s)$ 代替符号函数 $\mathrm{sgn}(s)$，即

$$\mathrm{sat}(s)=\begin{cases}1, & s>\Delta\\ks, & |s|\leqslant\Delta,k=1/\Delta\\-1, & s<-\Delta\end{cases}$$

其中，Δ 为边界层。

边界层厚度取 $\delta=0.02$。系统的初始条件为[0.5,0]，分别取 Terminal 时间为 $T=1.0$

和 $T=3.0$。仿真结果如图 17.1 和图 17.2 所示。可见，在 T 时跟踪误差为 0，并且通过采用连续函数，降低了抖振。

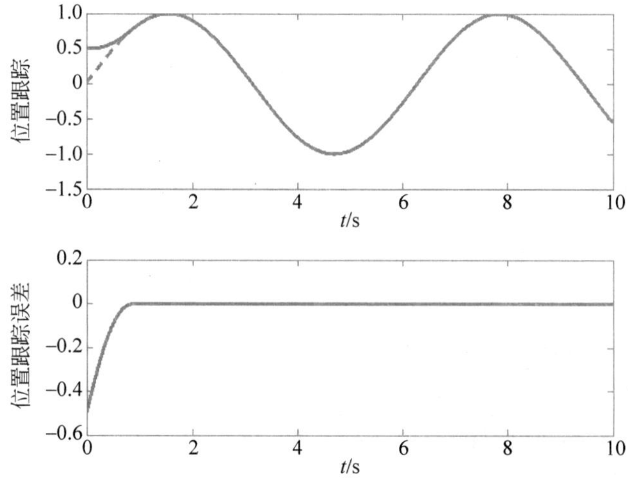

图 17.1 采用控制律式(17.4)的位置跟踪($T=1.0$)

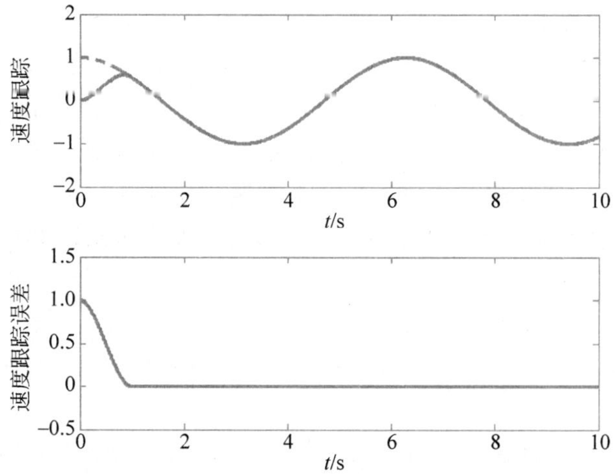

图 17.2 采用控制律式(17.4)的速度跟踪($T=1.0$)

仿真程序：

(1) 主程序：chap17_1sim.mdl。

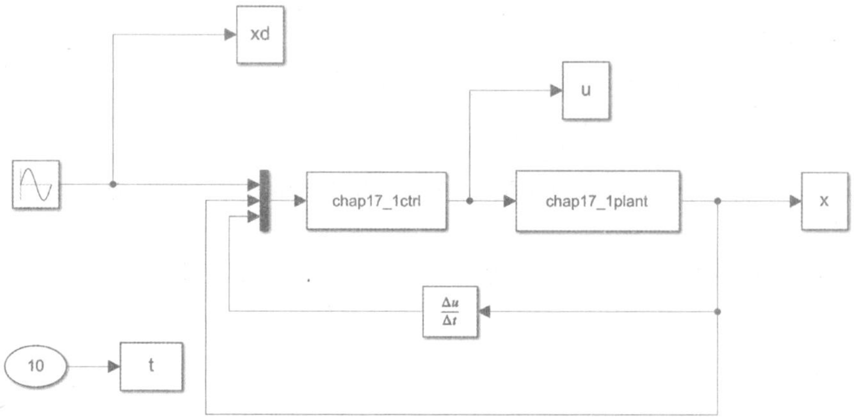

(2) 参数求解程序：chap17_1int. m。

```
close all;
clear all;

A1 = [1 1 1;3 4 5;6 12 20];
b1 = [ - 1;0;0];
x1 = A1\b1;
A2 = [1 1 1;3 4 5;6 12 20];
b2 = [ - 1; - 1;0];
x2 = A2\b2;
A3 = [1 1 1;3 4 5;6 12 20];
b3 = [ - 1/2; - 1; - 1];
x3 = A3\b3;
```

(3) S 函数控制子程序：chap17_1ctrl. m。

(4) S 函数被控对象子程序：chap17_1plant. m。

(5) 作图子程序：chap17_1plot. m。

17.2 按设定性能指标函数收敛的控制

目前，各种控制算法均侧重于满足系统的稳态性能，而较少关注系统的瞬态性能(主要指超调量和收敛速度)。希腊学者 Bechlioulis 等于 2008 年首次提出的预设性能控制(Prescribed Performance Control，PPC)，为解决性能控制问题提供了新思路[3-5]。所谓 PPC 技术是指设计控制器在使得闭环系统的跟踪误差收敛到一个预先设定的允许范围内的同时，保证收敛速度和超调量满足预先设定的条件，即要求瞬态和稳态性能同时得到满足，以提高控制系统的性能。

PPC 设计的关键思想是通过定义适当的输出误差变换方法，将原始的受控系统转换为等效的新的系统。变换后的输出误差具有一致的最终有界性和闭环中所有其他信号的一致有界性外。

PPC 方法的核心是设计性能包络和控制器，将受控系统的状态限制在所设计的性能包络中，从而达到定量化设计瞬态与稳态性能的目的。PPC 围绕性能函数和空间对等变换这两个基本环节展开，构建等效模型，再对等效模型进行控制器设计。

17.2.1 问题描述

考虑如下被控对象：

$$\begin{cases}\dot{x}_1 = x_2 \\ \dot{x}_2 = f(x) + b(u + d)\end{cases} \tag{17.5}$$

其中，x_1 和 x_2 为实际输出，u 为控制输入，$f(x)$为已知函数，$b \neq 0$ 且为已知，d 为未知扰动，$|d| \leqslant D$。

取 x_1 的理想指令为 x_d，跟踪误差为 $e = x_1 - x_d$，则 $\dot{e} = x_2 - \dot{x}_d$，$\ddot{e} = \dot{x}_2 - \ddot{x}_d = f(x) + b(u+d) - \ddot{x}_d$。

取性能指标函数为

$$\lambda(t)=(\lambda(0)-\lambda_{\infty})\exp(-lt)+\lambda_{\infty} \tag{17.6}$$

其中,$\lambda(0)>0,\lambda_{\infty}>0,l>0,0<|e(0)|<\lambda(0),\lambda(0)>\lambda_{\infty}$。

则 $\lambda(t)>0$,当 $t\to\infty$ 时,$\lambda(t)$ 按指数快速递减到 λ_{∞} 的值。

控制目标为 $t\to\infty$ 时,$e(t)\to 0,\dot{e}(t)\to 0$,且 $\forall t,|e(t)|<\lambda(t)$。

17.2.2 跟踪误差性能函数设计

定理 17.1[3-5] 为了保证跟踪误差快速收敛,并达到一定的收敛精度,跟踪误差按下式进行设定:

$$e(t)=\lambda(t)S(\varepsilon) \tag{17.7}$$

则

$$S(\varepsilon)=\frac{e(t)}{\lambda(t)} \tag{17.8}$$

函数 $S(\varepsilon)$ 需要满足如下要求[3-5]:

(1) $S(\varepsilon)$ 为光滑连续的单调递增函数;

(2) $-1<S(\varepsilon)<1$;

(3) $\lim\limits_{\varepsilon\to+\infty}S(\varepsilon)=1$,$\lim\limits_{\varepsilon\to-\infty}S(\varepsilon)=-1$。

根据上述要求,设计误差性能函数 $S(\varepsilon)$ 为双曲正切函数,表示如下:

$$S(\varepsilon)=\tanh(\varepsilon)=\frac{\exp(\varepsilon)-\exp(-\varepsilon)}{\exp(\varepsilon)+\exp(-\varepsilon)} \tag{17.9}$$

由于 $-1<S(\varepsilon)<1$,则根据式(17.8)可得

$$-\lambda(t)<e(t)<\lambda(t),\quad \forall t \tag{17.10}$$

17.2.3 稳定性和收敛性分析

根据双曲正切函数性质,函数 $S(\varepsilon)$ 的反函数为

$$\varepsilon=\frac{1}{2}\ln\frac{1+S}{1-S}=\frac{1}{2}\ln\frac{1+\frac{e}{\lambda}}{1-\frac{e}{\lambda}}=\frac{1}{2}\ln\frac{\lambda+e}{\lambda-e}=\frac{1}{2}(\ln(\lambda+e)-\ln(\lambda-e))$$

从而

$$\dot{\varepsilon}=\frac{1}{2}\left(\frac{\dot{\lambda}+\dot{e}}{\lambda+e}-\frac{\dot{\lambda}-\dot{e}}{\lambda-e}\right)$$

$$\begin{aligned}
\ddot{\varepsilon}&=\frac{1}{2}\left(\frac{(\ddot{\lambda}+\ddot{e})(\lambda+e)-(\dot{\lambda}+\dot{e})^2}{(\lambda+e)^2}-\frac{(\ddot{\lambda}-\ddot{e})(\lambda-e)-(\dot{\lambda}-\dot{e})^2}{(\lambda-e)^2}\right)\\
&=\frac{\ddot{\lambda}(\lambda+e)-(\dot{\lambda}+\dot{e})^2}{2(\lambda+e)^2}+\frac{\ddot{e}(\lambda+e)}{2(\lambda+e)^2}-\frac{\ddot{\lambda}(\lambda-e)-(\dot{\lambda}-\dot{e})^2}{2(\lambda-e)^2}+\frac{\ddot{e}(\lambda-e)}{2(\lambda-e)^2}\\
&=\frac{\ddot{\lambda}(\lambda+e)-(\dot{\lambda}+\dot{e})^2}{2(\lambda+e)^2}-\frac{\ddot{\lambda}(\lambda-e)-(\dot{\lambda}-\dot{e})^2}{2(\lambda-e)^2}+\left(\frac{\lambda+e}{2(\lambda+e)^2}+\frac{\lambda-e}{2(\lambda-e)^2}\right)\ddot{e}
\end{aligned}$$

取 $M_1=\frac{\ddot{\lambda}(\lambda+e)-(\dot{\lambda}+\dot{e})^2}{2(\lambda+e)^2}$,$M_2=-\frac{\ddot{\lambda}(\lambda-e)-(\dot{\lambda}-\dot{e})^2}{2(\lambda-e)^2}$,$M_3=\frac{\lambda+e}{2(\lambda+e)^2}+$

$\frac{\lambda-e}{2(\lambda-e)^2}$，则

$$\ddot{\varepsilon}=M_1+M_2+M_3\ddot{e}=M_1+M_2+M_3(f(x)+bu+d(t)-\ddot{x}_{\mathrm{d}})$$

取滑模函数为

$$\sigma=\dot{\varepsilon}+c\varepsilon,\quad c>0 \tag{17.11}$$

则

$$\dot{\sigma}=\ddot{\varepsilon}+c\dot{\varepsilon}=M_1+M_2+M_3(f(x)+b(u+d)-\ddot{x}_{\mathrm{d}})+c\dot{\varepsilon}$$

则

$$\dot{\sigma}=M_1+M_2+M_3f(x)+M_3bu+M_3bd-M_3\ddot{x}_{\mathrm{d}}+c\dot{\varepsilon}$$

设计控制律为

$$u=\frac{1}{M_3b}(-k\sigma-\eta\operatorname{sgn}(\sigma)-M_1-M_2-M_3f(x)+M_3\ddot{x}_{\mathrm{d}}-c\dot{\varepsilon}) \tag{17.12}$$

其中，$k>0$。则

$$\dot{\sigma}=-k\sigma-\eta\operatorname{sgn}(\sigma)+M_3bd$$

定义 Lyapunov 函数如下：

$$V=\frac{1}{2}\sigma^2$$

从而有

$$\dot{V}=\sigma\dot{\sigma}=\sigma(-k\sigma-\eta\operatorname{sgn}(\sigma)+M_3bd)=-k\sigma^2-\eta\mid\sigma\mid+M_3bd\sigma\leqslant-k\sigma^2=-2kV$$

其中，$\eta\geqslant|M_3b|D$。

求解 $\dot{V}\leqslant-2kV$，可以得到如下收敛效果：

$$V(t)\leqslant V(0)\exp(-2kt)$$

可见，因为 $V(t)$ 指数收敛于 0，则 σ 指数收敛于 0，ε 和 $\dot{\varepsilon}$ 指数收敛于 0，收敛速度取决于控制律中的 k 值。双曲正切函数为单调递增函数，由式(17.9)可知，函数 $S(\varepsilon)$ 有界且收敛于 0，则跟踪误差 $e(t)$ 收敛于 0，且 $e(t)$ 的收敛范围取决于式(17.10)。

根据双曲正切函数导数的性质，有 $\dot{S}(\varepsilon)=(1-S^2(\varepsilon))\dot{\varepsilon}$，则 $\dot{S}(\varepsilon)$ 指数收敛于 0，又由于 $\dot{\lambda}$ 指数收敛于 0，λ 指数收敛于 λ_∞，则 $\dot{e}(t)=\dot{\lambda}S+\lambda\dot{S}$ 为指数收敛于 0。

17.2.4 仿真实例

实例之一：性能指标函数设计

误差指标函数取式(17.6)，取 $l=5.0$，$\lambda(0)=0.50$，$\lambda_\infty=0.001$，仿真结果如图 17.3 所示。仿真测试程序为 Perform_plot.m。

实例之二：控制系统仿真测试

针对被控对象，取 $f(x)=-25x_2$，$b=133$，$d=3\sin t$，初始状态为[0.50,0]，理想指令为 $x_{\mathrm{d}}=\sin t$，则 $e(0)=x_1(0)-x_{\mathrm{d}}(0)=0.50$。误差指标函数取式(17.6)，取 $l=5.0$，$\lambda(0)=0.51$，$\lambda_\infty=0.001$，采用控制律式(17.12)，取 $c=50$，$D=3.0$，$\eta=|M_3g(x)|D+0.10$，$k=10$。

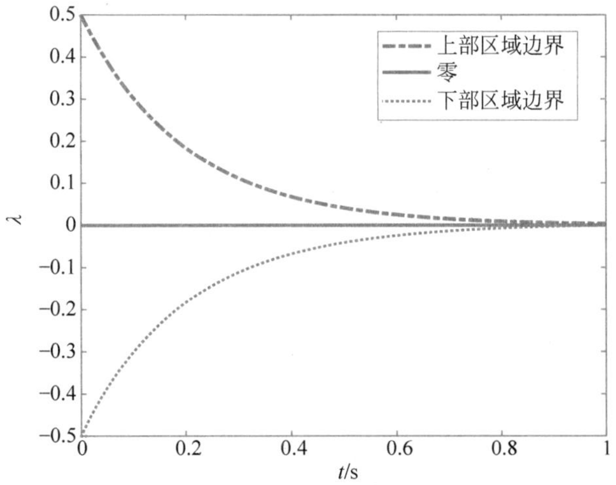

图 17.3　设定性能指标函数

同 17.1.5 节的仿真实例，采用饱和函数代替实际切换函数，边界层厚度取 $\delta=0.02$，仿真结果如图 17.4～图 17.7 所示。

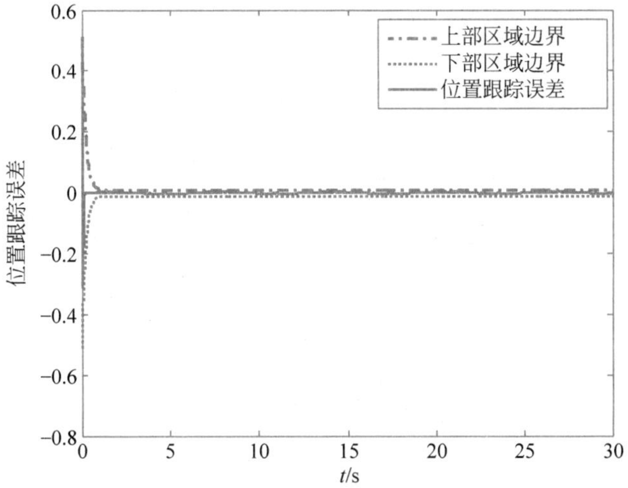

图 17.4　跟踪误差的收敛过程

需要说明的是，在仿真过程中，两种情况下，$\lambda(t)$接近$e(t)$：(1)当$t=0$时，$\lambda(0)$接近$e(0)$时；(2)当$t\to\infty$，λ_{∞}取值很小时，$e(t)$接近λ_{∞}。在该两种情况下，根据$S(\varepsilon)=\dfrac{e(t)}{\lambda(t)}$，函数$S(\varepsilon)$接近于 1.0，此时函数$S(\varepsilon)$的反函数$\varepsilon=\dfrac{1}{2}\ln\dfrac{1+S}{1-S}$中越容易产生奇异或$\dfrac{1+S}{1-S}$为负。

避免的方法为：$\lambda(0)$不能过于接近$e(0)$，λ_{∞}值也不能过小。如果$\lambda(0)$接近$e(0)$或λ_{∞}取值很小时，为了避免产生奇异，需要相应地改变 Simulink 环境下数值分析求解的方法，本仿真采用定点求解方法，间隔时间取 0.001，数值求解算法采用 ode4(Runge-Kutta)算法。

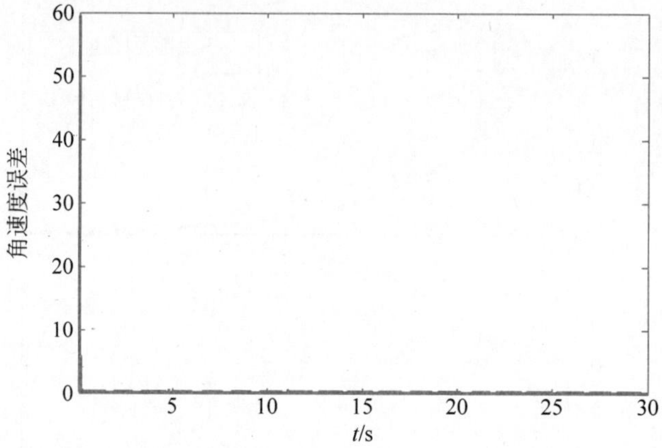

图 17.5 跟踪误差速度的收敛过程

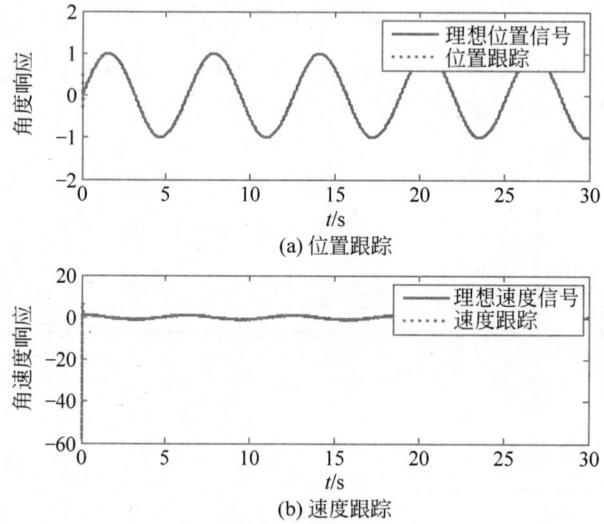

图 17.6 位置和速度跟踪

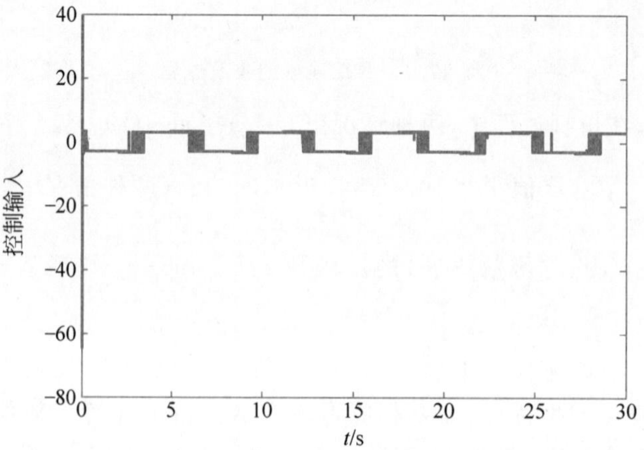

图 17.7 控制输入

仿真程序：

（1）Simulink 主程序：chap17_2sim. mdl。

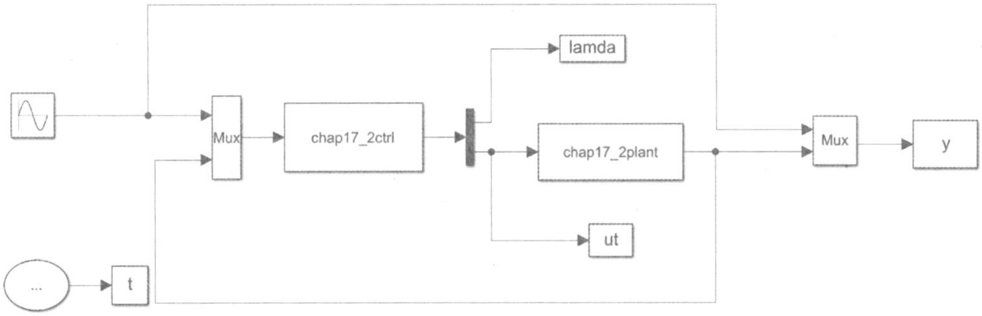

（2）控制器 S 函数：chap17_2ctrl. m。

（3）被控对象 S 函数：chap17_2plant. m。

（4）作图程序：chap17_2plot. m。

思考题

1. 按指定时间收敛和按性能指标收敛的设计思想分别是什么？
2. 按指定时间收敛和按性能指标收敛都有哪些应用，分别适合于哪些应用领域？
3. 按指定时间收敛和按性能指标收敛两种方法有何区别？
4. 影响按指定时间收敛精度的参数有哪些？如何调整这些参数使控制性能得到提升？
5. 影响按性能指标收敛精度的参数有哪些？如何调整这些参数使控制性能得到提升？

参考文献

[1] BODA N，HAN Q L，ZUO Z. Bipartite consensus tracking for second-order multi-agent systems：a time-varying function based preset-time approach[J]. IEEE Transactions on Automatic Control，2021，66(6)：2739-2745.

[2] 庄开宇，张克勤，苏宏业，等. 高阶非线性系统的 Terminal 滑模控制[J]. 浙江大学学报，2002，36(5)：482-485.

[3] BECHLIOULIS C P，ROVITHAKISG A. Robust adaptive control of feedback linearizable MIMO nonlinear systems with prescribed performance[J]. IEEE Transactions on Automatic Control，2008，53(9)：2090-2099.

[4] BECHLIOULIS C P，ROVITHAKISG A. Adaptive control with guaranteed transient and steady state tracking error bounds for strict feedback systems[J]. Automatica，2009，45(2)：532-538.

[5] BECHLIOULIS C P，ROVITHAKISG A. Prescribed performance adaptive control for multi-input multi-output affine in the control nonlinear systems[J]. IEEE Transactions on Automatic Control，2010，55(5)：1220-1226.